ROBERT DE SALNOVE

LA VÉNERIE ROYALE

PRÉCÉDÉE D'UNE

NOTICE BIO-BIBLIOGRAPHIQUE SUR L'AUTEUR

PAR LE COMMANDANT G. DE MAROLLES

*Illustrée d'un frontispice, de neuf estampes de J. Miel
de bandeaux et culs-de-lampe de F. Chauveau*

PARIS
ÉMILE NOURRY, ÉDITEUR
LIBRAIRIE CYNÉGÉTIQUE
62, RUE DES ÉCOLES, 62

—

M DCCCC XXIX

LES MAITRES DE LA VÉNERIE

IV

LA VÉNERIE ROYALE

DE

ROBERT DE SALNOVE

FRONTISPICE
DE L'ÉDITION ORIGINALE
PARIS 1655

ROBERT DE SALNOVE

LA VÉNERIE
ROYALE

PRÉCÉDÉE D'UNE

NOTICE BIO-BIBLIOGRAPHIQUE SUR L'AUTEUR

PAR LE COMMANDANT G. DE MAROLLES

Illustrée d'un frontispice, de neuf estampes de J. Miel
de bandeaux et culs-de-lampe de F. Chauveau

PARIS
ÉMILE NOURRY, ÉDITEUR
LIBRAIRIE CYNÉGÉTIQUE
62, RUE DES ÉCOLES, 62
—
M DCCCC XXIX

NOTICE BIOGRAPHIQUE

SUR

ROBERT DE SALNOVE

UN ÉMULE DE JACQUES DU FOUILLOUX

ROBERT DE SALNOVE

PAR HENRI CLOUZOT

Le célèbre traité de la *Vénerie royale* n'ayant été imprimé qu'en 1655, son auteur, Robert de Salnove, échapperait au cadre de la *Revue du XVIe siècle* si la question, jusqu'à ce jour non résolue, de son identité ne rouvrait un débat d'importance sur les papiers de Benjamin Fillon. J'ai éveillé en 1907 la méfiance des érudits sur cette source historique, autant que pouvait me le permettre la certitude où j'étais de contrister de fervents admirateurs de la personne et des travaux de l'archéologue vendéen. Mais le fait nouveau qui vient de se produire me donne plus de liberté d'appréciation, d'autant que tout le mérite de la découverte appartient en propre au commandant G. de Marolles.

C'est dans ses *Recherches historiques et archéologiques sur Fontenay-le-Comte*, dont le premier volume parut en 1846 et dont le second, détruit dans un incendie (?), n'existe qu'à quelques rares exemplaires, que Fillon avait inséré la généalogie de Robert de Salnove. Comme pour la prétendue signature de Rabelais en 1519, dont la mise au jour mirifique remonte à la même époque, la filiation était basée sur des documents « de la collection Fillon », qui n'ont jamais été retrouvés, et pour cause. Mais, tandis que nous ne pouvions pour l'acte de 1519, comme pour certaines pièces des *Lettres écrites de la Vendée* ou de *Poitou et Vendée*, aller au delà d'une suspicion légitime, le commandant de Marolles apporte la preuve évidente d'une supercherie. Dans son désir de grossir son Panthéon vendéen, Fillon a rattaché aux Salnove de Poitou un personnage de Champagne et fait naître à Luçon un seigneur de Salnove (Seine-et-Marne), paroisse de Bassevelle.

Voici les faits :

La *Biographie universelle* (1825) avait imprimé que Salnove était né *pro-*

bablement dans le Poitou. Le rédacteur, en l'absence de tout renseignement positif, avait trouvé plausible d'en faire le compatriote de son émule J. du Fouilloux. Ce fragile indice poussa Fillon dès 1846 à établir la filiation « sur documents authentiques manuscrits », faisant de l'auteur de la *Vénerie royale* l'aîné des trois enfants de François de Salnove, né « sans doute » à Luçon. Depuis lors, bien que nul n'ait jamais pu tirer de Fillon autre chose que des extraits et des copies et que personne n'ait jamais vu les documents originaux eux-mêmes, Salnove fut rangé parmi les auteurs poitevins. Merland lui fit place dans ses *Biographies vendéennes*. L. Favre, à Niort, réimprima sa *Vénerie*, comme œuvre d'auteur local, et le sagace de la Bouralière lui-même l'inséra dans sa *Bibliographie poitevine*. Je passe sous silence la *Grande Encyclopédie*, le *Larousse* et les biographies générales.

Personne — et comme ce défaut de méthode est commun ! — n'avait songé à interroger Salnove lui-même et à tirer de l'épître au roi et du privilège de 1654 les documents biographiques qu'ils renferment. On y aurait vu que Robert de Salnove était *seigneur dudit lieu*, conseiller et maître ordinaire de l'hôtel du roi, lieutenant de la grande louveterie de France, gentilhomme ordinaire de la duchesse de Savoie, sœur de Louis XIII. Or, comme il n'existe en Poitou aucun lieu dit Salnove, il suffisait de diriger une enquête sur les *quatre* Salnove du *Dictionnaire des Postes* pour découvrir le véritable. C'est ce qu'a fait le commandant de Marolles.

Je n'insiste pas sur les résultats. Il appartient à l'avisé chercheur de les publier. Je note seulement qu'aux renseignements des Archives départementales de l'Aisne et de Seine-et-Marne, en partie utilisés par M. Paul Pellot dans son *Essai sur la famille de Salnove en Champagne*, paru en 1901, il a ajouté des documents absolument inédits provenant des Archives de Turin, lettres patentes, extraits de comptes, empreintes de cachet, et vingt-deux lettres autographes. C'est plus qu'il n'en faut pour trancher le débat et mettre à néant les affirmations de Fillon ou plutôt pour prouver, comme l'écrit spirituellement son contradicteur, « qu'il a donné une mauvaise brisée, qu'il n'a pas fait empaumer la bonne voie à toute son école, qu'il a sonné faux dans la chapelle ».

Henri Clouzot.

(Extrait de la *Revue du XVIe siècle*, tome IX (1922), p. 73.)

ROBERT DE SALNOVE, CHAMPENOIS

(11 DÉCEMBRE 1597-5 JANVIER 1670)

I. — AVIS AU LECTEUR

L'étude biographique d'un personnage ne peut être sérieuse et valoir aux yeux du lecteur, si elle n'est basée sur des documents authentiques, avec références et preuves indiscutables à l'appui; aussi avoir en main les titres de famille de Robert de Salnove fut-il le but constant de nos recherches du jour où nous eûmes la conviction que tous ses biographes se trompaient.

Celles-ci furent longtemps très difficultueuses, et nous devons surtout à M. le comte de Labriffe, descendant de l'auteur de la *Vénerie royale*, d'avoir pu rétablir la véritable biographie de ce veneur. Nous ne saurons jamais trop reconnaître l'obligeance avec laquelle il a bien voulu mettre à notre disposition les documents relatifs à la famille de son ancêtre.

Nous présentons aussi l'expression de notre plus vive gratitude à M. Lucien Briet, secrétaire général adjoint de la Société de Spéléologie et membre de la Société archéologique de Château-Thierry qui a découvert plusieurs documents dans l'étude de Mᵉ Leguillette, notaire à Charly (Marne).

Nous devons aussi remercier de leurs précieux renseignements : M. Émile Picot, membre de l'Institut; M. Giovanni Sforza, superintendant, et M. Mario Bori, archiviste aux Archives d'État à Turin; M. Jusselin, archiviste d'Eure-et-Loir; M. Xavier du Buttet, lieutenant au 67ᵉ d'infanterie à Soissons, descendant de Valérien de Salnove (famille de Salnove, du Tardenois); M. Legrand, maire de Bassevelle (Seine-et-Marne); M. Legouge, instituteur au même lieu; M. Delizy, instituteur à Soizy-aux-Bois (Marne); Mᵉ Gambier, notaire à Fontenay-le-Comte; Mᵉ Jouy, notaire à Soissons; M. Belon, attaché aux Archives départementales de Chartres, et M. Paul Perret du Cray, ingénieur des Arts et Manufactures.

Nous avons étudié 137 documents authentiques et absolument inédits, établissant de façon indiscutable et très complète la biographie de Robert de Salnove, lieutenant de vénerie sous Louis XIII, auteur cynégétique, et la généalogie de sa famille.

La guerre a empêché l'impression du manuscrit de 75 pages intitulé « L'Émule de Jacques du Fouilloux ou Étude critique et biographique sur Robert de Salnove ». Ce qui suit n'est que l'abrégé succinct de cette étude qui contient toutes les controverses de nombreux hommes de lettres et archivistes, MM. Pressac, Weiss, Filleau, Godde, etc., sur Robert de Salnove et sa famille. L'intérêt de ces controverses n'est plus aussi grand pour la génération actuelle, pour laquelle la notice de M. H. Clouzot suffira.

Elles ont toutes pour point de départ les renseignements erronés de l'archiviste Benjamin Fillon, qui se sont répandus dans tous les dictionnaires et dont la fausseté nous a paru à jamais indiscutable du jour où nous avons eu en main la photographie de l'acte de baptême de Robert de Salnove.

II. — Biographie de Robert de Salnove.

Les renseignements donnés jusqu'ici par les biographes de Robert de Salnove étaient tirés des données fournies par l'auteur lui-même dans les titre, préface, épîtres et Privilège du roi, accompagnant la *Vénerie royale*, parue en 1655.

Dans le Privilège du roi (Louis XIV), 1654, Robert de Salnove est qualifié « seigneur dudit lieu », et c'est la recherche de ce dit lieu par toute la France qui nous a fait découvrir les erreurs de B. Fillon et enfin trouver la vérité.

Robert de Salnove est originaire de la Brie. Il est né à Sablonnière (canton de Rebais, Seine-et-Marne), où il fut baptisé le 11 décembre 1597 (reg. par. Sablonnière, baptêmes de 1543 à 1632). Il était fils unique de Louis de Salnove et de Marie du Blanchet, dame de Sablonnière.

Le père de Robert de Salnove alla se fixer après son mariage au Mousseau, paroisse de Bassevelle, où il mourut peu après la naissance de son fils Robert.

En 1611, Robert de Salnove entra comme page à la Cour de France sous Louis XIII, et, en 1619, il entra à la Cour de Savoie comme gentilhomme servant de Christine de France; c'est là qu'il connut Guillemette du Tremblay qu'il épousa en 1621, le contrat de mariage ayant été passé le 22 novembre 1621 à Turin. Elle était originaire de Saint-Christophe-du-Luat, (Mayenne) et avait la charge de gouvernante des demoiselles d'honneur de la duchesse de Savoie.

Le 14 février 1624, Robert de Salnove acquérait une gentilhommière entourée de fossés sur la paroisse de Bassevelle. En 1626, il fut nommé écuyer de la duchesse de Savoie, poste qu'il conserva jusqu'en 1637. Sa fille ainée, Marie, naquit le 9 juillet 1628, et sa fille cadette, Anne le 26 avril 1634, à « Salnove », paroisse de Bassevelle. La gentilhommière avait été « créée en fief » par les dames de l'abbaye de Soissons, le 24 avril 1634, et le pigeonnier bâti.

En 1637, Robert de Salnove rentra à la Cour de France avec le titre de lieutenant de la Vénerie pour le loup.

Le 1er juillet 1646, Robert de Salnove démissionnait de sa charge de lieutenant de louveterie en faveur de Salomon du Bellay, seigneur de Montalart, Soizy-aux-Bois et autres lieux, qui épousa Marie de Salnove le 17 juillet 1647. De ce mariage naquirent huit enfants.

La seconde fille de Salnove épousa René Lecocq, seigneur de Villiers, le 5 février 1652, et la seigneurie de Salnove leur fut donnée en dot. René Lecocq devint lieutenant de la Grande Louveterie de France le 3 avril 1652, son beau-frère Salomon du Bellay ayant démissionné en sa faveur. Cette même année, l'épouse de Robert de Salnove mourut dans la gentilhommière de famille, ainsi que l'épouse de René Lecocq. A la suite de ces événements douloureux et de l'insolence des gens de guerre dans cette région, Robert de Salnove se retira, en 1653, à Paris, rue des Rosiers, à l'angle de la rue de Grenelle et publia en 1655 la *Vénerie royale*. Robert de Salnove, étant âgé de soixante-trois ans, épousa en secondes noces Suzanne Bréart en janvier 1659, soit neuf ans avant qu'il mourut.

Le dernier document faisant connaître l'existence de Robert de Salnove est daté du 25 novembre 1669, et la première pièce le mentionnant défunt est un acte du 13 janvier 1670; elle paraît même indiquer qu'il serait mort le 5 janvier 1670.

Il est même probable qu'il est mort chez son gendre, à Salnove, car il est cité comme présent audit lieu le 3 novembre 1669.

Le dernier héritier de Salomon du Bellay possédait le fief de Salnove et mourut laissant comme héritier son tuteur Claude-Charles de Champagne. Salnove devint ensuite propriété du comte Pierre Arnauld de Labriffe, colonel des dragons de la Manche, maréchal de camp et pair de France, qui épousa une demoiselle de Champagne en 1798. Ce sont les ancêtres directs du comte Camille de Labriffe, ancien commandant de cavalerie, aujourd'hui propriétaire du château de Chapton (Marne). La propriété de Salnove fut vendue le 6 août 1920, et sortit ainsi de la famille, et appartient aujourd'hui à un membre de la famille de Gontaut-Biron. En 1831, le pigeonnier, indice de fief, était encore porté sur le plan cadastral. Il a été détruit par un maçon appelé Levistre qui vivait encore en 1910. Le locataire actuel est M. Legrand, maire de Bassevelle. Le principal corps de logis est le seul vestige de l'ancien fief de Salnove à la suite de divers incendies.

L'auteur contemporain le plus intéressant à consulter sur les Salnove de Champagne est M. Paul Pellot qui, dans la *Revue d'Ardennes et d'Argonne*, a publié en 1901 un long Essai sur la famille de Salnove.

L'archiviste de la Vendée, M. Benjamin Fillon, avait placé l'auteur de la *Vénerie royale* dans la famille de Salnove en Poitou. C'était pousser trop loin le patriotisme, et Salnove ne doit pas figurer dans le Dictionnaire des familles du Poitou. C'était un Briard de cette partie de la Brie champenoise appelée jadis Galevesse, puis Galeuse, dont la capitale était Château-Thierry.

L'émule du célèbre veneur poitevin est un compatriote du bon Jean de la Fontaine et d'une célébrité féminine née à Paris, mais dont les parents vivaient de longue date à Nogent-l'Artaud, où elle passa son enfance sous le nom de Jeanne Poisson.

Dans l'édition de Salnove de 1888, Louis Favre évoque les ombres de Jacques du Fouilloux et de Robert de Salnove, et les représente déambulant de nuit par les chenils et les forêts du Poitou. Le mariage de ces ombres est choquant, puisque Robert est mort environ un siècle après du Fouilloux. Un célèbre veneur de la région de Fontenay-le-Comte qui avait le génie des fanfares, feu M. Henri de Fontaine, n'a pas commis cette erreur lorsqu'il a composé les paroles du *Rally-Vendée*. Il évoque la seule ombre du veneur poitevin :

> C'est bien du Fouilloux passant comme une ombre,
> Conduit par la chasse au bois de Vernon.

Il laisse l'ombre de Salnove ailleurs ; elle doit rester en Brie et y deviser gaîment de concert avec celles de La Fontaine et Mme de Pompadour.

III. — ROBERT DE SALNOVE ET LA COUR DE SAVOIE

Robert de Salnove vécut de 1626 à 1637 à la Cour de Savoie. Il était donc à prévoir qu'on trouverait facilement les documents aux Archives d'État à Turin, où sont en dépôt les Archives de la Maison de Savoie.

M. Giovanni Sforza, superintendant aux Archives d'État à Turin, a bien voulu nous envoyer copie : 1° d'une lettre patente en date du 20 juillet 1632 attribuant une pension à Robert de Salnove écuyer de Sa Majesté ; 2° vingt-deux lettres privées écrites par Salnove, à Mme Royale et au duc de Savoie pendant la période 1652 et 1666, deux étant datées de Salnove en 1652 et les

autres de Paris ; 3º des lettres de la duchesse de Savoie concernant Robert de
Salnove ou adressées à lui-même ; 4º l'empreinte de son cachet, dont nous devons la reproduction au soufre à l'obligeance de M. Mario Bori, archiviste
à Turin.

D'après ses lettres, comme par exemple celle du 13 avril 1652, on voit
combien notre auteur est brouillé avec l'orthographe, même pour cette époque.
Ces lettres font connaître les décès de ses enfants. En avril 1655, il envoie à la
duchesse de Savoie son « Livre de chasse », en la priant « quel ne considera
la rudesse du discours que pour en escuser loteur... »

Sa lettre du 9 juin 1656 prouve que M. L. Favre a inventé « le retour en
Poitou » de Robert de Salnove, M. Favre étant le lecteur crédule de M: Benjamin Fillon.

Dans la retraite, il continue à s'intéresser aux chiens et aux chevaux. En
mai 1658 il écrit au duc de Savoie : « Nous avons ajeté vingt chiens beaus et
tous junnes et du poil que les demende V. A. R., étant blanc et les uns mar-
quetées de josne et de gris, et quelque ungs de noir... » En septembre de la
même année, il essaie encore un cheval aux trois allures dans la plaine de
Grenelle pour le duc de Savoie.

Dans sa lettre du 29 octobre 1663, il rend compte au duc de Savoie que
M. de Linière devait se rendre en Angleterre pour acheter quarante ou cinquante chiens pour la Cour de Savoie ; ce déplacement était approuvé par Robert de Salnove, qui avait déjà préconisé l'achat de chiens anglais pouvant
servir à deux fins, prendre une douzaine de cerfs l'été et des lièvres l'hiver.

Enfin Robert de Salnove s'enquérait en 1666 auprès du comte de Les-
trange pour acheter des chiens français, très rares cette année-là à cause de la
peste qui sévissait sur les chiens anglais.

Robert de Salnove était le confident de la duchesse de Savoie, cependant elle lui retira sa pension vers 1658, lors des troubles fomentés par Ri-
chelieu quand Christine prit la Régence, troubles qui aboutirent à la conspi-
ration d'Emmery, ambassadeur de France à Turin, en faveur du prince Thomas de Carignan, soutenu par l'Espagne. La princesse fut exilée en France de
1639 à 1645, date où elle rentra en pleine possession de ses États.

Dans la préface de sa *Vénerie royale*, Salnove s'excuse auprès du lecteur
de sa rudesse de langage et du discours sauvage qu'il a contracté dans les
bois. Reconnaissons la modestie de « loteur » !

Dans les comptes de la Cour de Savoie, outre la signature de Salnove
on trouve son cachet, qui est reproduit sur un projet de testament possédé
par le comte de Labriffe.

IV. — Bibliographie des éditions de la « Vénerie royale »

I. — *La Vénerie royale*, divisée en quatre parties : qui contiennent les chasses
du cerf, du lièvre, du chevreuil, du sanglier, du loup et du renard. Avec
le dénombrement des forest et grands buissons de France, où se doivent
placer les logemens, questes et relais pour y chasser. Dédiée au Roy.
Par Messire Robert de Salnove, conseiller, maistre d'hostel ordinaire de
la Maison du Roy, lieutenant dans la Grande Louveterie de France, es-
cuyer ordinaire de Mme Royale Christine de France, duchesse de Savoye,
et gentil-homme de la chambre de S. A. R. de Savoye. *A Paris, chez Antoine de Sommaville (ou chez André Soubron). Avec privilège du Roy*,
1655, in- 4°.

14 ff. prél. n. ch. (1 f. pour le titre, 2 ff. pour l'épître au roy, 4 ff. pour la préface
et l'avis au lecteur, 6 ff. pour la table des chapitres); 437 pp. de texte; 6 pp. n. ch.
pour la table des forêts; 3 pp. n. ch. pour le privilège et l'achevé d'imprimer; enfin
38 pp. d'une pagination séparée pour le « Dictionnaire des Chasseurs ». Beau frontispice, hors texte, gravé sur cuivre portant au bas : *A Paris, chez Antoine de Sommaville et André Soubron, au Palais, avec privilège du roy*, 1655.
Après la p. 168, se trouve un carton de 2 ff. non compris dans la pagination.
Le recto du premier f. porte « La Vénerie royale »; le verso du même f. et le recto
du f. suivant contiennent une dédicace *A Son Altesse Royale de Savoye*, dans laquelle l'auteur offre à ce personnage la seconde partie de son ouvrage. Au verso du
second f. de ce carton commence la seconde partie de l'ouvrage. Cette page est
chiffrée 168; ce qui fait que le volume a deux pages chiffrées 168, qui sont : la der-
nière de la première partie, et la première de la seconde partie.
Édition originale de ce livre célèbre, destiné dans l'esprit de l'auteur à remplacer la *Vénerie* de du Fouilloux, qui jouissait depuis bientôt cent ans de la faveur universelle, et que Salnove trouvait écrite dans un langage trop libre. Et en
effet l'ouvrage de du Fouilloux qui avait eu près de vingt éditions depuis son appa-
rition, n'a pas été réimprimé en France de 1650 à 1844. Les exemplaires de cette
première édition portent indifféremment le nom de Sommaville ou de Soubron; le
frontispice gravé réunit le nom des deux éditeurs. Toutefois ceux portant la firme
de André Soubron semblent plus rares.

II. — *La Vénerie royale*, divisée en quatre parties... Par Messire Robert de
Salnove... *A Paris, chez Antoine de Sommaville*, 1665. Avec privilège du
Roy, in-4°.

14 ff. prél. n. ch. : 1 f. (frontispice), 1 f. (titre), 2 ff. (Épistre au Roy), 7 pp. (préface), 1 p. (Advis au lecteur), 6 ff. (table des chapitres); 437 pp. ch. pour le texte;
9 pp. n. ch. pour la « Table alphabétique des forêts » et le privilège du roy (Par
une erreur d'imposition les deux premières pages du privilège se trouvent inter-
calées entre la 3ᵉ et la 4ᵉ page de la Table des forêts); 38 pp. (ch. 1 à 38) pour le
« Dictionnaire des Chasseurs ».

Le libellé du titre est exactement le même (sauf la date) que celui de l'édition originale; Antoine de Sommaville est seul éditeur.

Le frontispice est également le même que celui de la première édition. L'éditeur s'est servi de la même planche; il a simplement enlevé les mots « André Soubron » et changé la date.

Un carton de 2 pp. se trouve également entre la première et la seconde partie de l'ouvrage. Les anomalies que nous signalons à ce propos pour la première édition se trouvent reproduites dans celle-ci.

Cette seconde édition est d'ailleurs la réimpression exacte de l'édition de 1655, elle est toutefois mieux imprimée que la première, sur meilleur papier et d'un format un peu plus grand.

III. — *La Vénerie royale*, divisée en deux parties. *Tome premier :* qui contient les chasses du cerf, du lièvre et du chevreuil, et la manière d'élever les chiens pour toutes ces chasses. Ensemble un traité des proprietez qui ce rencontre (*sic*) en chacun de ces animaux. Dédiée au Roy. — *Tome second :* qui contient les chasses du cerf, du loup, du sanglier et du renard, tant en France qu'en Piedmont, avec un traité des remèdes pour les maladies des chiens. Avec le dénombrement des forest et grands buissons de France, où doivent se placer les logements, questes et relais pour y chasser. Dédiée à S. A. R. de Savoye, par Messire Robert de Salnove... *Paris, chez Mille de Beaujeu*, 1672, 2 vol. in-12.

Tome I : 6 ff. prél. n. ch. pour le titre, la dédicace et la préface avec l'avis au lecteur; 279 pp.; 4 ff. n. ch. pour la table des chapitres.

Tome II : 3 ff. n. ch. pour le titre et la dédicace; 1 f. blanc; 259 pp. (les pp. 254 et 255 sont chiffrées par erreur 256 et 257); 5 pp. n. ch. pour la Table des forêts de France; 32 pp. (chiffrées 1 à 32) pour le « Dictionnaire des Chasseurs »; 4 ff. n. ch. pour la table des chapitres.

Cette édition portative est beaucoup plus rare que les précédentes; elle est tout aussi complète.

IV. — *La Vénerie royale*, divisée en quatre parties... par Messire Robert de Salnove... *Paris, librairie centrale d'agriculture. A. Goin, éditeur, s. d.* (1872), in-4°, couv. impr.

xxxvii et 384 pp.

On lit à la fin : « L'impression de cet ouvrage commencée par les soins de M. Charles Godde, directeur du *Journal des Chasseurs*, avec la collaboration de M. Joseph Lavallée, a été terminée le 1er décembre 1872 par Auguste Goin, libraire-éditeur ».

Cette belle réimpression, faite avec beaucoup de soin, a été publiée à 15 francs sur papier ordinaire et 25 francs sur papier fort. Elle a été très rapidement épuisée; c'est ce qui décida l'éditeur Favre à publier l'édition suivante.

V. — *La Vénerie royale*, divisée en quatre parties... par Messire Robert de Salnove... Précédée de la Biographie de Salnove par L. Favre, de la

Chasse au vol avec les petites espèces, et de Notions pratiques de fauconnerie. *Niort, typographie de L. Favre*, 1888, in-4°, couv. impr.

2 ff. n. ch. (faux titre, titre); 3o pp. pour la *Biographie* et la *Chasse au vol*, la
dédicace et la préface; 1 f. n. ch. pour l'advis au lecteur; 26o p.
Il existe des exemplaires sur papier de Hollande. Publié à 20 francs sur papier
ordinaire et 40 francs sur papier de Hollande.

L'ouvrage de Robert de Salnove était célèbre à la fin du xviie siècle;
aussi lui advint-il un jour d'être plagié.

Dans le courant de l'année 1905, un veneur nous invita à venir chez lui
à Paris « pour examiner un ouvrage de vénerie ancien, fort peu connu et
sans nom d'auteur, afin de tâcher de découvrir son nom ».

Il s'agissait tout simplement de « L'Art de toute sorte de chasse et de
pêche ». Lyon, 1719, 2 vol. in-12.

En parcourant cet ouvrage, nous avons vite reconnu des passages entiers
empruntés à la *Vénerie royale* de Robert de Salnove.

Souhart, dans sa *Bibliographie des livres de chasse* (colonne 623), cite les
diverses éditions de cet *Art de la Chasse*, sans désignation de nom d'auteur :
nous ne trouvions rien de plus. Notre veneur est mort sans que nous ayons
pu lui donner les renseignements suivants, dont nous n'avons eu connaissance
que quelques années après, en 1914.

M. Eugène Griselle, licencié ès lettres et lauréat de l'Académie fran-
çaise, à qui nous avons soumis la question en 1914, trouva la réponse dans
les registres de l'abbé Bignon, maître de la librairie et garde de cabinet du
Roy. Au manuscrit français 21942, quatrième et dernier des registres de Bignon, on lit : « N° 1145, l'Art de la Chasse avec celui de guérir les chevaux, les
chiens et les oiseaux, pour un gros in-12 composé et présenté par M. le Chevalier de Mailly, ce 21 décembre 1713. Donné à examiner à M. l'Abbé de Til-
ladet. Approbation signée du 4 janvier 1714. Privilège général pour 8 ans, le
jeudi 10 septembre 1714. Ce privilège a été délivré le 15 mai 1715. »

L'ouvrage du chevalier de Mailly se trouve à la Bibliothèque natio-
nale sous la cote S 12276 et 12277. Il a été composé à l'aide de coupures faites
dans plusieurs ouvrages cynégétiques; en ce qui concerne la *Vénerie royale*
de R. de Salnove, le plagiaire a été si peu scrupuleux qu'il n'a même pas ex-
purgé les passages relatifs au séjour du Piémont du véritable auteur, et qu'il
s'est contenté de remplacer la mention « le Roy Louis le Juste » par « un
prince de nos amis ».

Le chevalier de Mailly reproduit notamment en entier le passage devenu
célèbre que Salnove a consacré au « ton particulier établi par Louis XIII pour

donner advis que le renard est terré ». Faute d'avoir lu ces lignes avec soin,
certains auteurs cynégétiques modernes, trop vaguement renseignés, trop peu
soucieux de vérifier leurs sources, peu avertis sur l'historique de la trompe
de chasse avec l'étendue actuelle dont l'emploi remonte seulement au marquis de Dampierre (août 1723), interprètent ce passage en disant que Louis XIII
a composé la fanfare du renard actuelle.

Le plagiat de l'ouvrage de Salnove est si criant qu'à l'origine nous pen-
sions qu'il avait peut-être été commis par quelques-uns de ses descendants.
C'est ainsi que dès 1905 notre attention s'est trouvée attirée sur Robert de Salnove et les lacunes de sa biographie, maintenant comblées.

Commandant G. DE MAROLLES.

Versailles, 15 août 1928.

CACHET DE ROBERT DE SALNOVE
(Archives d'État de Turin).

2

LA

VÉNERIE ROYALE

AV ROY

IRE, *La Chaſſe eſt vn ſi noble exercice, qu'il eſt preſque le ſeul où les Princes s'adonnent, comme à l'apprentiſſage de la guerre, le plus illuſtre des Arts, & les plus genereux des emplois, où ſe trouuent les meſmes ruſes & les meſmes fatigues; Si bien que le Chaſſeur & le Guerrier ont peu de difference. Les Roys meſmes ſont egallement jaloux des droicts & des ordres de la Chaſſe & de la Guerre; & comme il s'y rencontre de la peine & du plaiſir, ils en iugent abſolument l'exercice royal. A qui pourrois-je donc plus iuſtemeut offrir ce Liure de Chaſſe, qu'au plus grand Roy du Monde, digne Fils du Grand & IVSTE LOVIS, qui ne ceſſoit les trauaux de la Guerre, que pour les reprendre à la Chaſſe; & qui dans l'vn &*

l'autre de ces penibles & violens emplois, a toûjours partagé son repos. Ses preceptes m'ayans appris les leçons que ie vay donner, Ie croy, SIRE, que vous prendrez plaisir aux remarques de toutes les Chasses considérables, que ie tiens de deux si excellens Maistres, HENRY LE GRAND, & LOVIS LE IVSTE, ausquels vostre Majesté succede tres dignement; & qu'à leur exemple, elle ioindra à sa Naissance auguste, leurs vertueuses inclinations. Ie m'estimeray tres heureux & trop bien recompensé de mon trauail, si la lecture en est aussi agreable à vostre Majesté, que l'exercice que i'en ay fait, le fut au feu Roy vostre Pere; Et si i'auois l'honneur d'estre aupres de vous en mesme estime, pour ce que i'ay d'acquis en ce bel Art, ma fortune n'auroit point de prix, voyans vostre Generosité curieuse de ces belles leçons, & portée aux nobles & innocens plaisirs qui se trouuent dans la prattique; vous reposant de temps en temps des affaires de l'Estat, sur les soins de cette grande & admirable Princesse, la Reyne vostre Mere, & sur les conduites & les veilles de vostre Ministre Incomparable. Cependant ie feray des vœux, que vostre Majesté soit comblée dés Benedictions du Ciel; inspirée de m'honorer de ses Commandemens, & persuadée que ie suis, auec vne passion infinie,

SIRE,

    De vostre Majesté,

PREFACE

E grand Roy LOVIS LE IVSTE d'vne me-
moire triomphante, infatiguable aux belles
chofes, n'a peu qu'augmenter la gloire de fes
Predeceffeurs, qui n'ont trauaillé que pour
fon accroiffement en celle de leur Pofterité.
Laquelle auffi s'eft trouuée en ce Monarque
fi grande, & que fon Fils le digne Succeffeur
de fes vertus, maintient auec Iuftice, dans ce fleuriffant Eftat
& par tous les pays de fes Conqueftes. Où le fuiuant au pas, il
fe montre encore curieux du bel Art de la Chaffe, illuftrée
d'vn tel Heros fon Pere, dont les preceptes m'ont efté des leçons, que i'ofe publier, venant d'vn fi grand Maiftre. Si bien
que les regles & les ordres de la Chaffe y font tellement obferuez, dans le temps qu'il faut donner & parler aux chiens que rien
n'y peut manquer; puifque luy feul en a poly les termes, dont
les puiffantes lumieres ont découuert toutes les connoiffances
qu'on peut auoir des Cerfs, par les foins que fa Majefté a voulu
prendre d'aller fouuent les détourner aux bois, & d'y mener les
plus excellens de fa Venerie, pour raifonner auec eux fur toutes
les circonftances d'vn Art fi noble. Il eft bien iufte qu'il con-
duife ma plume en cet Ouurage, ayant eu l'honneur d'auoir
efté nourry fon Page, employé dans fa Venerie & dans la guerre,
trente-cinq ans de fuite; tant aupres de fa Majefté, qu'en Piedmont, par fon commandement, pres de MADAME ROYALLE, fa
fœur, & de Son Alteffe Royale, VICTOR AMEDÉE, le Duc de Sauoye, fon Beau-frere. Leur égale & vertueufe inclination, tant
à la Chaffe qu'à la Guerre, a dignement allié ces deux Princes;

puis qu'aux mefmes emplois ils fembloient n'auoir qu'vn mefme
efprit en deux corps différents. De forte que la Chaffe, qui fait
mon fuiet, a efté de tout temps le diuertiffement des Roys,
des Princes & des Gentils-hommes, & a tenu le premier rang
des plus nobles exercices; Auffi n'eft-il permis qu'aux Gentils-
hommes, par l'adueu des Souuerains, qui pour mettre difference entre leurs plaifirs, fe font referué feulement la Chaffe du
Cerf, pour leur abandonner toutes les autres; honnorans ainfi
la Nobleffe de la participation de leurs diuertiffemens, pour té-
moigner l'eftime qu'ils en font. Mais à prefent, un tel deregle-
ment s'y trouue, que toutes fortes de perfonnes chaffent pluftoft
pour l'vtilité, que pour l'action & le plaifir; d'ou i'apprehende
que cette Chaffe noble, ne deuienne roturiere, & que l'excellence
de cet Art ne fe perde; puifque mefmes les Meutes reglées font
conduites par de ieunes Veneurs, qui s'eftiment habiles de fçauoir
emboucher vn Cor, quand ils fonnent le gros & le grefle, fans
aucune difference ny reglement de tons, ne voulans pas apprendre
les veritables & eftablis de tous temps, pour ne les pas obferuer,
particulierement ceux du Regne de ces deux floriffans Monarques,
HENRY LE GRAND, & LOVIS LE IVSTE, qui donnent vne
parfaite creance aux chiens; puifqu'on leur fait entendre par
ces tons reglez, ce qu'il doiuent executer; & felon l'ancienne
maxime Françoife, qui n'emprunte rien des Eftrangers, dont les
termes ne font pas entendus; eux-mefmes ne les conceuans pas,
où fe connoift leur ignorance. Ce qui m'a fait reffouuenir de
mes premieres inftructions, pour faire renaiftre le bel ordre &
redonner le iour aux beaux termes, dont vfoient ces deux puif-
fants Roys, pour feruir aux plaifirs de leur augufte Succeffeur,
& à tous les Princes & Gentils-hommes, qui après les trauaux
d'vne longue guerre, pourront ioüir auffi longtemps des douceurs
de la Paix; mais non pas fans employ, parce que la Nobleffe
Françoife abhorre l'oifiueté, qu'elle ne peut vaincre plus gene-
reufement que par les illuftres combats de la Chaffe, d'autant
plus recommandable, quand ces beaux termes y feront obferuez,
que i'ay veu prattiquer à plufieurs Princes & Gentils-hommes,

notamment par feu Monfeigneur le Duc de Montbazon, Grand
Veneur de France, qui a fait voir par fa capacité, que HENRY
LE GRAND l'auoit tres-dignement choifi. Et auffi par defunĉts
Meffieurs le Marefchal de Thoyras, de Frontenac, de Beaumont,
de l'Ifle le Roy, de S. Sere, de la Comble, de Griffac, la Mol-
liere, du Mouftier & de Boiselair, lefquels pouuoient en leur
temps paffer pour les plus experts. Nous auons encores à prefent Meffeigneurs le Prince Thomas, de Vandofme, de Metz, le
Prince de Guimené, grand Veneur de France, de Souuré, le Duc
& le Commandeur de Schombert, de la Force, le Duc de fainĉt
Simon, de Trefme, de Vitry, de Seruien, Monfieur le Marquis
de fainĉt Heran, grand Louuetier de France & Meffieurs de
Beaumont qui fuiuans les traces de leurs peres fe font rendus
des meilleurs Chaffeurs. C'eft pourquoy le Roy en a fait choix,
pour luy donner les premiers plaifirs de la Chaffe. Et de Lieute-
nants de fa Venerie, Meffieurs de Rouuray, de Leuarés, de Bo-
niface, de la Roche Bardon, de la Pliffonniere, de Chafteau
Regnaud, & Salomon du Belley, Seigneur de Soify aux Bois, Lieutenant de fa Venerie pour Loup : & le fieur de Bourlon, Trefo-
rier de fa Venerie & fçauant dans la chaffe : & de fous-Lieutenans, Meffieurs de Buade, de Carbiniac & de la Fontaine : & de
Gentils-hommes ordinaires, de fainĉt Rauy, des Prez, de Thury,
de la Prairie, de Poix, de la Roche-Doüart, de Mazancourt, de
Patinoftre, de Piquant, de la Foffe, de Bois-Clerc Fils, & Meffieurs de fainĉt Martin, de Valois & de Fourche, Capitaines des
equipages de chaffes des trois Princes que i'ay nommés cy-deffus. Tous ces excellens hommes dans l'Art, pourront bien voir fi
mes écrits n'enfeignent pas les vrayes connoiffances, les methodes de parler & fonner, & la maniere de bien chaffer. Ils
pourront bien iuger fi mes preceptes & mes aduis font veritables, & les fçauront bien difcerner des frauduleux & imagi-
naires, que ie rapporte fur le fuiet des grandes & hautes chaffes
dont ie traite. Sans doutes qu'ils diront, que les bons ordres que
i'y faits voir, ont efté obferuez de tres-long-temps dans les Veneries & equipages de nos Roys, & aduoüeront que i'exprime net-

tement la façon de tenir les chiens-courans, les limiers & les levriers, pour les fix fortes de chaffes, que ie diuife en fix Traictez:
fçauoir pour Cerf, Lievre, Chevreüil, Loup, Sanglier & Renard.
Et i'efpere que la maniere de chaffer le Cerf en Piedmont, qui
fait la feconde Partie, fera par les connoiffeurs iuftement ap-
prouuée; comme auffi les remedes infaillibles aux maladies des
chiens, dont ie parle vers la fin, auec la briefue inftructiõ des
mots, tons, termes & manieres de fonner & parler; Enfin que la
maniere de peupler les forefts des grandes beftes, dont i'écrits,
ne fera pas méprifée. Quant au denombrement que i'adioufte
des forefts & grands buiffons qui font en France, propres à y forcer & prendre ces beftes, comme des logemens qui s'y feroient
pour le Roy & fa Venerie, s'il y vouloit chaffer, i'en croy le
diuertiffement & la curiofité auffi agreable, & fans contredit, que
le bel ordre qui s'y trouue pour les Queftes & les Relais, dans
les refuites des Cerfs, qui concluent cét Ouurage. Mon cher
Lecteur, fi en voyant cet œuure, mon ftyle de Caualier ne vous
contente, ma profeffion me feruira d'excufe, ne pouuant mieux
eftaller mes penfées auec la rudeffe d'vn langage negligé & d'vn
difcours fauuage, que i'ay contracté dans les bois. Si pourtant
vous auez la moindre inclination au Royal exercice de la Chaffe,
ie fuis affeuré que les belles inftructions que i'en donne, vous
feront fuppleer aux defauts des termes qui les expriment. Lifez-
les donc auec attention, pour en venir à la prattique; & fi vous
en profitez, j'en feray le premier fatisfait, Adieu.

DE LA CHASSE DU CERF

CHASSE DU CERF

DE LA NATURE DES CERFS
ET DES CHIENS COURANTS
POUR LES CHASSER

CHAPITRE PREMIER

Pour cognoiftre le naturel & les qualite₂ du Cerf.

'Il eft vray que le Createur a affujetty au premier des hommes les animaux pour fon diuertiffement, comme au plus accomply de toute la nature; Le mefme Dieu qui nous a donné des Roys, leur a iuftement referué le Cerf, comme la plus parfaite & plus agreable de toutes les beftes, afin que le plaifir en fuft autant precieux à ces Monarques, qu'ils ont fur nous vn legitime afcendant; Auffi eft-ce le diuertiffement qu'ils se referuent fans contredit, & en difpofent abfolument, chacun dans fon humeur; Mais comme celle de nos Roys a toufiours efté augufte & genereufe, auffi ont-ils voulu attaquer cette befte vigoureufe & legere à champ ouuert, & auec chiens courans, pour la forcer & prendre fans furprife, n'apprehendans pas fes forces ny fes rufes; Mais les autres Souuerains n'ont ozé l'entreprendre qu'en lieux fermez & auec auantage, fe feruans de plufieurs chofes furprenantes, comme de lévriers, de panderets, bricolles, arcquebuzes, & arcbaleftres, & fi quelques-vns le chaffent fans fuperche-

rie, ils en ont emprunté la maniere des François, dont le courage & l'efprit feruent d'exemple & de modele à toutes les autres Nations, fi bien
que la Venerie de nos Roys fe peut dire la premiere du monde, dont les
Officiers tres-experts fçauent parfaitement la Chaffe, & connoiffent à
l'œil les inclinations & les proprietez du Cerf que ie puis dire veritables,
& non au iugement de quelques Auteurs qui en difent force chofes ima-
ginaires, entre autres, qu'on fçait l'aage des Cerfs, comme des bœufs &
des vaches par la dent, & que le Cerf fe rajeunit par vn ferpent qu'il
aualle à propos, & qu'apres auoir couru tant qu'il foit tout en eauë, il
renouuelle fes années. Ils s'abufent; l'experience les contredit, parce
qu'il faudroit auoir pris vn Cerf dans lequel vn ferpent fe foit trouué en
eftat de le renouueller, fans luy ronger les inteftins. La chofe eft inouye,
auffi n'en ont-ils rien dit de veritable, ioint que le ferpent a tant de venin qu'il infecteroit tout le monde, bien loin d'en efperer aucune faueur :
Ce n'eft pas que ie doute que le Cerf ne viue fort long-temps par les connoiffances du pied & de la tefte, où la vieilleffe d'vn Cerf fe peut iuger
affeurément, & non pas l'aage, fans fe tromper, mais bien par fa conduite, & le regime de viure qu'il obferue tout admirable dés l'aage de
fept ans, qu'il eft dans fon entiere hauteur du cors & de la tefte, où il
prend la qualité de Cerf de dix cors, qui le difcerne des ieunes Cerfs :
c'eft alors qu'il entre dans vne façon reglée & perpetuelle d'agir & de
viander felon les temps, ce qui paroift aux bois, autant de fois qu'on a
deffein de le détourner; car quand il débuche & releue du fort où il eft
demeuré à la repofée le iour, s'il trouue vn foffé, il en fuit & longe le
bord, tant qu'il ait trouué vn paffage pour le defcendre & le monter, afin
de n'eftre pas obligé de le fauter; & l'ayant monté, il demeure fur le
bord, pour voir fi dans le gagnage qu'il deftine pour fa nuict & fa paf-
ture, il ne découure aucun danger, & s'il y en a, il s'empefchera bien d'y
aller, fans en auoir pris le vent, & n'y ayant rien à craindre, il ira toufiours au pas, ce qui eft aller d'affeurance; & s'approchant des grains, il
choifira les meilleurs, & mangera les friands & les plus tendres à fa
dent, & plus propres à la digeftion, ce qui paroift à fes fumées, quand
elles font deliées & bien mouluës : Il y viande auffi fort pofément, iettant les yeux par tout pour n'eftre pas furpris, & lors qu'il eft repeu, dés
la pointe du iour il fe retire au fort, tant il a de foin qu'il ne foit reconnu, y allant toufiours au pas & d'affeurance. Il y fera fon entrée par
vn chemin ou il puiffe faire quelques rufes & retours, & quelques faux
rembuchemens, auparauant que d'en former vn veritable, pour ofter la
connoiffance du lieu de fon repos, & auparauant il ira dans vne taille
d'vn an ou deux, afin que fi la rozée l'a moüillé, il y puiffe voir le Soleil pour l'effuyer. Il s'y mettra fur le ventre (que nous appellons au ref-

fuy) tant qu'il y feche entierement, pour apres aller dans de plus grands
& vieux taillis fe mettre à la repofée, & y paffer le iour, où il choifira
le plus épais du bois pour fa plus grande feureté, & pour n'eftre pas veu
ny picqué des mouches & des oyfeaux qui le découurent le plus fouuent :
Nous remarquons auffi au Printemps & en Efté, où les Cerfs font pleins
de venaifon, qu'ils s'abftiennent deux ou trois iours de fortir de leurs
demeures, pour aller aux gaignages, ce que nous appellons fe receller,
afin de n'eftre pas prouoquez d'y manger, & ce par forme de diette qui
leur eft tres-profitable, ce qu'ils font mefme dans les païs où ils font conferuez, & n'ont aucune allarme, ce que i'ay plufieurs fois reconnu allant
aux bois. Ils font auffi parfaitement reglez à fe purger toutes les années
au Printemps, par des herbes nouuellement pouffées, qui leur faifans
vn corps neuf, en rêtabliffent la vigueur & la force. Et la preuue en eft
tant plus certaine, que leurs fumées changent de forme en cinq ou six
iours, & que de fermes qu'elles eftoient en crottes de chévre, elles font
liquides & en formes de bouzées de vache, auffi les appellons-nous bouzars, dans cette forme. Ils ont auffi l'induftrie de fe mettre plufieurs enfemble l'Hiuer, & fort proches les vns des autres à la repofée, pour fe
communiquer la chaleur par leur haleine, & en Efté de fe feparer pour
fe mettre plus au frais. Ie ne doute pas auffi qu'eftans indifpofez, la nature ne leur enfeigne quelques fimples pour les guerir : Toutes ces
chofes donnent des conjeétures que le Cerf vit long-temps, joint que fans
accident, il s'en trouue peu de morts; mais d'en fçauoir l'aage precifément, cela ne fe peut, ouy bien de connoiftre s'il eft jeune Cerf, ou Cerf
de dix cors, & vieil Cerf, qui font les termes pour les bien difcerner, &
en mieux connoiftre l'aage.

CHAPITRE SECOND

Des proprietez qui fe rencontrent dans le Cerf.

LE Cerf n'eft pas feulement propre pour le plaifir de l'homme; mais
il luy eft auffi neceffaire pour remedier à fes infirmitez, puis qu'il fe
treuue en luy forces chofes tres-cordialles & fortifiantes : comme au milieu de fon cœur, il fe rencontre vn os vn peu plat & prefque en forme
de Croix, auffi l'appelle-t'on vulgairement Croix de Cerf : il eft long
comme la moitié du petit doigt, plus ou moins, à proportion de l'aage
& grandeur des Cerfs. Il y en a qui difent que tuant vn Cerf le iour de
Sainéte-Croix, cet os fe void en porter la figure, ce que pourtant ie n'ay

pas veu. De cet os nouuellement tiré du cœur, il faut ofter toute la chair, afin qu'il en feche pluftoft & qu'il s'en garde mieux, pour au befoin le mettre en poudre, laquelle vous pourrez infufer dans la Maluoifie, ou bon vin blanc, vn demy verre feulement, que vous ferez prendre aux femmes qui feront en perilleux trauail d'enfant, pour les en faire deliurer : Cette poudre eft bonne auffi aux fiévres malignes & pourpreufes, la prenant dans vne eau cordialle.

Le premier bois que porte vn Cerf, que nous appellons les dagues, par où commencent les deux perches, font auffi tres-cordialles, & font le mefme effet que le bois de la Lycorne : on en peut râper pour mettre dans des boüillons que l'on donne à ceux qui ont la fiévre, où on croid de la malignité : l'on peut auffi mettre la dague entiere, fi on ne la peut râper, dans vn coquemar, & en faire de la ptifanne, qui fera le mefme effet.

Le bois nouueau pouffé du Cerf, lors qu'il eft encore mol & couuert d'vne peau veluë, eft propre à en tirer de l'eauë par l'allembic, apres que vous l'aurez coupé par roüelles, & de l'eauë qui en prouiendra, vous en pourrez donner trois doigts dans vn verre, aux perfonnes qui auront la pleurefie & fiévre maligne, & mefme à ceux qui auront la rougeole & la petite verole.

Il s'y fait auffi vne diftillation qui coule des yeux du Cerf dans deux fentes qui font au deffous (que nous appellons larmieres) laquelle s'y arrefte & s'y époiffit en forme d'vnguent de couleur iaunaftre, ce que nous nommons larmes de Cerf, qui font tres-fouueraines pour les femmes qui ont le mal de Mere, delayées & prifes dans du vin blanc, ou dans de l'eau de Chardon benit : elles feruent auffi pour le mal Caducq.

La moüelle tirée des os du Cerf, eft tres-fouueraine pour fortifier & confolider les parties debilitées par ruptures, ou fluxions froides, pouruu que l'on excepte la faifon que les Cerfs font au Rut, & quelque temps apres, à caufe qu'en ce temps ladite moüelle eft rouge, & pluftoft de fang que de moüelle, & iufques à ce qu'elle foit redeuenuë blanche & ferme, comme elle eftoit auparauant, elle n'a aucune vertu : Pour s'en feruir, il faut caffer les os & en tirer la moüelle, & apres la mettre tremper douze heures dans de l'eauë frefche, afin de la rendre plus belle & plus blanche, & lors qu'elle fera fonduë, vous la mettrez en petits pains pour la pouuoir plus commodement difperfer; Et pour en vfer, il faut la mettre auec autant de beurre frez que vous ferez fondre enfemble, pour corriger fon extréme chaleur, & apres vous en frotterez la partie bleffée, puis vous mettrez vn linge chaud deffus. Le fuif fe peut apprefter, fondre & appliquer de la mefme façon, horfmis qu'il n'eft pas befoin d'y mettre du beurre, à caufe qu'il n'a pas la mefme chaleur que

la moüelle, ayant neantmoins la mefme vertu, outre que le nerf du Cerf
a vne telle proprieté qu'il guerit le flux de fang, apres l'auoir leué &
mis tremper dans du fort vinaigre, deux fois vingt-quatre heures, pour
le faire fecher au four, iufques à ce qu'il fe puiffe mettre en poudre afin
de s'en feruir au befoin, de laquelle poudre vous mettrez le poids d'vn
efcu dans vn bon demy verre d'eauë rofe & de plantin, que vous ferez
prendre aux perfonnes qui auront le flux de fang.

CHAPITRE III

Du Rut des Cerfs.

Dans ce prefent Chapitre ie parleray du Rut des Cerfs, felon la veritable connoiffance que i'en ay, fans confiderer ceux qui en ont
écrit, puis qu'ils en difent force chofes qui font vaines & fuperfluës, &
où il y a auffi peu d'apparence de verité qu'au fubiet du premier Chapitre. Ie diray donc que les vieux Cerfs, Cerfs de dix cors, & de dix cors
ieunement entrent en chaleur au commencement du mois de Septembre,
quelquesfois pluftoft de fix ou huict iours, & quelquesfois plus tard : ce
qui depend du temps qu'il aura fait dans le mois d'Aouft : car s'il y a eu
de grandes chaleurs, elles feront éleuer des broüillards dans les premiers iours de Septembre, qui feront aduancer la chaleur & le Rut des
Cerfs, à caufe que ces broüillards épais & vn peu froids font refferrer
leurs pôres & empefchent l'exhalaifon de la chaleur qui eft en eux caufée par leur plenitude & la difpofition de la chaleur étrangere qui leur
doit furuenir dans ce temps, à caufe du Rut. Ce qui eft à proprement
parler l'Amour des Cerfs, & qui dans fon principe a du rapport à celuy
des hommes, puis qu'il leur prend par vne melancholie qui interdit leur
conduite ordinaire & les oblige infenfiblement à marcher iour & nuict,
la tefte baffe, ce que nous appellons Mufer, fans s'arrefter dans les chemins & campagnes, où ils ne vont pas de iour dans les autres temps,
s'ils n'y font contraints, & encores c'eft en fuyans, pour n'eftre pas apperceus des hommes; Mais quand ils ont cette fantaifie, ils ne les connoiffent plus, puis que lors qu'ils les rencontrent; ils ne leur quittent le
chemin qu'auec peine, & quelquesfois ne le font pas, tant ils font preoccupez de cette humeur melancholique, iufques à les rendre furieux, en
forte qu'ils ont choqué & bleffé des hommes qui leur fembloient fe vouloir oppofer à leur deffein : Cette humeur mauuaife & cette inclination
à porter la tefte baffe, leur dure ordinairement cinq ou fix iours, &

apres la forte chaleur du Rut leur vient, qui les porte à ce qu'ils fou-
haittent : ce qui les oblige a aller chercher les Biches, & apres les auoir
trouuées, ils les courent & tourmentent auparauant que d'en pouuoir
ioüir, & leur grand Rut commence & continuë pour les Cerfs que i'ay
nommez, tant qu'ils foient pleinement fatisfaits, & peu de temps apres,
les ieunes Cerfs commencent leur Rut & fe contentent des mefmes
Biches, en l'abfence de ces vieux Cerfs. Le plus grand fort du Rut fe tient
ordinairement depuis les quatre heures apres midy iufques au lendemain
neuf heures du matin, où il fe fait des combats fi furieux, qu'il s'y en
bleffe & tuë bien fouuent, & quelquesfois entremeflent leurs teftes, fans
les pouuoir dégager; Ce qui a efté conneu, pour en avoir trouué les
corps mangez des Loups, dans la Foreft de Fontainebelleau, dont les
teftes ont efté apportées par les Gardes, & mifes dans la gallerie du
Chafteau, où elles font encores auiourd'huy liées enfemble. Quand les
Cerfs ont gaigné les Biches, ils continuent leur Rut au milieu des Forefts où il y a le moins d'ombre, c'eft deuers ces lieux que les Cerfs
chaffent les Biches de leurs teftes, fi l'amour ne les y porte, afin de les
mieux voir & d'en eftre les Maiftres; Mais fi par mal-heur au Cerf, il en
vient vn pareil à luy, ce qui arriue tres-fouuent, il faut qu'il le combatte
& qu'il s'en rende le vainqueur, et fi d'autres ont veu le combat, bien
qu'ils foient auffi grands Cerfs que luy & qu'ils euffent eu auparauant
deffein de lui difputer fes Maiftreffes, ils luy en laiffent la pleine ïouif-
fance & en cherchent d'ailleurs : au moins n'en aborderont-ils pas qu'il
n'en foit éloigné; & alors s'en approchans auec furie, ils s'en contente-
ront & s'en retireront au plus vifte, de la peur qu'ils auront du retour du
vainqueur, & apres ils iront aux mares & aux ruiffeaux, fe mettre fur
le ventre pour s'y raffrefchir, où ils y grattent du pied, iettant la bourbe
çà & là, dans la furie où ils font, & afin qu'ils y puiffent eftre plus auant,
& y auoir plus de frefcheur; & lors qu'ils en font fortis, ils donnent encores de la tefte en terre, en la iettans par deffus eux, crians & beuglans
(ce qu'on appelle Reer en vray terme) de toute leur force; c'eft où l'on
peut connoiftre & difcerner les Cerfs de dix cors d'auec les ieunes Cerfs.
parce que le Cerf de dix cors Rée plus gros, a la voix plus groffe & moins
éclattante que celle du ieune Cerf : le Cerf de dix cors ne Rée pas auffi
fi fouuent, ny fi long-temps : Il y a auffi vne particuliere connoiffance
qui les fait difcerner, lors qu'ils donnent de la tefte en terre, puis que le
Cerf de dix cors y donne bien auant, & la remuë de telle forte que vous
iugeriez d'abord & auparauant que d'en auoir reueu du pied, que ce feroit des Boutis de Sanglier; mais le ieune Cerf ne donne en terre que
du bout des Andoüillers & n'en emporte que la fuperficie; ils donnent
auffi de la tefte dans les fpées; qui eft vn rejeéd de deux ou trois ans, &

y fracaffent & rompent le bois, particulierement les Cerfs de dix cors :
c'eft ce que nous appellons Hardois, mais les ieunes n'en font qu'écorcher la peau : L'on peut auffi connoiftre quand vn Cerf a deffein de quitter les Biches, par l'entendre Raire, finiffant en cela comme il a commencé, en reant plus bas & plus court ; C'eft ce que l'on entend pluftoft
des Cerfs de dix cors, qui finiffent auffi comme ils ont commencé, puis
que ce font les premiers en chaleur, dont le Rut dure enuiron trois fepmaines, y comprenant tout ce que i'en ay dit : car leur plus grande chaleur ne dure que quinze ou feize iours ; & quand ils ont quitté les Biches,
les ieunes Cerfs en prennent poffeffion, leur Rut ne dure que douze ou
quinze iours au plus, à caufe qu'ils ont defia donné aux beftes par échap-
pées, tellement que le Rut des Cerfs de dix cors & des ieunes Cerfs ne
peut durer qu'enuiron cinq fepmaines, fi ce n'eft de quelques bien
ieunes Cerfs à leur premiere & feconde tefte : Les Cerfs font plus furieux & dangereux en cette faifon pour les hommes & auffi pour les
chiens, particulierement lors qu'ils tiennent les abois, ce qui doit obliger le Chaffeur d'aller à eux auec aduantage & prudence, pour leur donner le coup d'épée, qui doit eftre au deffaut de l'épaule, afin de luy trouuer le cœur, on luy doit, au moins couper les iarrets ; il ne faut iamais
attaquer vn Cerf par la tefte : car il ne manqueroit pas de vous choc-
quer ; vous ne deuez pas auffi expofer de ieunes chiens, qui n'ont pas
l'addreffe de fe pouuoir efquiuer d'vn Cerf, lors qu'il vient à eux : ioinct
que la mauuaife & puante fenteur qu'a le Cerf en ce temps, les empefcheroit de le chaffer, laquelle odeur eft caufée par la chaleur qu'ils ont fi
grande, qu'elle leur fait noircir le poil au col & fous le ventre, & mefme
leur fait enfler le col & les dintiers.

CHAPITRE IV

Des lieux où fe retirent les Cerfs apres le Rut.

AVssi-tost que les Cerfs ont quitté le Rut, & qu'ils ont repris leur
premiere conduite, ils fe retirent aux fonds des Forefts, pour y eftre
plus à couuert du froid & du fafcheux temps de l'Hyuer, où ils trouuent
vn grand changement, puis qu'auparauant le Rut ils eftoient dans de
beaux buiffons aux accus & confins des forefts, où il auoient les gaignages à commandement & à choifir ; Mais dans ces fonds de Forefts,
il n'y peut auoir que quelques glands, que les Sangliers & les Pourceaux n'auront pû manger, & des feüilles de Ronciers que la gelée n'aura

pas encores fait mourir, ou fi par bon-heur pour eux, il s'y rencontre
quelque fource où il y aura du Creffon, & quelques autres herbes qui
s'y conferuent tout l'Hyuer, à caufe de la chaleur des eaux & aux terres
en frifche, pour y manger la pointe de la bruyere, comme aux taillis
coupez de l'année : c'eft toute la nourriture qu'ils peuuent efperer pendant cette fafcheufe faifon, ce qui n'eft pas capable de remplir leur peau,
bien au contraire : car il n'eft pas conceuable qu'vn Cerf de dix cors, qui
aura eu auparauant fon Rut quatre doigts de venaifon fur le cimier &
à proportion en tout le refte de fon corps, n'ait pas feulement perdu
toute cette venaifon, mais encores beaucoup de fa chair, & cela en trois
fepmaines de fon Rut, & lors que le mois de Decembre eft venu, où
commencent les grands froids, les Cerfs s'attrouppent naturellement,
& par le mefme inftinct ils fe choififfent afin d'eftre plus proportionnés
de taille & d'aage, ce qui fait qu'ils fe fouffrent plus facilement, fe mettans les vieux Cerfs & ceux de dix cors, & quelques-vns de dix cors ieunement enfemble, & ceux qui font au deffous de cét aage, encores enfemble, horfmis les Daguets & quelques-vns qui n'ont encores que le
fecond bois, qui demeurent auec les Biches, lefquelles fe mettent auffi
en hardes, faifant trouppe auec eux, c'eft ce qui fe void tous les Hyuers.
Ce qui fait connoiftre par années, fi l'Hyuer fera fort ou moderé : car
s'il doit eftre fort, vous les verrez en plus grande troupe : Nous connoiffons auffi lors que nous allons exercer nos ieunes limiers & que nous
les lançons, que la nature leur enfeigne, dans l'Hyuer, de fe mettre fort
proche les vns des autres à la repofée, encore qu'ils foient quantité enfemble, pour fe communiquer d'autant plus la chaleur, & qu'en Efté,
ils fe feparent pour mieux fe raffrefchir; mais en Hyuer, ils ont l'inftinct de choifir vn lieu le plus fec, & encores d'attirer des feüilles auec
leurs pieds, pour mettre au lieu où ils veulent repofer. Le Seigneur du
Foüillou fait voir par fes écrits, qu'il auoit peu prattiqué les chofes dont
ie parle, & entr'autres des changemens de païs que font les Cerfs en
leurs viandis & façons de faire leurs nuicts, quand il dit qu'ils en
changent douze fois l'année, puis qu'il ne fe trompe en cét article que
de huict : car les Cerfs ne changent que quatre fois de païs & de fortes
de viandis, & par confequent de façons de faire leurs nuicts, attendu
qu'ils demeurent tout l'Hyuer dans des fonds de Forefts & de grands
païs de bois, où ils ne viuent tout ce temps, que des chofes que i'ay dites
cy-deffus; & au Printemps ils vont aux buiffons, bords & accus de
grands païs, pour les nouueaux viandis qui lors y pouffent, & dans les
bois coupez de l'Hyuer auparauant, comme aux feigles & bleds, pois,
febues & autres menus grains : ces Cerfs demeurent tout l'Efté dans ces
buiffons, ou s'ils les quittent, c'eft pour aller en d'autres de mefme na-

ture, & n'y peuuent auoir d'autres viandis que ceux que ie viens de dire :
Neantmoins il y a quelques changemens, attendu qu'eſtant plus aduan-
cez, ils ſont plus durs : ce qui peut faire diſcerner l'Eſté d'auec le Printemps : Et dans l'Automne, ils ſe r'approchent des grands païs pour y
trouuer les Biches & donner au Rut; leurs viandis ſont alors des Regains qui viennent dans les chaumes d'auoyne & dans les prez & encores aux plus tendres des bois pouſſez de l'année. C'eſt là, ſans aucun
contredit, les païs & les viandis où vont les Cerfs tous les ans.

CHAPITRE V

De la ſaiſon que les Cerfs muent, & mettent bas leurs teſtes.

LEs Cerfs apres auoir ſouffert la rigueur de l'Hiuer, & qu'ils ſentent
à la my-Février, ou au commencement de Mars, que le temps commence à s'adoucir, ils ſe ſeparent, ou au moins ils ne demeurent que
deux ou trois enſemble, pour aller aux buiſſons qui leur ſont connus, y
mettre bas leurs teſtes, la pouſſer & la faire plus belle, à cauſe des bons
viandis qu'ils y auront le Printemps & l'Eſté, comme i'ay dit. Ie ne
pretens pas icy parler que des vieux Cerfs, des Cerfs de dix cors, & de
dix cors jeunement, car les ieunes Cerfs ſe°contentent de s'éloigner ſeulement du milieu de la Foreſt où ils auront eſté tout l'Hiuer, pour s'approcher des gaignages qui ſont aux riues & accus des Foreſts pour y
mettre bas, joint que dans cette ſaiſon les Cerfs ayment la ſolitude & le
repos, à cauſe qu'ils ſe ſentent encores du trauail qu'ils ont eu dans leur
Rut, & de la mauuaiſe nourriture qu'ils ont priſe dans l'Hiuer, outre
l'inquietude qu'ils ont, lorsque leur bois s'ebranle & veut tomber, ce
qui leur fait perdre, pour quelques iours, le repos, par des vers qui ſe
ſont engendrez l'Hiuer entre cuir & chair : Mais comme ces vers ne
ſont produits que par la deffaillance de la nature, cauſée par la mauuaiſe
nourriture & le fâcheux temps de l'Hiuer, ie peux dire que la meſme
nature eſtant fortifiée par l'air & les nourritures de la nouuelle ſaiſon,
chaſſe ces vers, puis qu'ils ne peuuent ſubſiſter que dans l'humeur cor-
rompuë, & lors ils ſont obligez de partir du lieu où ils ont eſté tout
l'Hiuer : Neantmoins leur diligence & leur ſortie dépendent du beau ou
mauuais temps qu'il ſera en cette ſaiſon qui les peut auancer ou retarder, & en ſe retirant, ils ſe coulent entre cuir & chair, conduits par
l'ordre de la nature qui les fait aller le long du col iuſques au deſſus du
Maſſacre, qui eſt à proprement parler la teſte du Cerf, mais on luy a oſté

ce nom pour le donner aux cornes qu'elle pouſſe, afin d'y mettre l'agréement entier, & en rendre le terme plus beau, & lors que ces vers ſont entre le Maſſacre & la teſte, c'eſt à dire le bois, ils s'y arreſtent pour y trauailler, iuſques à ce qu'ils ayent rongé & decerné la teſte d'auec le Maſſacre, ce qui ne ſe peut faire, ſans que le Cerf en ait du reſſentiment, qui eſt pluſtoſt vne demangeaiſon qu'vne douleur, ce qui l'oblige à ſecoüer ſouuent la teſte, & à ſe la frotter dans des ſpées & à de petits arbres que l'on appelle balliueaux, & de donner auſſi quelquesfois des Audouillers en terre. Toutes ces choſes excitent & aydent à faire tomber pluſtoſt leur bois, ce qui ne ſe peut auant que les vers ayent conſolidé & purifié la playe par vne vertu ſecrette que la nature leur donne. Ce qu'ayant fait, la teſte tombe à terre, & auſſi-toſt les vers, mais non pas comme le pretendent ceux qui en ont écrit, diſans que les deux coſtez tombent en meſme temps, & qu'il y en a vn qui ne ſe trouue iamais, à cauſe qu'ils veulent que le Cerf l'enterre, faiſans connoiſtre par ce diſcours qu'ils n'ont eu aucune pratique dans la Chaſſe ; mais ſeulement ils ont veu apporter vne Muë, qui eſt vn des coſtez de la teſte du Cerf, par quelqu'vn qui eſtoit auſſi mauuais Chaſſeur qu'eux, qui ne leur aura pû dire que l'on ne trouue que tres-rarement, les deux coſtez de la teſte d'vn Cerf en vn meſme lieu, à cause qu'ils ne mettent pas bas leurs teſtes en vn meſme temps, & qu'ordinairement il ſe void des Cerfs en cette ſaiſon n'auoir qu'vn coſté de teſte, ce que i'ay veu pluſieurs fois deuant les chiens, & la mettre bas en courant, & i'ay veu laiſſer courre des Cerfs qui auoient leur teſte entiere en fuyant, en mettre bas vn coſté, & prendre le Cerf auec l'autre, & d'autres qui tomboient entierement, eſtans courus. Cette teſte eſtant tombée, il ſe forme ſur le Maſſacre, c'eſt à dire la teſte, vne peau déliée qui eſt couuerte de poil d'vn gris de ſouris qui s'augmente lors que les meules ſe forment & ſe groſſiſſent, qui eſt la tige de la teſte, ce qui ſe fait en cinq ou ſix iours, C'eſt ſous cette peau que la teſte ſe forme, & qu'elle augmente en peu de temps, pourueu que le Cerf qui la porte, ſoit dans un païs fertile, & qu'il ſoit conſerué de toutes les choſes qui luy peuuent donner de la crainte, puiſque c'eſt ce qui fait les belles teſtes. Les vieux Cerfs & Cerfs de dix cors, & de dix cors ieunement, qui ſont ceux qui mettent bas les premiers, le font preſque en vn meſme temps, ou à peu de iours les vns des autres, pourueu qu'ils ſoient tous dans vne meſme ſanté & meſme force, car celuy dans lequel il ſe rencontre plus de vigueur, c'eſt luy qui met bas le premier, comme i'ay veu, & pluſieurs autres auſſi bien que moy : Vn Cerf de dix cors ieunement qui auoit mis bas l'onzième Ianuier en l'année mil ſix cens quarante, ayant les meules recouuertes que ie laiſſay courre deuant ce Grand Roy Louys le Iuſte de tres-illuſtre

memoire, au bois de la Selle pres S. Cloud, cet auancement extraordinaire à mettre bas fit douter, à la premiere fois que le Cerf nous parut,
que ce ne fuſt vne Biche, ioint que c'eſtoit dans vn païs où elles ont le
corſage tres-grand, ce qui neantmoins ne m'empeſcha pas de le faire
donner aux chiens, apres en auoir reueu du pied, de la iambe & des os,
& conſideré ſes connoiſſances, & en auoir obtenu la permiſſion du Grand
Veneur, ſelon l'ordre étably de tout temps, qui eſtoit lors ſeu Monſeigneur le Duc de Montbazon, qui pourtant ne me le permit qu'apres
l'auoir demandé au Roy, encores qu'il le puſt par l'autorité de ſa charge
& de ſa capacité, luy ayant fait reuoir les connoiſſances du Cerf que i'ay
dites, & i'ozeray auancer à ſa gloire que dans vne occaſion ſi douteuſe,
ſçachant bien que le laiſſer courre, en appartenoit à celuy qui en auoit
deffait la nuit, il auoit raiſon de ne le pas entreprendre ſans l'ordre du
Roy, pour ne pas répondre de l'euenement, apres quoy ie le donnay aux
chiens, & peu de temps apres, il débucha de ce buiſſon, & alla au bois
de S. Cloud où il luy fut donné vn relais, & de là il alla aux tailles de
Merly, où le Roy auoit enuoyé la vieille Meute, qui luy fut donnée dans
le bon & ancien ordre, apres que les premiers chiens de la Meute furent
paſſez, auquel païs le Cerf ſe méla pluſieurs fois auec d'autres Cerfs, où
les chiens le maintinrent par vne ſageſſe admirable, & le contraignirent
de ſortir des tailles de Merly, pour aller à la vallée du gros Houſt : Mais
comme ce bruit de Biche continuoit, & que la creance en eſtoit demeu-
rée à pluſieurs, cela obligea ceux qui eſtoient à la Chaſſe, de s'écarter à
droit & à gauche, pour dans quelque rencontre le pouuoir voir de pres,
afin d'en faire vn aſſeuré iugement : ce qui arriua heureuſement au Roy,
comme au plus capable, qui s'eſtoit mis à couuert d'vne haye dans le
détroit, qui eſt entre les tailles de Merly & la vallée du gros Houſt, où
le Cerf vint s'arreſter à dix pas du Roy, & luy donner le temps de le conſiderer, & de pouuoir le regarder entre les aureilles, où il luy veit les
Meules recouuertes, ce qui confirma l'opinion que ſa Majeſté auoit euë
que c'eſtoit vn Cerf en le voyant fuir & venant à elle : ce qui ſe peut connoiſtre de ceux qui ont vne parfaite prattique dans la Chaſſe ; puis qu'vn
Cerf court & fuit auec l'égalité, portant ſa teſte à proportion du corps,
& non pas la Biche, qui la porte touſiours leuée, en trottant auſſi touſiours les iambes leuées comme vn Cheual échappé. Ces remarques & la
veuë qu'en eut ce grand Roy, lors qu'il eſtoit arreſté, obligerent ſa Majeſté à crier *Tayoo* & à ſonner de ſon Cor du greſle, ce que l'on doit faire
quand on void le Cerf de la Meute ; Sa Majeſté eut auſſi la bonté d'attendre que les chiens fuſſent venus que ie ſuiuois, pour me dire que
c'eſtoit aſſeurément vn Cerf, ce qui r'aſſeura toute la ſuite, qui negli-
geoit de ſe ſeruir du Cor, en le laiſſant ſur le coſté iuſques-là ; mais de-

puis l'on vid chaffer auec grand bruit, ce qui fit changer le deffein qu'auoit le Cerf, d'aller à la vallée du Gros Houft & de retrourner dans les Taillis de Merly, où il fut encores chaffé & relancé plufieurs fois, & pris à trois quarts-d'heures de-là. Ie ne voudrois pas que le Lecteur creuft que ce qui m'a fait dire le particulier de cette Chaffe, procedaft de vanité, ne l'ayant fait que pour donner exemple & aduis à ceux qui exerceront le Meftier dorefnauant, de ne fe pas eftonner en pareille occafion. Apres pourtant auoir meurement confidéré toutes les connoiffances pour demeurer fermes, hardis & refolus dans l'opinion qu'ils auront prife : car à ce Meftier, il ne faut pas eftre timide ny trop chaud, ie reprend mon fubjet pour vous dire qu'apres que cette peau a couuert les Meules, où commence la tefte du Cerf, s'il a les viandis bons & à commandement, fa tefte aura pouffé à quinze iours de-là, demy pied de reuenu, ou les premiers Andoüillers feront de quatre doigts de long, alors elle fe peut dire porter quatre, & à autres quinze iours de-là, le Marain fera allongé d'autant ou quelque peu plus, ou il y aura des feconds Andoüillers qui pourront auoir trois doigts de long & les premiers augmentez d'autant : alors la tefte fe pourra dire porter fix bien femez, elle continuëra de mefme à proportion de temps, iufques à ce que la Nature ait fait ce qu'elle fera dans l'année en cette tefte, puis qu'elle peut eftre dorefnauant augmentée aux ieunes Cerfs de groffeur & hauteur, & aux Cerfs de dix cors augmentée ou diminuée feulement d'Andoüillers. I'ay toufiours remarqué que dans la my-May, les Cerfs de dix cors & de dix cors ieunement, auoient pouffé à demy leurs teftes, & tout à fait à la fin du mois de Iuillet, & les ieunes Cerfs dans le huictiéme ou dixiéme du mois d'Aouft, encores que bien fouuent ils ne mettent bas leurs teftes que trois fepmaines apres les Cerfs de dix cors, & par confequent ne commencent pas fi-toft à la pouffer : Mais auffi ils n'ont pas vn fi gros & fi long bois à faire, ce qui fait qu'ils ne laiffent de l'auoir acheué huict ou dix iours apres.

CHAPITRE VI

De la faifon & du temps que les Cerfs touchent aux bois.
Comme cela fe fait, & auffi comme ils bruniffent leurs teftes.

LEs Cerfs apres auoir pouffé leur tefte, & qu'elle eft tout à fait dure, la Nature leur enfeigne encores ce qu'il faut faire pour ofter cette peau veluë qui la couure, afin qu'elle en foit plus belle & plus parfaite,

leur faifant connoiftre, pour y mieux reüffir et auec plus de facilité, que
c'eft au bois qu'ils doiuent la frotter : ce qu'ils ne font pas d'abord, fans
quelque repugnance, par la crainte qu'ils ont de s'y faire mal, puis que
iufques-là elle a efté molle, & par confequent fenfible à la douleur, s'en
eftans apperceus quand quelque branche dure & feiche leur a touché;
Neantmoins ils obeïffent à la Nature, en s'effayans dans des Spées ou
Taillis d'vn an ou deux, où ils choififfent le bois qui eft le plus vni & le
plus aifé à plier, comme de la Marcelée, de la Coudre ou du Saule; c'eft
ce que nous appellons Hardoüers : Et apres qu'ils ont conneu par cet
effay, que leur tefte n'eft plus fenfible à aucune douleur, ils fe la vont
frotter aux plus petits Balliueaux qui ont efté referuez dans les Taillis
coupez de l'Hyuer auparauant, qui font les plus aifez à plier, n'ayans
pas encores la hardieffe de s'attaquer aux plus gros, comme ils feront à
fix ou huiſt iours de-là : Ces feconds fe doiuent appeller Freouers, aufquels vous ne pouuez auoir autre connoiffance, que pour eftre affeuré
que c'eft vn Cerf que vous fuiuez & non pas vne Biche, à caufe que le
iugement en matiere de Freouers, ne peut feruir que pour connoiftre la
grandeur du corfage du Cerf, & de la hauteur & cheuilleure de fa tefte :
& fi les bouts des Andoüillers en font gros : & pour le fçauoir, il faut
qu'vn Cerf donne à du bois qui refifte & ne plie pas, puis qu'eftant plié,
il fe peut frotter iufques au bout & le mettre à terre : Ce font les Cerfs
de dix cors & de dix cors ieunement, de qui l'on peut tirer plus parfaitement ces connoiffances, à caufe que ce font eux qui donnent aux gros
Balliueaux qui refiftent : ce que ne font pas les ieunes Cerfs, n'en ayans
pas encores la force, tellement que la faifon eftant venuë que les Cerfs
de dix cors touchent au bois & font ces gros Fréouers, vous pouuez eftre
affeuré qu'ils font vieux Cerfs, quand vous les trouuez ainfi, ou vous
pouuez difcerner les Cerfs de dix cors ieunement d'auec les Cerfs de dix
cors, & les vieux Cerfs, qui font ceux qui font toufiours les plus gros
Fréouers & qui donnent des Andoüillers plus auant dans le bois, qui
ont auffi les bouts des Andoüillers plus gros : car pour la hauteur & la
cheuillure de la tefte, cela eft affez incertain, a caufe qu'ils font fubjets à
changer tous les ans, pour les raifons que i'ay dites : ce n'eft pas que
quand cela s'y rencontre, la connoiffance n'en foit plus affeurée : &
lors que les Cerfs ont tout à fait ofté cette peau de deffus leur tefte &
qu'ils l'ont nettoyée du fang qui y refte, alors elle paroift blanche :
neantmoins cette couleur ne leur agrée pas encore; mais pluftoft
comme ie croy, leur donne de la crainte, leur faifant croire qu'ils en feront
découuerts plus facilement : Et pour la changer de couleur, afin qu'elle
paroiffe moins, les vns la vont frotter dans les places où l'on a fait du
charbon, ce qui la rend de couleur noiraftre & brune : c'eft auffi ce que

nous appellons brunir : & les autres la vont frotter dans des terres rouges, d'où ils empruntent en quelque chofe la couleur, & quelques autres à des terres glaifes, ce qui les rend de couleur gris plombé.

CHAPITRE VII

De l'ordre qui fe doit obferuer par les Veneurs, lors qu'ils apportent le premier Fréoüer à l'Affemblée, pour en obtenir le prefent du Roy.

IL s'eft de tout temps pratiqué dans la Venerie de nos Roys, qu'à ce- luy qui trouue & apporte le premier Fréoüer à l'Affemblée où eft le Roy, où qu'elle foit eftablie par fon ordre, pourueu qu'il laiffe courre le Cerf qui aura fait ledit Fréoüer, il eft donné vn prefent par le Roy, qui doit eftre aux Gentils-hommes de la Venerie, d'vn Cheual, & au va- let de Limier d'vn habit; Il femble que cette couflume fe doit maintenir pluftoft par la grandeur de nos Souuerains que pour l'intereft de leurs Veneurs, puis qu'en ce faifant, ils font voir à tous les autres Princes que la generofité regne dans toutes leurs actions & dans vn Reiglement in- commutable. & qu'ils veulent auffi que celuy qui en pretend le bien- fait, ne le puiffe qu'auparauant il n'ait obferué ponctuellement les regles & formalitez qui font établies de tout temps pour cela; Et pour y par- uenir, il faut qu'apres que le Roy aura fait élection du lieu où il veut courre le Cerf, & qu'il en ait defigné le iour, qu'en fuite les queftes en foient feparées & données aux Gentils-hommes & Valets de Limiers de fa Venerie, que chacun d'eux meine vn valet auec luy qui foit muny d'vne ferpe, ou d'vne épée qui coupe bien pour leuer le Fréoüer, lors qu'is le trouueront; ou bien que ceux qui ont leurs queftes proches l'vne de l'autre, fe couplent & aillent enfemble, & que le premier des deux qui aura rencontre d'vn Cerf qui ait fait vn Hardoüer ou Fréoüer de la nuict, qu'il fonne deux mots longs fon affocié, afin de l'obliger à venir à luy fans aucune réponce, pour ne perdre point de temps : Et pour cela il doit, en l'attendant, leuer le Fréoüer, pour à fon arriuée luy faire re- uoir les voyes du Cerf qui aura fait le dit Fréoüer, ou luy montrer des fumées de la nuict, s'il en a leué, & qu'auffi-toft, chargé dudit Fréoüer, il le faffe partir pour fe rendre en diligence à l'Affemblée, puis que c'eft celuy qui y arriue le premier, à qui ce droict appartiêt : c'eft auffi à ce- luy qui a eu connoiffance le premier du Cerf, qui a touché au bois, de demeurer apres pour le détourner, pourueu que ce foit dans fa quefte : car autrement il appartient à celuy à qui elle feroit, d'y demeurer, en-

cores qu'il n'en euſt pas fait rencontre le premier, & pareillement à luy
de frapper aux briſées & de le laiſſer courre, & que celuy qui portera le
Fréoüer à l'Aſſemblée, le mettra auſſi-toſt au milieu des chiens-courans,
s'ils y ſont arriuez, ſinon qu'il prenne atteſtation verballe de ceux qu'il
y rencontrera, de ce qu'il eſt arriué le premier : Les autres qui viendront
en ſuitte auec des Fréoüers, en doiuent faire de meſme, afin que l'on
ſçache ceux qui ont la primauté les vns ſur les autres, pour, ſi par mal-
heur l'on manquoit à laiſſer courre aux premieres briſées, que l'on al-
laſt aux ſecondes, ou à celles d'apres, afin de ne faire tort à perſonne :
Et ſi i'ay dit qu'il falloit porter le Fréoüer au milieu des chiens, ç'a eſté
pour deux raiſons; l'vne que c'eſt à eux auſquels il faut rendre le premier deuoir, puis qu'ils ſont les principes de la Chaſſe; & l'autre pour
connoiſtre ſi ces Fréoüers ſont faits d'vn Cerf ou ſi on les a contrefaits :
car s'ils ſont vrais, auſſi-toſt qu'on les aura mis aupres des chiens, ils ſe
preſſeront les vns les autres pour l'approcher & le ſentir, & y eſtant,
l'on aura peine à les en éloigner; mais s'ils ſont faux, auſſi-toſt qu'ils les
auront ſenti & reconneus tels, il leueront la iambe, piſſeront deſſus &
s'en éloigneront. Il eſt beſoin auſſi que ie vous faſſe connoiſtre les inci-
dens qni s'y rencontrent, qui peuuent eſtre, que ſi celuy qui auroit enuoyé le premier Fréoüer, en auoit détourné le Cerf dans vn païs qui ne
fuſt pas en ſi belle Meute, que pourroit eſtre vn des autres qui auroient
touché auſſi au bois, & de qui l'on auroit fait le rapport, & que par
cette conſideration le Roy ne vouluſt pas aller aux briſées de celuy qui
auroit apporté le premier Fréoüer, le droict pourtant ne laiſſeroit de luy
appartenir, puis qu'il s'offre d'en laiſſer courre le Cerf; mais ſi l'on alloit à ſes briſées, & qu'il donnaſt vn Cerf aux chiens qui n'auroit aucunement touché au bois, le droict ne luy appartiendroit pas, mais pluſtoſt punition ou reprimande, & d'autant plus que ſi l'on pouuoit iuſti-
fier qu'il euſt falſifié ledit Fréoüer : ce qui ſe peut faire ſans touteſſois en
dire l'inuention, pour n'eſtre pas l'auteur du mal, mais pluſtoſt vous
donner aduis que ſi cela ſe fait dans l'eſperance que le Veneur auroit,
que le Cerf en courant ſe frotteroit la teſte contre du bois qui feroit re-
ſiſtance & qu'elle ſe froiſſeroit, & ainſi il paroiſtroit y auoir touché : Ce
qui en fait la difference, c'eſt que quand vn Cerf touche au bois par inclination, il s'y arreſte & appuye dauantage qu'vn qui ne fait que paſſer, & auſſi qu'au moins il éleue la peau de ſa teſte, s'il n'en emporte le
lambeau, a cauſe qu'il ne touche pas au bois, qu'il ne ſente & s'apperçoiue que la diſpoſition ne ſoit propre à ce détachement. Le droict du
Fréoüer, dont nous auons parlé cy-deuant, arriue ordinairement aux
Officiers de la Venerie, qui feruent le quartier de Iuillet, puis que c'eſt
la ſaiſon & le temps que les Cerfs touchent aux bois; Et pour ne rien

obmettre, ie diray encores qu'il faut que celuy qui a enuoyé le Fréoüer,
vienne faire le rapport du Cerf qu'il aura détourné, auparauant que le
Roy foit party de l'Affemblée : car quand il n'en feroit qu'à cent pas, fa
Majefté n'a plus d'oblihation d'aller à fes brifées, & ainfi le Veneur ne
doit plus rien pretendre au droict, pour auoir laiffé partir le Roy, qui ne
retourne iamais en arriere dans toutes fes actions.

CHAPITRE VIII

De l'origine des Chiens-courans.

IL faut en ce Chapitre, que ie me ferue de quelques Autheurs, pour
tirer l'origine des premiers chiens-courans qui ont efté dans l'Europe
difant comme eux, que ce font les chiens noirs & les chiens blancs, &
que toutes les deux races font venuës de la nourriture qu'en a fait Sainct
Hubert; quelques Autheurs les appellent Greffiers. La recherche que
i'ay pu faire auec foin d'où leur venoit ce nom, m'en a fait voir la caufe
dâs vn ancien Autheur, qui dit que du Regne de Louis XII l'on prit vn
chien blanc de la race des chiens de S. Hubert, duquel on fit couurir
vne bracque blanche & fauue d'Italie, qui eftoit à vn des Secretaires du
Roy, que l'on appelloit en ce temps-là Greffiers, & que le premier chien
qui en fortit, eftoit tout blanc, horfmis vne petite tache fauue qu'il auoit
fur l'épaule, & que ce chien fe trouua fi bon qu'il fe fauuoit peu de
Cerfs deuant luy, à qui l'on donna le nom de Greffier, auquel chien on
fit couurir vne Lyce blanche, d'où prouindrent treize petits, tant chiens
que Lyces & tous auffi bons que luy, & qu'alors les chiens blancs com-
mencerent à prendre le premier rang d'entre les chiens, & fe le font
maintenu auec iuftice iufques à prefent, ayans toutes les qualitez requifes en de vrays chiens-courans, & que depuis ces deux premieres
races de chiens noirs & de chiens blancs, le Roy S. Louys eftant allé à
la conquefte de Terre-Saincte, où il fut fait prifonnier, luy qui aymoit
tous les exercices nobles, particulierement celuy de la chaffe, fe voyant
à la veille de fa liberté, & aduerty qu'il y auoit vne race de chiens courans en Tartarie, de poil gris & excellens pour chaffer & forcer le Cerf,
il y enuoya gens du meftier qui luy en emmenerent vne Meute entiere;
Ce font ces chiens gris, que l'on tient eftre les premiers dans ce
Royaume, dont la race s'eft maintenuë iufques au trepas de feu Monfeigneur le Comte de Soiffons, pere du dernier mort, qui en auoit vne
belle & bonne Meute pour chaffer le Cerf : car pour nos Roys, il y a tres-

long-temps qu'ils n'en ont de ce poil que pour chaffer le Liévre : Voylà
les plus fignalées remarques que i'en ay peu apprendre de l'origine plus
ancienne des chiens-courans, dont ie déduiray en fuite les bonnes &
mauuaifes qualitez qui fe rencontrent dans leurs poils.

CHAPITRE IX

Du naturel & beauté des Chiens blancs.

NOs premiers Roys de France qui ont eu inclination pour la chaffe,
eurent vne bonne penfée, lors qu'ils firent choix des chiens blancs
pour chaffer & forcer le Cerf, afin d'en rendre le plaifir plus parfait, puis
qu'ils font les plus beaux dans la couleur & les plus parfaits dans leur
nature, ayans le nez bon & la menée belle, allans & parchaffans bien
dans les chaleurs, eftans beaux chaffeurs & toufiours la queuë fur les
reins, ils tournent & requeftent volontiers auec beaucoup de gayeté &
diligence ; ils battent raifonnablement les eaux, mais non pas fi hardiment dans l'Hyuer que les autres poils, a caufe d'vn traict de beauté
qu'ils ont au deffus d'eux, ayans le poil plus court : ce qui fait que l'eauë
& le froid les ont pluftoft penetrez iufques à la peau ; Ils ont auffi le naturel meilleur que les autres chiens-courans : ce qui fe void par la facilité de les reduire au chenil & à la chaffe, où ils font pluftoft fages que
les autres & en plus grande quantité qui gardent le change, ce qu'ils
font auec vne fageffe & hardieffe admirable, l'ayans fait voir plufieurs
fois dans tous les lieux où ils ont chaffé, particulierement dans les forefts de S. Germain, Fontainebelleau & Mouceaux, où il y a toufiours
vne quantité de Cerfs innombrable, & neantmoins on les y a veus plufieurs fois maintenir quatre à cinq heures le Cerf qui leur auoit efté
donné, felon les faifons que l'on chaffoit & la force du Cerf qu'ils courroient, qui fe méloit & feparoit en plufieurs fois auec cinq ou fix cens
Cerfs, & bien fouuent malgré l'imprudence de ceux qui les accompagnoient, à caufe qu'ils les preffoient de telle forte, que les chiens eftoient
contraints de quitter la voye pour s'efquiuer de leurs cheuaux : ce qui
neantmoins ne les empefchoit pas de reuenir prendre la voye de leurs
Cerfs & de le maintenir dans tout ce change, iufques à ce qu'ils l'euffent
porté par terre. Et pour donner vne preuue entiere de leur fageffe, ie diray auec vérité que i'en ay veu plufieurs années, iufques au nombre de
trente, decouplez au laiffé courre, n'y ayant qu'vn feul valet de chiens
deuant eux, qui tenoit deux houffines en fes mains, fuiuant celuy qui

laiſſoit courre auec ſon Limier, qui chaſſoit de gueule en renouueller de
voye, lancer le Cerf & ſonner pour donner les chiens, qui pourtant ne
paſſoient pas que le valet des chiens ne ſe ſuſt détourné à droict ou à
gauche, & qu'il n'euſt laiſſé tomber ſes houſtines à terre, ou au moins
fort bas. Toutes ces choſes font voir que les chiens blancs ſont plus naturellement nez pour agréer & donner du plaiſir à l'homme, que les
chiens d'vn autre poil, dont la plufpart ne ſe reduiſent qu'auec beaucoup
de peine & de chaſtiment. Les chiens blancs ſont auſſi moins pillarts &
moins ſubjets aux maladies que les autres, à cauſe de leur temperament
qui eſt plus reglé.

CHAPITRE X

Des chiens noirs.

I'AY creu deuoir parler des chiens noirs directement apres les chiens
blancs, puiſqu'ils ont autreſſois precedé dans l'Europe, & qu'à mon
aduis, ils ſont les plus propres & plus commodes pour courre le Cerf,
apres les blancs : La premiere impreſſion que i'en ay, vient de deux
Meutes entieres de chiens noirs que i'ay veuës, l'vne à feu Mõſeigneur
le Cardinal de Guyſe & l'autre à Monſeigneur le Duc de Souuray (l'vn
des meilleurs Chaſſeurs de ce temps) qui eſtoient de grands & beaux
chiens, auſſi bien taillez qu'il s'en puiſſe voir, & à qui i'ay veu prendre
pluſieurs Cerfs dans les païs où il y auoit force change : Mais en ces
chiens de poil noir il faut qu'il y ait diſtinction de marque pour reuſſir
à chaſſer le Cerf, & deuenir ſages, qui ſont ceux qui ont leurs marques
blanches, & non rouges, que nous appellons de feu, à cauſe que tels
chiens ſont tres-ardens & difficiles à corriger, auſſi s'en trouue-t'il peu
de cette marque de feu qui gardent le change, ny qui tournent volontiers. Tels chiens ne ſont propres qu'à courre des beſtes qui dreſſent
comme le Loup & les beſtes noires : mais ceux que i'ay nommez les
premiers, ils ſont beaux & hardis Chaſſeurs, ayans force & viteſſe, ils
tiennent long-temps ſur pied, & parchaſſent bien, ayans le nez bon, mais
non pas ſi parfaitement, ny auec tant de patience que les chiens blancs,
à cauſe qu'ils ont plus d'ardeur, ce qui les rend impatiens, & les empeſche de s'attacher aux voyes qui vont de hautes erres : ils ſe ſont ſages
à garder le change, bien qu'auec plus de temps & de peine que les
blancs, & y parroiſſent plus hardis : c'eſt pourquoy les piqueurs les
doiuent tenir dans la crainte plus que les blancs, ils battent hardiment

les eaux dans toutes les faifons, ils font auffi plus querelleurs & pillars
que les blancs, mais moins que les noirs qui font quatroüillez de rouge,
que i'ay nommez, & font moins fubjets aux maladies qui furuiennent
aux chiens.

CHAPITRE XI

Du naturel des chiens gris.

LEs chiens gris ont efté les premieres Meutes de nos Roys, comme
i'ay dit, & qui depuis ont efté tenus & fort confiderez des Nobles,
ce qu'ils n'ont pas fait fans raifon, puifque ie les tiens les plus commodes pour les particuliers, pourueu qu'ils foient vrays chiens courans,
& non corneaux, qui font chiens engendrez d'vn mâtin & d'vne chienne
courante, ou d'vne mâtine & d'vn chien courant : car ces chiens font
tres-nuifibles dans vne Meute, en ce qu'ils peuuent donner vne mauuaife
impreffion aux vrais chiens courans, & les rebuter, en fe voyant gour-
mandez par leur grande vîteffe. Ils leur apprenent auffi à couper, & à
ne vouloir point retourner ny requefter, & par confequent à n'eftre iamais fages, telle nature de chiens ne manquent iamais d'auoir tous ces
vices, & de ne crier que rarement : ie dis cecy pour ceux qui fe veulent
opiniaftrer d'en tenir, à caufe qu'ils les voyent vîtes; mais qu'ils tiennent
pluftoft de vrais chiens courans, comme i'ay dit, & que le poil en foit
d'vn gris vif, & non blanchatre, que les quatroüilleures en foient
blanches ou noires, & qu'ils foient bien taillez, n'eftans ny trop grands,
ny trop petits, puifque c'eft la taille où il fe rencontre plus de force &
de vigueur, & qui tiennent le plus long-temps fur pied : & quoy qu'ils
n'ayent pas d'ordinaire le nez fi fin que les autres, leur bonne volonté
& les diligences qu'ils font, lors qu'ils ont perdu la voye pour la retrouuer, fuppléent aux deffauts de leurs fentiment, l'ayant pourtant
raifonnablement bon : ils peuuent auffi chaffer plus fouuent que les
autres, comme plus infatigables, ce qui eft neceffaire aux Gentils-
hommes; ils s'entretiennent auffi mieux en bon corps, & font peu pillars, & moins fujets aux maladies que les autres chiens, ayans vne fi
grande inclination à chaffer, qu'ils chaffent toutes les beftes que l'homme
veut, fans fe rebuter auffi bien dans l'Hyuer que dans l'Efté, n'apprehendans pas le chaud ny le froid, y criant bien : ils fe rendent mefmes
affez obeïffans & fages, lors que l'on leur fait chaffer des beftes dont les
chiens peuuent garder le change.

CHAPITRE XII

Du naturel des chiens fauues.

LEs chiens fauues qui font d'vn poil rouge-vif, & tirant fur le brun, où qu'ils en foient mantelez, font ordinairement fort vigoureux & pleins de feu. Ce qui les rend étourdis & impatiens, lors qu'vne befte qu'ils chaffent, tourne; car pluftoft que de tourner auec elle, ils iront prendre de grands deuans pour la trouuer paffée, dans l'efperance qu'ils ont qu'elle percera & tirera de long, puifque c'eft ce qu'ils ayment : ce qui m'oblige de dire que ie les tiens plus propres à chaffer le Loup & les beftes noires qui tirent païs fans peu tourner : ils font auffi dangereux à s'en aller fans les picqueurs, à caufe de ce que i'ay dit, ioint qu'ils crient tres-peu, dans les chaleurs, & qu'ils font extraordinairement viftes : & quoy qu'ils ayent le nez bon, ils n'ayment pas à rapprocher vne befte quand elle va de hautes erres, à caufe qu'ils font naturellement impatiens & opiniaftres, auffi font-ils les plus difficiles à reduire & à rendre fages, pour les obliger à garder le change : ils ne fe tiennent pas fi gras, ny en fi bon corps que les autres, à caufe qu'ils ont beaucoup plus d'ardeur à la Chaffe, ce qui les oblige à en prendre quelquesfois au delà de leurs forces. Il font auffi les plus querelleurs & pillars, & plus fujets aux maladies que les autres, ayans le fang plus chaud.

CHAPITRE XIII

Du naturel des chiens Anglois.

IE parleray des chiens Anglois, fans faire difference des poils, ce font à prefent ceux defquels l'on fe fert plus communément en France, à caufe de la facilité qui fe rencontre en eux, plus qu'aux François, à s'en feruir au moins de la façon que plufieurs en vfent, puifqu'il ne faut plus fçauoir aucun terme pour leur parler, ny aucun reglement de tons pour fonner, mais feulement fçauoir dire quelques mefchans mots Anglois qui ne font pas entendus des hommes ny des chiens, n'en ayant pas l'accent, ny auffi leur maniere de fonner, puifqu'il n'y a aucun reglement de tons pour pouuoir entendre fi c'eft fonner pour chiens, ou pour les faire requefter, ou fi on void la befte qu'ils chaffent, n'y fonnans ia-

mais deux fois d'vne mefme façon, ce qui fe doit appeller pluftoft, fanfares, que pour faire chaffer des chiens, aufquels vous ne pouuez donner par ce déreglement aucune creance, puifque les chiens ne la peuuent
prendre que par l'habitude d'vne impreffion reglée que vous leur donnez, & qui ne doit iamais eftre changée fi vous voulez qu'ils la com-
prennent : il eft donc vray qu'il eft beaucoup plus facile de leur donner
la bonne impreffion par des tons reglez, qu'vne mauuaife par ces fanfares déreglez, puifque les chiens Anglois n'ont pas plus d'efprit ny de
iugement que les chiens François; mais feulement vne obeïffance qu'ils
ont plus naturelle : ce qui me fait dire qu'il feroit plus facile de leur
faire entendre nos termes & façons de fonner, ce qui les affermiroit dans
ladite creance, & leur donneroit auffi plus de cœur, d'émotion & de
promptitude à obeïr, & plus de fatisfaction à ceux qui chafferoient
auecque vous, puifqu'ils pourroient entendre & comprendre ce qui fe
feroit dans la Chaffe par ce reglement plus facile, & maniere plus intelligible de parler & de fonner : cela feroit auffi que les ieunes gens qui fe
mettroient dans le meftier, feroient contraints de les apprendre pour les
pratiquer, ou de monftrer leur ignorance : car de la forte que l'on en vfe,
ils y demeurent hardiment, à caufe que cela eft dans la mode, ioint
qu'il y va de la reputation des François, qui ont fait voir iufques à prefent, que toutes les chofes qui dépendent de l'efprit, ont efté empruntées
d'eux beaucoup plus que des étrangers : ce qui s'eft veu d'affez frefche
memoire par la priere que feit le defunct Roy Iacques d'Angleterre
pere du dernier mort, au defunct Roy de France Henry le Grand, de luy
enuoyer des plus habiles de fes Veneurs, pour monftrer aux fiens les
connoiffances du pied du Cerf, & la maniere de le détourner & le laiffer courre auec le limier, afin qu'il puft dorefnauant courre dans les forefts qui font dans fes Eftats, & non plus dans des lieux fermez, comme
font les parcs : où, iufques-là, il auoit toûjours couru, & n'auoit pû
connoiftre les Cerfs qu'en les voyant : & pour luy en donner vne parfaite connoiffance, le Roy enuoya Monfieur de Beaumont pere de Meffieurs de Beaumont qui font à prefent, & auecque luy le fieur du Mouftier, & quelques valets de limiers, & depuis ce temps-là il y eft allé le
fieur de Saint Rauy qui y eft demeure iufques à prefent, & plufieurs
autres bons Chaffeurs qui y ont efté. Ie retourne à mon fujet, & dis que
les chiens Anglois ont de fort bonnes qualitez, outre celles que i'ay
dites, ayans le nez bon, s'attachans bien à la voye, qu'ils parchaffent
plus facilement, & auec plus de regularité que les François qui s'épar-
pillent en chaffant, ne fe tenant pas tous dans la voye, ce qui fait qu'ils
abregent plus vn Cerf que les Anglois qui fe tiennent tous dans la voye,
fe fuiuans les vns les autres, & ne retrouuent pas fi toft le retour d'vn Cerf

que les François, ioint qu'ils ne tournent pas fi volontiers, ny auec tant
de legereté, fans qu'ils y foient conuiez & aydez, ce que font les François d'eux-mefmes. Il faut auffi toutes les fois qu'on les veut faire courre
& faire chaffer, que l'on faffe des choix des païs qui leur font propres,
comme plaines, futayes, golis, & païs clairs, & non fourrez, où ils ne
fe plaifent pas, y allans peu vifte : ce qui feroit durer un Cerf tres long-
temps, & bien fouuent le faillir. Ils ne battent pas auffi les eauës fi
hardiment que les François, particulierement ceux qui viennent du
Nort, ce que font mieux ceux qu'ils appellent Bobez, qui font plus
propres dans les païs fourrez, à caufe qu'ils font plus épais & ramaffez
que ceux qu'ils appellent chiens du Nort : ils crient auffi plus volontiers; mais dans les païs clairs, ils ne font pas fi viftes. Ces deux fortes
de chiens fe rendent volontiers fages, & gardent également le change,
ils fe tiennent en bon corps & pluftoft gras que maigres, auffi ne leur
faut-il pas tant donner à manger qu'aux François, à caufe qu'ils font
plus gourmands : L'on les peut faire chaffer fouuent, & toutes fortes de
beftes, horfmis le Loup s'y en treuuant peu qui le veulent chaffer. Ils
tiennent long-temps fur pied, ce qui fait qu'il ne faut pas tant faire de
relais qu'aux chiens François; mais ils n'ont pas le menée fi belle ny fi
agreable, & ne crient pas fi fouuent, particulierement dans les chaleurs :
ils font moins pillars, & moins fujets aux maladies des chiens.

CHAPITRE XIV

De la taille des chiens, & comme il faut qu'ils foient, pour eftre bons.

C'Est vne chofe tres-importante à ceux qui veulent tenir des Meutes
de chiens courans, d'en fçauoir bien connoiftre la taille pour eftre
bons, ou d'auoir gens pour cela qui ayent le iugement & la pratique de
la Chaffe, car quand le choix en eft bien fait, la Meute en fera plus affeurément bonne, & pour y reüffir, il faut qu'vn chien courant ait la
tefte plus longue que groffe, & que le front en foit large, & l'œil gros &
gay, & qu'il ait vn épy au milieu du front, qui foit d'vn poil plus gros
& plus long, fe ioignant par le bout à l'oppofite l'vn de l'autre. Ie ne dis
pas qu'il le faille à tous : mais quand il s'y rencontre, c'eft vn figne éuident de vigueur & de force. Il faut auffi que le chien foit bien auallé,
les aureilles paffans le nez de quatre doigts au plus, & non comme
celles qui le paffent d'vn grand demy-pied, que nous appellons clabots,
à caufe qu'ils demeurent à chaffer dans trois & quatre arpens de terre,

ou de bois, felon les lieux où on les fait chaffer, où ils tournent & rebattent les voyes plufieurs fois. Ce qui les y oblige. C'eſt qu'ils ont naturellement peu de force, & voyans qu'ils ne peuuent aller auec les
autres, ils fe diuertiſſent en leur particulier. Il faut auſſi que les chiens
courans ayent (s'il fe peut) vne petite marque à la teſte, qui ne deſ-
cende pas au deſſous des yeux, & qu'ils n'ayent pas les épaules fort
larges, ny auſſi trop étroites, & que les reins en foient hauts en forme
d'arc, & larges (ce que nous appellons bien rablez) les hanches hautes
& larges, la queuë groſſe aupres des reins, en amenuiſant iuſques au
bout, qui fera épiée & éleuée en s'arrondiſſant fur les reins, & non tournée comme vne trompe de chaffe (qui eſt marque de peu de force & de
vîteſſe) mais l'on en peut faire des limiers, la cuiſſe en doit eſtre trouſ-
fée, le iarret droit, & la iambe nerueufe, le pied petit & fec, les ongles
gros & courts, & qu'ils ne foient par ergottez, au moins pour courre;
mais pour mettre à la main, cela n'importe; c'eſt la taille & les ſignes
qu'il faut aux chiens courans, & aux lyces pour eſtre aſſeurément bons.

CHAPITRE XV

Comme il faut que les lyces ouuertes foient, pour en tirer race.

VOvs ne deuez tenir dans vne Meute de cinquante à foixante chiens,
que cinq ou fix lyces ouuertes, que nous appellons portieres, qui
font celles de qui vous deuez tirer race, afin que quand vos chiens
viennent à manquer de force par maladie ou autre accident vous en
puiſſiez mettre de ieunes & de bonne race, puiſque le prouerbe eſt vray
qu'vn chien chaffe de race, ou pour le moins le fait bien pluſtoſt qu'vn
qui n'en eſt pas, & reüſſit mieux & plus aſſeurément; vous ne deuez
faire eſtat de ces lyces que pour vous feruir à porter des chiens, puiſqu'elles font preſque touſiours chaudes, pleines, ou nourrices, & que
leurs mamelles auallées leur font apprehender les forts, puiſqu'elles s'y
écorchent, vous les deuez choifir hautes, longues, & larges de coffre,
auec toutes les qualitez que i'ay dites au Chapitre precedent, & qu'elles
foient de bonne & ancienne race, & de vrays chiens courans, fans aucun
deffaut, & pour en eſtre plus aſſeuré, il faut auoir eu le foin de faire vn
papier où fera écrit l'inuentaire de la race de vos chiens, & des remarques de leurs bonnes & mauuaifes qualitez, pour vn vray diſcernement, comme fi d'vne race il y en euſt eu de frappez du haut mal, de
fujets à la goutte, & à couper par vice de querelleurs & pillars, & qu'ils

ne criaſſent pas bien dans les chaleurs, afin de ne s'en pas ſeruir pour engendrer, mais ſeulement de ceux où vous n'y aurez reconnu aucun deffaut : & apres auoir fait le choix de la lyce, ſi elle demeuroit trop long-temps à deuenir en chaleur, comme il ſe peut ſelon les temps & les années, vous luy pourrez donner deux ou trois fois vne omelette auec huile de noix, demy-douzaine d'œufs, & de la mie de pain de froment, où vous adiouſterez, eſtant quaſi cuite, vne douzaine de mouches Cantharides : & ſi c'eſt vne lyce qui n'ait iamais porté, vous ne luy donnerez pas ce prouoquement de chaleur, qu'elle n'ait quatorze ou quinze mois, qui eſt l'aage qui la peut rendre aſſez forte pour porter de plus beaux chiens, & les nourrir; neantmoins ſi elle deuient pluſtoſt en chaleur d'inclination d'vn mois ou deux, vous ne laiſſerez de la ſaire couurir, & non pas deuant qu'elle ait paſſé ſa plus grande chaleur, & cependant vous la tiendrez enfermée pour empeſcher d'eſtre couuerte d'aucuns chiens que celuy que vous luy deſtinez, particulierement la ieune lyce qui n'a iamais chienneté; car ſi elle eſtoit mâtinée, ſes chiens en tiendroient iuſques à la troiſiéme portée, ce que nous auons remarqué pluſieurs fois : Vous aurez auſſi le ſoin de luy donner à manger deux fois le iour, & de l'eauë (car les lyces en chaleur ſont plus ſuiettes à la rage que dans vn autre temps) vous la promenerez auſſi deux fois le iour, la tenant couplée en main, de peur d'eſtre couuerte, & que ce ſoit dans vn lieu fermé, où il n'y puiſſe entrer aucuns chiens, ſi vous auez la curioſité d'en conferuez le poil; car ſi elle voyoit vn chien d'vn autre poil, ſes chiens en tiendroient & ſeroient bigarrez par la force de ſon imagination; ce qu'il faut encore obſeruer apres que vous l'aurez fait couurir, iuſques à ce quelle ſoit entierement refroidie; ſur tout que ſa plus grande chaleur ſoit paſſée, quand vous la voudrez faire couurir, afin qu'elle en retienne plus aſſeurément : cela eſtant, vous deuez choiſir vn de vos meilleurs chiens, & où il ne manque rien dans la taille, & dans la race (comme i'ay dit) auſſi bien qu'à la lyce : & pour le poil, cela dépend de la fantaiſie, & ſi c'eſt vne lyce qui n'ait iamais porté de chiens, il la faudra tenir auec vn couple, dont vous luy aurez bridé la gueule, pour l'empeſcher qu'elle ne morde & vous & le chien, autrement elle auroit peine à le ſouffrir, & ſi l'vn d'eux eſtoit ou plus petit ou plus grand, il le faudra ſoulager au beſoin, en choiſiſſant vn lieu qui ſoit plus haut ou plus bas; mais ſi c'eſt vne lyce qui ait deſia porté, il ſuffira que vous la faſſiez, enfermer auec le chien, faiſant prendre garde par la fente de la porte, ſinon par vne feneſtre, pour eſtre aſſeuré qu'elle ſoit couuerte, & iuſques à deux fois, puis vous la tiendrez enfermée comme auparauant, & iuſques à ce qu'elle ſoit tout à fait refroidie, en la traitant & promenant de meſme, & pour iuger quand elle le ſera,

c'eſt quand vous luy verrez le bouton entierement retiré, comme auant
ſa chaleur : ce qu'eſtant, vous la mettrez dans le chenil auec les autres
chiens, & la pourrez faire chaſſer, iuſques à ce que ſes mammelles groſſiſſent & s'auallent : mais deuant cela pour la connoiſtre pleine, ſi en
luy touchant le bout de la mammelle, s'il y a quelque dureté, c'en eſt
vne marque certaine, & en cét eſtat, nous diſons que la lyce eſt noüée :
vous le connoiſtrez auſſi quand elle battra les chiens, & ne les pourra
ſouffrir, & lors qu'elle ſera auallée, vous la ſortirez du chenil pour la
mettre en liberté, & la recommanderez à vos valets, à ce qu'ils ayent
ſoin de luy donner à manger, & de ne luy donner aucuns coups ny de
baſton, ny de pied, qui la feroient auorter, mais ſeulement du foüet ou
de la houſſine, pour l'obliger à ſe tenir dans la maiſon, afin de n'aller
pas manger quelque charogne auec des maſtins qui la pilleroient : il la
faut bien nourrir de potage & laict, quand il en ſera beſoin, de pain de
froment, & non de ſeigle, qui relaſche, & ne nourrit pas, afin de la tenir en bon corps, pour eſtre meilleure nourrice, & ſi vous la voyez dé-
gouſtée, donnez-luy du laict venant du py de la vache, & non de l'huyle,
qui la feroit aſſeurément mourir.

CHAPITRE XVI

Du ſoin que l'on doit auoir des Lyces, lors qu'elles font leurs chiens,
& quand elles les nourriſſent.

S I l'on veut de beaux chiens, il faut auoir vn particulier ſoin des Lyces
auſſi-toſt qu'elles ſont couuertes, & continuer iuſques à ce qu'elles
ſoient deliurées de leurs chiens, notamment aux premieres portées,
pour leur ſçauoir choiſir vn lieu propre ſelon la ſaiſon, qui ſoit chaud en
Hyuer & frais en Eſté, pour y chienneter, où il faudra mettre tres-peu
de paille, les deux ou trois premiers iours d'apres ſa deliurance, de peur
que le trop ne fiſt eſtouffer ſes petits ; en ce temps paſſé, il leur faudra
changer tous les iours de paille, pour empeſcher que les puces & la galle
ne les accueillent ; & ſi d'aduanture ils en eſtoient atteints, il les faudroit
frotter d'huile de noix & de laict, mélez enſemble, apres l'auoir chauffé :
Et pour connoiſtre ſi voſtre Lyce veut faire ſes chiens, il faut auoir remarqué le temps qu'elle a eſté couuerte, & que les neuf ſepmaines de ſa
portée ſoièt expirées, alors il la faut obſeruer, pour connoiſtre le temps
qu'elle ſera inquiete, qu'elle ira & viendra, & ne voudra pas manger, à
l'heure il la faudra mener au lieu preparé, où vous la ferez garder par

quelque valet qui fçache la fecourir dans ce rencontre, & luy commander que le potage, le laict & mefme les œufs frez, ne luy manquent pas
au befoin : car fi elle eftoit dans vn long & fort trauail, il luy faudroit
faire feulement aualler les iaunes, & qu'au premier chien, il ait le foin
de le tirer de deffous elle, & ainfi de tous les autres : & que fi c'eft vne
premiere portée, qu'il demeure deux ou trois iours pres de la Lyce,
pour empefcher qu'elle ne tuë fes petits par imprudence, ou par malice,
& qu'elle ne les mange : car fi elle auoit pris cette mauuaife habitude,
il feroit mal-aifé de l'en empefcher deformais, & le mieux feroit de la
faire couper pour feulement s'en feruir à la chaffe; Mais fi vous auez eu
deffein de nourrir plufieurs chiës de cette portée, il faudra auoir préueu
où il y aura eu vne Mâtine pleine qui uiendra à faire fes chiens quelques
iours deuant la voftre, l'auoir accouftumée chez vous, en la nourriffant
bien, & lors qu'elles auront toutes deux fait leurs chiens, fi voftre Lyce en
a fait plus qu'elle n'en peut nourrir, qui eft trois feulement, ou quatre,
fi elle en a nourry; vous prendrez le furplus, ie veux dire trois ou quatre,
que vous choifirez des plus beaux, que vous ferez porter à la Mâtine, les
luy donnant apres auoir ofté les fiens, & en auoir égorgé vn pour en
prendre le fang, duquel vous frotterez les chiens de voftre Lyce, & apres
vous les mettrez fous la Mâtine, que vous ferez obferuer & garder, &
mefme la tiendrez en crainte, pour l'empefcher de leur mal-faire, &
l'obliger à les laiffer tetter, tant qu'elle le fouffre volontiers. Il faut auffi
auoir le mefme foin de voftre Lyce, & ne manquerez à écrire fur voftre
inuentaire ou liure des chiens, le iour qu'ils feront nez, & la quantité
des mafles & des femelles que vous faites nourrir, & le nom du pere &
de la mere, afin que la race s'en reconnoiffe à l'aduenir, et auffi pour
fçauoir l'heure qu'il les faudra tirer de deffous la mere pour les fevrer,
& le temps qu'il les faudra faire nourrir chez les Laboureurs, quand il
les en faudra retirer pour les mettre dans le chenil : Et pour fçauoir
auffi à l'aduenir l'aage de vos chiens, afin que quand vous voudrez vous
en feruir pour en tirer race, vous en fçachiez l'aage, & les faire à propos couurir, pour ne les y pas mettre trop ieunes ny trop vieux, ce qui
ne doit eftre qu'à deux ans pour les mafles, à caufe que cela leur diminueroit leur force, & que paffé quatre ans, ils feroient des chiens fans
force & vigueur : Et apres auoir donné ordre aux petits chiens & les
auoir fait agreer à leurs nourrices, il faut auoir le foin de leur donner
cinq ou fix iours durant deux ou trois fois le iour, du laict venant du py
de la Vache, ou bien le faire chauffer, afin de leur empefcher les tranchées, qui ne manqueroient de leur venir, fans cette precaution, ce qui
les pourroit faire tarir, ou au moins auoir trop peu de laict, ce que vous
deuez faire toutes les fois que vous les verrez degouttées, outre le bon

potage que vous leur donnerez, fans eftre fallé : & lors que vos petits
chiens auront vn mois, vous leur donnerez deux fois le iour du laiƌ,
comme i'ay dit, afin d'aider à leurs meres à les nourrir, & fi elles ont
bien du laiƌ & qu'elles foient en bon corps, elles peuuent nourrir leurs
chiens iufques à deux mois, en leur donnant pourtant un peu de mie
de pain dans leur laiƌ : finon vous les fevrerez à fix fepmaines : & apres,
il fera tres-à-propos de les tenir encores vn moins, au moins, chez vous,
pour les accouftumer à manger du potage & du laiƌ, que vous leur donnerez pour les rendre plus forts, auant que de les faire nourrir chez des
Laboureurs.

CHAPITRE XVII

De l'âge auquel il faut mettre les ieunes chiens cheʒ les Laboureurs
pour les nourrir. Comment auparauant il les faut efuérer.

APres auoir nourri vos ieunes chiens chez vous iufques à trois mois,
& que vous aurez refolu de les mettre chez des Laboureurs, pour
y eftre nourris iufques à l'aage de dix à vnze mois, vous les deuez efuê-
rer auparauant, pour obuier aux accidens qui pourroient arriuer, s'ils
deuenoient enragez chez les bonnes gens, qu'ils pourroient mordre, &
les ruïner, s'ils mordoient leurs beftiaux : Ioinƌ que cela pourroit arriuer chez vous, lors que vous les auriez retiré & mis dans voftre chenil
auec les autres ; Mais apres l'operation que ie diray en fuite, il n'en peut
mefarriuer, puis qu'ils ne mordent iamais & meurent de la rage, comme
d'vne autre maladie : Ie tiens auffi que cela en peut diuertir le mal, ou
au moins le rendre plus facile à guerir : Et pour en faire l'operation, il
ne faut pour tous inftrumens qu'vn razoüer, vn canif, ou vn poinçon,
dont la pointe foit fort aiguë, & faire prendre le chien ou la Lyce (car ce
remede leur eft commun) auec vn couple, & luy faire ouurir la gueule
auec les mains, & apres luy paffer vn mouchoüer dedans, qui foit tenu
des deux coftez de la gueule, pour l'obliger à la tenir ouuerte, & à laiffer
prendre fa langue, que vous tirerez auec la main & la renuerferez pour
voir & fentir vn petit nerf, qui eft long comme la moitié du petit doigt
& gros comme vn ferret d'éguillette, formé comme vn ver, ayant les
deux bouts pointus, ce qui pique le chien lors qu'il eft émeu par le fang
qui bout dans toutes fes veines, quand il a l'accez de la rage, & croit
qu'il fera foulagé toutes les fois qu'il appuira ce nerf ou ver, fortement
contre quelque chofe en la mordant, lequel nerf groffit à proportion de

l'aage & l'accez de la rage. C'eſt l'effe& des extrémes douleurs, d'éprouuer toutes choſes pour ſe ſoulager. Apres auoir fait tirer la langue au
chien, comme i'ay dit, il la faut fendre le long de ce nerf, ſeulement,
pour y pouuoir paſſer le bout du poinçon par deſſous, & l'ayant pris,
vous l'enleuerez en meſme temps auec aſſez de facilité, à cauſe qu'il n'a
aucune adherance; & apres l'auoir oſté, vous laiſſerez aller le chien, ſçachant bien qu'il ſe guarit de ſa ſaliue : & apres cette operation, vous
donnerez vos ieunes chiens, ſeparez les vns des autres, chez des Laboureurs, qui ſeront en païs de froment & non de ſeigles, dont la nourriture ne vaut rien pour les ieunes chiens, à cauſe qu'elle paſte trop
promptement & ne nourrit pas aſſez pour leur faire le rable large &
toutes les autres parties à proportion, comme il faut que les chiens-courans les ayent pour auoir de la force, & qu'ils ne ſoiĕt pas auſſi proches
des foreſts ou de quelques garennes, où des ieunes chiens ne manqueroient d'y aller chaſſer auſſi-toſt qu'ils auroient ſept à huiƈt mois, & que
n'eſtans pas encores noüez, ils ſe pourroient éfiler, ou ſe faire prendre
par des Loups & meſmes par des perſonnes qui s'y rencontreroient,
apres qu'ils ſeroient laſſez de chaſſer : Ioinƈt qu'il n'y a point de chiens
qui ſe laiſſent aborder plus aiſément que les chiens-courans, particulierement lors qu'ils ſont ieunes : Il faut donc que cette nourriture ſe faſſe
où il y ait des plaines, prairies, ou paſtures, afin que les Laboureurs y
puiſſent nourrir force Vaches, & que le laiƈt ne manque pas aux ieunes
chiens, qui eſt leur principalle nourriture dans cét aage : Et pour les
rendre plus beaux, il faut donner aux filles de quoy les faire iollies, &
apres que la nourriture en ſera faiƈte, recompenſer auſſi le Maiſtre (car
Dieu le veut ainſi) ce qui l'obligera à vous en fournir d'autres auec le
meſme ſoin. Ie n'approuue pas que l'on les donne à nourrir à des Bouchers, comme quelques-vns font, puis que cela les rend trop gras &
trop épais, par conſequent pezans & de peu de viſteſſe & de force, & les
accouſtume tellement à la chair, que ſi vous ne leur en donnez ſouuent,
ou par des curées, ou par des beſtes mortes, il deuiennent maigres &
ſans aucune vigueur, ne voulans pas la pluſpart du temps manger de
pain, qui eſt leur meilleure nourriture, lors qu'ils ont atteint l'aage de
dix ou douze mois, ſi ce n'eſt quelquesfois qu'ils ſont degoutez, alors il
leur faut donner ſeulement du laiƈt & du potage & non de la viande :
Et ſi vous ne pouuez les faire nourrir chez les Laboureurs, ayans com-
paſſion de leur pauureté preſente, ou que ceux qui ſont à voſtre deuo-
tion, ne ſoient pas dans les lieux propres, comme ceux que i'ay dit, il
les faut nourrir chez vous, ou dans vn lieu qui n'en ſoit pas fort éloigné,
afin que vous les puiſſiez voir ſouuent, & que ce ſoit dans vne grande
cour fermée, à ce qu'ils n'en puiſſent ſortir & qu'ils y ayent de l'eſpace

pour s'y pourmener : car lors qu'ils ont atteint fept ou huiĉt mois &
qu'ils fe voyent en compagnie, ils font plus afpres d'aller chaffer, d'attaquer les beftiaux qu'ils trouueront dans la campagne, & que s'ils en
auoient mangé, il feroit tres-difficile de les en empefcher, lors que vous
les meneriez à la chaffe. Quant à leur nourriture, elle doit eftre iufques
à fix à fept mois de pain de froment, mélé auec potage & laiĉt, & en
fuite d'orge : pour les y accouftumer, il faut qu'ils y ayent vn couuert
pour s'y mettre lors qu'il vient du mauuais temps dans l'Hyuer, & (s'il
fe peut) y faire paffer vn ruiffeau, finon auoir le foin de leur donner
tous les iours deux fois de l'eauë frefche, particulierement en Efté : &
de la paille frefche tous les deux iours, pour ne les laiffer pas attaquer
aux puces, ce qui les pourroit faire amaigrir & les rendre galleux, par
l'obligation qu'ils auroient de fe gratter.

CHAPITRE XVIII

Du temps que l'on doit retirer les ieunes chiens de chez les Laboureurs.

L'ON ne doit pas manquer de retirer les ieunes chiens que vous aurez
mis chez les Laboureurs fi-toft qu'ils auront dix ou douze mois,
pour plufieurs raifons, qui font que le cœur & la force leur viennent, &
par confequent l'enuie d'aller chaffer, où il leur peut arriuer force chofes
qui leur feroient nuifibles, par les efforts qu'ils y feroient, n'ayans pas
encores les reins noüez, & mefme fe pourroit effiller fuiure & chaffer
vne befte dans vn païs hors de leur connoiffance, où leur retraite incertaine leur feroit courir rifque de Loups ou de Mâtins, qui les rencon-
trans les pourroient eftropier, accompliffant l'ancien prouerbe, qui dit,
que iamais Mâtin n'ayma chien noble. Ils peuuent auffi rencontrer vn
chien enragé, & qu'allans le matin à la chaffe, que la rofée eft grande
fur la terre, elle leur peut gafter le nez, au moins leur diminuer le fentiment, ou faire qu'ils ne voudroient plus chaffer dans la chaleur : C'eft
auffi l'aage qu'il les faut mettre dans le chenil, pour les accouftumer
auec les chiens dreffez & à aller au couple, en prendre la nourriture, &
les rendre obeïffans, leur faifans comprendre le chaftiment, pendant
qu'ils font ieunes, mais non pas comme l'enfeigne le Seigneur du Foüillou, qui dit qu'il leur faut pendre vn bafton au col, auffi-toft que vous
les auez retiré de chez les Laboureurs, apres les laiffer fur leur foy, &
qu'ils ne peuuent aller à la chaffe auec cét entraue, qu'à peu de iours
de-là, l'ont les peut coupler auec les autres, & qu'ils iront au couple.

I'auouë que cette methode leur peut donner quelque commencement à
ce faire : mais auſſi ils peuuent encourir beaucoup de riſque, puis que
ce baſton ne peut les empeſcher de ſortir que pour deux ou trois iours,
qui eſt le temps qu'il faut pour les y reduire, & auoir appris à le tourner de biais par entre leurs iambes, & toſt apres ils ne manqueront de
ſortir & aller à la campagne, où ils peuuent trouuer vn liévre, vn renard, ou quelque autre beſte, qui les menera dans vn bois, & que l'ardeur qu'ils auront leur oſtera le ſouuenir du baſton, qui leur peut froiſ-
ſer les iambes & les nerfs, & les leur faire enfler; Ils ſe peuuent auſſi
prendre dans le bois, en paſſant une haye, & y demeurer tres-long-
temps, & peut-eſtre iuſques à ce qu'il vienne vn loup qui les y mangera : ioinct qu'ils en ſont plus aifez à prendre & à emmener par des
paſſans; Mais la meilleure & plus aſſeurée methode, c'eſt apres les auoir
mis dans le chenil auec vos chiens dreſſez, de les mener à l'ébat auec
eux, deux fois le iour, & coupler vn de vos chiens auec vn des vieux,
apres auoir confidéré & choiſi les plus patiens & les moins querelleurs,
afin qu'ils les ſouffrent quelques iours à ſe mouuoir & ſauter allentour
d'eux, ſans les battre, & qu'il y ait vn valet de chiens aupres d'eux, pour
ayder au ieune à marcher & l'obliger à ſuiure le vieil chien, en le careſ-
ſant de temps en temps, & luy déméler les iambes dans ſa couple, où il
ſe mettra bien ſouuent; ce que nous appellons déharder : vous continuerez de la ſorte cinq ou ſix iours, qu'il faut à vn ieune chien pour aller au couple, & comme cela ils n'auront couru aucune riſque. Il faut
auſſi qu'il y ait pour les premiers iours, iour & nuict, vn valet de chiens
dans le chenil, la houſſine à la main, pour faire retirer les chiens dreſſez, qui ne manquent pas de venir ſentir ces ieunes chiens, qu'ils ne
connoiſſent pas encore, ce qui les eſtonne & ne peuuent ſouffrir qu'en
ſe voulans deffendre & les mordre : ce qui pourroit obliger les vieux,
apres en auoir ſouffert quelque dentée, de ſe ietter deſſus, les mal-traitter & meſme les étrangler : ce qu'il s'eſt veu aſſez ſouuent, quand l'on
n'y prend pas garde. Le valet de chiens qui eſt dans le chenil, doit aller à eux de temps en temps, pour leur donner quelque peu de friandiſe,
afin de s'en faire connoiſtre, & qu'ils ſoient pluſtoſt accouſtumez auec
eux dans le chenil : & lors que l'on donnera à manger aux chiens, il
aura ſoin de leur en donner à la main, & ſelon leur appetit, & ſi d'auanture ils eſtoient trop longtemps ſans vouloir manger, il leur doit donner du potage, hors du chenil, où vous les menerez auec vn couple;
mais il faut auparauant les laiſſer ieûner, pour les accouſtumer à manger
du pain & ne s'attendre pas au potage. Il les doit pareillement accouſtumer à ne pas faire leur ordure ſur la paille, ny d'y piſſer. Le ſieur du
Foüillou dit auſſi que quand l'on a mis des ieunes chiens dans le chenil,

il faut y fonner tous les iours pour les réjoüir, & quand vous les menerez à l'ébat, mon fentiment eft encores, auec raifon, contraire au fien,
puis que cette methode ne peut produire que de mauuais effets, lefquels
ie vous feray bien-toft connoiftre, attendu qu'il n'y a rien qui puiffe tant
émouuoir les chiens, côme de fonner du cor, étably de tout temps pour
cela : cette émotion les oblige à crier, & ne fe voyans pas en liberté de
courre & faire ce qu'ils deuroient lors que l'on fonne, ils fe mélent les
vns parmy les autres & l'impatience les prend, qui fait qu'ils ne peuuent
fouffrir leurs compagnons, fe querellent, fe battent & bien fouuent s'ef-
tropient : & lors que vous les menez à l'ébat, vous leur donnez encore
vne plus forte émotion de courre, fe voyans à la campagne ; ce qui les
oblige à leuer le nez & ainfi prendre le vent de quelque befte qui ne fera
pas loin de-là, les chiens logeans ordinairement pres des forefts & lieux
commodes, pour eftre plus proches des queftes, ou bien de quelques
beftiaux, où ils iroient, & qu'apres il feroit tres-mal-aifé de les en empefcher dorefnauant, ce que plufieurs fois i'ay veu arriuer aux chiens
du Roy, qui ont efté de tout temps les plus fages, & qu'apres eftre
échappez vne ou deux fois, l'ont fut quelque temps fans les en pouuoir
empefcher, où ils peuuent courre force rifques de fe prendre couplez
dans le bois & y demeurer : car tous les chiens ne fçauent pas couper leurs
couples : ioinct que la befte qu'ils chafferont, peut paffer vne riuiere, &
eux la paffer apres couplez, & s'entoüiller dans leurs couples, mefmes
s'y noyer & auffi fe perdre par plufieurs occafions. Toutes ces chofes
font pour obuier aux accidens qui peuuent arriuer aux chiens ; Mais ce
que ie vous vay faire connoiftre, eft le ʼfondement de la vraye creance
que l'on doit donner à des chiens-courans, fi l'on en veut eftre abfolument le maiftre & les rendre bons. Ie diray donc que les chiens n'en-
tendent que par fignes & actions, fuiuis pourtant de la parole que vous
leur faites comprendre par habitude, comme auffi de fonner pour
chiens & à veuë, & pour requefter, & la retraitte : ce qui me fait dire
que vous ne vous deuez feruir de ces chofes que dans ces occafions qui
en font la neceffité, & non comme d'vne felle à tous cheuaux, ce qui les
empefche d'y pouuoir rien comprendre, & cela à caufe que vous leur
aurez parlé en tous lieux & en tout temps, fans aucune diftinction des
temps ny des lieux : ce qui fait qu'ils ne peuuent comprendre ce que
vous voulez d'eux : Ie diray plus, qu'il ne faut pas s'abftenir feulement de
fonner dans le chenil & à l'ébat ; mais encores dans le village où ils font
logez, & que fi cela arriue, il faut qu'vn valet de chiens aille dans le chenil, la houffine à la main pour reprimer les chiens, lors qu'ils voudront
crier & fe battre, leur difant, haye, en les châtiant, qui eft le terme duquel on doit vfer pour leur faire connoiftre qu'ils font en faute.

CHAPITRE XIX

Comme il faut que le Chenil & le logement des chiens foit fait.

IE ne pretens pas icy vous faire voir la belle Architecture des chenils
ou logemens des chiens, qu'ont fait baftir plufieurs Roys de France
en diuers lieux, particulierement à leurs maifons de S. Germain, Fon-
tainebleau, & Monceaux, ce qu'ont fait auffi quelques Princes & Seigneurs dans leurs maifons de campagne, où l'on voit encores aujour-
d'huy des chenils magnifiquement baftis, & accompagnez de toutes les
chofes neceffaires, auec fomptuofité. C'eft en ces lieux où les curieux
peuuent aller pour en prendre le modele ; mais feulement ie veux vous
reprefenter la neceffité des lieux qu'il faut pour la commodité des chiens,
& de ceux qui les gouuernent, afin de les garantir de plufieurs maux qui
leur pourroient arriuer, fi leur logement n'eftoit conftruit dans vn bel
air, & en vne belle place, & où les chiens puiffent auoir l'eauë à commandement, puifque c'eft vne de leurs principales neceffitez, & leur feroit auantageux qu'il s'y rencontraft vne fontaine, ou au moins que l'on
y en pût faire couler vne dans leur enclos pour y faire quelques refer-
uoirs qui fuffent tous pleins d'eauë, où ils puffent boire, & fe raffraifchir dans les chaleurs. Il faut auffi obferuer que lors qu'on voudra baftir leur logement, la façade en foit vers le Soleil leuant, & que le bafti-
ment foit fait auec plaftre, ou de chaux, & non auec de la terre, à caufe
qu'elle engendre des lezars, fcorpions, & ferpens, qui picqueroient les
chiens, & leurs pourroient caufer vne enfleure, & quelquesfois la mort ;
il faut auffi que les murailles foient enduittes dehors & dedans de mefme
matiere, afin qu'ils en foient plus chaudement en Hyuer, & plus fraif-
chement en Efté ; car quand cela n'eft pas, il s'y fait, par fucceffion de
temps, de petits trous qui reçoiuent le froid & le chaud, & le commu-
niquent dans le chenil ; il faut que le logement foit bien penfé du Maiftre
qui le fait baftir, pour le faire faire à proportion des chiens qu'il y voudra loger, & que le fonds du chenil foit paué de grands carreaux de gref-
ferie bien vnis, afin que les chiens ne s'y def-onglent pas, lors qu'ils
viennent à fe battre, à caufe que dans cette action ils y font des efforts
du corps, des iambes, & des pieds, ioint que ces pauez qui font durs,
larges, épais, & lourds, leur empefchent l'inclination qu'ils ont naturellement de gratter, quand ils y trouuent vne entiere refiftance. Il faut
qu'il y ait vn égouft dans le milieu de l'aire, afin que leur vrine & l'eauë
qui fe répandra de leurs vafes, s'y puiffent écouler, & foient conduites

par deſſous la muraille du chenil, lequel doit eſtre de moyen exhauſſe-
ment, pour n'eſtre pas trop froid en Hyuer, ny trop chaud en Eſté, &
qu'il ſoit bien percé, particulierement du coſté du Soleil leuant, mais
point du tout du coſté du vent d'aual, qui eſt le plus incommodant, à
cauſe que la pluye y ſeroit portée par ce vent (qui eſt grand d'ordinaire)
& notamment par les feneſtres, qui doiuent eſtre aſſez hautes au deſſus
des bans, pour empeſcher les chiens d'y pouuoir atteindre & monter,
parce qu'il les faut ouurir, quand il fait beau pour y faire entrer l'air :
vous y pourrez faire mettre du verre ou de la toile gommée, qui empeſche plus aſſeurément les mouches d'y entrer, & tient le chenil plus
frais en Eſté. Il faut auſſi qu'il y ait des ventaux pour les fermer dans les
mauuais temps, & dans l'Hyuer, & qu'il y ait allentour de l'aire du chenil, des bans pour y coucher les chiens, qui feront faits auec des membrures, de trois à quatre poulces d'épaiſſeur, ſouſtenus par des piliers
faits de meſmes membrures plantez en terre de ſix pieds en ſix pieds,
afin qu'ils ayent la force de ſouſtenir d'autres membrures par vn bout,
& que l'autre ſoit encoché & ſouſtenu de la muraille, afin que toutes ces
membrures puiſſent porter les planches deſquelles l'on les couurira, &
que le tout ſoit de bois de cheſne, qui eſt le moins pourriſſant, à cauſe
que les chiens y piſſent quelquesfois, & que ces bancs ſoient éleuez de
terre de vingt poulces de haut, afin que les chiens y puiſſent monter facilement, ſans courre riſque de s'y renuerſer, ie veux dire pour les
grands chiens : car ſi c'eſt pour de petits chiens pour liévre, il ne les faut
que de dix ou douze poulces de haut, & qu'ils ayent huit pieds de largeur : il faut auſſi que la membrure de deuant excede de trois à quatre
poulces les planches, pour empeſcher la paille que l'on y mettra, de
tomber, & pour la tenir en eſtat ſur les bancs, lors que les chiens feront
deſſus. Ie trouue qu'il eſt neceſſaire de faire vne cheminée dans le chenil, comme il y en a à tous ces grands chenils dont i'ay parlé, ſinon à
proportion de celuy que vous ferez faire, dont le foyer ſoit large &
échancré aux deux coſtez, afin que les chiens y ayent plus de place pour
ſe chauffer. Vous y ferez mettre allentour, & au deuant, des balluſtres
de fer, & vne porte aſſez haute, pour empeſcher que les chiens ne
puiſſent ſauter par deſſus, & n'approchent le feu de plus pres : car s'ils
le faiſoient, ils apporteroient de la paille dans le feu, ou remporteroient
du feu dans la paille auec leurs pieds, ce qui mettroit le feu dans le chenil : ce réchauffement eſt fort neceſſaire aux chiens, lors qu'ils ont
chaſſé par vn temps de neige, frimats & verglats que la gelée fait attacher à leur poil, tant du corps que des iambes, & que ſi ce n'eſtoit par
le moyen de ce feu qui la diſſipe, elle y demeureroit attachée iuſques à
trois & quatre iours, ſans pouuoir eſtre entierement conſumée, ce qui

leur peut caufer force maux, comme vn defvoyement, & en fuite la cacquecendre, les rendre etiques, leur peut auffi faire venir le roux vieux, la galle, & vn refroidiffement de nerfs, & des enfleures aux iambes & aux pieds, iufques à leur faire tomber les ongles, & leur caufer la goutte. Il faut auffi (s'il y a moyen) faire venir de l'eau, dans le chenil par des tuyaux, & qu'elle foit retenuë par des robinets, pour la mettre quand l'on voudra dans des vazes de bois, qui doiuuent eftre deffous, afin de la pouuoir changer fouuent, & de l'auoir frefche en Efté, & chaude en Hyuer : elle feruiroit auffi à nettoyer voftre chenil. Il faut mettre dans ledit chenil en deux ou trois endroits, des bouchons fichez en croix dans vn bafton, qui fera mis & planté entre deux pauez pour obliger les chiens à y venir piffer, afin de les empefcher de piffer, & de fe vuider fur la paille, & lors que cela arriuera à quelqu'vn, il le faut chaftier de la houffine, en luy difant, fy, fy, chien, & le nommer par fon nom, & fur le chenil il faut faire quelque chambre pour y loger les valets de chiens, afin qu'ils fe puiffent fecher, quand ils reuiennent moüillez de la Chaffe, fans s'éloigner des chiens, & auffi pour faire du potage, & autres neceffitez qu'il leur faut, & mefmes vn cabinet pour y refferrer l'equipage neceffaire aux chiens, quand on les meine à la Chaffe.

CHAPITRE XX

Comme l'on doit panfer les chiens, les mener à l'efbat,
& leur donner à manger; & de l'ordre que l'on doit tenir dans les équipages
& Veneries du Roy où il y a Capitaine & Lieutenant.

IE ne voy pas feulement les termes & la belle methode de chaffer, negligez : mais encore les foins accouftumez pour bien tenir les chiens courans, & de les panfer ponctuellement, tous les iours deux fois fans y manquer, ce qui eft tres-important, fi on les veut auoir beaux, vigoureux, & toufiours en bon corps, puifqu'en ce faifant on leur ofte les excremens fuperflus & nuifibles, particulierement lors qu'ils ont efté excitez de fortir, par l'exercice violent qu'ils font à la Chaffe, qui leur a caufé vne fueur à laquelle la poudre s'attache, auffi bien qu'à leur poil, & iufques à la peau, ce qui leur caufe des maux & maladies, puifque cette craffe adherante à leur peau, leur bouche les pores, & retient l'humeur échaufée dans le corps, & qu'ayant le foin de les frotter & peigner, vous obuiez à tous ces mauuais accidens : & encore que mon principal

deffein foit de rétablir dans la néceffité du temps les ordres & foins que
l'on a tenu & pratiqué de temps immemorial dans les Veneries des
Roys de France; neantmoins mon intention eft auffi que ce que i'en diray, ferue aux Gentils-hommes qui tiendront des Meutes de chiens. Ie
ne dis pas qu'ils le faffent dans vne fi grande regularité que celle que
i'ay fait voir; mais que ce foit affez pour tenir les chiens dans la net-
teté, afin qu'ils en reçoiuent les auantages que i'ay dit, & qu'ils en paroiffent plus beaux, lors que leurs amis les viendront voir chaffer. Ie
vous diray donc auparauant que de continuer à vous parler des grands
chiens blancs du Roy, qu'il y a vne autre Meute que l'on appelle les petits chiens blancs, qui font auffi établis de tres long-temps pour courre
& forcer le Cerf, ayant leurs Officiers particuliers, comme Capitaines,
Lieutenans, Gentils-hommes de la Venerie, valets de limiers, & valets
de chiens, qui iouïffent des mefmes droiéts, & exemptions qu'ont ceux
de la grande Venerie, & font fous la dépendance du Capitaine de ladite
Venerie, qui peut pouruoir à toutes ces charges que i'ay nommées;
mais quand le Roy veut courre auec cette Meute, & que le grand Veneur
eft aupres de fa Majefté, ils luy doiuent deferer, comme doiuent faire
les Capitaines & Lieutenans des autres equipages, & les Capitaines des
Chaffes, puifque tous ces equipages ne font que les branches de ce
grand arbre, ou corps de la grande Venerie, qui eft compofée d'vn grand
Veneur, de quatre Lieutenans, & quatre fous-Lieutenans, de quarante
Gentils-hommes de la Venerie qui feruent, fçauoir vn Lieutenant & vn
fous-Lieutenant, & dix Gentils-hommes par trois mois. Il y a encore
huit Gentils-hommes ordinaires qui ont efté choifis de tout temps
parmy les fufdits nommez, pour feruir aétuellement dans la Venerie, ou
le temps qu'il plaift au Roy, qui font ceux à qui l'on doit auoir plus de
creance, quand le choix en a efté bien fait, particulierement pour faire
chaffer les chiens dont ils ont la connoiffance plus parfaite de leurs
noms & de leurs qualitez, puifqu'ils les voyent & les font chaffer plus
fouuent que ceux qui ne feruent que trois mois, qui peuuent trouuer la
Meute changée de chiens, ou pour le moins vne partie, dont ils n'en
connoiftront le nom, ny la force, ny la fageffe. Il y a auffi deux Pages de
la Venerie portans les couleurs du Roy, comme ceux de la petite Efcu-
rie, quatre Aumofniers, quatre Medecins, quatre Chirurgiens, & quatre
Marefchaux, vn boulanger, & douze valets de limiers, feruans trois par
trois mois, & deux ordinaires, que l'on appelle de la Chambre, quatre
Fourriers feruans auffi vn par quartier, quatre Maiftres valets de chiens
à cheual, & vn ordinaire, douze valets de chiens à pied feruans par
quartier, comme les autres Officiers cy-deffus, quatre ordinaires qui
font deux grands & deux petits valets de chiens, qui doiuent demeurer

actuellement aupres des chiens, iour & nuict, au moins deux. Tous ces
Officiers font fous la dépendance & nomination du grand Veneur, horfmis les Lieutenans qui doiuent eftre pourueus du Roy : ce font les
Maiftres valets de chiens, chacun dans leur quartier, ou, en leur abfence,
l'ordinaire qui doit prendre l'ordre du Commandant au quartier de la
Venerie, pour apres le donner aux valets de chiens ; c'eft auffi luy qui
doit répondre des foins qu'il faut auoir des chiens, comme ie le diray en
fuite, & pour connoiftre s'ils y manquent, cela fe fait par le foin qu'en
doit prendre le Lieutenant qui fera en quartier, ou en fon abfence, le
fous-Lieutenant, ou le plus ancien Gentil-homme de la Venerie en quartier, pour en rendre compte au grand Veneur, & le grand Veneur au
Roy ; & pour le mieux faire, il faut qu'ils apprennent à connoiftre fi les
chiens ont le poil bien vny et luifant & pour les voir chaffer, en remarquer la taille, pour en fçauoir le nom, la force & la fageffe, afin qu'ils y
puiffent auoir creance, quand l'occafion s'en prefentera ; car il n'y a que
les valets de limiers qui doiuent eftre exempts de ces foins, qui font établis feulement pour aller aux bois, & dreffer des limiers pour détourner le Cerf ; mais pour panfer les Chiens, c'eft la charge des valets de
chiens, où doit eftre prefent le Maiftre valet de chiens, pour leur dire les
chofes qu'ils doiuuent faire, comme de les panfer deux fois le iour, &
auffi quand ils font bleffez ou malades, de les frotter lors qu'ils font galleux : Et quant au foin particulier, comme de coucher dans le chenil
auec les chiens, ce doiuent eftre les deux petits valets de chiens ordinaires, ou à leur defaut, les deux grands ordinaires, lefquels font établis
particulierement pour cela : car pour tout le refte des autres foins, les
valets de chiens en quartier y doiuent contribuer, & mefmes à coucher
auec les chiens, en cas qu'ils manquaffent des ordinaires : car les grands
chiens blancs du Roy ne doiuent iamais coucher feuls, à caufe que ce
font chiens de cœur qui ont peine à fe fouffrir les vns les autres, & fe
pourroient battre & s'eftropier, s'il n'y auoit quelqu'vn pour les reprimer & chaftier. L'ordre a efté de tout temps que l'heure eftant venuë il
faut les panfer, fçauoir en Efté à fix heures du matin, & à cinq heures
du foir, & en Hyuer à huit heures au matin, & à trois heures au foir,
les promener & les mener à l'ébat auffi-toft qu'ils font panfez, & pour
ce faire il faut que les grands valets de chiens ordinaires foient auec
leurs petits compagnons qui auront couché dans le chenil, & qu'ils
foient les premiers arriuez pour leur ayder à nettoyer les ordures que
les chiens auront fait dans le chenil, afin que quand le Maiftre valet de
chiens, & les valets de chiens en quartier viendront auec des bouchons
en vne main, & vn peigne à l'autre pour les panfer, ils trouuent la place
nette, & que le Maiftre-valet de chiens fe faffe donner vne houffine par

L'AS

HBLÉE
G. Clasnere Sculps. Taurini

vn de ſes cõpagnons; pour, cependât que les autres panſeront les
chiens, corriger ceux qui querelleront. Il faut que leſdits valets prennent
chacun vn chien auec vn couple, & qu'ils commencent par la teſte à le
panſer, en luy prenant les oreilles, deſquelles ils luy eſſuyeront les
yeux, & apres ils luy frotteront la teſte auec le bouchon, & en ſuite tout
le corps, comme les iambes auſquelles ils s'arreſteront dauantage pour
les obſeruer & toucher de la main, afin de ſentir s'il n'y a point quelque
dentée freſche faite, ou quelques épines demeurées de la derniere
chaſſe, pour y remedier promptement ſelon le mal : & apres ils quitteront leurs bouchons, & prendront leurs peignes, deſquels ils peigne-
ront le chien par tout le corps, afin d'oſter la craſſe & la poudre qu'aura
émeu le bouchon, ce qui ſe doit faire à tous. Cela eſtant fait, le Maiſtre
valet de chiens doit aller trouuer le Lieutenât de la Venerie, ou celuy
qui cõmandera au quartier en ſon abſence, pour luy dire l'eſtat où ſont
les chiens, & s'il luy plaiſt de les venir voir mener à l'ébat, & ſi d'auanture le grand Veneur eſt logé dans le quartier de la Venerie, l'Officier
doit l'aller trouuer, & mener le Maiſtre valet de chiens auec luy, pour
luy demander s'il luy plaiſt de venir voir promener les chiens : s'il dit
qu'ouy, l'Officier doit prendre ſon cor, & ſonner, ou faire ſonner deux
mots pour obliger les Gentils-hommes de la Venerie de venir, qui pourroient eſtre logez à quelques fermes à l'écart, & que ce ſignal les ſera
venir plus promptement, que de les enuoyer querir, à ce qu'ils ſe
rendent au logis du grand Veneur, pour le ſuiure & accompagner au
chenil, & à l'ébat des chiens. Les Pages y doiuent eſtre des premiers,
s'ils ne ſont allez aux bois auec les valets de limiers pour ſe faire inſtruire, leſquels valets de limiers ne ſont pas obligez (comme i'ay dit)
d'eſtre à l'ébat des chiens courans, mais ſeulement d'auoir vn ſoin particulier de leurs limiers, puiſque c'eſt le ſeruice qu'ils doiuuent au Roy,
& qu'vn bon limier leur eſt auantageux, eſtant l'inſtrument de leur meſtier, & que s'il n'eſt bon, ils n'y peuuent pas reüſſir. Le grand Veneur
eſtant arriué à la porte du chenil, le Lieutenant ou Commandant doit
receuoir de la main du Maiſtre valet de chiens, deux houſſines, pour en
donner vne au grand Veneur, & l'autre la garder pour luy, & le Maiſtre
valet de chiens en doit auoir pluſieurs autres, pour donner aux Officiers
chacun dans ſon rang & ancienneté : & à l'inſtant il doit entrer dans le
chenil, pour voir ſi les valets de chiens ont couplé les chiens à propos &
ſortablement, pour obuier qu'ils ne s'échapent, en ayant couplé vn ieune
auec vn vieil, ou vn fol auec vn ſage : Et apres, il doit ouurir la porte
du chenil, eſtant, s'il ſe peut, à deux guichets, afin que la baye en ſoit
plus large & que les chiens ayent plus d'eſpace pour ſortir, & ne ſe pas
choquer de la hanche aux iambages de la porte, où ils ſe pourroient eſ-

treufler : & puis faire mettre à la tefte des chiens vn ou deux valets de
chiens, qui auront leurs trompes au cofté & des couples à l'anguicheure,
pour fi d'aduanture les chiens s'échappoient, les r'appeler & recoupler;
lefquels appelleront les chiens en leur difant, *Hault-à-hault*, & les
autres valets de chiens qui les fuiuront, diront, *Tirez chiens, tirez* : car
le Maiftre valet de chiens doit fuiure les chiens, pour obferuez & voir
s'il y en a quelques-vns de boitteux & de melancholiques, pour apres
en auoir le foin neceffaire. Le grand Veneur & tous ceux qui le fuiuront,
doiuent aller apres les chiens, fans les preffer, pour leur donner le
temps de fe vuider & manger de l'herbe, au moins ceux qui en voudront,
& les valets de chiens feront fur les aifles, pour aller aux premiers
chiens à qui ils verront leuer la tefte, & faire mine de vouloir prendre
le vent de quelque befte, les reprimer en leur difant haye, & les nommant par leur nom, & apres leur dire, tirez chiens, pour les obliger à
fuiure les autres : & les valets de chiens qui font à la tefte, doiuent dire
de temps en temps, *Hault-à-hault* : & cependant que les chiens font à
l'ébat, dont le temps ne doit eftre que d'vne heure, le Maiftre-valet de
chiens doit auoir donné l'ordre à vn de fes compagnons d'aller aduertir
le Boulenger d'apporter le pain pour difner les chiens, & deux valets de
chiens demeureront au chenil, pour ofter la paille qui fera fur les bancs,
pour y en mettre de la frefche de froment s'il fe peut, à caufe qu'elle eft
plus douce que celle de feigle, & nettoyer le chenil de toutes les immondices & vuider les vafes où eft l'eauë, pour leur en donner de la frefche :
Cela eftant, & l'heure de la promenade des chiens expirée, l'on doit les
ramener au chenil, pour leur donner à manger, & auffi-toft qu'ils font
entrez, les valets de chiens les doiuent découpler, fi ce n'eft quelques-
vns qui fe tiennent trop pleins & trop gras, lefquels il faut tenir, durant
que les autres prennent leur repas & ne les laiffer en liberté que fur la
fin du repas : car ils en trouueront affez de ce que les autres auront
laiffé. Et pour donner à manger aux chiens, en voicy la maniere : Il faut
que les valets de chiens prennent chacun vn pain, ayans leurs coufteaux
en main pour le couper, & leur en ietter par petits morceaux fur la
paille, tout autant qu'ils en voudront manger & s'il y a quelques chiens
qui foient delicats à leur manger, comme les vns à ne vouloir de la
croute & les autres de la mie, & d'autres qui veulent que l'on leur donne
à la main, il faut auoir foin de les feruir felon leur gouft & inclination :
Et pendāt que cela fe fait, le Grand Veneur & les Officiers auront la
houffine à la main pour voir s'ils mangent bien & les reprimer, en cas
qu'ils fe querellent & battent. Il y a vne ancienne couftume dans la Venerie du Roy, que les chiens, au moins cette grande Meute, mangent du
pain de froment auffi blanc & auffi bon que le pain blanc que l'on fait à

Goneffe, & que les valets de chiens en peuuent prendre pour leur nourriture, fans pourtant en abufer. Les chiens eftans repeus, le Grand Veneur doit remettre fa houffine entre les mains du Lieutenant qui la luy
a donnée, & qui la doit remettre auec la fienne, entre les mains du
Maiftre-valet de chiens, qui doit receuoir auffi toutes les autres des Officiers, à qui il en a donné : & alors les Officiers doiuent accompagner
le Grand Veneur chez luy, & puis apres le Lieutenant. Ie ne voudrois
pas que l'on creût que ie vouluffe par ce difcours obliger le Grand Veneur à l'ébat des chiens, toutes les fois qu'il fe trouueroit logé dans le
quartier, voulant croire pluftoft que cela depend de luy; Mais ie le fup-
plic de trouuer bon que ie dife, que s'il s'y trouue, fon exemple produira
de bons effets : Premierement, cela obligera les valets de chiens à en
auoir le foin qu'ils doiuent, & auffi les Gentils-hommes de la Venerie
à y aller fouuent; ce qui leur eft tres-neceffaire, pour connoiftre les
chiens par leurs tailles & leurs noms, afin que quand ils les verront
chaffer, ils fçachent ceux à qui ils doiuent auoir creance, lors que le
change bondira. Le Grand Veneur les obligeant à prendre cette inftruction par fon exemple, il la prendra auffi pour luy, puis qu'elle luy eft
neceffaire autant qu'à eux, pour les mefmes raifons : ioinct qu'il fe peut
rencontrer feul de Chaffeur aupres du Roy, fuiuant des chiens qui fe
feront feparez des autres, lors que le change aura bondi deuant eux,
duquel le Cerf de la Meute fe fera accompagné & apres feparé, afin qu'il
puiffe appuyer fes chiens, les connoiffans fages, & auffi que le Roy luy
peut demander les noms des chiens qu'il verroit chaffer, où ne les fçachant pas, il demeureroit court & manqueroit en quelque façon à fon
deuoir; ce qui diminueroit le plaifir du Roy, & auffi l'eftime qu'il auroit
fait de luy & de fa capacité dans la chaffe, en lui faifant connoiftre qu'il
la negligeroit : & que quand l'on veut entreprendre quelque chofe, il
f'y faut attacher auec foin, pour y eftre confideré & eftimé. Encores
que i'ay dit que l'on doit nourrir les chiens du Roy auec du pain de froment, ce n'eft pas que celuy qui eft fait auec l'orge, ne foit auffi propre,
afin que les Gentils-hommes qui ayment les chiens auec paffion, n'en
faffent pas de mefme, ny de toutes les chofes que i'ay dites touchant le
foin des chiens, au moins auec tant de regularité; mais à proportion de
leurs puiffances & du monde qu'ils pourront entretenir, pour en auoir
tout autant de foin qu'ils pourront.

CHAPITRE XXI

De l'aage auquel on doit faire chaſſer les ieunes chiens-courans.

LOrs que vous aurez mis dans le chenil, auec vos chiens dreſſez, les
ieunes chiens que vous aurez retiré depuis ſix ſepmaines ou deux
mois, de chez les Laboureurs & qu'ils en auront pris l'habitude & la
nourriture (ce que vous pourrez iuger les voyans pleins & en bon corps
& non maigres) vous pourrez alors commencer à faire chaſſer les maſles
à quinze mois & les Lyces à douze ou treize, afin que tous les deux
ayent les reins noüez, & qu'ils ayent pris leurs forces : car quand l'on
les fait chaſſer plus ieunes & qu'il ſe rencontre en eux de la bonne volonté & de l'ardeur à la chaſſe, ils en prennent trop d'abord : ce qui les
pourroit faire effiler & les empeſcher de pouuoir plus prendre force;
mais pour obuier à cét accident, ie trouue qu'il eſt à propos de commencer par les faire chaſſer le Liévre, & que ce ſoit auec des chiens dreſſez,
qui ne ſoient pas trop viſtes, afin qu'ils ne ſoient pas obligez de s'étendre
pour les ſuiure : Cela fait, qu'ils s'en rendent en moins de temps dans
l'obéïſſance, à cauſe que cette chaſſe ſe fait ordinairement dans la plaine,
ou au moins elle s'y commence, où vous pouuez touſiours voir vos chiens,
apres les auoir decouplez, & le lieu plus facile pour leur reprimer cette premiere ardeur, & pour les chaſtier, puis que vous pouuez eſtre touſiours aupres d'eux, & que vous voyez ce qu'ils font : comme cela ils ne peuuent
prendre aucune mauuaiſe habitude; mais ſeulement la bonne & vraye impreſſion que vous voulez qu'ils ayent, comme de tourner & requeſter, parchaſſer & reuenir au chaſtiment : Ils en auront auſſi doreſnauant le nez
plus fin, ayant chaſſé ce petit animal, qui va le plus legerement de tous,
qui les oblige, pour eſtre dans la voye, d'employer tous leurs ſentimens &
ne ſe pas écarter à droiɑt ny à gauche : Ils ſe fortifient auſſi peu à peu,
puis que vous ne les faites chaſſer qu'autant que vous voulez, en eſtant
le Maiſtre : & vous ne le feriez pas, ſi vous les auiez donné ſur les voyes
d'vn Cerf, qui pourroit tirer de long, & en ſe dépaïſans ainſi & vous
obliger à les abandonner par la laſſitude de vos cheuaux, dans vn païs
inconneu, dont la retraitte leur pourroit eſtre funeſte, ſe trouuans tellement laſſez au bout de leur courſe, qu'ils ſeroient contraints d'y demeurer la nuiɑt, à la mercy des Loups, ou s'ils reuenoient, ils ſeroient apres
tres-longtemps fatiguez. Ie ſçay qu'il y a deux autres moyens dont on ſe
peut ſeruir, quand on a reſolu de commencer à faire chaſſer les ieunes
chiens le Cerf, auparauant d'auoir chaſſé : dont l'vn eſt, que vous les

pouuez donner, quand vous iugez qu'vn Cerf eft mal-mené, particulierement dans vn fonds de foreft, où les Cerfs fe font ordinairement
prendre ; Mais auffi vous n'eftes pas affeuré qu'ils voudront chaffer dans
ce commencement auec ce grand bruit de chiens, à caufe que c'eft le
temps qu'on a donné tous les Relaiz, ce qui les eftonne & les oblige à
s'écarter dans le bois, où ils peuuent rencontrer d'autres voyes qui
peuuent eftre d'vn Liévre, d'vn Renard, d'vne befte noire, ou d'vne
Biche, où ils s'attacheront, & l'ardeur de la chaffe vous aura empefché
d'y prendre garde, qu'au temps de la prife du Cerf, qui fera peut-eftre
loing du lieu où vous aurez laiffé vos ieunes chiens : cela eftant, ils auront eu vne mauuaife impreffion pour leur premiere chaffe. Le fecond
moyen eft, à mon aduis, le meilleur & le plus affeuré, qui eft d'enuoyer
reconnoiftre quelques iours auparauant que vous vouliez les faire chaffer par vn de vos Veneurs, à quelques beaux buiffons qui foient éloignez au moins d'vne lieuë du grand païs, d'où fera venu le Cerf, dont
vous aurez eu connoiffance, & qu'il foit Cerf de dix cors, ou Cerf de dix
cors ieunement, s'il y en a dans le pays, finon qu'il foit feul, & choifirez
vn beau iour, & que la terre en foit bonne (n'eftant pas trop feiche, afin
que vous en puiffiez voir des fuites dans la plaine, lors qu'il y paffera)
pour mieux affujettir vos chiens dans la voye ; & ayant ces precautions,
vous lancerez voftre Cerf auec le limier, & apres eftre lancé, vous donnerez vos ieunes chiens, & pour les guider & conduire dans la voye,
vous decouplerez auec eux fix ou hui& de vos chiens dreffez, qui ne
foient pas de vos plus viftes, afin que vos ieunes chiens en puiffent eftre
les maiftres, auffi bien que de la voye, allans feulement apres eux pour
les remettre dans la voye, toutes les fois qu'ils l'auront quittée : Ce que
feront auffi les piqueurs, qui en courant auront l'œil à terre pour reuoir
des fuittes du Cerf, afin que les voyans hors la voye, on les y appelle &
vn autre les y faffe venir : & toufiours ainfi, iufques à ce que vous foyez
à l'entrée du grand païs, où vous aurez mis voftre Meute de chiens dreffez, & deux valets de chiens qui feront connus de vos ieunes chiens, afin
qu'ils fe laiffent prendre à eux, quand ils feront laffez, & ne pourront
plus tenir ny accompagner les autres chiens : il faut qu'ils les reprennent
auec vn couple, & fuiure auec eux doucement la chaffe, pour quand ils
iugeront & verront que le Cerf fera mal-mené, les decoupler fur les
voyes du Cerf, auec les autres qui le chafferont : Et quand le Cerf fera
pris, il faudra leur faire fouler en leur particulier, en les careffant & leur
donnant de la main aux flancs, & leur dire *Veule fiallé*, & les termes
que l'on doit dire aux chiens quand ils chaffent, & apres ouurir la nape
au col du Cerf, pour leur en faire manger fur le champ, afin de les
mettre dans le fentiment & dans la voye du Cerf, & les obliger doref-

ñauant à fuiure, pour en eſtre à la mort : car les chiens chaſſent pour
leur plaiſir & leur intereſt. Ie vous donneray encores cét auis, que la
faiſon du Rut n'eſt nullement propre pour faire chaſſer les ieunes chiens,
à cauſe de la mauuaiſe ſenteur qu'ont les Cerfs en cette ſaiſon, & le
danger que les ieunes chiens peuuent encourir, lors qu'ils rendent les
abois.

CHAPITRE XXII

*Comme le valet de limier doit faire choix d'vn chien
pour mettre à la main, & luy ſeruir de limier.*

IL faut que les chiens que l'on veut mettre à la main, ayent toutes les
bonnes qualitez que i'ay dites cy-deuant dans la proportion de leur
taille, puis que ce ſont eux qui ſont le fondement du plaiſir de la chaſſe,
s'ils ſe rencontrent bons : c'eſt auſſi vn choix qui ſe doit faire par les habiles dans le meſtier, lors que l'on ameine les ieunes chient de chez les
Laboureurs, preferablement à ceux qui doiuent eſtre deſtinez pour
courre ; ce qui ſe rencontre fauorablement pour l'vn & pour l'autre, puis
qu'il faut les chiens pour courre, grands & longs, comme ie vous ay fait
connoiſtre ; mais ceux que l'on doit mettre à la main, ils les faut de
moyenne taille & courts, à cauſe que dans cette ſorte de taille, il s'y rencontre ordinairement plus de vigueur & de feu, qu'aux grands & longs
chiens, & que ce ſont les qualitez qu'il faut neceſſairement à vn limier,
pour n'apprehender pas les gelées, broüillards & rozées froides, qui ſont
tres-ſouuent, ſelon les ſaiſons, le matin. Il faut qu'ils ſoient d'vn poil vif
& non elaué, ny auſſi blanc, à cauſe que les chiens de ces deux ſortes de
poil apprehendent les froids que i'ay dit, & qu'ils ayent la teſte plus
carrée & l'œil plus plein de feu & bien auallez, en vrais chiens-courans,
les reins hauts & larges, & les hanches de meſme, le iarret court : &
pour le pied, quand il ne ſe rencontreroit pas ſi bien fait que ie l'ay dé-
peint, il n'importe pas : & auſſi quand il s'en rencontreroit d'ergottez &
que la queuë en ſeroit retrouſſée (puis que ces trois deffauts ne peuuent
oſter que la viſteſſe à vn chien, dont les limiers n'ont pas beſoin) l'on les
peut mettre auec les chiens dreſſez dans le chenil, pour les apprendre
à aller au couple & en prendre l'habitude, pour les rendre plus fiers &
plus hardis : & quand meſme on les feroit chaſſer deux ou trois chaſſes,
il n'en feroit que mieux, pourueu que l'on les donne ſur les voyes d'vn
Cerf qui ſera ſur ſes fins : cela leur donne de l'émotion & les fait aller

d'abord deuant, plus gayement : veritablement vous en aurez vn peu
plus de peine à leur ofter le cacquet; mais il vaut mieux que cela foit
que d'eftre obligez à les pouffer du pied pour les faire aller deuant :
neantmoins cela dépendra de vous : & fi vous ne les mettez pas dans le
chenil, il faudra que ce foit ceux qui s'en voudront feruir qui leur enfeignent à aller au couple, les tenans iour & nuict, iufques à ce qu'ils y
foient accouftumez, & que ce foit auec vne petite chaifne : car il en faut
vne aux limiers qui doiuent eftre enfermez & attachez feparément les
vns des autres. Mais auffi il ne les faudra plus mettre dans le chenil, à
caufe que cette feparation les aura rendu pillars, & qu'en cét eftat, fi
vous les mettiez parmy les autres, ils en pourroient eftre mal-traittez,
& que lors que vous viendriez à les prendre, ils ne feroient pas en eftat
de vous feruir.

CHAPITRE XXIII

Comme on doit dreffer vn ieune chien courant pour en faire vn limier.

C'Est vne des chofes des plus importantes dans vn équipage pour le
Cerf, que les limiers en foient bons, & auffi pour la reputation des
Veneurs qui y font, puifque c'eft de là que dépend le bon ou mauuais
rapport de la demeure du Cerf, puifque le Veneur eft obligé de dire en
ces termes : Ie mécroy détourner vn Cerf, s'il ne paffe depuis moy (ou
fi mon chien ne me trompe) neantmoins cette precaution qu'il femble
auoir par droit (lors qu'il dit, fi mon chien ne me trompe) ne luy peut
pas empefcher que fon chien l'ayant trompé, il n'en reçoiue du blafme;
puifque le choix qu'il en a fait, & les diligences qu'il a deu faire, pour le
rendre bon, ont dépendu de luy, comme de iuger, apres qu'il l'aura
mené huict ou dix fois au bois, s'il luy eft propre ou non : car s'il le voit
aller auec froideur deuant luy, & qu'il ne luy ait pû donner aucune émotion dans tout ce temps, il faut qu'il le remette dans le chenil (fe trouuant peut-eftre plus propre à chaffer) & en reprenne vn autre qui ait
plus de volonté, ce qu'il verra apres luy auoir donné connoiffance de
fauues, ou des beftes qu'il aura deffein de deftourner, & qui aillent de
bon temps. L'on les peut dreffer pour fauues dans toutes les faifons,
horfmis celle du Rut, pour les raifons que i'ay dites cy-deuant : les
grandes chaleurs n'y font pas encores fort propres à caufe de la feichereffe de la terre. Ce qui empefche de pouuoir reuoir des voyes de la
befte, dont voftre chien fe rabat, & vous oblige à le laiffer fuiure, iufques

à ce que vous ayez trouué vn lieu pour en reuoir & en pouuoir iuger, &
que cela pourroit donner vne impreſſion mauuaiſe à voſtre chien, ſi
d'auanture ce n'eſtoit des voyes d'vne beſte de laquelle vous voulez qu'il
veüille, ioint qu'il eſt bien que ceux que vous voulez dreſſer pour
fauues, ayent d'abord connoiſſance d'vn Cerf pour les raisons que ie diray cy-apres; tellement que ie tiens l'Hyuer le plus commode pour cét
effet, pouruceu que l'on y excepte les fortes gelées, & le temps que la
neige eſt ſur la terre; encore que le ſieur du Foüillou diſe que c'eſt le
temps qu'il faut mener les ieunes limiers pour les dreſſer; c'eſt en quoy
il fait connoiſtre, comme en autres choses dont il traite, qu'il auoit peu
de ſcience & de pratique en ce meſtier, puiſque c'eſt le ſeul temps qui
peut le plus donner de mauuaiſes habitudes à vn ieune chien que vous
mettez à la main pour en faire vn limier, leſquelles il n'oublie iamais, à
cauſe que dans ce temps il voit les voyes de la beſte qu'il ſuit : ce qui fait
qu'il s'attache pluſtoſt à ſa veuë qu'à ſon ſentiment, l'obligeant touſiours
à leuer la teſte pour aller où il voit des voyes, & comme cela il ne s'attache pas à celle que vous auez deſſein qu'il ſuiue & ne fait que balancer, ce qui peut faire faire tres-ſouuent des fautes à celuy qui le meine,
en changeant de voyes : car il eſt mal-aiſé dans le temps que la terre eſt
ſeiche, de pouuoir connoiſtre ce changement, puiſque vous pouuez
auoir rencontré d'vn Cerf de dix cors, & ainſi vous deſtournez, & faites
rapport bien ſouuent d'vn ieune Cerf par ce changement de voye : ou,
peut-eſtre, d'vne grande biche; mais ſi les ieunes limiers conſiderent
pluſtoſt les voyes qui ſont ſur les neiges par la veuë, que par le ſentiment, ce n'eſt pas ſans raiſon, puiſque vous les voulez obliger à ſe rabatre, & à ſuiure des voyes qui n'ont aucun ſentiment : la cauſe en eſt,
que s'il a fort gelé, auſſi-toſt qu'vn Cerf ou vne autre beſte, appuye ſon
pied, la neige s'éparpille & retombe dans les voyes, ce qui en oſte le
ſentiment, & ſi elle eſt molle ne faiſant que tomber, ou que ce ſoit par
vn dégel, auſſi-toſt que le Cerf eſt paſſé, la neige fond : c'eſt ce que nous
voyons par les voyes qui ſont élargies, & par conſequent le ſentiment en
eſt dehors : & s'il neige, elles ſont ſurneigées, & s'il dégele, elles ſont
noyées, & ſurpluës par le broüillard qui tombe quand il dégele : & ſi la
neige dure pluſieurs iours ſur la terre, elle eſt toute couuerte de voyes
de toutes ſortes de beſtes, à cauſe qu'elles ſont dans ce temps beaucoup
plus de païs, en faiſant leurs nuits, eſtans affamées, ne trouuans que
tres-peu à ſe repaiſtre. Il y a donc tant de voyes qu'elles mettent en confuſion vn limier, ne ſçachant aufquelles aller. Ces raiſons pertinentes
doiuent faire connoiſtre que i'ay raiſon de dire qu'il faut choiſir les
temps où vn Cerf puiſſe appuyer ſon pied ſur la terre ferme, qui ne ſoit
pourtant ny trop dure, ny trop molle, & où le ſentiment s'y conſeruera

quatre, cinq & fix heures pour les ieunes chiens, pourueu qu'il ne viēne
point de pluye qui les élaue. Ceux qui n'auront pas feulement veu que
pratiquer la Chaffe, pourroient trouuer à redire fur ce que i'ay dit que
le fentiment ne fera dans les voyes que fi peu de temps pour les limiers,
difans qu'ils auront veu requefter les Cerfs plufieurs fois que l'on auoit
brifé le foir, & que le lendemain fur les fix, fept & huit heures, felon
les faifons, l'on venoit à ces brifées auec vn limier qui en reprenoit la
voye & la fuiuoit, pourueu que ce fuft en lieu couuert, & où il y euft des
portées, comme font ceux où on brife ordinairement les Cerfs, quand
on a deffein de les requefter : Il eft vray qu'il y a des limiers qui le font,
mais ce ne font pas les ieunes limiers dont on fe fert le matin pour deftourner vn Cerf, fi l'on veut eftre affeuré de fa demeure : car ceux qui
veulent de ces vieilles voyes, ce font chiens qui ont quatre ans, & au
deffus, de qui la chaleur naturelle eft diminuée : ce qui fait qu'ils ref-
fentent facilement le froid caufé par les gelées blanches & rozées qui
font ordinairement fur la terre le matin, & tiennent les voyes froides,
iufques à ce que le Soleil en ait ofté la plus grande froideur : ce qui leur
empefche le fentiment; mais pour les ieunes limiers qui n'agiffent que
par la force de la chaleur naturelle toute entiere en eux, & n'ont d'action
ny de fentiment qu'autant que la nature leur en donne, & dans le temps
que les voyes peuuent conferuer leur fentiment, ce n'eft pas qu'ils ne fe
puiffent rabattre, & vous remonftrer quelquesfois du releué d'vn Cerf,
quand le temps eft beau & ferain; mais ils n'en pourront emporter les
voyes, ny les fuiure : ce qui vous fert à connoiftre les voyes du releué
d'vn Cerf, & celle du matin, lors qu'il fe retire & rembufche, qui font
celles aufquelles vous vous deuez attacher, fi vous auez deffein de le
deftourner : i'ay bien voulu vous donner cette connoiffance, afin de n'obmettre rien, & de vous enfeigner enfuite comme vn valet de limier doit
faire pour dreffer vn bon limier. Il faut pour y bien reüffir qu'il ait efté
reconnoiftre auec fon chien dreffé, à quelques beaux buiffons s'il y a vn
Cerf feul, afin d'y aller auffi-toft qu'il verra vn beau iour, & que la terre
fera bonne, comme dans l'Hyuer, qu'elle ne foit pas gelée, & dans l'Efté
s'il auoit tombé de l'eaüe le iour d'auparauant, elle en feroit meilleure,
& feroit que fon chien en auroit plus de fentiment : ioint qu'il luy pourroit ayder de l'œil, puifqu'il reuerroit des voyes du Cerf plus facilement,
afin de voir d'abord de quelle befte fon chien fe rabbat, & qu'il le puiffe
tenir dans la voye, lors qu'il fuiura. Cette preuoyance eftant obferuée,
il faut qu'il prie vn de fes compagnons d'aller auec luy, & de mener fon
limier dreffé, pour quand ils feront arriuez aux bois, qu'il le mette deuant luy, comme vous ferez auffi le voftre deuant vous, qui fuiura voftre
compagnon, apres que vous l'aurez flatté, en luy donnant d'vne main

doucement aux flancs, & de l'autre luy prendre la tefte, & lui cracherez
dans la gueule, & apres vous luy allongerez le trait, en luy difant : Va
outre, l'amy, le nommant auffi par fon nom, vous l'exciterez auffi de
voftre langue, en la faifant frapper contre voftre palais, afin de l'émouuoir & luy donner de la gayeté pour l'obliger à fuiure voftre compagnon, & aller deuant vous : mais que ce foit toufiours auec douceur : &
s'il reuient à vous, il le faut remettre encores deuant, en le careffant
comme cy-deffus, & luy parlant encore en ces termes : *Ho loo, ho loo,
Ho loo lo loo*, & l'exciter encore de la langue, & quand le chien de voftre
compagnon fe rabattra de bonne voye, le prier de prendre garde fi c'eft
d'vn Cerf, deuant que d'avancer auec le voftre : car il eft important pour
ces premieres fois, que vous luy donniez connoiffance de Cerfs pluftoft
que de Biches, afin qu'il en prenne l'impreffion plus forte, pour faire
d'orefnauant qu'il s'en rabatte auec plus de chaleur, & vous faire connoiftre quand c'eft d'vn Cerf ou d'vne Biche. Ce qui vous peut beaucoup
feruir pour abreger & faire voftre quefte dans les faifons feiches, où l'on
eft quelquesfois long-temps apres vne befte, fans en pouuoir reuoir, au
moins pour en iuger : & voftre compagnon vous ayant dit, c'eft d'vn
Cerf qui va de bon temps, vous le prierez de fuiure auec fon limier pour
le lancer, afin qu'apres vous puiffiez faire fuiure les voyes qui iront de
bon temps, à voftre ieune limier : mais fi c'eftoit des voyes du releué,
ou qui allaffent de cinq ou fix heures, il ne s'y faudroit pas arrefter,
puifque voftre chien ne les pourroit pas emporter, & qu'auffi pour en
renouueller de voyes auec le chien de voftre compagnon, il faudroit trop
de temps pour en deffaire la nuit. Pour abreger & le trouuer rentré, il
faudra aller prendre les deuans des plus grands forts, & des plus belles
demeures, & l'ayant trouué entré, vous prierez voftre compagnon de
fuiure trois ou quatre longueurs de trait dans le fort; cependant que
vous le fuiurez auec voftre chien, que vous exciterez en luy difant :
Velfiallé, Velfiallé, Mirault, ou par fon nom, afin de l'obliger à fuiure
peu à peu les voyes, en l'y tenant le plus exactement que vous pourrez,
ne luy alongeant que le trait à demy. Vous le tiendrez auffi quelquesfois ferme deffus le trait; & s'il ne s'y tient pas, reuenant à vous (à l'ordinaire des ieunes chiens qui n'ont pas pris le fentiment des voyes, ne
fçachans pas encor ce que vous leur voulez) il faut le remener dans la
voye, & fi vous voyiez qu'elle allaft de trop hautes erres, il faut prier
voftre compagnon de continuer à fuiure auec fon chien, tant qu'il ait renouuellé de voyes, & que voftre chien les puiffe emporter & fuiure, &
mefme de le lancer au befoin, & apres l'eftre, vous mettrez voftre chien
fur les voyes, en luy parlant & le careffant de temps en temps, comme
i'ay dit, fans toutesfois luy allonger le trait tout à fait, afin de le tenir

plus ſujet dans la voye, & quand vous le tiendrez ſur le trait, s'il y tient
& s'y arreſte, allez auſſi-toſt le careſſer, & rompez des briſées deuant
luy; ainſi vous continuërez à ſuiure, iuſques à ce que vous ayez fait paſſer deux ou trois chemins au Cerf; & ſi voſtre chien auoit quitté la
voye, il faut prier voſtre compagnon de la reprendre auec le ſien, & auſſi
quand il y ſera, de vous appeller pour y remettre le voſtre, & au premier chemin qu'il paſſera; apres cela vous le briſerez haut & bas; ces
briſées ſe doiuent faire en cette ſorte : Il faut rompre vne branche de la
groſſeur du petit doigt, que vous mettrez ſur les voyes du Cerf, & que le
gros bout ſoit du coſté où le Cerf a la teſte tournée, on en doit ietter au
moins deux ou trois, & en rompre à demy que l'on laiſſe pendre au
tronc; ce que nous appellons, briſer haut : ce qui ſe fait à deux fins : la
premiere, s'il paſſoit quelques beſtiaux par voſtre rembuſchement, qui
euſſent emporté vos briſées baſſes auec les pieds, vous auriez les hautes
pour remarques, & pour reconnoiſtre voſtre rembuſchement; & la ſeconde, qui eſt la plus eſſentielle, c'eſt afin que ſi quelqu'vn de vos compagnons paſſoit par voſtre rembuſchement, il peuſt iuger que vous auez
connu que c'eſt vn Cerf, & non vne Biche : car pour les Biches on ne
doit ietter qu'vne ſeule briſée baſſe, & que ſi vous auiez manqué à briſer
vn Cerf haut & bas, ou ne l'euſſiez briſé ſeulement que d'vne briſée,
voſtre compagnon y paſſant & l'ayant reconnu, il peut ſe mettre apres,
& en prendre les deuans, le deſtourner, en faire rapport, & le laiſſer
courre, encore que ce ſoit dans voſtre queſte : car quand l'on ne iette
qu'vne briſée, cela doit faire croire que vous penſez que ce ſoit vne
biche, & non vn Cerf, & ſi voſtre ieune chien, par le plaiſir & l'emotion
qu'il a euë, veut aller deuant, vous prendrez les deuans de voſtre Cerf
auec luy, & neantmoins vous prierez voſtre compagnon de mettre le
ſien deuant luy, apres vous, afin que ſi le voſtre ſur-alloit, & qu'il paſſaſt
ſur les voyes de voſtre Cerf (s'il ſortoit de l'enceinte, & qu'il ne vous en
donnaſt pas connoiſſance) le chien de voſtre compagnon ſuppleaſt à ce
defaut. En prenant vos deuans, il faut auſſi rompre des briſées, & les
ietter derriere vous, la pointe tournée vers vos tallons, dans le chemin
par lequel vous les prenez, ce doit eſtre celuy qui eſt touſiours le plus
proche du fort où eſt entré voſtre Cerf : vous en deuez ietter auſſi à tous
les changemens de chemins qui arriueront, & lors que vous arriuerez à
voſtre rembuſchement, vous ferez ſuiure voſtre chien, & lancerez le
Cerf, & ſi voſtre chien veut crier, vous le luy permettrez, au moins pour
les dix ou douze premieres fois que vous le menerez : car il ne luy faut
donner aucun chaſtiment durant ce temps, ny iuſques à ce qu'il ſoit bien
dans la voye, encore faut-il que ce ne ſoit que de la bouche, & non de
la main, lors qu'il ſe rabbatra, d'vne autre beſte que vous ne voulez pas

qu'il fuiue. Vous l'exercerez quatre ou cinq fois de la forte, & le voyant bien vouloir de ces voyes, lors vous chercherez l'occafion & les lieux propres pour luy en faire fuiure qui aillent de plus hautes erres, comme fi vn Cerf fortoit d'vn buiffon, vne heure ou deux deuant le iour, pour aller à vn autre buiffon, diftant enuiron d'vne licuë, que le temps fuft beau, & la terre fauorable pour en pouuoir reuoir, afin d'ayder de temps en temps à voftre chien de l'œil, pour luy faire tenir la voye iufte ; & fi vous ne trouuez des occafions pareilles, lors que vous rencontrerez d'vn Cerf qui ira de bon temps, vous en prendrez le contrepied, afin de l'accouftmer peu à peu à fuiure des voyes qui aillent de plus hautes erres, & que ce foient les voyes qui viennent du gaignage, & non celles où voftre Cerf aura fait fa nuit, à caufe qu'elles vont trop tournoyans, & que cela pourroit donner vne mauuaife habitude à voftre chien, le faifant balancer, & ne tenir pas ferme fur la voye, à caufe qu'il en fentiroit à gauche & à droit, & ne fçauroit aufquelles aller, & fi d'auanture voftre chien n'eftoit pas encore abfolument affermy dans la voye, apres luy auoir fait fuiure le contrepied, comme i'ay dit, vous deuez reuenir où vous en auez rencontré la premiere fois, pour en prendre & fuiure le droit, iufques à ce que vous l'ayez lancé, pour luy donner encores ce plaifir, & vne plus parfaite connoiffance de ce que vous voulez de luy ; & fi d'auanture il crie volontiers, lors qu'il eft fur la voye, il faut chercher l'occafion pour rencontrer de quelques Cerfs qui releuent d'vn buiffon, & paffent vne plaine pour aller demeurer dans vne autre, afin d'en prendre la voye auec voftre chien, à qui vous direz de temps en temps : *Tout quoy, l'amy, Tout quoy*, & le nommerez par fon nom, allant le careffer de temps en temps, & auec les mefmes termes, afin qu'il connoiffe que vous defirez de luy encore cette complaifance, laquelle eft neceffaire, à caufe que s'il crioit le matin, il lanceroit vn Cerf qui iroit loin, deuant que de demeurer, auffi faut-il eftre fort moderé, en luy faifant perdre le cacquet, car fi vous le battez, vous luy pourriez faire croire que vous ne voulez plus qu'il fuiue fes voyes, puifque ce font celles fur lefquelles vous l'auez careffé tant de fois, pour l'obliger à les fuiure ; c'eft donc l'affiduité & la peine qui peuuent faire vn bon chien ; car il ne faut pas le rebuter, mais luy faire perdre le cacquet par les longues & affiduës fuites, qu'il faut pourtant regler, felon la force du chien que l'on dreffe, & que le Veneur confidere que s'il n'a vn bon chien, encores qu'il foit habile homme de foy, il ne le peut paroiftre par le defaut de fon limier.

CHAPITRE XXIV

*Pourquoy il eſt neceſſaire que les limiers veulent des Biches
auſſi bien que des Cerfs, ou pour le moins qu'ils s'en rabattent
& en remonſtrent à ceux qui les meinent.*

MON deſſein eſt de ne rien obmettre dans le meſtier de toutes les
choſes qui le concernent, & qui pourroient entrer dans la penſée
des curieux, & de ceux qui ont quelque connoiſſance de la chaſſe, pour
auoir veu chaſſer le Cerf pluſieurs fois, qui m'ont demandé pourquoy
l'on n'empeſchoit pas les limiers de vouloir des Biches auſſi bien que
les chiens-courans, puis que cela donneroit vne facilité plus grande aux
Veneurs & valets de limiers pour abbreger & faire leurs queſtes, & auſſi
qu'ils en feroient le rapport plus aſſeuré, & comme cela ils ne courroient
plus de riſque de laiſſer courre vne Biche pour vn Cerf; ce qui arriue aſſez ſouuent. Cette curioſité me ſurprit & m'obligea d'y penſer, pour
ſçauoir ſi cela ſe pouuoit, ſans rebutter vn limier, & s'il eſtoit aduantageux pour ceux qui vont au bois : Ce qu'apres auoir meurement conſideré, i'ay treuué qu'il eſtoit impoſſible, ſans peril, de rebutter vn limier,
& que meſme quand cela ſe pourroit, il ſeroit plus deſauantageux aux
Veneurs que profitable. En voicy mes raiſons. La premiere, que les limiers ne doiuent pas receuoir le chaſtiment ſi rude que les chiens-courans, puis qu'ils ſont attachez actuellement à ceux qui les meinent, &
que s'ils les gourmandoient, ils ſeroient apres toùjours dans la crainte;
ce qui les troubleroit de telle ſorte, qu'ils ne pourroient auoir dans la
penſée qu'à exquiuer ce chaſtiment, & par ce moyen paſſeroient ſouuent
par deſſus les voyes du Cerf, ſans s'en rabattre & vous en remonſtrer :
Mais il n'en eſt pas de meſme des chiens-courans, puis que lors que vous
les trouuez chaſſans vne Biche, les ayans oſté & chaſtié ſur les voyes,
vous les laiſſez apres dans leur liberté, ou bien vous les menez ſur les
voyes d'vn Cerf qui ne fera qu'aller, comme faiſoit la Biche qu'ils viendront de quitter, & leur faites auſſi-toſt chaſſer le Cerf en ſonnant &
parlant, ce qui augmente leur plaiſir. Mais cela n'arriue pas de meſme
aux limiers, qui peuuent auoir rencontré d'vne Biche qui ne fera qu'aller où vous les aurez chaſtié : & à peu de temps apres, ils peuuent rencontrer d'vn Cerf qui ira de quatre, cinq & ſix heures. Ces voyes qui
vont de plus hautes erres, où ils ont peu de ſentiment & par conſequent
peu de plaiſir à les ſuiure : & le ſouuenir du chaſtiment qu'il viẽnent de
receuoir, les obligent à paſſer ſur les voyes, ſans s'en rabattre & vous en

remonſtrer, & auſſi par l'apprehenſion qu'ils ont d'vn nouueau chaſtiment : & poſé qu'il s'en puiſſe dreſſer quelques-vns, Ie vous veux faire
connoiſtre comme cela feroit tres-preiudiciable aux Veneurs qui ſ'en ſer-
uiroient ; leur eſtant neceſſaire qu'ils ayent connoiſſances des beſtes
ſauues qui ſe rencontrent dans leurs queſtes, particulierement dans l'enceinte où ils mécroyent détourner vn Cerf, pour en rendre compte, lors
qu'ils viennent faire leur rapport, eſtre precautionnez, pour quand ils
viendront à laiſſer courre, & aduertis des beſtes ſauues qui ſont dans
l'enceinte, afin de pouuoir conſeruer la voye & les connoiſſances du
Cerf, dont ils auront fait rapport : car s'ils n'auoient eu connoiſſance
que de ce Cerf, & qu'il euſt entré quelques-vnes de ces grandes Biches
dans l'enceinte, qui ont beaucoup de pied, qui poiſent beaucoup, n'en
pouuant reuoir que par des ſoulées, où il eſt mal-aiſé de pouuoir iuger,
quand il y a peu de difference au pied des beſtes : Ioinct que celuy qui
aura fait le rapport, n'aura pû dire à ſes compagnons, qu'il y a vne
Biche dans ſon enceinte & qu'ils y prennent garde, pour ſi d'auenture
ils ſont obligez par le retour que peut faire vn Cerf, luy ayder à trouuer
le retour où ils peuuent changer de voyes, & où ils ſe peuuent tromper
comme celuy qui a faict le rapport, pour n'en auoir eu aucune connoiſſance : & comme cela, la chaleur & l'enuie qu'il aura de laiſſer courre,
luy fera donner cette beſte aux chiens ; c'eſt ce qui peut arriuer plus ſouuent que de ſe méprendre en iugeant vne Biche pour vn Cerf. Il eſt donc
vray que cette inuention ne peut eſtre que deſauantageuſe, ſi ce n'eſt
pour les ignorans, à cauſe du peu de connoiſſance qu'ils ont des pieds
des Cerfs & des Biches, pour en faire le diſcernement.

CHAPITRE XXV

Du temps qu'il faut à vn Cerf
pour eſtre Cerf de dix cors ieunement, & Cerf de dix cors.

LE Cerf a pris ſa croiſſance entiere du corps & de la teſte à l'âge de ſept
ans, comme i'ay dit : Pour le corps, il demeure dans ſa hauteur,
ſans plus augmenter ; Mais pour la teſte, il n'en eſt pas de meſme : car
elle ſera en des années plus haute & en d'autres plus baſſe, & aura plus
ou moins d'andoüillers, à cauſe qu'elle dépend de la bonne ou mauuaiſe
nourriture, du plaiſir ou déplaiſir qu'aura eu le Cerf dans les années :
La groſſeur du corſage en eſt de meſme (au moins pour vn temps, qui
eſt la ſaiſon qu'ils ſont en ceruaiſon) car s'ils ont les viandis bons & à

commandement, ils en deuiennent plus gros & plus pleins de venaifon :
Et pour en venir & commencer à l'origine des Cerfs, Ie diray que lors
qu'vn Cerf eft né, & iufques à ce qu'il ait vn an paffé, il ne porte aucun
bois (que nous appellons la tefte, car la tefte nous l'appellons le Maffacre) & que lors qu'il entre dans fa feconde année, il pouffe deux petites perches qui excedent vn peu les oreilles : c'eft ce que nous appellons les dagues : Et la troifiéme année, les perches qu'il pouffe, font fe-
mées de petits andoüillers, qui fortent de ces deux perches (ou de ces
Marains) qui feront au nombre de deux à chaque perche; alors cette
tefte fe peut nommer, porter fix, à caufe que les deux bouts des perches,
qui font le haut de la tefte, fe doiuent auffi compter : Les quatre & cinquiéme années, fa tefte croiftra en hauteur & groffeur, puis qu'elle depend du corfage qui en fait de mefme, particulierement s'il eft dans vn
bon païs, elle pourra porter huiét, dix & iufques à douze : Et la fixiéme
année, qui eft l'âge que l'on doit qualifier Cerf de dix cors ieunement,
pour le difcerner d'auec le ieune Cerf & le Cerf de dix cors, afin d'en
rendre l'exercice de la chaffe plus beau & la fcience plus parfaite; alors
il pourra porter douze & quatorze : La feptieme année, qui eft l'âge de
la derniere croiffance du corps & de la tefte (pourueu qu'il foit toufiours
dans vn mefme païs) il pourra porter feize, dix-huiét, vingt & iufques à
vingt-quatre : c'eft le temps que l'on le peut qualifier Cerf de dix cors,
puis que fa tefte eft dans fa perfeétion, & que les connoiffances y font
pour la difcerner d'entre les ieunes Cerfs & les Cerfs de dix cors ieunement; mais non pas pour vn grand vieil Cerf, comme ie le feray connoiftre cy-apres. Ce n'eft pas que dorefnauant, felon les années, la groffeur & hauteur de cette tefte, ne diminue ou augmente, auffi bien que
la cheuillure : Neantmoins la Nature y mettra vn fi bon ordre, que les
chàgements qui s'y feront, ne preiudicieront point aux connoiffances &
à la beauté de la tefte, pourueû que le Cerf n'ait aucun déplaifir & foit
nourri dans vn bon païs, puis que fi cette tefte n'eft fi bien cheuillée dans
vne année, le Marain en fera plus gros & plus long; ce qui en fera la
tefte plus haute. Nos anciens & habiles dans l'art de la chaffe, fe font
curieufement étudiez en toutes les chofes qui en dépendent, comme
d'auoir trouué vn moyen pour fupputer les andoüillers de la tefte du
Cerf toufiours en pair, encore qu'il ne s'y rencontre pas ordinairement,
& que l'on dit, fix, huiét, dix, douze, & ainfi au deffus & au deffous;
Mais pour n'y pas mànquer, lors que le nombre pair des andoüillers ne
s'y trouueroit pas (où l'on pourroit trouuer à redire) ils ont adioufté au
nombre non pair, par exemple, s'il auoit cinq andoüillers fur vne
perche, & qu'il n'y en euft que quatre fur l'autre, & ainfi au deffus & au
deffous, alors on dira, dix mal-femé, & ainfi des autres, où le nombre

feroit non pair, & que quand il fe rencontrera dans vne tefte vn andoüiller fort court (qui peut faire entrer en doubte s’il peut eftre compté) l’on
doit en faire la preuue en prenant vne trompe, qui ait vne enguichure,
que vous pendrez à cét andoüiller : car fi elle y peut demeurer attachée,
l’on le doit compter, c’eft ce qui a efté obferué de tout temps.

CHAPITRE XXVI

Des connoiffances que l’on doit voir à la tefte d’vn Cerf.

I’AY creu qu’il eftoit inutile de faire mettre les figures des teftes des
Cerfs en ce lieu, puis que tant d’autres qui ont écrit de la chaffe, les
ont reprefentées, & que depuis le temps qu’ils l’on fait, l’on en a vne plus
parfaite & familiere connoiffance : Ioinct que ie pretends d’en donner
vn fi parfait éclairciffement au Lecteur, qu’auffi-toft qu’il verra les
teftes, il en fçaura faire le difcernement : & pour cét effect, il faut confiderer le principe & fondement de la tefte, qui font les Meules, qui font
attachées au Maffacre (ce qui eft à proprement parler la tefte du Cerf,
comme i’ay defia dit) à l’entour de ces Meules, ce font les pierrures, en
forme d’vne fraize & comme de petites pierres, & ce qui fort de ces
Meules, s’appelle Marain, ou perches : ce font elles qui forment la tefte,
puis qu’elles en font les tiges. C’eft auffi d’où fortent les andoüillers :
les premieres & les plus pres des Meules, s’appellent les Maiftres-an-
doüillers, & ceux d’apres les feconds : & en fuite les trois & quatriémes,
felon la quantité qu’il y en aura à la tefte, & iufques à ceux qui font allentour de l’empaumure, qui eft le haut de la tefte : ceux-là fe doiuent
nommer fur-andoüillers, fans faire diftinction de grands & de petits, à
caufe qu’ils fe rencontrent ordinairement de mefme hauteur & groffeur.
Ie veux dire quand l’empaumure eft formée, comme elle eft au Cerf de
dix cors : car les ieunes Cerfs n’en ont point; mais feulement deux ou
trois andoüillers par-à-mont, dont l’vn excedera les autres. Et pour
connoiftre s’il y a empaumure, il faut qu’il y ait vne largeur au bout de
la tefte, comme la paume de la main, dont eft venu le nom d’empaumure, & qu’elle foit renuerfée & vn peu creufe (c’eft d’où l’on tire auffi
ce que l’on dit porter le Chandelier, qui eft vn figne affeuré de grand
vieux Cerf : neantmoins cela n’eft pas des termes) où font les andoüillers allentour, enuiron grands comme les doigts. Il peut auoir à
quelques-vnes vn andoüiller qui excedera les autres, & le long du Marain ou de fes deux perches, il fe voit des rayes aux vnes plus creufes &

aux autres moins; c'eſt ce qui s'appelle les Gouttieres : & ce que vous
voyez le long de ces perches & aux andoüillers (ſelon les Cerfs que ce
ſont) qui eſt grommelleux, c'eſt ce que l'on appelle perlures. Il y a auſſi
dans les termes, les teſtes roüées : c'eſt quand les perches ſont ſort
proches l'vne de l'autre, ce qui en rend la teſte moins belle, puis que
pour l'eſtre il faut qu'elle ſoit haute & bien ouuerte.

CHAPITRE XXVII

Comme la teſte d'vn Cerf doit eſtre pour eſtre belle en ſa perfection.

I E vous ay dit la forme & quelque choſe des connoiſſances de la teſte
des Cerfs dans le Chapitre precedent : Et dans celuy-cy, ie veux vous
faire connoiſtre comme il faut qu'elle ſoit pour eſtre belle & parfaite :
& pour cela, elle doit eſtre portée par vn Cerf de dix cors, né & nourry
dans vn païs fertile & temperé, & conſerué de tous les accidens qui luy
peuuent nuire. Le Cerf éleué dans vn ſi bon païs, doit pouſſer & former vne teſte haute & bien ouuerte, dont les Meules en ſoient larges &
les pierrures groſſes comme le Marain. Le premier andoüiller gros, long
& bien tourné, n'eſtant ny droict, ny trop courbé. Le ſecond andoüiller
de meſme à proportion de groſſeur, longueur & de forme, & les autres
auſſi à proportion, puis que tous ces andoüillers doiuent amenuiſer &
appetiſſer depuis la tige iuſques à l'empaumure, laquelle doit eſtre large,
creuſe & renuerſée, portant cinq ou ſix par-amont de chaque coſté : les
gouttieres larges & creuſes, & les perlures groſſes & la teſte bien cheuillée, portant ſeize, dix-huit, vingt, & iuſques à vingt-quatre. C'eſt
ainſi que les Cerfs de dix cors (qui ſont nourris dans les païs de la condition cy-deſſus) doiuent pouſſer & faire leurs teſtes.

CHAPITRE XXVIII

Des teſtes des Cerfs contrefaites & bijarres.

A V Chapitre precedent ie vous ay fait voir comme la Nature a eſté
tres-ſoigneuſe de faire tout ce qu'on a peu ſouhaiter pour rendre
la teſte des Cerfs belle & parfaite. Mais en cettuy-cy elle en vſe tout autrement, où elle paroiſt tres-auare; ce qui fait croire qu'elle fauoriſe qui

bon luy femble. Neantmoins ie ne la veux pas abfolument accufer de
tous les deffauts qui fe trouuent dans les teftes des Cerfs, que ie vay
nommer, puis que ces deffauts peuuent eftre auffi caufez par des accidens, ou des maux qui arriuent aux Cerfs, à nous inconnus. C'eft ce
qui fe void dans les galleries des Roys, Princes & Seigneurs, qui ont
pris force Cerfs, dont ils ont conferué les plus belles & les plus rares
teftes, & particulierement auec foin, celles qui fe font trouuées contrefaites, où il s'en void vne qui n'a qu'vne perche d'vn cofté & vn mon-
gnon de l'autre, de demy pied de haut. Vne autre qui n'aura que deux
perches, fans aucuns andoüillers. Vne autre qui aura deux perches &
vn fur-andoüiller à chacune, dont les perches en feront fort ferrées &
roüées. Vne autre qui aura trois perches, à fçauoir deux d'vn cofté fur
vne mefme meule, & vne de l'autre cofté. Vne autre, dont les deux
perches en feront fort renuerfées & d'où il fortira deux grands andoüillers, qui feront vn contraire effeét, puis que la pointe en fera tournée en
auant, reuenant fur les yeux, au moins affez proche. Vne autre, où les
andoüillers feront tournez en trompe de chaffe. Enfin, vne autre tefte
qui n'aura que deux mongnons de quatre doigts de haut. Il y peut auoir
des Cerfs qui ont efté chaftrez par quelques-vns de leurs compagnons,
fe battans auec eux dans le Rut, ou par vn coup d'arquebuze : ceux-là
ne laiffent pas de mettre bas leurs teftes, encores que quelques Autheurs difent que non; mais auffi ils ne leur en reuient plus, apres
l'auoir mis bas, & feulement le teft fe recouure d'vne peau : A ceux-là il
n'y a aucune connoiffance par la tefte, puis qu'ils n'en ont point, ny feulement des meules. Ce qu'ont toutes les teftes defquelles i'ay parlé dans
ce Chapitre, où l'on peut connoiftre s'ils font vieux ou ieunes, puis que
c'eft la premiere & plus affeurée connoiffance qui foit à la tefte : mais
elle ne s'y voit pas fi bien ny fi parfaitement qu'à ces belles teftes def-
quelles i'ay parlé au Chapitre precedent, qui ont toutes les connoiffances parfaites. Mais à la plus grande partie de celles que i'ay cy-deuant nommées, les connoiffances ne font qu'aux meules, qu'il ne faut
pas confiderer par la largeur ny groffeur des pierrures; mais prendre
garde fi elles font proches ou éloignées du teft : car fi elles font pres du
teft, c'eft figne de vieilleffe : & fi elles en font éloignées de trois & quatre
doigts, elles font affeurément d'vn ieune Cerf. Il y en a quelques-vnes
qui peuuent auoir des gouttieres & des perlures : & par là, vous pouuez voir fi elles font larges & creufes, pourtant à proportion de la groffeur de la tefte; car fi le Marain en eft menu & affamé, les gouttieres
n'en peuuent pas eftre fi larges, ny fi creufes, ny les perlures fi groffes.

CHAPITRE XXIX

Des teſtes des Cerfs qui ſont nourris dans les mauuais païs.

A Pres vous auoir fait connoiſtre deux ſortes de teſtes tres-differentes
dans les deux Chapitres precedens (qui neantmoins ſe peuuent
rencontrer en meſmes païs) Ie vay vous parler de celles qui ſont pouſ-
fées par des Cerfs qui ſont nourris dans des païs ſteriles, où il n'y a que
des brandes & aions, & quelques ſeigles & menus grains, & encores où
ils ſont obligez de ſe conſeruer par leurs ſoins & precautions, pour ſe
garantir des arquebuſiers en ſe recellant tres-ſouuent dans leur fort, où
ils trouuent tres-peu à viander : comme aux pays des Ardennes & de
Bretaigne, & de quelques autres Prouinces, où les Cerfs n'ont pas le
corſage plus grand que les Chevreuils des bons pays, & ont la teſte
baſſe, les meules étroites, le Marain greſle & fort menu, les andoüillers
petits : & comme il y a peu de nourriture au Marain, cela fait qu'il en
eſt pouſſé moins : neantmoins les gouttieres en peuuent eſtre creuſes,
mais non pas ſi larges, à cauſe que le Marain en eſt menu & les perlures n'en ſont pas ſi groſſes ; mais elles ne laiſſeront pas d'en eſtre éle-
uées, meſme l'empaumure quoy qu'étroite, ne laiſſera d'eſtre creuſe &
d'auoir des andoüillers allentour, mais petits ; les Meules en ſeront auſſi
fort pres du teſt, & la pierrure détachée & éleuée des Meules, pourueu
qu'il ſoit d'vn Cerf de dix cors & d'vn vieil Cerf : car ce ſont là les connoiſſances qu'il faut qu'vn Veneur ſçache, auſſi bien à ces teſtes affamées qu'à ces belles, hautes & parfaites, que i'ay nommées au premier
Chapitre, puis qu'il ſe peut rencontrer dans la maiſon d'vn Prince qui
le conuiera (à cauſe qu'il eſt dans la reputation d'eſtre bon Chaſſeur)
d'aller auec luy dans ſa gallerie, où il aura eu la curioſité de mettre
toutes les teſtes des Cerfs qu'il aura pris, pour ſe renouueller le plaiſir
d'en compter les chaſſes : & apres luy auoir montré de belles & grandes
teſtes, & bien nourries, il luy en peut montrer de ces tres-petites & affamées, dont ie viens de parler : qui neantmoins pourront eſtre de plus
vieux Cerfs que celles qu'il aura veuës auparauant : Et les voyant, s'il
n'en ſçait remarquer les connoiſſances, comme lors qu'il verra vne teſte
baſſe, le Marain greſle, & les autres connoiſſances qui y correſpondent,
s'il dit que c'eſt vn ieune Cerf, cela fera croire au Maiſtre du logis que
ce n'eſt qu'vn ignorant dans la chaſſe, encores qu'il ſçache les autres connoiſſances du Cerf, & la maniere de faire chaſſer, dont il apprendra que
ce n'eſt pas aſſez de pratiquer la chaſſe & ne ſçauoir qu'vne partie des

connoiſſances; mais qu'il les faut ſçauoir toutes, tant pour ſatisſaire à
la curioſité des grands qui s'en informent, qu'aux plaiſirs des ſçauans du
Meſtier, qui s'en peuuent entretenir.

CHAPITRE XXX

Des connoiſſances que l'on peut tirer de la teſte des Cerfs,
pour connoiſtre vn ieune Cerf d'auec vn Cerf de dix cors ieunement
& vn Cerf de dix cors, d'vn vieil Cerf.

IE n'aurois pas aſſez fait dans le deſſein que i'ay de vous donner vn
parfait éclairciſſement de toutes les choſes que ie propoſe, ſi ie ne
vous inſtruiſois en general des connoiſſances que l'on peut auoir aux
teſtes des Cerfs, encores que ie vous en aye dit vne grande partie dans
les Chapitres precedens, ſelon leurs formes; Mais dans celui-cy, ie vous
veux faire voir pour conclure, comme l'on peut diſtinguer par la teſte le
ieune Cerf d'auec le Cerf de dix cors ieunement, & le Cerf de dix cors
d'auec le grand & vieil Cerf : ce que ie ne puis faire ſans reprendre les
connoiſſances que i'ay dites, pour vous mieux faire voir le diſcernement
qui s'en peut faire : Il me ſemble qu'il ſeroit inutile d'y comprendre les
bien ieunes Cerfs qui ne portent que leurs premieres & ſecondes teſtes,
puis qu'ils ſont tres-reconnoiſſables pour cela; mais ſeulement de commencer à parler des Cerfs qui ont leur troiſiéme & quatriéme teſte,
auſſi nommez ieunes Cerfs, mais non pas bien ieunes, comme ceux deſquels ie viens de parler : Ces Cerfs à leurs trois & quatriémes teſtes
(s'ils ſont nourris en païs bons) ils pourront portez dix & douze, & auront le Marain & les andoüillers raiſonnablement gros, neantmoins
ils ne ſe doiuent iuger que ieunes Cerfs, puiſqu'ils n'en auront que les
connoiſſances, encores que leurs teſtes ſoient plus hautes, & le Marain
plus gros & plus cheuillé que de quelques Cerfs qui ſeront de dix cors,
nourris dans de mauuais païs. Ce qui ſe doit iuger aux ieunes Cerfs par
les Meules qui ſeront éloignées de trois doigts du Maſſacre, & que la
pierrure en fera menuë, & qu'au Marain les gouttieres en ſeront peu
creuſes, n'allans que iuſques à la moitié de la perche, comme les perlures qui ſeront fort menuës, & qu'au haut de la teſte il n'y aura aucune
empaumure, mais ſeulement deux andoüillers qui ne ſeront point renu-
erſez, & qu'aux Cerfs qui auront leur cinquiéme teſte (que nous appellons Cerfs de dix cors ieunement) que les meules ne ſont éloignées
du teſt que d'vn bon poulce, & la pierrure de la fraiſe en ſera plus groſſe

& plus détachée : car pour la largeur des meules & la groffeur du Marain, cela dépend des bonnes ou mauuaifes nourritures : c'eft pourquoy
il ne les faut confiderer que dans les teftes qui font de proportions
égales, felon leur aage : Il faut donc que les gouttieres en foient plus
creufes, & que la plufpart aillent le long du Marain, & qu'il y en ait à
tous les andoüillers, mais non pas iufques au bout, comme auffi des
perlures qui commenceront à eftre détachées & groffes : elles auront
auffi vne empaumure portant trois par amont, dont les andoüillers commenceront à fe renuerfer. Et quant aux Cerfs de dix cors, il faut regarder aux meules qui ne feront éloignées du teft que d'vn petit doigt, & la
pierrure groffe & fort détachée, les gouttieres larges & creufes, & les
perlures groffes, qui iront, comme les gouttieres, iufques au bout de la
tefte, horfmis au bout des andoüillers, où elles ne vont iamais : il y
aura auffi vne empaumure large comme la main, qui fera entourée de
plufieurs andoüillers : les Maiftres andoüillers en feront gros & longs,
& les autres à proportion : C'eft alors que leur tefte eft en fa perfection
pour la beauté, mais non pas pour les plus effentielles connoiffances
(qui font les meules, les pierrures, les perlures, les gouttieres, & l'empaumure) car les meules s'approcheront du teft, lors que le Cerf vieil-
lira, & les pierrures groffiront : ce que feront auffi les perlures & les
gouttieres qui s'élargiront & fe creuferont, & l'empaumure s'elargira &
fe creufera auffi. Ces dernieres connoiffances du vieil Cerf, font les veritables.

CHAPITRE XXXI

Comme les Cerfs ont les pieds faits,
felon les païs où ils font ne^ & nourris.

LES Cerfs ne tiennent pas feulement des bons, mauuais, & differens
païs, pour pouffer & former leurs teftes, mais encores au corps &
iufques aux pieds, ce que nous voyons, quand nous changeons de forefts & de païs, où les terrains fe troüuent differens : les vns humides &
marefcageux, & les autres fablonneux & fecs, & d'autres pierreux &
graueleux : c'eft où nous apperceuons que la nature agit par fa preuoyance ordinaire, puis qu'elle fait & compofe les pieds des Cerfs
comme il les faut, pour les y faire fubfifter, attendu que dans les païs
marefcageux & mols, les Cerfs y ont le pied creux & large, le talon gros,

à caufe que l'humidité leur fait croiftre les éponges & la corne du pied,
comme auffi celles des os : ils y ont auffi prefque tous les pieds cïeux,
& les os : ils n'en ont pas les coftez fi gros, ny les pinces fi rondes, ce qui
leur rend la forme du pied longue & large. Ce grand pied leur empefche
d'enfoncer fi auant dans ces païs mols. Et dans les païs de fables, ils ont
auffi ordinairement beaucoup de pied : mais la forme en eft differente,
ayans le pied plain & plat, la folle plaine, les coftez gros, les pinces
rondes, & le tallon large : mais il n'en eft pas fi efleué, à caufe que les
éponges n'en font pas fi groffes, la iambe en eft large, les os plus gros &
plus courts : il y a auffi plus de pieds ronds, & auffi ronds que longs
que de pieds longs : c'eft là que les Biches ont ordinairement le plus de
pied, & où on fe peut plus aifément tromper, & dans les païs pierreux
& ferrez, les Cerfs ont moins de pied, mais mieux faits, les proportions
y eftans obferuées; ils n'y ont pas tant de folles : mais les coftez en font
plus gros, & les pinces plus rondes & plus groffes, dans la proportion
du pied, & plus vzées, à caufe de la rudeffe du terrain, ce qui doit eftre
confidéré par les Veneurs qui vont aux bois : ils y vont auffi les pinces
plus ferrées, les os en font plus gros, plus courts, plus vzez, & plus bas
ioinctez, à caufe que ce font, quafi tous, pieds ronds, qui font ordinairement plus bas ioinctez que les pieds longs. Il fe rencontre affez fouuent dans toutes ces formes de pieds, des connoiffances qui font, qu'vn
cofté de pied (que nous appellons la pince) eft plus long que l'autre, ce
qui fait que cette pince croife & auance fur l'autre, y en ayant quelques-
vnes de plus grandes que les autres : il faut auffi remarquer fi cette cō-
noiffance eft aux pieds de deuant ou de derriere, & fi elle eft de dehors
en dedans du pied, ou de dedans en dehors : & pour connoiftre fi elle
eft de dehors en dedans, il faut qu'elle foit au cofté du pied qui eft au
dehors du corps, & qu'elle vienne en dedans, & pour eftre de dedans en
dehors, il faut que la pince de dedans aille en dehors : car il faut que
ceux qui font le rapport d'vn Cerf, déduifent toutes ces particularitez,
fi elles font dans les pieds du Cerf duquel ils feront rapport, pour en
donner connoiffance aux piqueurs, qui doiuent faire chaffer les chiens,
afin que fi le Cerf fe mefloit auec d'autres en le courant, ils le puiffent
reconnoiftre & en garder le change. Vous n'auez donc que ces trois
formes de pieds, qui font les pieds longs, les pieds ronds, & les pieds
auffi ronds que longs; où il fe peut auffi rencontrer quelques changemens entre les pieds de deuant & ceux de derriere, de longueur & de
rondeur : & en ce cas il faudroit diftinguer, comme de fçauoir dire fi vn
Cerf a le pied rond deuant, & long derriere, ou auffi rond que long deuant, & le mefme derriere.

CHAPITRE XXXII

*Comme il eſt neceſſaire qu'vn Veneur pratique la Chaſſe en differens païs,
pour ſe rendre habile dans le meſtier.*

IE vous ay fait connoiſtre dans le Chapitre precedent que c'eſtoit le terrain qui formoit le pied du Cerf : & dans celuy-cy ie vous veux faire
voir comme vn Veneur peut connoiſtre toutes ces formes, & ſe rendre
habile dans le meſtier. Qu'il faſſe comme les apprentifs des autres arts,
qui courent & changent de païs, pour ſçauoir apres mieux leur meſtier;
puiſque le Veneur en ſçaura moins pour n'auoir eſté aux bois que dans
vn petit contour de païs, & peut-eſtre dans deux ou trois foreſts ou
grands païs de bois, poſé qu'il ait eu vn bon Maiſtre qui luy ait donné
les principes des connoiſſances, & neantmoins ce païs qui lui eſt fami-
lier & connu, les luy fera negliger & oublier, puis qu'elles luy feront
d'oreſnauant inutiles par la familiere connoiſſance qu'il aura des Cerfs,
dés qu'ils feront ſortis du ventre de leurs meres, & la frequente veuë
qu'il en aura, à qui il aura donné le nom & le ſurnom, pour ne pas manquer à les reconnoiſtre. Il ſçaura auſſi les lieux à point nommé de leurs
demeures, ſelon les ſaiſons; ce qui fait qu'il n'en defera pas la nuit,
pour ſçauoir les remarques que l'on y peut faire, & comme cela, il en
fera ſon rapport, ſans auoir fait aucune reflexion aux connoiſſances ny à
la façon que le Cerf fait ſa nuit : Mais quand il luy arriuera de pratiquer
en d'autres païs, & où les Cerfs auront vne autre forme de pieds, &
peut-eſtre ſi peu qu'il ne leur en paroiſtra gueres plus qu'à vn Cheureüil qui ſera nourry dans vn bon païs, ce grand changement, & le peu
de ſoin qu'il aura eu de pratiquer & retenir les connoiſſances qui luy auront eſté enſeignées, l'eſtonneront de telle ſorte qu'il n'aura plus l'aſſeurance de faire vn ſeul rapport, quoi qu'il rencontre dans la queſte qui
luy aura eſté donnée de Cerfs, dans l'apprehenſion qu'il aura que ce
ſoit vne Biche, ſi ce n'eſt quelque Cerf qui ſe fera voir à luy par hazard,
qu'il laiſſera courre auſſi de meſme; car ordinairement les Cerfs qui ſe
ont voir le matin, & qui ont veu vn homme auec vn chien, ne demeurent que rarement, & s'ils demeurent, ce ſera apres auoir eſté loin
de là, hors de ſa queſte. Cette negligence paroiſt auſſi lors qu'il fait chaſſer les chiens; car la grande connoiſſance qu'il a de ce pays, luy empeſche de s'attacher à la queuë des chiens, & l'apprend à couper & bri-
coller; & ayant pris cette mauuaiſe habitude, il ne peut plus eſtre bon

picqueur, puis qu'il n'apprend pas les rufes que fait vn Cerf, lors qu'il
eſt chaſſé, & ſe contente auſſi-toſt que ſes chiens ne chaſſent plus, de les
mener requeſter au lieu où il ſçait que les Cerfs ont accouſtumé d'aller :
où quelquesfois il peut reüſſir, mais plus ſouuent faire ſaillir vn Cerf,
qui peut eſtre demeuré ſur le ventre, apres auoir fait bondir le change,
dont il ne ſçaura point le lieu, pour n'auoir pas ſuiuy ſes chiens, & que
ſe trouuant dans vn autre pays qu'il ne ſçaura pas, il y perdra toutes ſes
pretentions, pour n'auoir plus aucune connoiſſance.

CHAPITRE XXXIII

Des connoiſſances que l'on doit auoir par le pied
pour diſcerner le Cerf de dix cors ieunement, & le Cerf de dix cors,
d'auec la grande & vieille Biche brehaigne,
& qui ne porte point de Fans.

IL y a deux ſortes de Biches que l'on pourroit prendre pour des Cerfs
par le pied, ſi on n'en conſideroit pas exactement les connoiſſances.
Les premieres ſont les Biches brehaignes qui ne portent iamais de Fans,
ce qui eſt cauſe qu'elles employent toute leur nourriture à faire un grand
& gros corſage, & à proportion beaucoup de pied, & les ſecondes, ce
ſont celles qui portent des Fans, qui excedent en corſage & en pieds les
autres qui portent Fans, particulierement lors qu'elles ſont pleines, à
cauſe que dans ce temps elles pezent dauantage, & que leurs allures en
ſont meilleures & plus reglées, ioint que c'eſt la ſaiſon qu'elles ſe ſeparent des autres, pour aller dans quelque buiſſon ou bout de pays pour
y eſtre ſeules, & y auoir les gaignages à commandement, afin de n'eſtre
pas obligées de les aller chercher loin, à cauſe de leur peſanteur, & auſſi
pour y faire choix du lieu où elles veulent faire leurs Fans : Mais les
Biches brehaignes ne ſe connoiſſent pas par cela, qu'elles ne ſoient deſia
auancées dans l'aage, à cauſe qu'elles ne ſe ſeparent des autres que le
plus tard qu'elles peuuent, & encor s'en font-elles chaſſer par la ialouſie
qu'elles ont de leurs Fans, & la connoiſſance qu'elles prennent à l'heure
que ces brehaignes n'en portent pas : tellement que bien qu'elles ayent
beaucoup de pied, elles n'ont pas eſté fort dangereuſes iuſques-là, puiſqu'elles ont eſté en harde auec les autres : ce qui a empeſché les valets
de limiers de s'y arreſter : mais lors qu'elles en ſont ſeparées, & qu'elles
ſont ſeules, ou deux ou trois enſemble au plus, particulierement au
Printemps, & tout l'Eſté, elles font auſſi les meſmes pays que les Cerfs

de dix cors, & de dix cors ieunement, tant aux buiſſons qu'aux bouts de
foreſts, donnant auſſi dans les meſmes gaignages pour y viander & faire
leurs nuits. Tous ces ſignes qui ſe trouuent auſſi aux vieilles Biches
pleines, la conformité de la vieilleſſe des Cerfs que i'ay nommez, & de
ces Biches, & ce grand pied, & les connoiſſances qui ſe rencontrent ſemblables en beaucoup de choſes, ayant les coſtez, les pinces, & les os vſez,
qui eſt ce qu'ont les Cerfs de dix cors ieunement, & de dix cors, peuuent
donner de l'émotion à vn Veneur qui eſt naturellement ambitieux de
donner du plaiſir à ſon Maiſtre, & luy fait croire d'abord que c'eſt vn
Cerf de dix cors. Ce qui me fait dire que les vns y manquent pour auoir
trop de chaleur, & les autres manquent de ſcience, & la pluſpart par negligence, puis qu'auſſi-toſt qu'ils ont rencontré vne beſte qui a beaucoup
de pied, & qu'ils en ont reueu en deux ou trois endroits, & quelquefois
en des lieux où l'on ne peut pas faire vn aſſeuré iugement, ſe contentant
de reuoir d'vn grand pied, & que la beſte peſe beaucoup, ils la rem-
buſchent pour vn Cerf : mais s'ils vouloient ſe donner la peine d'en faire
ſuiure le contrepied auec les limiers, & en défaire la nuit, ils en pourroient reuoir en pluſieurs endroits du pied, de la iambe & des os, &
auſſi en conſiderer les allures, où ils verroient que la Biche iroit les
quatre pieds vn peu ouuerts, particulierement lors qu'elle paſſeroit dans
vn lieu mol, ce que ne font iamais les Cerfs de dix cors, & peu ſouuent
les Cerfs de dix cors ieunement, ſi ce n'eſt à quelqu'vn le pied de deuant; mais celuy de derriere ſera fort ſerré, ioint que les pinces ne ſont
pas tournées du pied de la Biche, comme celles du pied du Cerf,
n'ayans pas la rondeur ſi parfaite, & qu'elles les ont pluſtoſt formées en
pourceau qu'en Cerf, & qu'elles n'attirent iamais la terre à elles, comme
font les Cerfs de dix cors; elles ont auſſi autant & quelquefois plus de
pied derriere que deuant, ce que les Cerfs n'ont iamais, ayans touſiours
plus de pied deuant que derriere, outre que la iambe & le tallon n'en
ſont iamais larges tous deux enſemble; car ſi la iambe paroiſt large aux
Biches, c'eſt qu'elles ont les os plus longs que les Cerfs, & qu'ils ſont
tournez en dehors, & en garde de Sanglier, & les Cerfs les ont tournez
en dedans, & en forme d'ongles. Les Biches ne ſont auſſi iamais ſi bas
ioinctées que les Cerfs, encores qu'il y ait egalité d'aages, & que les allures d'vne Biche ne ſoient pas ſemblables à celles d'vn Cerf, puis
qu'elles n'y ont aucun reiglement aſſeuré, mettans vne fois leurs pieds
de derriere à droict de celuy de deuant, & l'autre fois à gauche, & bien
ſouuent rompent les voyes de celuy de deuant : ce qui eſt infaillible,
pourueu que vous vouliez vous donner la patience de la ſuiure douze
ou quinze pas : car il s'en peut rencontrer quelques-vnes qui ſe pourroient juger, ou apparence de cela, dix ou douze pas : ce que font plus

ordinairement celles qui font pleines; Mais iamais il ne s'en eft veu vne
qui fe foit iugée plus de quinze pas, pourueu que l'on y prenne garde
exactement. Ie croy auoir efté en affez d'endroits, tant en France, Sauoye & Piedmont, trente ans & plus, pour connoiftre ces chofes, où i'ay
reueu de toutes fortes de Biches, dont i'ay examiné les connoiffances
que i'ay dites, & particulierement les allures que i'ay toufiours recon-
neuës ainfi. Il faut neantmoins obferuer quelque temps dans deux faifons que les Cerfs fe méjugent (il n'y en a qu'vne pour les ieunes Cerfs)
qui eft la faifon du Rut, & auffi pour les Cerfs de dix cors, & encores
au temps qu'ils ont mis bas leurs teftes : ce qui peut eftre enuiron trois
fepmaines, qui eft le temps qu'il faut à leurs allures, pour reprendre
leur fermeté qu'ils auoient perduë par cette grande & groffe tefte qui
leur fert de contrepoids. Et ce qui empefche les ieunes Cerfs de tomber
dans cette deffaillance, c'eft que leur bois eft encores fort leger : ce qui
fait que le corps ne s'en peut pas encore reffentir. Et fi c'eft dans les faifons que le terrain eft fec, qui font les temps les plus difficiles pour en
reuoir & iuger des voyes, vous vous pourrez feruir des fumées, où vous
ne vous fçauriez tromper, pourueu que vous vous attachiez à la forme,
felon la faifon : comme au Prin-temps, que les Cerfs les iettent en bouzards & en platteaux : & les grandes Biches & Brehaignes les iettent
formées, ou pour le moins à demy formées, aiguillonnées ou martelées,
à caufe qu'elles ont vne chaleur extraordinaire dans le corps, qui s'y
conferue malgré les herbes nouuelles pouffées, qu'elles mangent en
cette faifon auffi bien que les Cerfs : cela caufe qu'elles n'engendrent
pas, & que les grandes & vieilles Biches dont i'ay parlé, font auffi
échauffées extraordinairement par le Fan qu'elles portent : Et lors que
les Cerfs de dix cors iettent leurs fumées formées, elles font plus dures
& plus maffiues, & les aiguillons en font plus gros et courts : & que
celles qui font aiguillonnées, le font toutes fans exception : ce que ne
font pas celles des Biches, y en ayant quelques-vnes qui ne font pas aiguillonnées, les aiguillons en font auffi plus longs. Ils s'y en trouue
auffi qui font entez, ce qui ne fe void pas dans celles des Cerfs de dix
cors; mais pour eftre ridées & bien mouluës, elles le peuuent eftre
les vnes comme les autres, puis que ces deux connoiffances dépendent
de la vieilleffe qu'ils peuuent auoir également. On y peut auoir auffi
quelque connoiffance par leur maniere de faire leurs nuicts, puis que
les Biches y vont plus tournoyant, & ne fe retirent pas auffi de fi bonne
heure au fort, que les Cerfs : ce que vous pouuez iuger par la chaleur
qu'aura voftre limier, lors qu'il fuiura les voyes qui iront de meilleur
temps : Les Biches iettent auffi, dans les faifons que i'ay dites, beaucoup
plus de fumées que les Cerfs.

CHAPITRE XXXIV

Les connoiſſances que l'ont doit remarquer
pour connoiſtre le ieune Cerf d'auec la ieune Biche.

I'Ay voulu particulariſer dans ce Chapitre les connoiſſances que l'on
doit auoir pour diſcerner le ieune Cerf d'auec la ieune Biche, afin de
ne rien confondre & mieux faire entendre au Lecteur que ces deux differentes âges de Cerfs de dix cors & de ieunes Cerfs, & de vieilles &
ieunes Biches, n'ont aucune conformité de connoiſſance, puis que les
Cerfs de dix cors & les vieilles Biches, ont les coſtez, les pinces & les
os vſez, & qu'ils ſont bas ioinctez, à cauſe de leur âge & vieilleſſe : Et
ceux deſquels ie vay parler, ont toutes les connoiſſances, que i'ay dites,
tranchantes, & ſont auſſi haut ioinctez, à cauſe de leur ieuneſſe : &
comme cela, les ieunes Cerfs & les ieunes Biches ont beaucoup de connoiſſances ſemblables, & que ie trouue plus delicates à en faire le diſ-
cernemènt que des vieux Cerfs & des vieilles Biches, particulierement
au temps qu'elles ſont pleines, & qu'elles peuuent autant peſer que les
ieunes Cerfs, & dont les allures en paroiſſent meilleures en ce temps &
ſont plus aſſeurées, à cauſe de la peſanteur qu'elles ont, qui les oblige
de marcher auec moins de gayeté : elles ſe ſeparent auſſi des autres
beſtes dans le temps que les ieunes Cerfs ſe ſeparent des autres, pour
faire leurs teſtes & les Biches pour faire leurs Fans, allant les vns & les
autres dans de meſmes pays. Les ieunes Cerfs ont les coſtez, les pinces
& les os tranchans, & ſont haut ioinctez, ce qu'ont auſſi les ieunes
Biches : i'entends celles qui excedent les autres dans la grandeur du
corſage & du pied : car pour les ordinaires, pourueu que l'on ſoit connoiſſeur, l'on ne ſ'y peut tromper. Vous voyez par ce que i'en ay deſia
dit, que les connoiſſances en ſont conformes : Ie continueray, diſant que
le ieune Cerf va le pied de deuant ouuert, ce que fait auſſi la ieune Biche;
Mais il y a difference aux pieds de derriere, que le ieune Cerf va ſerré,
lors qu'il va d'aſſeurance : ce que ne fait pas la Biche, qui le porte vn
peu ouuert. La Biche n'a pas auſſi les pinces ſi rondes, le talon & la
iambe ſi large, ny les os ſi bien tournez, les ayans en dehors : c'eſt toutesfois où il ne paroiſt pas tant qu'aux os de vieilles Biches, à cauſe
qu'elles ſeront plus courts, & les ieunes Cerfs les ont tournez en dedans, ſans y manquer, comme les allures aſſeurées & reiglées, comme
aux vieux Cerfs : ces deux dernieres connoiſſances ſont les plus conſiderables & aſſeurées pour le diſcernement que l'on doit faire d'auec le

ieune Cerf & la ieune Biche. Il y a auſſi connoiſſances aux ſumées, les
ieunes Cerfs les iettent plus groſſes & les aiguillons plus courts, plus
reiglez & plus gros : Et lors que l'vn & l'autre iettent leurs ſumées formées (qui eſt le temps que les Biches ont fait leurs Fans) elles les iettent
en plus grande quantité que ne ſont les ieunes Cerfs, à cauſe de l'aui-
dité qu'elles ont à viander pour ſe retablir & nourrir leurs Fans : Ioinct
que leurs ſumées ſont la pluſpart deformées, glereuſes, & quelques-
vnes teintes de ſang : & pour les Macheures & Mouleures, & point ridées, elles ne le ſont, ny de l'vn ny de l'autre : car ces connoiſſances ne
ſe voyent que par la vieilleſſe.

CHAPITRE XXXV

Comme l'on peut connoiſtre & diſcerner par le pied
le Cerf de dix cors ieunement d'auec le ieune Cerf.

IE vous ay fait connoiſtre vne des plus conſiderables parties qui ſoit
dans l'art de la chaſſe, pour Cerf, dans ces deux precedens Chapitres,
puis que c'eſt ce qui la rend plus auguſte & plus rare : & que cela fait
voir à toute la Chreſtienté, qu'il n'y a que les François qui ayent cette
ſcience de connoiſtre par le pied le Cerf d'auec la Biche : & que les
meſmes François n'en ont pas voulu demeurer là ; mais ont voulu ſçauoir la difference qu'il y a entre les ieunes Cerfs, les Cerfs de dix cors
ieunement & les Cerfs de dix cors, afin d'en rendre le plaiſir en ſa derniere perfection, & que doreſnauant on ne s'abſtienne pas ſeulement de
courir les Biches, mais auſſi les ieunes Cerfs, ſi ce n'eſt au deffaut des
vieux : & pour le faire mieux comprendre, ils y ont ioinct les termes à
la ſcience, afin qu'elle en ſuſt plus regulierement obſeruée en la pratti-
quant : ce qui ſe doit faire par les connoiſſances que ie diray en ſuite.
Que ſi vous rencontrez d'vn Cerf de dix cors ieunement, qui ſoit accompagné d'vn ieune Cerf, le Cerf de dix cors ieunement deuroit auoir plus
de pied que le ieune Cerf, puis qu'il eſt plus aduancé en âge. C'eſt ce
qui peut arriuer à des Cerfs qui auront eſté nez & nourris dans vn meſme
pays, & encore cela n'eſt pas infaillible, parce que le ieune Cerf peut
eſtre engendré d'vne plus grande Biche que le Cerf de dix cors ieunement, le pied ſera à proportion du corps. Il eſt donc mieux de ne conſiderer que les connoiſſances qui ſont fixes : comme de voir & iuger
qu'au pied du ieune Cerf les coſtez en ſont tranchans, ſelon la proportion & forme du pied : car les pieds longs & les pieds creux, les ont na-

turellement plus tranchans que les pieds ronds & les pieds auſſi ronds
que longs, puis qu'en ces deux manieres de Cerſs il ſe peut rencontrer
deux ſortes de forme de pieds, & conſiderer que le Cerf de dix cors ieunement, doit commencer à auoir ces connoiſſances que i'ay dites, vzées,
qu'il aura auſſi les pinces plus groſſes & plus émouſſées : car pour la
ſelle & le talon, cela depend de la grandeur du pied, comme auſſi à la
pluſpart, de la largeur de la iambe ; puis que s'ils ont le pied grand, il
faut que la iambe en ſoit groſſe & large. Mais le ieune Cerf aura les os
tranchans & petits, qui ſeront éloignez de trois ou quatre doigts du talon : ce que nous appellons haut ioinctez. Et le Cerf de dix cors ieunement, aura les os plus gros & vſez, & plus creux (ſi ce ſont deux pieds
creux) & ſera auſſi plus bas ioincté, ayant les os à deux petits doigts du
talon. Les allures en ſeront auſſi differentes, en ce que le ieune Cerf va,
les pieds de deuant ſort ouuerts, & qu'il donne & rompt la moitié des
voyes de ſes pieds de deuant auec ceux de derriere : ce que ne fait pas
le Cerf de dix cors ieunement, qui donne ſeulement du pied de derriere
dans le bout du tallon de celuy de deuant, & va le pied de deuant ſerré,
ou au moins tres-peu ouuert : Et dans la maniere de faire leurs nuicts,
elle eſt auſſi differente, dautant que le ieune Cerf court & ſe iouë dans
les gaignages : ce que ne fait pas le Cerf de dix cors ieunement, comme
ie le ſeray voir plus particulierement dans vn Chapitre ſeparé : comme
auſſi des fumées.

CHAPITRE XXXVI

Des connoiſſances que l'on doit auoir
pour diſcerner & connoiſtre le Cerf de dix cors ieunement,
d'auec le Cerf de dix cors.

L E Cerf de dix cors ieunement n'a qu'vn an à porter ce nom, puis
  qu'il y entre dans la ſixiéme année de ſon âge, & en ſort à la fin
pour prendre le terme & le nom de Cerf de dix cors : ce qui luy continuë pluſieurs années, & iuſques à ce qu'il ſoit reconneu par les Veneurs
grand vieil Cerf, lors que les connoiſſances y ſeront, comme ie les diray
dans vn Chapitre cy-apres. L'on ſe ſert auſſi du terme, Il peut eſtre Cerf
de dix cors ieunement : c'eſt lors qu'vn Cerf entre dans ſa cinquiéme année & pendant icelle, & auſſi de bien ieune Cerf, qui eſt quand vn Cerf
eſt dans ſa deuxiéme & troiſiéme année. Neantmoins de ces deux
termes, l'on n'eſt pas obligé d'en parler, en faiſant le rapport ; mais ſeu-

lement fe peuuent dire à difcretion, pour plus particulierement inftruire les Picqueurs. Il feroit comme inutile de faire le difcernement
d'vn Cerf de dix cors d'auec vn de dix cors ieunement, fi le nom & le
terme de l'vn ne duroit pas plus que l'autre : & qu'il feroit mal-aifé,
puis que cette proximité d'âge eft fi voifine : Mais comme ce terme de
Cerf de dix cors doit demeurer autant qu'vn Cerf peut viure, le difcernement s'en peut & doit faire. Pour mieux faire paroiftre les connoiffances par les degrez de l'âge des Cerfs, quoy qu'elles fe trouuent affez
conformes : ce qui m'oblige d'en faire quelques redites, & que pour la
grandeur du pied, elle peut eftre égale & inégale, pour les raifons que
i'ay dites au Chapitre precedent, & que le Cerf de dix cors ieunement,
à l'âge de fix ans eft fur le poinct de prendre fon entiere croiffance; mais
la force aux membres & aux liaifons n'y eft pas encore : ce qui forme &
établit les principalles connoiffances, & qui fait que le Cerf de dix cors
va les pieds plus ferrez que le Cerf de dix cors ieunement, & qu'il attire la terre à foy en marchant : ce que ne fait pas le Cerf de dix cors
ieunement. Il a auffi les pinces & les coftez plus gros & plus vfez, & le
talon & la iambe plus large, les os plus courts, plus gros & plus vfez :
il eft auffi plus bas ioincté, les os n'eftans éloignez que d'vn petit poulce
du talon ; neantmoins aux vns plus & aux autres moins, felon les formes
des pieds. Les allures en font auffi differentes, puis que le Cerf de dix
cors ne rompt iamais de fon pied de derriere (fi ce n'eft rarement) la
voye de fon pied de deuant, le mettant ordinairement à vn doigt du talon : ce que ne fait pas le Cerf de dix cors ieunement, qui donne du pied
de derriere dans le bord du talon de celuy de deuant. La maniere de
faire leurs nuicts, eft auffi en quelque façon differente, puis qu'vn Cerf
de dix cors va auec plus de retenuë dans les gaignages que le Cerf de
dix cors ieunement, à caufe qu'il a plus d'experience des dangers qui
luy pourroient arriuer : & que lors qu'il y eft, il y choifit mieux fon
viandis & le fait plus pofément : ce qui fe void par fes fumées, qui font
mieux mouluës que celles du Cerf de dix cors ieunement. Il y a auffi
d'autres connoiffances aux fumées, que ie diray dans le Chapitre que i'en
feray. Le Cerf de dix cors ruze auffi dauantage que le Cerf de dix cors
ieunement, lors qu'il fe retire au fort & fe rembuche.

CHAPITRE XXXVII

Des connoiſſances que l'on doit obſeruer
pour diſcerner les grands vieux Cerfs, d'auec les Cerfs de dix cors.

IE vous ay fait connoiſtre cy-deuant, qu'il falloit pour iuger vn Cerf de dix cors, qu'il euſt la ſolle large, les coſtez gros, les pinces groſſes, le talon & la iambe large. Mais icy ie vous feray voir que pour eſtre qualifié grand vieil Cerf, il faut qu'il ait toutes les connoiſſances contraires à celles que ie viens d'exprimer, puis qu'il doit auoir la ſolle retreſſie & les coſtez moins gros; mais plus vſez, & les pinces auſſi moins groſſes & plus émouſſées & parfaitement ſerrées, attirant la terre à ſoy de telle façon, qu'il y paroiſſe beaucoup, & que le talon & la iambe en ſoit retreſſie, en ſorte qu'il n'y ait lieu que pour mettre le poulce & le doigt entre les os, & qu'ils ſoient courts, vſez & proches du talon : ce que nous appellons tres-bas ioinétez, & que meſme les allures en ſoient differentes à celles des Cerfs de dix cors : qu'ils ayent les quatre pieds tres-ferrez, & que les pieds de derriere demeurent éloignez de quatre doigts de ceux de deuant, & vn peu en dehors, & touſiours dans vne meſme diſtance. Toutes ces choſes arriuent aux Cerfs comme aux hommes, en ce que en l'vne & l'autre eſpece, quand la chaleur naturelle diminuë, les membres diminuent auſſi.

CHAPITRE XXXVIII

Des allures du Cerf & de la Biche,
& de la connoiſſance qu'on en peut tirer.

ENcores que i'aye dit quelque choſe des allures des Cerfs & des Biches dans les Chapitres precedens, ſelon les rencontres qui m'ont obligé d'en parler. Ie n'en ay pourtant pas aſſez dit pour en donner vne parfaite connoiſſance, & oſter l'impreſſion à ceux qui n'ont pas pratti-qué d'aller au bois pour y détourner le Cerf, & qui ont leu ce qu'en a écrit le ſieur du Foüillou, qui dit, Que les Cerfs vont l'emble comme les Meules, & que leurs pieds de derriere ſurpaſſent ceux de deuant de quatre doigts, ſans en faire aucune exception, ſinon des vieux Cerfs. Il eſt vray qu'il y en a quelques-vns; mais ce ſera au plus vn de cinquante,

que nous appellons Embleures : car effectiuement, ils vont l'emble naturellement, qui font de grands & longs corfages de Cerfs, qui ont ordinairement grande force, & par côfequent font plus difficiles à forcer;
Mais tous les autres Cerfs ne furpaffent iamais du pied de derriere celuy de deuant, & ont les vns & les autres vn reiglement affeuré dans
leurs allures, auffi bien que les embleures : ce qui forme & établit, felon leur âge, le iugement dont ie veux parler, puis que le ieune Cerf
met toûjours fon pied de derriere dans celuy de deuant, n'en rompant
que la moitié, & en vn mefme lieu, fans y manquer : & que le Cerf de
dix cors ieunement met le pied de derriere fur le bord du talon du
pied de deuant. Et quant au Cerf de dix cors, il met le pied de derriere à vn doigt pres de celuy de deuant : Et les vieux Cerfs à quatre
doigts des pieds de deuant, & plus en dehors : ce qui fe fait toute l'année, horfmis dans la faifon du Rut, & quinze ou vingt iours apres
que les Cerfs de dix cors ont mis bas. Et pour les Cerfs qui emblent,
ils font le contraire en vieilliffant : car leurs pieds de derriere s'approchent toufiours de ceux de deuant, à caufe que le corfage du Cerf,
lors qu'il vieillit, deuiêt plus large & plus gros, & affujettit fes pieds
de derriere à ne les pouuoir fi fort auancer : Et pour les Biches, elles
n'ont aucun reiglement dans leurs allures, mettans leurs pieds de derriere quelquesfois au cofté droit de ceux de deuant, & d'autresfois à
gauche, & quelquesfois les couurent & les furpaffent, fi ce n'eft quand
elles font pleines, eftans obligées par leur pefanteur de reprimer cette
legereté & gayeté qui font en elles naturellement : ce qui leur caufe ce
déreiglement dans leurs allures, & eftans pleines, elles ont plus de rei-
glemens dans leurs allures, mettans leurs pieds plus fouuent en vn
mefme lieu, ce qui pourtant ne continuë pas. Il faut auffi fçauoir que
l'on ne peut affeoir aucun iugement aux allures des Cerfs & des Biches,
que lors qu'ils vont au pas & d'affeurance, à caufe que c'eft le temps
qu'ils n'ont aucun effroy, & qu'ils marchent naturellement, fi ce n'eft à
vn Cerf que l'on court, où l'on peut fe feruir de fes allures, quoi qu'il
fuye, pour iuger s'il eft mal mené; ce que l'on peut voir quand les fuites
n'en vont pas droit, & qu'elles vont balançant; tellement que les allures, pourueu que l'on en excepte les faifons que i'ay dites, & qu'on
les fçache bien connoiftre, c'eft vne des bonnes & des plus affeurées
connoiffances que nous ayons.

CHAPITRE XXXIX

Des connoiſſances que l'on peut auoir
pour diſcerner & connoiſtre les Cerfs de dix cors d'auec les ieunes Cerfs,
lors qu'ils font leurs nuicts.

CEvx qui font deſtinez pour allez aux bois y détourner le Cerf, ne ſçauroient auoir trop de precaution & de ſcience dans l'art de la Chaſſe, pour préuoir aux temps qui arriuent dans les ſaiſons, afin que s'ils ne peuuent ſe ſeruir des vnes, ils ayent recours aux autres, comme dans l'Eſté que le terrain eſt tres-dur, que l'on ne peut reuoir des voyes d'vn Cerf, pour en pouuoir iuger, mais ſeulement pour connoiſtre où il a la teſte tournée, & iuger que c'eſt le droit, qu'au moins ils ſe ſeruent de celles qu'ils peuuent auoir appriſes par leurs ſoins & pratiques, comme des remarques que l'on peut faire, lors que les Cerfs débuchent du bois, où ils ont demeuré le iour à la repoſée, pour aller dans les taillis ou gaignages y viander & faire leurs nuits, afin que par les ſignes qu'ils y reconnoiſtront, ils puiſſent faire le diſcernement des ieunes & des vieux Cerfs, en défaiſant leurs nuicts : ce qu'ils doiuent faire apres auoir rencontré d'vn Cerf, en prendre & ſuiure le contrepied auec leurs chiens, afin de s'appliquer à leur maniere d'agir, & voir qu'auſſi-toſt que le ieune Cerf débuche du fort, s'il y rencontre vn foſſé, il le ſaute & bondit pluſtoſt que d'en aller chercher le paſſage, ou quelque lieu plus commode, & que peu apres il va la pluſpart du temps fuyant, iuſques à ce qu'il ſoit dans le gaignage, & lors qu'il y eſt, il y mange & viande auidemment, ſans conſiderer les morceaux qu'il prend, ny en quels lieux, les arrachant bien ſouuent par l'ardeur qu'il a de les prendre : & lors que ſa premiere faim eſt amortie, il s'y iouë & fait paſſade, & quand il a viandé, & ſuffiſamment repeu, il s'en retourne au fort, encores fuyant, & y eſtant, s'il trouue encore vn foſſé, il le ſaute, entre dans le fort & s'y rembuſche. Voila tout ce que font les ieunes Cerfs. Encores que ie vous aye fait connoiſtre la façon que les Cerfs de dix cors font leurs nuicts dans le premier chapitre, neantmoins ie ſuis obligé dans celuy-cy, qui en eſt le ſujet, pour faire connoiſtre les ieunes Cerfs d'auec les Cerfs de dix cors, de reïterer ce que i'en ay dit, diſant que le Cerf de dix cors, lors qu'il débuſche du fort, il s'arreſte pour conſiderer s'il ne voit rien de nouueau dans le lieu où il veut aller au gaignage pour y faire ſon viandis, & n'y reconnoiſſant rien, s'il y a vn foſſé entre le bois

& le gaignage, il le longera, iufques à ce qu'il ait trouué vn paffage pour n'eftre pas obligé de le fauter; & y allant, ce fera toufiours au pas & d'affeurance, où eftant, il y viandera pofément, prenant allentour de luy la pointe des grains ou du bois nouueau pouffé, fi c'eft dans vne taille, fans en arracher aucun des grains (comme font les ieunes Cerfs) & faifant fa nuiȼt, il ira toufiours d'affeurance, pourueu qu'il n'ait aucun effroy ny allarme qui l'oblige à fuyr : car d'inclination il ne s'y iouë iamais, & lors qu'il fe retirera au fort, ce fera encore en y allant d'affeurance, choififfant, pour y entrer, vn chemin pour y faire plus commodément les rufes & retours qu'ont accouftumé les Cerfs de dix cors, & quelques faux rembufchemens, particulierement ceux qui ont efté courus. Vous pouuez iuger & connoiftre par ces manieres d'agir des ieunes Cerfs, & Cerfs de dix cors, qu'il y a grande difference des vns aux autres, & par là vous en pouuez faire vn iugement affeuré, pourueu que vous obferuiez ponȼtuellement ce que i'en ay dit.

CHAPITRE XL

Des formes differentes des fientes & fumées des Cerfs.

L A fiente du Cerf que nous appellons par nos termes, fumée, eft la plus confiderable & affeurée connoiffance, apres celle du pied, que nous ayons pour faire le difcernement, non feulement du Cerf d'auec la Biche; mais encor de la ieuneffe & vieilleffe des Cerfs; elles nous arriuent auffi dans vn temps où elles nous font tres-neceffaires; puisque c'eft dans les mois de May, Iuin, Iuillet & Aouft (qui eft la faifon où l'on en peut tirer les plus affeurées connoiffances, & auffi celle où nous en auons le moins par le pied, à caufe de la feichereffe qu'il fait ordinairement en ce temps) que les Cerfs font aux buiffons où ils font peu de païs, en faifans leurs nuiȼts, à caufe qu'ils ont les viandis à commandement & en quantité, & que fur la fin de ces mois ils commencent à eftre raffafiez & peu affamez. La forme de leurs fumées fe change auffitoft que le Printemps eft venu, & que les herbes pouffent; car auparauant elles eftoient dures & feiches, & en forme de crottes de chévre, & au commencement de May elles fe trouuent changées dans vne autre forme, puifqu'elles font molles, & en forme de bouzées de vache, plattes & rondes : c'eft auffi cette premiere forme que nous appellons bouzars, lefquelles font liées & en maffe. La feconde forme fe fait au commencement de Iuin, qui eft le temps que les grains & le rejet du

bois commence à durcir : ce qui fait que les fumées commencent auffi
à prendre vne autre forme, qui eft encore ronde, & en maffe, & platte ;
mais elles commencent à fe détacher. C'eft cette feconde forme que
nous appellons platteaux, lefquels fe peuuent feparer les vns des autres :
& la troifiéme forme fe fait à la fin de Iuin, ou au commencement de
Iuillet, laquelle nous appellons, en torche ou demy formée, alors elles
font toutes feparées les vnes des autres, & dans la fin de Iuillet, elles
changent encor pour fe mettre dans leur perfection & entiere forme qui
eft longue & dure, où il y a aux vnes au bout d'en haut, des aiguillons
que nous appellons aiguillonnées, & celles où il n'y en a point, nous les
appellons martelées ; les vnes font auffi ridées, qui eft proprement des
rides, & les autres ne le font pas, eftans vnies. Il y en a auffi que l'on
appelle les bien mouluës, & les autres mal : ce que l'on appelle les bien
machées, & mal machées : Il s'en trouue auffi d'entées, c'eft quand vne
fumée eft formée dans le corps, que deux n'en font qu'vne, & qu'en fortant, elles fe ioignent, & fe peuuent feparer auec les mains, fans fe
rompre, comme font les autres. Il y en a encor qu'on appelle vaines, à
caufe qu'elles font plus legeres, & moins maffiues que les autres ; ces
deux dernieres connoiffances ne fe peuuent voir & iuger qu'aux formes
en torches & formées, comme les aiguillonnées & martelées : ce font-là
les formes des fumées & les cōnoiffances que i'ay voulu vous faire connoiftre en ce chapitre, pour vous en mieux faire comprendre le difcernement, encores que i'aye efté obligé d'en parler ailleurs.

CHAPITRE XLI

Les connoiffances que l'on peut tirer des fumées
pour difcerner les Cerfs d'auec les Biches.

IL me refte à vous donner vne plus entiere & particuliere connoiffance
des fumées du Cerf & de la Biche, pour en fçauoir faire le difcernement : & pour y reüffir, c'eft de bien remarquer les formes des fumées,
comme ie les ay dites, & felon les faifons, où vous verrez que les Cerfs
les iettent en forme de bouzards : car lors les grandes & vieilles Biches
brehaignes (qui font les plus dangereufes pour la connoiffance des fumées) les iettent formées maffiues, aiguillonnées ou martelées & ridées,
à caufe de la chaleur extraordinaire qu'elles ont, & autres raifons que
i'ay deduites cy-deuant, ce qu'elles continuent tout l'Efté. Leurs fumées
ne peuuent eftre dangereufes que pour les Cerfs de dix cors & vieux

Cerfs, parce qu'elles font maſſiues, bien mouluës & ridées, ce qu'on ne
voit iamais aux ieunes Cerfs, puiſque ces trois connoiſſances ne dépendent que de la vieilleſſe, & lors que les Cerfs de dix cors les iettent
formées, la forme en eſt également mieux faite, les aiguillons en ſont
auſſi plus gros, plus courts & plus reglez; mais aux fumées des Biches
il y a des aiguillons plus longs aux vnes qu'aux autres, & auſſi de moins
gros : il s'y en trouue auſſi d'entées, ce qui ne ſe void pas aux Cerfs de
dix cors, où il ſe void de la graiſſe & venaiſon, ce qui ne ſe void pas ſur
celles de ces vieilles Biches qui ſont plus ſeiches, ioint qu'elles en iettent
en cette ſaiſon deux fois autant que les Cerfs : mais pour les rides, &
eſtre auſſi bien mouluës, elles le peuuent eſtre également; puiſque ces
deux connoiſſances viennent de l'aage qu'ils peuuent auſſi auoir également : & pour connoiſtre celles des ieunes Cerfs d'auec celles des ieunes
Biches, celles du ieune Cerf ſont plus groſſes & mieux formées, & les
aiguillons en ſont auſſi plus gros & plus courts; il en iette auſſi beaucoup moins qu'vne Biche; elles ſont auſſi plus dorées & colorées que
celles de la Biche : mais pour les moulures elles peuuent eſtre les vnes
comme les autres, puiſque cette connoiſſance dépend de la ieuneſſe.
Elles ne feront pas auſſi ridées pour la meſme raiſon, pouruen que vous
conſideriez toutes ces connoiſſances, & particulierement de prendre les
fumées dans leurs formes, ſelon les differentes ſaiſons que ie vous ay
dites, & ainſi il ſera tres-mal-aiſé de vous y tromper.

CHAPITRE XLII

Comme l'on péut connoiſtre le Cerf de dix cors d'auec le ieune Cerf,
par les fumées.

AVSSI-TOST que le Printemps paroiſt doux, & qu'il fait pouſſer les
herbes, les Cerfs changent de nature, ce qui ſe voit par le changement de leurs fumées, dont la premiere forme eſt en bouzars, elle en eſt
plus groſſe & plus épaiſſe des Cerfs de dix cors que des ieunes Cerfs :
ils en iettent auſſi moins, elles ſont ridées & bien mouluës, ce que ne
ſont pas celles du ieune Cerf, qui ſont vnies & mal mouluës. Et la ſeconde forme qui eſt en platteaux, les Cerfs de dix cors les iettent larges,
épaiſſes & ridées, bien mouluës, dorées & glereuſes, à cauſe qu'ils commencent à auoir de la venaiſon : ce que ne ſont pas les ieunes Cerfs
qui n'en ont pas encores, & qui s'en chargent peu, mettant pluſtoſt leur
nourriture à croiſtre : ce qui fait que leurs fumées ſont plus blanches &

fans gleres : elles n'ont auſſi aucunes rides, & ne ſont pas ſi larges ny
ſi épaiſſes, & en iettent touſiours plus : & quant à la troiſiéme forme qui
eſt en torche & demy formée, lors que les Cerfs de dix cors les iettent
de la ſorte, les ieunes Cerfs qui ne ſont pas ſi auancez, les iettent encores en platteaux, & quand les Cerfs de dix cors, & les ieunes Cerfs les
iettent formees, celles des Cerfs de dix cors ſont plus groſſes & plus
lourdes, ridées & bien mouluës, les aiguillons gros & courts, & celles
qui ſont martelées & ſans aiguillons, ont les meſmes qualitez : Il y a
auſſi à pluſieurs quelques petits morceaux de graiſſe & de venaiſon, ce
que n'ont pas celles des ieunes Cerfs, ny ne ſont pas maſſiues, ridées,
ny bien mouluës, & quelques-vnes ſont entées : ils en iettent beaucoup
plus que les Cerfs de dix cors, & lors qu'ils commencent à toucher aux
bois (qui eſt le temps que leurs fumées ſe défont de couleur & de forme)
celles des ieunes Cerfs qui n'y ſont pas encore, ont leurs formes parfaites, & la couleur en eſt dorée, à cauſe qu'ils ſont dans leur plenitude,
& celles des Cerfs de dix cors ſont noires, celles des ieunes Cerfs ne ſont
pas auſſi ridées ny bien mouluës.

CHAPITRE XLIII

Des portées des Cerfs & en quel temps elles ſe font,
& des connoiſſances que l'on en peut auoir.

NOvs n'auons point de connoiſſance ſi douteuſe, & que l'on peut
dire trompeuſe, que les portées, puis que l'on y peut tromper ſon
compagnon & s'y tromper ſoy-meſme : Et neantmoins le ſieur du Foüillou, de la ſorte qu'il en parle, l'eſtime. Ce que ie vous ſeray voir, apres
vous auoir dit ce que c'eſt que portées, & en quel temps elles ſe font,
pour les bien connoiſtre. Les Cerfs de dix cors commencent à faire des
portées de la teſte à la my-May, qui ſont connoiſſables : & les ieunes
Cerfs au commencement de Iuin. Les teſtes des vns & des autres eſtans
pour lors à demy pouſſées & aſſez hautes pour tourner les branches &
les feüilles, quand ils paſſent dans les taillis de trois, quatre & cinq ans,
où ils font leurs demeures : pour lors, à cauſe que ce bois eſt tendre,
qu'ils plyent aiſément, obeïſſant à leurs teſtes, qui ſont molles & dou-
loureuſes : & lors qu'ils y paſſent, ils écartent la pointe des branches à
droiɛt & à gauche, les pouſſant en auant : ce qui fait auſſi que les feüilles
ſe tournent : & ainſi ces branches & ces feüilles ſe tiennent dans cét eſtat quelques iours, au moins la pluſpart, s'il ne vient de la pluye &

quelque grand vent. Il faut que ces portées foient à hauteur de fix pieds,
pour eftre de la tefte d'vn Cerf : car toutes les beftes en peuuent faire du
corps. Et les Biches, qui doiuent eftre les plus dangereufes, ce font
celles qui les font les plus hautes : pour difcerner le Cerf de dix cors
d'auec le ieune Cerf, c'eft quand elles font fort hautes & larges, qui eft
le figne euident que c'eft vne haute & large tefte qui les aura faites, &
d'vn Cerf de dix cors & non de celle d'vn ieune Cerf, qui ne les peut
faire que baffes & étroiftes, felon la forme de fa tefte. C'eft ce que l'on
peut tirer des connoiffances des portées : ce qui feroit beaucoup fi elles
eftoient fixes & affeurées, puis qu'elles font dans vne faifon où il fait
mauuais reuoir, ce qui oblige de s'en feruir : & pour les connoiftre
mieux, il faut en fe baiffant regarder deuant foy, afin d'en confiderer la
hauteur & la largeur, par le bois qui eft plyé & les feüilles qui en font
renuerfées ; Mais s'eftans conferuées (ne venant aucun temps contraire)
il arriuera qu'allant aux bois auec voftre limier dans ce mefme pays,
deux ou trois iours apres qu'vn Cerf les aura faites, & qu'il aura quitté
cette contrée de pays, où il peut auoir fait auffi plufieurs rembuchemens pareils : ioinct que l'ordinaire des Cerfs, c'eft de fe rembucher par
quelques petits faux fuyans : particulierement en cette faifon, qu'ils
n'ayment pas à coucher leurs teftes aux bois. Les Biches cherchent auffi
ces entrées commodes, notamment celles qui ont le corfage grand, où
vous en pourrez rencontrer d'vne de la nuict dont voftre limier fe rabbatra & vous fera connoiftre, en la fuiuant, qu'elle a bien du pied & qu'elle
poife beaucoup. La faifon qui eft contraire pour en reuoir & en bien iuger, vous oblige à laiffer fuiure voftre chien iufques à ce que vous foyez
deux ou trois longueurs de traict dans le fort, où vous voyez auffi-toft
des portées hautes & larges, qui feront celles d'vn Cerf ; mais qui les
aura faites vn iour ou deux auparauant, & que cette Biche que vous
fuiuez, fera rembuchée fur les mefmes voyes du Cerf : L'apparence
vous feroit iuger par le pied, à caufe de fa grandeur & de la pefanteur
de la befte, que ce doit eftre vn Cerf, non ieune Cerf : & ayant veu fes
portées, vous n'eftes plus en doute que ce ne foit vn Cerf de dix cors, &
l'apprehenfion que vous aurez de le lancer, fi vous fuiuez auec voftre limier, vous empefche d'entrer dauantage dans le fort : ce qui feroit le
vray moyen pour reconnoiftre qu'à peu de temps de-là les voyes de la
Biche, ne fuiuroient pas la mefme route de ces portées : & ne l'ayant pas
fait, vous la briferez haut & bas, en viendrez faire voftre rapport & la
laifferez courre ; c'eft de la forte que l'on s'y trompe. Voyons à prefent
comme on vous peut tromper : L'art de la chaffe a efté de tout temps
ambitieux & plein de ialoufie, par l'ẽuie que les Veneurs ont d'exceller
fur leurs compagnons : & comme cela, vous en pouuez auoir vn qui

aura fa quefle aupres de la voftre, ayant ialoufie de longue main de ce
que voftre reputation eft plus grande que la fienne, pour auoir fait ra-
port de plufieurs Cerfs qui fé feront trouuez iufte, & que vous aurez
laiffé courre : il cherchera les moyens de vous la diminuer, en fe leuant
plus matin que vous, le iour deftiné & commode pour courre : ayant eu
defia connoiffance qu'il y a vne grande Biche dans voftre quefte, il ira
pour en rencontrer & la rembucher, apres l'auoir fuiuie deux ou trois
longueurs de traiét dans le fort, & marqué les voyes auec des morceaux
de papier, afin qu'apres s'eftre retiré & auoir attaché fon limier à dix
ou douze pas de-là, il vienne fur les voyes, & à l'entrée du fort, hauffer
les bras tout autant qu'il pourra, pour écarter les branches : & s'il n'eft
affez grand, il coupera deux grands baftons, qu'il tiendra en fes deux
mains, les hauffans le plus haut qu'il pourra, pour faire de hautes &
larges portées, iufques où il aura fuiuy dans le fort auec fon chien, &
apres reprendra ces petits morceaux de papier qu'il aura mis fur les
voyes pour y aller iufte, afin qu'il ne paroifte pas qu'il ait efté là. Il reuiendra aux lieux où il aura reueu de cette befte, pour en effacer les
voyes, afin que vous n'en reuoyez pas auparauant que d'auoir veu ces
fauffes portées, qui ne manqueront pas de vous donner de la chaleur, &
apres il s'en ira faire fa quefte : auffi-toft vous arriuerez à la voftre, où
voftre chien ne manquera de s'en rabattre & vous mener droiét au fort,
où vous reuerrez des foulées qui pezeront : ce qui vous obligera à leuer
la tefte & les yeux, pour connoiftre s'il y a des portées : ce que vous verrez auffi-toft, & vous contenterez d'en auoir veu huiét ou dix pas dans
le fort, de peur de la lancer. Vous briferez haut & bas, & la détourne-
rez, ce qu'il ne fera pas mal-aifé à faire : car les brifées ne vont pas
loing.

MORT DU CERF

DE LA CHASSE DU CERF

CHAPITRE XLIV

Du lieu où doit aller le Veneur en queſte,
en Ianuier, Fevrier & Mars, pour y trouuer & détourner le Cerf.

Ncores que les Cerfs ne changent que trois fois de pays dans l'année, ie me trouue neantmoins obligé d'y en augmenter vne quatriéme, en prenant vn peu de chacune de ces trois, afin de les rendre plus commodes pour ceux qui feruent le Roy par trois mois dans fa Venerie, puis que c'eſt le principal fubiet qui me fait écrire : Et pour leur en donner l'intelligence plus facile, ie commenceray par le quartier de Ianuier, Fevrier & Mars, que les Cerfs font dans les fonds de forefts, où ils demeurent quafi toutes les années, fi le Printemps ne s'aduance, qui les oblige d'en fortir (qui eſt la faifon que les Cerfs de dix cors & de dix cors ieunement, mettent bas leurs teftes) ce qui les fait feparer & quitter les fonds de forefts & aller aux buiffons voifins, pour y trouuer les grains, qui commencent à reuerdir, afin d'y pouffer leurs teftes. C'eſt doncques en ces deux fortes de pays où l'on doit aller en quefte ; durant ces trois mois. Le premier, qui font les fonds de forefts ; c'eſt fous les fuftayes, où il faut aller, pour auoir connoiffance des Cerfs qui y vont faire leurs viandis &

à quelques ronfficres, où fe tro uueront encores quelques feüilles conferuées de l'Hyuer. Ils vont auffi aux ruiffeaux & fontaines, pour y
trouuer du creffon & autres herbes : comme aux brandes & taillis pouffez de l'année, & fi le temps eft affez beau, il les obligera d'aller au mois
de Mars aux buiffons. Il y faut aller pour y quefter, dans de pareils taillis de l'année, comme dans les feigles & bleds. Et pour abbreger, lors
qu'ils feront encore dans les fonds de forefts, il faut aller reconnoiftre
auparauant les bois les plus forts : ce que nous appellons les belles demeures, les plus voifins de ces lieux, où les Cerfs vont faire leurs nuiéts,
afin que le iour deftiné pour courre, vous y alliez auec voftre limier en
prendre les deuants, pour n'eftre pas obligé d'en defaire la nuiét, où
vous feriez tres-long-temps, à caufe qu'ils font en cette faifon plus de
pays, trouuans peu à viander, & que les nuiéts font longues. Vous perdriez auffi beaucoup de temps, qui vous doit eftre cher, les iours eftans
courts : ce qui oblige à reuenir de bonne heure à l'Affemblée, pour attaquer auffi vn Cerf de bonne heure, & que vous n'auez pas befoin de
defaire toute la nuiét d'vn Cerf, puis que le terrain eft fort fauorable
pour reuoir des voyes & en iuger.

CHAPITRE XLV

Où l'on doit aller en quefte
pour trouuer & détouruer le Cerf en Avril, May & Iuin.

LEs Cerfs apres auoir reconneu les buiffons, les bouts & les bords de
forefts où font les gaignages plus à commandement & meilleurs :
comme bleds, feigles, pois, féves & les bois pouffez de l'année, ils y
établiffent leurs demeures, chacun dans fon particulier, au moins les
Cerfs de dix cors, qui veulent eftre ordinairement feuls : ce font ceux
auffi qui vont le plus fouuent aux buiffons, à caufe qu'ils ont plus de
connoiffance du pays que les ieunes Cerfs, & auffi plus d'hardieffe &
d'adreffe pour fe parer des accidens. Ils font, dans cette faifon, faciles à
trouuer & à détourner, à caufe qu'ayans fait choix d'vn buiffon, ils n'en
bougent plus, fi on ne les oblige d'en partir. Neantmoins ils fe peuuent
receller & demeurer quelquesfois vne ou deux nuiéts, fans fortir du fort,
où il les faut aller quefter, en y perçant auec le limier, pour en rencontrer de la nuiét : ce qu'on doit faire quand on a eu connoiffance qu'vn
Cerf a donné au gaignage, au bord de ce buiffon, vn iour ou deux auparauant, dans lequel y peut auoir quelque taille dérobée, qui fera deux

ou trois perches de bois, qu'auront coupé des payfans, l'Hyuer precedent, de peur d'eftre apperceus & repris de la Iuftice, où vn Cerf peut
faire fa nuiĉt : & quand bien vous le lanceriez, il ne faut pas apprehẽ-
der qu'il quitte ce buiffon, pourueu que vous ne le fuiuiez qu'vne longueur de traiĉt ou deux, pour en pouuoir reuoir, iuger & enleuer des fumées, fi vous n'en auez fuffifamment reueu du pied. Il faut auffi fçauoir
difcerner les demeures des Cerfs en cette faifon, à caufe de leurs teftes
qui font molles & tendres : ce qui les oblige à aller demeurer dans les
taillis de trois, quatre & cinq ans, dont le bois obeït : & non les vieux
taillis de neuf, dix & douze ans, où ils fe feroient douleurs à leurs teftes,
à caufe qu'elles y trouueroient de la refiftãce. Il y a donc facilité à les
détourner en cette faifon; mais ils font auffi tres-difficiles à forcer, à
caufe qu'ils font dans leur pleine force, ayans efté renouuellez par les
herbes nouuelles, qui les ont remis en bonne chair, & ont pour lors
plus de force que les ieunes Cerfs, qui ne font pas encore remis de l'Hyuer : Neantmoins il y a toufiours plus d'auantage d'attaquer vn Cerf de
dix cors, qu'vn ieune Cerf, que vous trouuez ordinairement plus éloigné du change : ce qui donne le temps a vos chiens de Meute d'en
prendre le fentiment, auparauant qu'il y foit; ils les chaffent auffi plus
volontiers, à caufe de fa pefanteur & qu'il ne tourne pas tant.

CHAPITRE XLVI

Où l'on doit aller en quefte pour détourner le Cerf,
en Iuillet, Aouft & Septembre.

LEs deux premiers mois de ce quartier, & quelques iours dans le troifiéme, font les plus commodes pour ceux qui vont au bois : car les
Cerfs font encores dans les buiffons & aux acuts de pays, où ils eftoient
le quartier paffé, où ils font tres-peu de pays en faifant leurs nuiĉts : ce
qui fe fait quafi toufiours dans vn mefme lieu, à caufe qu'ils font pleins
de venaifon & auffi raffaffiez de viandis, ce qui les empefche de pouuoir
beaucoup marcher : c'eft auffi la plus douce & commode faifon pour les
Picqueurs, pourueu que ce foit en pays où il y ait des Cerfs de dix cors,
qui fe chargent de venaifon, & non où il n'y ait que de ieunes Cerfs,
qui font pour lors en leur force. Il faut donc en cette faifon plus exaĉte-
ment donner vn Cerf de dix cors aux chiens, à caufe de l'aduantage que
vous y aurez : car fi vous attaquiez vn ieune Cerf dans cette faifon
chaude, vos chiens auroient peine à le maintenir fi long-temps & à le

r'approcher, s'éloignant d'eux, l'air & la terre leur eftant, en cette faifon, fort contraires : ioinct que c'eft la plus dangereufe faifon pour faire
deuenir les chiens enragez, à caufe que cette maladie vient d'vn fang
échauffé, qui fe corrompt en fuite : auffi leur faut-il faire manger peu de
curée, mais pluftoft force laict venant du py de la Vache.

CHAPITRE XLVII

*Où il faut aller en quefte pour détourner le Cerf,
en Octobre, Nouembre & Decembre.*

IE fuis contraint dans ce dernier quartier d'emprunter vne partie du
mois de Septembre, à caufe que ce dernier mois du quartier eft
prefque tout à fait dans la faifon du Rut, qui fait vn tres-grand changement à la maniere d'agir qu'auoit le Cerf, puis que de tres-facile qu'il
eftoit à détourner, il eft deuenu en huict iours, tres-difficile, & quafi impoffible, au moins pour en eftre affeuré : ce qui fait auffi que le terme
duquel nous vfons, en faifant noftre rapport, ainfi nous mécroyons détourner vn Cerf, s'il ne paffe depuis nous, eft fort à propos, & ne doit
pas eftre oublié dans cette faifon, puis qu'il fe rencontre prefque toufiours : car du Cerf qui fera auec des Biches pour y Ruter, que vous aurez fuiuy depuis le matin iufques à neuf ou dix heures (qui eft le temps
qu'ils fe donnent ordinairement vn peu de relâche, fe feparans des
Biches pour vne heure ou enuiron) vous prenez les deuants auec voftre
limier, & le trouués demeuré dans vne enceinte, où les demeures en feront affez raifonnables, pour obliger vn Cerf à demeurer. Neantmoins
auffi-toft que vous ferez party, la premiere fantaifie ou ialoufie qui luy
prendra, il en fortira pour aller trouuer fes Maiftreffes, qu'il fera marcher comme auparauant, fans leur donner non plus qu'à luy, aucun re-
lafche : & dans cette faifon pour en auoir connoiffance, il faut aller dans
les fonds de forefts (qui font les lieux où ils fe raffemblent auec les
Biches pour y tenir leur Rut) mais pour leurs viandis, ils en prennent
fi peu, que l'on a peine de s'en apperceuoir, fe contentans de viander
feulement ce qu'ils trouuent en allant, dans leur extréme neceffité : car
ils font tellement preoccupez de cette fantaifie d'amour, qu'ils ne penfent
ny à manger, ny à s'arréter. Et pour eftre plus affeuré de courre le iour
que vous auez premedité, il faut apres auoir feparé les queftes, donner
auffi l'ordre au Maiftre-valet de chiens, de mener vos chiens-courrans
dans le milieu du pays, où vous enuoyez aux bois, & leur donner

l'ordre qu'ils y foient à huiĉt ou neuf heures du matin, au plus tard, &
que ceux qui voudront les voir chaffer & faire chaffer, y aillent auec
eux : Et mefme le Roy (s'il veut eftre affeuré de chaffer ce iour là) apres
qu'il aura déieuné & commandé de porter dequoy repaiftre ceux qui
font aux bois, lefquels doiuent eftre allez deux enfemble, pour quand
ils auront rencontré d'vn Cerf courable, felon le pays, ie veux dire des
plus vieux Cerfs, & qui aille de bon temps, que l'vn deux vienne à l'Affemblée premeditée pour en faire le rapport, & que l'autre demeure
toufiours apres le Cerf, brifant par tous les chemins où il paffera, en
prenant fes deuans, afin que s'il eftoit trop éloigné pour entendre fonner ou houpper, lors que l'on l'iroit chercher, on le puiffe fuiure & trouuer par ces brifées, & qu'auparauant de partir de l'affemblée, l'on fepare
les relais pour les enuoyer dans les païs, à la refuite des Cerfs, horfmis
la vieille Meute que l'on doit mener auec la Meute pour fçauoir où l'on
donnera le Cerf aux chiens, afin de l'enuoyer à la principale & plus
proche refuite, cependant que ceux qui auront deftourné le Cerf que
l'on voudra courre, déjeuneront & fe botteront : vous deuez auoir auffi
enuoyé deux hommes à cheual de differens coftez pour fonner deux
mots, afin d'obliger le refte de vos Veneurs de venir à eux, & prendre
l'ordre que vous leur aurez donné : pour, apres auoir beu vn doigt, s'en
aller chacun à vn relais, & comme cela vous donnez vn Cerf aux chiens
dans le temps qu'il a quitté les Biches, finon vous ne laiffez de l'en feparer : Voila la meilleure & plus affeurée methode pour courre durant
le Rut, & quand les Cerfs n'y font plus, vous ferez de mefme qu'aux
autres temps, & dans le refte du quartier, qui eft Nouembre & Decembre, vous irez quefler les Cerfs fous les futayes dans les fonds de
païs, où ils viandent du gland, & quelques fruiĉts fauuages qui y font
tombez, aux branches & ronffiers, & aux tailles de l'année : mais pour
les abreger & ne pas perdre de temps, il faut aller prendre les deuans
des grands forts qui font les plus fourrez, où ils fe mettent en cette faifon, pour y eftre à l'abry & plus chaudement.

CHAPITRE XLVIII

De l'ordre que l'on doit prendre, lors que le Roy veut aller chaffer,
& de la façon qu'on doit faire le logement.

IE ne croirois pas vous auoir affez fatisfait des connoiffances & manieres de chaffer que i'ay données, fi ie ne vous faifois connoiftre
auffi les ordres qui fe doiuent obferuer dans les Veneries du Roy;

puifque c'eft ce qui maintient l'vnion dans les Corps, & qui fait que le Maiftre en eft mieux feruy, & comme il y a defia quelques années qu'elles n'ont efté pratiquées, il feroit à craindre pour ceux qui les doiuent donner, qu'ils y manquaffent, ne les fçachant pas, ce qui feroit naiftre du mépris dans l'efprit de ceux qui les deuroient exccuter, fi ie ne difois comme ie les ay veu donner depuis quarante ans fous le regne de ce Grand Lovys le Ivste, & que i'ay auffi pratiquées par fes ordres : ce qui fait que ie ne puis que les bien déduire en ce chapitre, pour les reftablir dans leur premiere fplendeur. Ces ordres fe doiuent prendre par ceux qui ont les premieres charges dans les Veneries & équipages du Roy, & ainfi des particuliers, comme quand le grand Veneur fe trouue aupres du Roy, lors qu'il luy prend enuie d'aller à quelques-vnes de fes forefts pour y chaffer le Cerf, c'eft à luy de receuoir l'ordre de fa Majefté, & de le donner au Lieutenant de la Venerie qui fera pour lors en quartier, ou en fon abfence, au fous-Lieutenant, ou les fufdits n'y eftans pas, au plus ancien des Gentils-hommes de la Venerie en quartier ; comme auffi tous les fufdits le doiuent prendre du Roy, chacun felon le degré de fa charge, en l'abfence du grand Veneur, & celuy qui l'a receu du Roy, ou du grand Veneur, le doit donner au Marefchal des logis ou Fourrier de la Venerie, afin de l'obliger à partir auffi-toft pour aller faire les logemens au lieu défigné par le Roy pour fa Venerie. Il doit auffi commander qu'vn des valets de chiens aille auec luy pour choifir vn logement propre aux chiens, ou au moins le plus commode qui fe trouuera dans le lieu ; où il y aura, s'il fe peut, vne grande cour fermée de murailles, où les eauës foient à commandement, & confiderer le logement felon les faifons, afin qu'il ne foit pas trop froid en Hyuer, ny trop chaud en Efté, & qu'il n'y ait eu ny poulles, ny cochons, à caufe que cela pourroit donner le farcin aux chiens : ce lieu doit eftre nettoyé, où apres vous mettrez de la paille de froment, afin qu'auffi-toft que les chiens feront arriuez, on les y puiffe mettre à couuert, pour les empefcher de fouffrir le froid ou le chaud felon la faifon : c'eft le foin que doit auoir le valet de chiens, puifque le Marefchal des logis, apres auoir reconnu & marqué le logement des chiens (qui le doit eftre le premier, puifque ce font eux qui font le principe de la chaffe) doit vifiter les maifons qui en font plus proches, pour y loger le Maiftre valet de chiens, les valets de chiens en quartier & ordinaires & le boulanger, puifque les chiens & les fufdits Officiers ne font qu'vn corps, pour auoir le foin des chiens, dont ils doiuent refpondre. Et apres que le Fourrier aura fait ce logement, il doit faire celuy du grand Veneur, & en fuite celuy du Lieutenant, fous-Lieutenant, & Gentils-hommes en quartier & ordinaires, felon leur rang, & l'equipage qu'ils auront, & des valets de li-

miers; car les pages de la Venerie doiuent loger auec les Lieutenans
(comme ils auoient accouftumé) & prendre ce qui leur eft ordonné du
Roy pour leur nourriture, ce qui eft vn bon ordre, & non celuy qui
s'eft tenu depuis quelque temps, leur ayant efté permis de prendre leur
argent pour en viure à leur difcretion, & la plufpart du temps auec des
perfonnes qui ne leur peuuent donner que de mauuaifes habitudes : ce
qui fe doit confiderer, puis qu'eftans fous la veuë & conduite des Lieutenans, qui font perfonnes de condition, ils y doiuent apprendre les
bonnes mœurs & la fcience de la chaffe, comme ont fait ceux qui ont
efté nourris du temps que i'auois l'honneur d'y eftre, afin qu'ils fe
rendent capables de feruir le Roy, pour monftrer que de la nourriture
de fes pages, il a tiré fes meilleurs hommes, & les plus habiles dans la
chaffe. Dans ce rencontre, le Marefchal des logis doit auoir referué
quelques logis pour les perfonnes de condition qui voudront voir courre
les chiens du Roy.

CHAPITRE XLIX

*Comme il faut faire partir les chiens du Roy de leur logement,
& les accompagner.*

L E iour eftant arriué du commandement qui aura efté fait pour faire
marcher les chiens du Roy, il faut que celuy qui commande, confidere la faifon dans laquelle il fera, afin que fi c'eft en Efté, il donne
l'ordre dés le foir au Maiftre valet de chiens, que l'on les panfe & tienne
prefts dés le grand matin, pour les faire partir au frais, & que fi c'eft en
Hyuer, s'il a gelé, l'on ne parte qu'apres que le Soleil aura donné fur
la terre, ou pour le moins que la gelée en foit amortie, afin qu'ils ne fe
gaftent pas les pieds, & que l'on leur donne chacun vn morceau de pain,
deuant que de partir. Il faut auffi qu'il commande au boulanger d'aller
deuant, & auec luy deux valets de chiens, pour leur choifir vn lieu
propre où on les puiffe faire difner; & si c'eft en Efté, que ce foit dans
vne grange, s'il y a moyen, afin qu'il y aye de l'air, & qu'ils y mettent
de la paille, à caufe qu'il eft befoin que les chiens y demeurent, iufques
à ce que le grand chaud foit paffé; & comme la marche ordinaire des
chiens courans doit eftre par iour de fix lieuës, on en doit faire quatre
le matin (particulierement en Efté) & auffi-toft qu'ils auront difné, il
faut que le boulanger & les deux valets de chiens repartent, pour preparer ce qu'il leur faut. Le Maiftre valet de chiens ayant efté de grand matin, fuiuy de fes compagnons, panfer les chiens, les voyant panfez & en

eftat de partir, il doit aller au logis du Commandant, où doiuent eftre les Gentils-hommes de la Venerie, & les pages à cheual, leurs trompes au cofté ; il luy doit demander s'il luy plaift qu'on couple les chiens, & ayant dit qu'ouy, il s'en doit retourner au chenil, pour les faire coupler, & apres que tous les Officiers auront beu vn doigt, ils fe doiuent rendre à cheual auec le Commandant, deuant le chenil, où arriuans, le Maiftre valet de chiens doit donner vne houffine au Lieutenant, apres au fous-Lieutenant, & en fuite aux Gentils-hommes de la Venerie, puis aux pages (car pour les valets de limiers, ils ne font pas tenus de fuiure & accompagner les chiens courans, mais feulement d'auoir foin de mener leurs limiers). Les chiens eftans couplez, & dans le foin que doiuent auoir eu les valets de chiens de mettre vn ieune chien auec vn vieil, afin qu'il puiffe reprimer l'ardeur du ieune, il doit marcher vn valet de chiens ou deux deuant eux, pour les guider & conduire, & les empefcher d'aller plus vifte qu'eux, ayans des houffines à leurs mains, & toutes les fois qu'ils voudront s'auancer au delà d'eux, les en frapper, leur difant, derriere, & les nommant par leurs noms, afin de leur faire connoiftre qu'ils les doiuent fuiure feulement. Les autres valets de chiens & les pages, Lieutenans & Gentils-hommes de la Venerie doiuent fuivre les chiens, fans les preffer, afin de leur donner le temps de fe vuider, & lors qu'ils pafferont en veuë de quelques beftiaux, ils s'en approcheront pour les retenir de plus court, & voir auffi s'il y en a quelques-vns qui leuent la tefte, afin d'aller à eux les reprimer de la voix & de la houffine, s'ils s'apperceuoient qu'ils vouluffent s'emporter en leur difant *haye*, & les nommant. Ils doiuent auoir ce mefme foin, lors qu'ils pafferont dans des bois, où il y aura des beftes fauues, & lors qu'ils font arriuez au lieu où ils doiuent difner & coucher, le Commandant mettant pied à terre, doit aller vifiter le logement des chiens, pour connoiftre s'il leur eft propre & bien nettoyé, fi la paille que l'on leur a donné, eft neufue, s'il y en a fuffi-famment, & alors les y faire loger, auparauant que d'aller à fon logement.

CHAPITRE L

Comme l'on doit feparer les queftes aux Veneurs & valets de limiers
qui doiuent aller aux bois,
fur la fin duquel eft vne belle inftruction pour les ieunes gens.

LEs chiens eftans logez felon l'ordre du Roy, & quoy qu'il n'ait pas dit à celuy qui aura pris l'ordre, qu'il veut courre précifément le lende-main, afin de donner vn iour de repos aux chiens, & le mefme temps à ceux qui doiuuent aller aux bois, pour reconnoiftre le païs, les vns à

cheual fans limiers, & les autres à pied auec leurs ieuncs limiers, pourtant cela fe doit obferuer felon la faifon que le terrain fera fauorable,
pour pouuoir rencontrer & reuoir des voyes des Cerfs, autrement il faudroit que tous allaffent auec leurs limiers pour en auoir vne plus affeurée connoiffance, fans neantmoins s'arrefter à abreger vn Cerf, lors
qu'ils en auront rencontré & reueu de la nuit; mais feulement d'en
prendre les grands deuans, afin de ne fe pas fatiguer, & auffi les limiers,
& de ne pas allarmer les Cerfs : ce qui les pourroit faire changer de païs
la nuit d'apres, particulierement dans vn païs de buiffons, ce que l'on
ne doit faire qu'apres en auoir conferé auec celuy qui commande au
quartier, & en auoir receu l'ordre de luy, & qu'il ait feparé les cantons
verbalement, fans que cela puiffe tirer à confequence, ne pretendant pas
de l'obliger à leur donner queftes, en leur particulier, où ils trouueront
Cerfs, lors qu'il les feparera par écrit, & comme cela l'on a connoiffance
des Cerfs dans le païs où vous vous voulez courre, où l'on les trouuera
à point nommé, le iour que le Roy veut chaffer. Il faut auffi que quand
ils feront venus, ils aillent rendre compte de ce dont ils ont eu connoiffance au Commandant, lequel doit partir auffi-toft apres, pour aller
trouuer le grand Veneur, & luy en faire la relation, s'il eft aupres du
Roy; finon il la doit faire au Roy, & fçauoir de luy en quel canton &
quel iour il luy plaift de courre, & l'ayant refolu pour le lendemain, il
luy doit demander s'il luy plaift de feparer les queftes, y ayant preueu,
pour en auoir pris le memoire du Capitaine des chaffes de la foreft, ou
de quelques-vns de fes gardes qui en ait le plus de connoiffance : & fi le
Roy lui dit qu'ouy, il tiendra du papier & vne écritoire toute prefte pour
les écrire par billets feparez : & apres l'auoir donné au Roy pour les diftribuer & feparer, ainfi que bon luy femblera, fi fa Majefté n'en veut pas
prendre la peine, le grand Veneur, ou celuy qui commandera, doit reuenir au quartier de la Venerie, où eftant, il doit faire fonner deux mots
longs, afin d'obliger les Officiers & ceux qui doiuent aller aux bois, de
venir à fon logement. Le Capitaine des chaffes, ou quelques-vns de fes
Officiers, doit auffi venir prendre l'ordre du grand Veneur, afin que fi
ceux qui doiuent aller aux bois, ne fçauoient pas le pays, pour aller à
leurs queftes, il leur baille des gardes pour les y conduire : & apres
qu'ils feront tous venus, le grand Veneur, ou Commandant, qui aura
écrit les queftes par billets feparez, doit prendre la fienne & la donner
à vn Gentil-homme de la Venerie, ou valet de limiers, qu'il peut mener
auec luy, & donner la feconde au Lieutenant, qui peut auffi mener vn
valet de limiers : & apres au fous-Lieutenant & Gentils-hommes en
quartier & ordinaires, & aux valets de limiers : car les pages doiuent aller auec les plus habiles dans le meftier, pour eftre inftruicts, fi d'auen-

ture le grand Veneur, ou le Lieutenant ne leur commande d'aller auec
eux. Le commandement eſtant fait, il doit dire que l'on ſoit matinal, &
que l'on reuienne ſur les neuf ou dix heures à l'Aſſemblée, afin de ne
pas faire retarder le plaiſir du Roy, & apres il doit donner l'ordre au
Maiſtre-valet de chiens de les tenir preſts le lendemain au matin, & leur
donner à manger ſobrement : particulierement s'il y a des chiens ſort
gras, ou chiens Anglois, il ne leur en faut point donner en tout, à cauſe
qu'ils manqueroient d'haleine, & qu'il prenne garde s'il y a quelques
chiens ſort maigres, melancholiques ou boiteux, afin de les laiſſer guarir auparauant que de les faire chaſſer : Et pareillement où le Roy veut
que l'on faſſe l'Aſſemblée (ſi elle ne ſe fait dans le village où eſt logée la
Venerie) pour y mener les chiens ſur les huiɔt heures du matin. Et
pour éclaircir plus parfaitement les pretentions que pourroient auoir
quelques-vns, de vouloir retourner à leurs queſtes, apres eſtre partis de
ce logement & y eſtre reuenus, peut-eſtre deux ou trois iours apres, l'on
doit ſeparer derechef les queſtes, ou pour le moins cela dependra de celuy qui commande au quartier, diſant que chacun retourne à ſa queſte.
Ie treuue en ce rencontre vne choſe tres-neceſſaire à dire, pour les
ieunes gens qui ſe veulent rendre habiles, à ce qu'ils ne manquent pas
d'aller auec les meilleurs hommes dans le meſtier, les iours que l'on va
reconnoiſtre le pays, où on a le temps que l'on veut, puis que l'on n'eſt
pas obligé de reuenir à l'Aſſemblée, à l'heure dite, comme le iour des
chaſſes : ce qui fait que l'on a le temps de deſſaire la nuit d'vn Cerf &
de s'inſtruire de ſa maniere d'agir, de ſes ruſes, & d'en leuer les ſumées
& les conſiderer (ſi c'en eſt la ſaiſon) comme d'en reuoir de toutes les
connoiſſances du pied, tout autant que l'on veut, pour ſur toutes ces
choſes inſtruire vn ieune homme, & apres l'interroger, pour connoiſtre
s'il a eu l'impreſſion des connoiſſances que vous luy auez données, pour
le corriger, ou remettre ſur celles qu'il aura manquées. Et quand tous
les Veneurs feront reuenus du bois & feront r'aſſemblez au logis du
Commandant, s'il y a quelqu'vn de la compagnie qui ait reueu & détourné d'vn pied de beſte, qui le peut auoir mis dans le doubte par ſa
grandeur, ou quelques connoiſſances qu'il ait remarquées eſtre bonnes,
& d'autres douteuſes : ou bien ſi c'eſt d'vn Cerf, ſans en eſtre en doute,
ſinon de l'aage & la qualité, il doit conuier toute la compagnie d'y aller,
particulierement à la conſideration des ieunes gens, afin qu'ils voyent là
tous les habiles dans le meſtier, y raiſonner ſur toutes les connoiſſances,
chacun dans ſa maniere & ſa ſcience : & ſi la choſe n'eſt reſoluë, lancer
la beſte & la voir, afin que doreſnauant l'on puiſſe plus parfaitement
connoiſtre, en quoy l'on a manqué aux connoiſſances.

CHAPITRE LI

Contenant l'ordre que l'on doit tenir,
lors que l'on va aux bois pour y détourner le Cerf.

LE fieur du Foüillou a fait voir dans fes écrits & felon fon fens, les
bons & mauuais prefages que peut auoir vn Veneur par les rencontres, lors qu'il va au bois à deffein de rencontrer d'vn Cerf & de le
détourner, que ie trouue affez ridicules, & qui fe pourroient gliffer
dans l'opinion de quelques efprits foibles, licentieux, ou peu curieux, de
lire les cas de confcience, comme peuuent eftre quelques Chaffeurs, lors
que fouftenant qu'au rencontre d'vn Preftre, le Veneur s'en peut retourner, pour eftre affeuré de ne trouuer aucun Cerf dans fa quefte. Mais
que s'il fait rencontre d'vne femme, qu'affeurément il trouuera vn Cerf
& le détournera. C'eft dont il fe faut defabufer & croire pluftoft que
Dieu y eft offencé, puis qu'il feroit malaifé, fi vous auiez la creance que
ce Preftre vous euft porté mal-heur, de vous pouuoir empefcher de mur-
murer contre luy : & cependant c'eft vne perfonne enuers laquelle Dieu
vous commande le refpect : Et au regard de la femme, d'en faire vn iugement temeraire & fcandaleux, fi apres l'auoir rencontrée, vous trouuiez vn Cerf, puis que le fieur du Foüillou s'imagine & veut faire croire
que c'eft vne femme de ioye; mais il faut pluftoft croire que le moyen
de faire reüffir ce que nous defirons, c'eft de fe mettre & fe maintenir
dans la grace de Dieu, en nous profternant à fes pieds, pour y faire
voftre examen & quelques prieres qui luy puiffent eftre agreables, afin
de bien rencontrer & nous guarantir de mauuais accidens, comme il fe
peut en chaffant, d'y eftre bleffez par des cheutes de cheuaux, ou de la
tefte d'vn Cerf : & auffi d'en eftre tué, comme l'ont efté deux Gentils-
hommes de la Venerie, depuis cinquante ans : l'vn à la foreft de Senard,
nommé fainct Bon, qui auoit efté nourry Page de la Venerie : & l'autre
à la foreft de Liury, qui s'appelloit Clair-bois : Et que ce ne foit pas
feulement pour la crainte de ces accidens, mais pluftoft pour l'amour
que nous deuons à Dieu, en pratiquant la chaffe comme vn diuertiffement innocent, & afin de fuiure l'exẽple que nous en ont montré deux
grands Perfonnages, S. Hubert & S. Euftache, qui font nos protecteurs,
comme ceux qui nous ont donné les premieres inftructions de la chaffe :
& en fuite ce grand Roy Lovis LE IVSTE, qui encores qu'il fe fuft beaucoup occupé à la chaffe, elle ne l'a pas empefché d'eftre tres-pieux & de-
uot, n'ayant pas manqué vn iour, tant qu'il a vefcu, à dire forces prieres,

ny d'entendre la Meſſe. Ie puis dire encores de Victor Amedée, Duc de Sauoye, qu'il a eſté l'vn des grands Chaſſeurs de ſon temps : ce qui ne l'a pas empeſché de viure comme vn Religieux, n'ayant iamais manqué d'obſeruer tous les leûnes commãdez de l'Egliſe, & y adiouſter tous les veilles des Feſtes de la Vierge, vn leûne au pain & à l'eauë, horſmis quelques années auant ſa mort, par l'aduis de ſon Confeſſeur, qui en ces iours-là, luy ordonna vn peu de vin. Et ie puis dire auſſi auec verité, ne l'auoir pas entendu iurer vne ſeule fois, en dix-huict ans que i'ay eu l'honneur de le ſeruir dans la guerre & dans la chaſſe, bien que trop d'occaſions s'y rencontrent. l'ay encore vne choſe tres-admirable à dire de ce ſage Prince, qui eſt de ne luy auoir iamais oüy médire d'aucun : ce qui eſt tres-conſiderable, puis qu'vn coup de langue d'vn Prince peut ternir la reputation d'vn Gentil-homme. Suiuons donc les exemples de ces grands Perſonnages, en prenant le diuertiſſement de la chaſſe quelquesfois; mais non pas pour nous y attacher de telle ſorte, qu'elle nous preoccupe abſolument l'eſprit, afin que nous puiſſions vaquer au ſpirituel & au temporel, ſelon la vacation dans laquelle nous ſommes. Et apres vos prieres vous deuez déjeuner, pour reſiſter au trauail que vous pourrez eſtre obligé de faire, puis qu'il ſe peut que vous rencontrerez d'vn Cerf qui fera beaucoup de pays auparauant que de vouloir demeurer : & ayant déieuné, vous irez prendre voſtre limier, & luy mettrez la botte au col, à laquelle vous aurez noüé vne couple pour la mettre auparauant la botte, au col de voſtre chien, afin que (s'il ſe l'oſtoit lors qu'il ſuiuroit vn Cerf) il fuſt retenu par cette couple : vous luy donnerez vn petit morceau de pain, pour luy empeſcher les tranchées que la roſée froide luy peut cauſer : ce qui le pourroit faire paſſer ſur les voyes d'vn Cerf, ſans s'en rabatre & vous en remonſtrer : & apres vous irez à voſtre queſte, auec intention de vous y diuertir, ſeruir voſtre Maiſtre, & de n'y pas tromper voſtre compagnon, ſi vous eſtes plus matinal que luy. Ce que vous feriez en allant faire ſa queſte, deuant que de faire la voſtre, afin, ſi vous y trouuiez vn Cerf, de le lancer, pour l'obliger à aller demeurer dans la voſtre; ce qui réüſſit tres-mal, la pluſpart du temps, puis qu'apres l'auoir lancé, vous vous engagez inſenſiblement à le ſuiure, & s'li ne va pas dans voſtre queſte, il fera cauſe que vous ne la ferez pas : & il ſe peut que dans ce temps celuy qui aura ſa queſte de l'autre coſté de la voſtre, aura rencontré d'vn Cerf dans ſa queſte, qui ira de la nuict dans la voſtre, & ne le trouuant pas briſé, & vous auoir houppé trois mots longs, comme il ſe doit faire, & qu'il n'ait aucune reſponce de vous, il le peut rembucher, briſer & détourner, en faire rapport, & le laiſſer courre deuant vous dans voſtre queſte, ſans que vous vous y puiſſiez oppoſer : cela eſtant, vous receuez vn affront, puis que vous paſſez pour vn negligent, ou pour vn fureteur de queſte, faiſant celle des autres & non la voſtre : & vous fera connoiſtre que les bonnes actions ont ce qui leur eſt deû, & les mauuaiſes auſſi ; Mais pour y aller auec ſincerité, il ne faut pas déployer le traict, que vous ne ſoyez arriué dans voſtre queſte, où vous prendrez voſtre limier par la teſte, luy faiſant carreſſe & luy crachant dans la gueule, & en le quittant, vous allongerez le traict & luy direz, *Va outre*, & le nommerez : & à peu de temps de-là, vous vous ſeruirez des termes que i'ay dit, qui eſt de luy dire, *Ho l'amy, Holo, holo loo,* & ioüer apres de la langue, pour l'émouuoir à aller gayement deuant vous, afin que lors qu'il rencon- trera des voyes de ſauues, il s'en rabatte & vous en remonſtre : car les limiers des Officiers de la Venerie du Roy, ne doiuent vouloir que de ſauues ; mais ceux des Seigneurs, il eſt bien qu'ils veüillent de toutes beſtes pour s'en ſeruir dans l'occaſion, & ſelon le plaiſir de leur Maiſtre : Et quand vous verrez que voſtre limier ſe rabatra, vous luy donnerez le temps de prendre la voye : & y eſtant, il le faut tenir ferme ſur le traict, & luy dire, *Vay là*, en le nommant : & s'il demeure ferme, c'eſt ſigne qu'il eſt ſur la voye ; vous irez à luy, en racourciſſant le traict, & le pliant dans voſtre main, afin qu'il ne bouge de la place & qu'il n'efface pas les voyes : & apres l'auoir ioinct, vous le mettrez derriere vous, pour en pouuoir reuoir plus facilement, & iuger ſi c'eſt d'vn Cerf, & s'il a la teſte tournée au fort où il faut ietter vne briſée à l'entrée, & dire à voſtre chien, *Tien à moy, Velecy Reuary*, pour l'obliger à reuenir à vous & luy faire ſuiure le contrepied, afin d'en pouuoir reuoir des cõ- noiſſances, & en leuer des fumées, ſi c'eſt en la ſaiſon : car ſi vous ſui- uiez le droict des voyes qui va dans le fort & que ce fuſt vn Cerf, vous le lanceriez & luy donneriez, peut-eſtre, vn tel effroy, qu'il ne voudroit plus demeurer : ce qui feroit que vous n'en pourriez venir à bout, ny le détourner ; Mais apres en auoir reueu (en ſuiuant le contrepied) du pied, de la iambe & des os, ſi c'eſt dans vne ſaiſon & vn terrain aſſez mol, pour cela, ou ſi c'eſt ſur de l'herbe, ou des feüilles, qu'il faſſe des fou- lées, il les faut conſiderer pour iuger s'ils ſont fort enfoncees, pour con- noiſtre ſi la beſte qui les a faites, peze beaucoup. Et pour le ſçauoir, il faut mettre vn genoüil à terre & mettre les doigts dans les foulées, où vous connoiſtrez ſi les pinces en ſont groſſes & les coſtez, ſi le talon en eſt large : ſi c'eſt en Eſté, il en faut reuoir en quelque endroit où la ro- ſée ait rendu la poudre vn peu ferme, ſinon il en faut leuer des fumées, où vous trouuiez des connoiſſances telles que i'ay dites : alors vous les mettrez dans le fonds de voſtre chappeau, apres auoir mis de l'herbe deſſous & deſſus, afin qu'elles ne ſe defaſſent pas de couleur ny de forme, afin que quãd vous ferez voſtre rapport à l'Aſſemblée, vous les y

puiffiez faire voir entieres pour en pouuoir remarquer les connoiffances.
Il faut par les formes & connoiffances du pied & des fumées que vous
iugez s'il eft ieune Cerf, Cerf de dix cors ieunement, ou Cerf de dix
cors, & que par là, vous iugiez de la qualité des Cerfs qui feront dans
le pays où vous eftes aux bois ; & fi c'eft vn Cerf courable, ou non :
comme fi vous eftes dans vn pays où il y ait des Cerfs de dix cors, il ne
vous faudra pas arrefter à fuiure & détourner vn ieune Cerf : & apres
ce iugement d'vn Cerf courable, il faudra reuenir à l'entrée du fort, où
vous en auez rencontré la premiere fois, & fuiure vne longueur, ou
demy de traict dans le fort, pour connoiftre s'il y entre pour y demeurer,
ou bien pour y faire vn faux rembuchement : ce que vous connoiftrez,
lors que vous verrez demeurer voftre limier au bout de la voye & reuenir à vous ; alors vous retournerez au chemin pour demêler cette ruze :
& pour en trouuer les dernieres voyes, vous le longerez à droict & à
gauche, ce que vous ferez auffi dans le bord du fort : & fi vous auez
trouué que les dernieres voyes foient fimples & non doubles dans le
chemin, & qu'elles entrent dans le fort, vous le rembucherez, le brifant
haut & bas, comme i'ay dit, de plufieurs brifées : & dans le chemin où
il longera, vous rayerez derriere les voyes auec le bout du pied, & le
plus dangereux des faux rembuchemens : c'eft lors qu'vn Cerf entre dans
le fort & en reuient tout court & repaffe le chemin par où il eft venu,
fans le longer, entrant droict dans le fort de l'autre cofté du chemin, où
bien fouuent il ne paroift aucunes voyes pour y faire trop dur, ou que
le chemin fera fi eftroit que le Cerf l'aura peu affranchir de fes allures :
tellement que fi vous n'auez fuiuy ce que i'ay dit, dans le fort, pour
vous faire connoiftre qu'il reuient, vous croyez détourner vn Cerf deuant
vous & il demeure derriere ; Mais quand cela vous arriuera, & que l'on
viendra à vos brifées, ayant fuiuy auec voftre limier douze ou quinze
pas, voyant qu'il ne tourne ny à droict, ny à gauche, c'eft figne qu'il retourne fur fes premieres voyes & qu'il vous a fait vn faux rembuchement : en ce cas, il faudra faire de neceffité vertu, & de forte qu'on ne
s'apperçoiue pas de la faute que vous auez faite. Pour cela, il faut faire
arrefter les chiens de la Meute, & vous prendrez auec voftre limier fur
la droicte, & voftre compagnon fur la gauche : & pour ne perdre point
de temps, vous irez prendre les deuants dans le fort, de l'autre cofté du
chemin, vis à vis de voftre rembuchement, où vous ne manquerez de
rencontrer des voyes de voftre Cerf, & de le lancer peu de temps apres,
prenant garde vne autre fois que cela ne vous arriue ; Mais fi vous trouuez voftre Cerf entrer dans le fort fans aucune feinte : apres auoir conneu par les foulées que c'eft le Cerf que vous voulez détourner, vous re-
garderez en haut, fi c'en eft la faifon, aux branches & aux feüilles, fi

elles font tournées, pour en iuger auffi par les portées. Cela eftant, vous
le rembucherez & briferez, comme i'ay dit, haut & bas, & apres vous
reuiendrez au chemin, où vous l'auez rembuché, & y ietterez vne brifée
derriere vous, le rompu deuers vos talons : ce que vous ferez auffi à tous
les carrefours & changemens de chemins, & en prenant vos deuants,
vous ne laifferez aucun chemin dãs voftre enceinte, fi ce n'eftoit que
vous euffiez donné de l'effroy à voftre Cerf, & qu'il y fuft fur pied : en
ce cas, il faudroit prendre de plus grands deuants, pour attendre à
l'abbreger & à accourcir l'enceinte encore vne heure : vous aurez toufiours voftre chien deuant vous, à qui vous parlerez de temps en temps,
pour l'émouuoir à fe rabattre, en cas que voftre Cerf paffaft. Et auffi
pour vous donner connoiffance des Cerfs & Biches qui entreront & fortiront de voftre enceinte, pour eftre certain de ce qui y fera, afin de le
dire à l'Affemblée, & à vos compagnons qui feront auec leurs limiers au
laiffé courre auec vous, afin qu'ils foient aduertis pour ne pas changer
de voyes, lors qu'ils quefteront auec leurs limiers, & vous ayderont à
trouuer le retour de voftre Cerf. Mais fi d'auanture vous trouuez vn
Cerf forti de voftre quefte, qui aille de mefme temps que celuy que
vous aurez rembuché, ce que vous connoiftrez par voftre chien, le
voyant rabattre auec autant de chaleur : car fi c'eftoit du releué de voftre
Cerf, ce feroit auec froideur, en negligeant ces voyes, & que fi le pied
eftoit de mefme forme que celuy que vous auez rembuché, & que vous
n'en puiffiez reuoir que des foulées, ny iuger fi ce font deux Cerfs approchans d'aage, & qu'apres auoir fuiuy deux longueurs de trait, vous n'auriez pù iuger fi c'eft voftre Cerf ou vn autre Cerf qui forte de voftre enceinte, il faut le brizer d'vne brizée baffe feulement, à caufe du doute où
vous eftes; Vous reuiendrez donc au chemin où vous deuez ietter cette brifée, pour ne pas hazarder de lancer voftre Cerf; mais pluftoft en prendre
le contrepied que vous fuiurez en allongeant le trait à demy à voftre
chien, afin de l'empefcher de crier & l'obliger à tenir la voye iufte : car
fi ce n'eftoit pas votre Cerf que vous fuiuiffiez, le voftre pourroit eftre
fur le ventre à la repofée, proche des voyes de celuy que vous fuiuez, &
comme cela le limier en paffant, s'il auoit la pleine liberté du trait, il
pourroit en auoir le vent & l'aller lancer, & fi vous voyez que le Cerf
dont vous fuiuez le contrepied, tourne & faffe fa nuit dedans voftre enceinte, ne perçant pas droit, c'eft vn figne éuident d'vn autre Cerf qui
fait fa nuit dans cette enceinte où vous en pourrez reuoir & leuer des
fumées, pour iuger s'il eft plus Cerf que le voftre; mais quand cela feroit, vous deuez auparauant que d'aller apres, acheuer de prendre vos
deuans, & du Cerf dont vous auez eu la premiere connoiffance, afin de
vous en affeurer, en cas que ce plus Cerf qui fort de voftre enceinte, ne

demeuraſt pas dans voſtre queſte, & l'ayant trouué demeuré. vous irez
apres le plus Cerf pour eſſayer à le detourner, & s'il fort de voſtre queſte,
entrant dans celle de voſtre voiſin, quand vous l'aurez briſé de deux briſées, l'vne haute & l'autre baſſe, vous vous deuez retirer à cent pas de
là, afin de ne luy pas donner de l'eſſroy pour houpper vn mot long &
haut (& non pas dans le chappeau, comme font les ſourbes) ce que vous
deuez reïterer iuſques à trois fois, en cas que voſtre compagnon ne vous
entende pas. Mais s'il vous répond d'vn mot, vous deuez houpper de
deux pour l'obliger à venir à vous, & y eſtant vous luy direz, i'ay ſuiuy
vn Cerf que ie meſcroy tel qui fort de ma queſte, & entre dans la voſtre;
vous plaiſt-il que ie vous en faſſe reuoir? Alors vous le menerez au lieu
où vous l'auez briſé, & quand il en aura reueu, & qu'il ſera tombé dans
voſtre iugement, & dans la reſolution de le deſtourner, vous deuez vous
retirer & aller acheuer voſtre queſte, ſi vous ne l'auez faite, & s'il ne
vous conuie pas d'en prendre les deuans auec luy : Mais ſi ſon ſentiment
ne ſe rapportoit pas au voſtre, & qu'il n'euſt pas deſſein de le deſtourner, en ce cas il faudroit qu'il ſouffriſt que vous le deſtournaſſiez dans ſa
queſte : Mais s'il a voulu aller apres, & qu'il ait eu la ciuilité de vous
prier de luy ayder à deſtourner le Cerf que vous auez amené dans ſa
queſte, afin d'abbreger pour reuenir pluſtoſt à l'Aſſemblée, vous le deuez faire, & prendre d'vn coſté, cependant qu'il prend de l'autre, & le
premier qui ſera au rembuchement, attendra ſon compagnon, ou ſi l'vn
ou l'autre trouuoit forty le Cerf, il faut qu'il houppe vn mot pour obliger ſon compagnon de venir à luy, & luy remonſtrer les voyes du Cerf
qu'il trouue forty, pour iuger enſemble ſi c'eſt celuy qu'ils ont rembuché, & ſi ce l'eſt, il le faut encore rembucher, en reprendre les deuans,
& briſer apres vous à tous les changemens de chemins que vous ferez,
apres meſmes l'auoir deſtourné, tant que vous ſoyez hors du bois, afin
que ces briſées vous faſſent reconnoiſtre & trouuer l'enceinte de voſtre
Cerf, lors que l'on viendra à vos briſées, pour le laiſſer courre ; & quand
vous arriuerez à l'aſſemblée, vous donnerez la deference à celuy à qui
eſt la queſte où ſera deſtourné le Cerf, d'en faire le rapport, qui doit eſtre
au Lieutenant de la Venerie, ſous-Lieutenant. ou au plus ancien des
Gentils-hommes en quartier de la Venerie, luy diſant, nous meſcroyons
deſtourner vn Cerf vn tel & moy, en tel lieu. & le Lieutenant luy doit
demander, quel Cerf eſt-ce? & luy doit dire s'il eſt ieune Cerf, ou Cerf
de dix cors ieunement, ou Cerf de dix cors, & ſi c'eſt vn pied long ou vn
pied rond, ou vn pied auſſi rond que long, ou long derriere, ou auſſi
rond que long deuant, & s'il a quelques connoiſſances, dire auſſi à quel
pied elles ſont, & ſi elles ſont de dehors en dedans, ou de dedans en dehors, afin que ſi l'on va laiſſer courre ſon Cerf, les picqueurs faſſent ces

remarques pour en faire garder le change aux chiens, & s'il a des fumées, les monſtrer, & apres l'Officier les doit mener au grand Veneur,
comme les autres qui auront fait leur rapport ſeuls, ou accompagnez,
qu'ils doiuent faire dans les meſmes termes que ie viens de dire, pour
eſtre tous conduits par le Commandant deuant le grand Veneur, lequel
apres les auoir entendus & ſceu d'eux quels Cerfs ce ſont, & où ils les
auront deſtournez, les doit mener au Roy, & luy en faire les rapports,
pour auiſer quel Cerf l'on ira courre.

CHAPITRE LII

*Où il ſe void comme l'on doit faire choix d'vn Cerf,
quand il y en a pluſieurs de deſtournez,
& du lieu où on le doit attaquer.*

L E choix que l'on ſçait bien faire d'vn Cerf, lors que l'on le veut
  courre, & du lieu pour l'attaquer, en rendent la priſe plus aſſeurée :
c'eſt auſſi ce que l'on doit entendre, quand l'on dit qu'vn Cerf bien
donné aux chiens eſt à demy pris : il s'y doit auſſi comprendre qu'il ſoit
bien deſtourné, afin que celuy qui laiſſe courre, ſoit auſſi-toſt apres qu'il
eſt lancé dans la repoſée, pour faire donner les chiens, & ne luy pas donner le temps de ſe fort-longer, comme il feroit, s'il s'en eſtoit allé auparauant d'effroy : ce dernier eſt quelque choſe, mais la premiere diſpoſition eſt beaucoup plus, quand elle eſt bien & meurement penſée : ce qui
ſe doit faire par le Roy & le grand Veneur, le Lieutenant & ſous-Lieutenant, & les Gentils-hommes de la Venerie, où doit eſtre auſſi le Capitaine des chaſſes du païs, & ſes Officiers qui ſçauront le païs, ou quelques
Gentils-hommes qui y auront chaſſé & veu courre le Cerf, afin de ſçauoir leurs refuites, ſelon les lieux où il y en aura de deſtournez ; & lors
que le Roy en ſera ſuffiſamment informé, il doit faire le choix du lieu où
il n'y a qu'vne refuite, & qu'elle ſoit la plus aſſeurée, puiſque l'on peut
donner vn Cerf à vn bout de païs qui en aura deux, & vn qui ſera à
l'autre bout n'en aura qu'vne, ce que l'on doit obſeruer pour aller preferablement à celuy qui n'a qu'vne refuite, & à vn Cerf ſeul, pluſtoſt
qu'à deux enſemble, ſi ce n'eſtoit qu'ils fuſſent dans vn buiſſon de cent
ou deux cens arpens de bois, éloigné du grand païs & du change, d'vne
lieuë ou enuiron, & où l'on les puſt ſeparer, lors qu'ils ſortiroient à la
plaine, auparauant que de les donner aux chiens, pouru[eu] toutesfois
que ces trois Cerfs ſoient de meſme qualité, ie veux dire tous Cerfs de

dix cors : car s'il y en auoit vn feul dans vn pareil buiffon qui ne fuft
que Cerf de dix cors ieunement, & que l'autre qui feroit deftourné dans
le grand païs, fuft Cerf de dix cors, il faudroit aller au Cerf de dix cors
ieunement, qui feroit dans le buiffon, pouruu qu'il le fuft : car s'il n'eftoit que ieune Cerf, l'on ne le doit pas faire, puis qu'ordinairement le
temps que les Cerfs vont aux buiffons, c'eft au Printemps & en Efté,
que les ieunes Cerfs ont la force & l'haleine incomparablement plus
grande que les Cerfs de dix cors, & de dix cors ieunement, qui font chargez de venaifon, ce que n'ont pas les ieunes Cerfs, & que la confidera-
tion pour laquelle on doit attaquer pluftoft vn Cerf aux buiffons qu'aux
grands païs, c'eft pour donner l'auantage aux chiens de prendre le fentiment d'vn Cerf, auparauant qu'il foit arriué dans le change, & lors
qu'il n'y a des Cerfs deftournez que dans la foreft; l'on doit aller aux
bouts & accufts de cette foreft, en cas qu'il y en ait de deftournez, pour
les attaquer, & faire toufiours le choix d'vn Cerf feul, & du plus Cerf
qui eft plus agreable à voir deuant les chiens, dont ils gardent mieux le
change, à caufe de fa pefanteur qui leur donne plus de fentiment : il
dreffe mieux auffi qu'vn ieune Cerf, ce qui fait qu'il s'en fait chaffer
plus agreablement, & ne tient pas fi fouuent les grands forts, ce qui
foulage les picqueurs, & oblige le Maiftre à tenir plus fouuent la queuë
des chiens, & a le plaifir de voir bien tenir la voye à des chiens, tourner,
requefter & parchaffer, quand vn Cerf eft fort-longé, & lors qu'il donne
dans le change, de les voir auffi le garder auec fageffe & hardieffe. Les
picqueurs les peuuent auffi mieux ayder par le iugement qu'ils peuuent
faire plus affeurément d'vn Cerf de dix cors, qui eft plus connoiffable
d'auec les autres, que ne peut eftre vn ieune Cerf, fi d'auanture il n'a
quelque connoiffance, ou vn pied extraordinaire.

Ie fçay qu'il y en aura qui trouueront à redire fur ce que i'ay dit qu'il
falloit attaquer vn Cerf aux accuts & bouts des grands pays, pluftoft
que dans le milieu, afin de donner le temps aux chiens de la Meute,
d'en prendre le fentiment, auparauant qu'il foit dans le change, & qu'ils
diront qu'il eft mieux de l'attaquer dans le milieu du grand pays & du
grand change, à caufe que les chiens qui font frais & viftes au partir du
couple, le prefferont & l'obligeront à s'éloigner du milieu du pays & du
change, & comme cela les chiens en prendront vn entier fentiment, auparauant qu'il y foit reuenu, ioint que le Cerf fera affez mal-mené pour
fe faire remarquer, lors qu'il fe fera meflé dans vne harde de Cerfs
frais, quand on le verra. Ie l'auouë, pouruu que ces chofes reüffiffent
ainfi, & ie ne veux pas contefter que cela ne puiffe arriuer de cinq ou fix
fois l'vne : mais ie puis dire que c'eft beaucoup hazarder voftre plaifir,
puis qu'il eft bien mal-aifé de deftourner vn Cerf feul dans vne en-

ceinte, & dans vn fonds de pays où font retirez prefques tous les Cerfs
dans l'Hyuer, que l'on y court le plus fouuent à caufe des fortes gelées
qui vous empefchent d'attaquer vn Cerf dans les buiffons, puifque vos
chiens fe defolleroient, lors qu'ils pafferoient dans les plaines, & quand
bien vous y auriez deftourné vn Cerf feul, & auffi donné aux chiens
feuls, il ne manquera de s'aller mefler auffi-toft auec d'autres Cerfs defquels il aura eu le vent, pour n'en eftre feparé que d'vn chemin, puifque
ce grand bruit de chiens qu'il entendra, l'y obligera : quel fentiment
donc auront pù prendre vos chiens en deux ou trois cens pas qu'ils l'auront chaffé pour en pouuoir garder le change? puifque ce n'eft que fim-
plement le temps qu'il leur faut, pour paffer cette premiere ardeur
qu'ils ont au partir du couple : tellement que voftre Cerf s'eftant meflé
auec d'autres auffi vieux Cerfs que luy, & quand il s'en feparera, vos
chiens ne manqueront à fe feparer, & obligeront ceux qui les fuiuent,
à en faire de mefme, & de prendre party auec ceux à qui ils auront plus
de creance, & que lors qu'ils regarderont à terre, & reuerront des fuites
d'vn Cerf de dix cors, ils croiront que c'eft celuy que l'on a donné aux
chiens, & que les autres qui chaffent auec les autres chiens, les doiuent
rompre & les amener pour fe rallier auec les fiens, & comme cela ils
s'attendent les vns aux autres : ce qui fait bien fouuent faillir vn Cerf,
& quelquefois auffi en courre deux, ou trois, ou quatre, & auec peu de
plaifir : puifque vous voyez chaffer peu de chiens deuant vous, & que
vous vous voyez feul, n'ayant dans la penfée que l'ambition de prendre
vn Cerf pour en apporter le pied au Roy, afin de vous en faire confiderer, pour auoir fi bien gardé le change : ce qui pourra faire vn contraire
effet, puifque lors que vous vous prefentez à luy auec vn pied de Cerf,
croyant luy donner de la ioye, vous le mettez en colere, à caufe que ce
fera peut-eftre le trois ou quatriéme que l'on luy aura apporté, defquels
il n'aura eu aucun plaifir, & que ce fera dans vn pays qu'il fait conferuer auec foin : Il eft donc mieux & plus affeuré de les attaquer dans les
lieux les plus éloignez du grand change, afin que les chiens ayent paffé
leur ardeur, & en ayent pris le fentiment pour le maintenir & en garder
le change, lors qu'il s'en feparera.

CHAPITRE LIII

L'ordre de tenir & donner les Relais.

IL eft tres-important que ceux aufquels l'on donne la conduite des Relais, foient entendus dans la chaffe : auffi les a-t'on donné de tout
temps à mener & conduire dans la Venerie du Roy aux Gentils-hommes,

& que dans les autres équipages des Princes & Seigneurs, fi on ne les
donne à gens du meftier, il faut, au moins, qu'lls ayent quelques connoiffances & prattiques de la chaffe, & l'humeur naturelle à l'aymer,
ayant auffi efprit & iugement, & peu de chaleur, puis qu'vn relais donné
à propos, rend la prife d'vn Cerf affeurée, comme de le donner mal, le
fait faillir; puis qu'vn homme qui conduit vn relais, le fait aduancer
auffi-toft qu'il entend la chaffe, & auparauant que le Cerf de la Meute
foit paffé, fi elle vient droicl à luy : car fi elle s'en éloignoit, il doit
s'auancer; mais venant à luy, il ne faut pas que ces chiens partent du
relais, ny aucun de ceux qui tiennent les cheuaux, qu'il ne leur ait fait
le fignal auec fon chappeau, ou qu'il ne leur ait enuoyé quelqu'vn (fi
d'auanture il n'en peut eftre veu) pour leur dire qu'ils viennent & qu'il
a veu paffer le Cerf de la Meute : car il doit, apres auoir placé fon relais,
s'auancer cinq ou fix cens pas, le long de la route où il fera, pour fe tirer du bruit, & auoir cét auantage, pour voir paffer le Cerf & entendre
plus facilement la chaffe, & fi-toft qu'il fera paffé, qu'il aille au lieu où
il l'aura veu trauerfer la route, pour y ietter deux ou trois brifées fur
les voyes, & que s'il a le temps de mettre pied à terre, pour reuoir des
fuites du Cerf, il en confidere la forme & les connoiffances, afin de les
dire aux Picqueurs qui feront à la queuë des chiens : comme auffi la
hauteur & groffeur de corfage, le pelage & les connoiffances qu'il aura
remarquées à la tefte, afin que par là, ils puiffent iuger fi c'eft le Cerf de
la Meute, & l'ayant reconneu pour tel & qu'il foit feul, il peut faire donner fon relais, apres que les premiers chiens qui chaffent, feront paffez;
Mais s'il eftoit accompagné, il eft obligé de le dire aux Picqueurs qui
font à la queuë des chiens, & leur demander s'ils veulent qu'on donne
les chiens du relais, puis que c'eft à eux à iuger, s'il en eft befoin : ce
qu'ils ne doiuent faire que par l'extrême laffitude des chiens, ou qu'il
n'y ait que peu de chiens deuant eux, & encores que ce ne foient pas de
leurs chiens fages & de change : car vn relais ne fe doit donner à vn
Cerf qui eft accompagné d'autres, particulierement s'ils font auffi Cerfs
que celuy de la Meute, à caufe que les chiens que vous donnerez frais,
maiftriferont & iront deuant ceux qui auront chaffé depuis deux ou
trois heures, qui ont le fentiment du Cerf & non ceux que l'on viendra
donner : Mais fi ce ne font que ieunes chiens que vous ayez deuant
vous, & que vos bons & fages foient demeurez, vous deuez faire donner
le relais, puis que de deux maux on doit éuiter le pire, & efperer que
les chiens du relais que vous aurez donné, maintiendront plus affeurément voftre Cerf, quoy qu'il foit accompagné, ayant le fentiment plus
fort que les autres, qui n'ont que peu chaffé; ce qui eft conneu aux
chiens des relais, à caufe que ce font vieux chiens qui chaffent dés long-

temps : ce qui fera que lors que le Cerf de la Meute fe feparera, ils en garderont plus affeurément le change que les ieunes chiens : Et fi par l'imprudence de celuy qui meine le relais, il auoit fait retourner le Cerf de la Meute, pour s'eftre trop auancé auec les chiens qui auroient crié, ne les ayant pas fait chaftier, ce qui cauferoit. deux maux, l'vn de faire retourner le Cerf : & l'autre, que les chiens chaffans, tomberoient en deffaut & viendroient au bruit des chiens du relais, les croyans fur les voyes, donnans le temps au Cerf de fe fort-longer, chercher le change, & de ruzer par des retours, & de fe reméler dans le change : En ce cas, il ne faudroit pas donner les chiens ; mais pluftoft requefter & chercher le retour auec les chiens, qui l'ont defia chaffé, puis qu'il ne faut iamais relayer, s'il n'y a des chiens qui chaffent, à moins que l'on fuft dans vn grand & long deffaut, & que ceux qui tiendront les relais, l'euffent appris par l'vn des Picqueurs qui auroit eu connoiffance de ce defordre : ce qui fe doit toûjours faire, lors qu'on eft en deffaut. Cependant qu'vne partie des Picqueurs demeure à requefter, on doit aller dans la fuite ordinaire des Cerfs, prendre les deuants à l'œil dans les routes, & fçauoir de ceux qui font au relais, s'ils ont veu paffer le Cerf de la Meute, leur en dire le corfage, le pelage, la hauteur & cheuillure de la tefte, la forme de fon pied, & de quelle qualité il eft, afin que s'ils l'ont veu paffer, ils luy puiffent dire le lieu, pour luy faire donner le relais fur les voyes : & s'ils ne l'auoient pas encore veu paffer, & qu'ils le veiffent depuis ces connoiffances qu'il leur auroit dites, cela feruiroit à le connoiftre & donner les chiens du relais que le Picqueur doit fuiure & tenir, au moins iufques au premier relais, qui fera donné, & qu'il enuoye deux ou trois de ceux qui tiendront des cheuaux au relais, fe feparer dans le pays, pour chercher les Picqueuts de la Meute, qui requeftent, pour les ioindre au pluftoft auec leurs chiens le long des routes. Voilà fuccinctement comme fe doiuent donner les relais. Il eft auffi befoin de vous aduertir que pour y maintenir le bon ordre, il faut que ceux à qui on donne la conduite des relais, foient les Maiftres, non feulement des chiens, mais auffi de ceux qui y tiennent les cheuaux du Roy : & que ceux des Princes & Seigneurs reçoiuent l'ordre par le premier Efcuyer du Roy, & les Efcuyers des Princes, à ce qu'ils luy obeïffent, fur peine de punition : & apres ils leur ordonneront qu'ils fuiuent celuy qui menera les chiens des relais, fans qu'il y ait aucun qui paffe deuant eux, & qu'auffi-toft qu'ils feront arriuez à leurs relais, ils choififfent vne place, fi c'eft en Efté, au milieu de deux ou trois groffes fpées, pour y faire mettre les chiens à couuert des mouches & au frais, commander à celuy qui les tient, de ne bouger d'aupres d'eux, pour les empefcher de coupler leurs couples, & qu'ils ayent foin de leur chaffer les mouches

auec vn feüillard, & à ceux qui tiennent leurs cheuaux, de les attacher
auſſi au frais, s'ils n'aiment mieux demeurer à cheual, & les émoucher,
pour les empeſcher de mener du bruit : Et apres cét ordre, il faut qu'il
aille où doit venir la chaſſe, comme i'ay dit au commencement de ce
chapitre.

CHAPITRE LIV

Du lieu où l'on doit faire l'Aſſemblée,
lors que l'on veut courre le Cerf, & comme l'on doit ſeparer les Relais.

CE que nous appellons l'Aſſemblée, c'eſt le lieu à donner le rendez-
vous aux Veneurs & valets de limiers, qui font aux bois; pour y
venir faire leur rapport, il faut que ce lieu ſoit choiſi par ceux qui con-
noiſtront le pays où l'on veut courre, & qu'il ſoit iuſtement au milieu,
afin de donner plus de facilité à ceux qui feront aux bois, de s'y rendre
auec moins de peine, apres auoir fait leurs queſtes & à l'heure qu'il faut,
pour manger, & ſeparer les relais, afin d'aller au laiſſé-courre entre dix
& vnze heures (particulierement en Hyuer, que les iours ſont courts)
& s'il y rencontre vn village, ou vne ferme, pour appreſter le difner, il
ſeroit plus à propos pour y manger les viandes chaudes; ſinon il faut que
ce ſoit dans vn beau carrefour, où l'on portera des viandes froides, à
moins que le Roy fuſt allé aux bois & qu'il y vouluſt difner : en ce cas,
il faudroit choiſir vn village le plus commode & le plus proche des
queſtes : cela eſtant, l'Aſſemblée eſt deuë par le Roy aux Veneurs, qui
eſt vne quantité de pain, vin & viande, qui ſont reiglez & ordonnez de
tout temps dans la Maiſon du Roy, que ie leur ay fait donner pluſieurs
fois, eſtant en quartier de Maiſtre d'Hoſtel : C'eſt auſſi ce qui rend les
Officiers de la Venerie Commenſaux de la Maiſon du Roy, puis qu'ils y
ont pain & vin ordonné; c'eſt dans ce lieu où les chiens doiuent eſtre
conduits par les Maiſtres-valets de chiens & leurs compagnons, en quartier & ordinaires, ayant leurs trompes au coſté, dont les anguicheures
ſoient chargées de couples, afin que ſi quelques chiens coupent les
leurs, ils leur en mettent d'autres, & auſſi pour harder & tenir les
chiens, lors qu'on laiſſera courre : Et eſtans arriuez à l'Aſſemblée, il
faut qu'ils choiſiſſent vn lieu commode & éloigné des cheuaux, pour
mettre les chiens à couuert du chaud, ou du froid, ſelon la ſaiſon : &
qu'vne partie des valets de chiens demeure aupres d'eux, pour empeſcher qu'ils ne ſe battent : que l'autre partie aille dans le bois le plus

proche & le plus commode, couper des baſtons gros comme le poulce
& longs de deux pieds & demy, qu'ils pelleront, horſmis la poignée qui
doit auoir demy pied de long. Neantmoins à la reſerue des mois d'Avril,
Mai, Iuin, Iuillet, & iuſques à ce que l'on ait pris vn Cerf qui ait touché au bois, auſſi ne doiuent-ils pas ceſſer de les peller, que lors que
l'on aura pris vn Cerf qui aura mis bas, & apres en auoir coupé & fait
la quantité qu'ils iugeront pour le Roy & les Picqueurs qui feront à
l'Aſſemblée, ils les garderont iuſques à ce que l'on aille au laiſſé courre,
& alors ils les doiuent donner au Maiſtre-valet de chiens. Il faut que
ces baſtons ſoient du bois le plus vny, comme de coudre, marſelée &
chaſtigner. Le Roy eſtant arriué à l'Aſſemblée, le grand Veneur luy doit
mener ceux qui ont eſté aux bois, particulierement ceux qui ont détourné
des Cerfs, & en ſon abſence les Lieutenans, ou ceux que i'ay dit, pour
luy en faire les rapports : & apres aller diſner, pour ne perdre aucun
temps, afin que tous les Veneurs ſoient à cheual, leurs trompes au coſté,
lors que le Roy ſortira de ſon diſner, pour ſuiure les chiens, que l'on
doit mener au lieu le plus commode & le plus proche, pour y ſeparer
les relais, qui doiuent eſtre conduits par le Maiſtre-valet de chiens, aſ-
ſiſté de ſes compagnons en quartier, notamment les ordinaires, qui connoiſſent encores mieux les chiens, où le grand Veneur ſera preſent, ſuiui
du Lieutenant & ſous-Lieutenant & Gentils-hommes en quartier & ordinaires de la Venerie, qui connoiſſent la force & ſageſſe des chiens, afin
d'oſter ceux qui ne peuuent pas aller de Meute, pour les mettre à la
vieille Meute : ceux auſſi qui n'y pourront pas aller, les mettre au relais des ſix chiens, & ainſi des autres relais, puis que la force peut diminuer & augmenter aux chiens par l'aage, les indiſpoſitions & accidens
qui leur peuuent arriuer, afin de leur donner le temps de ſe remettre.
Les relais ſont reglez, de tout temps, de nombre, auſſi bien que de
chiens dans la Venerie du Roy, qui ſont vne vieille Meute, & les ſix
chiens, & trois relais, où l'on peut augmenter vn relais volant de chiens,
qui feront tirez de la Meute; mais des moins viſtes & menez par vn des
grands valets de chiens ordinaires, qui ſçaura mieux le pays que ceux
qui ſont en quartier, & qui eſt auſſi plus en haleine pour faire diligence.
Ce relais ne ſe doit faire qu'en cas que vous laiſſiez courre dans vn pays
de pluſieurs refuites, afin d'y eſtre ſecouru, ſi voſtre Cerf ne donnoit pas
dans vos relais établis : car celuy-là ne doit auoir aucun lieu fixe & doit
ſuiure la chaſſe à veuë de pays. Il eſt bien pourtant de l'enuoyer en lieu
auancé, du coſté où ne ſont pas vos relais, afin de donner cét auantage
à celuy qui le meine, & qu'il vous puiſſe plus aſſeurément ſecourir en
vous ſuiuant : car il ne faut pas donner ce relais, que les chiens de la
Meute ne ſoient las & mal-menez, & que celuy qui le meine, n'en ait

l'ordre des Picqueurs, qui fuiuent & font chaffer les chiens de la Meute.
Ce relais fe fait plus ordinairement pour les Seigneurs qui courent le
Cerf, que pour le Roy, qui court toufiours dans les forefts, où les refuites font affeurées; mais les Seigneurs courent bien fouuent où ils
peuuent, pour y trouuer vn Cerf. Les chiens eftans feparez & ordonnez
d'aller au relais (felon leurs forces) le grand Veneur doit demander au
Roy, s'il luy plaift de les enuoyer; & s'il ne le veut faire, il les doit enuoyer, faifant choix de deux Gentils-hommes en quartier & de deux
ordinaires, pour tenir & accompagner les chiens de la Meute, & que ce
foient ceux qui détournent les plus Cerfs, & dans les plus belles Meutes,
afin que fi l'on manquoit à laiffer courre aux premieres brifées, l'on en
euft vn fur le lieu pour aller aux fiennes, ce qui fera qu'on ne perdra aucun temps : car pour le Lieutenant & fous-Lieutenant, ils doiuent aller
de Meute : La vieille Meute fe doit enuoyer la premiere & à la refuite la
plus proche, où l'on doit donner le Cerf aux chiens : Et fi par mal-heur,
l'on manquoit à laiffer courre aux premieres brifées, & qu'on allaft laiffer courre vn autre Cerf affez éloigné de là, il faudroit enuoyer changer
la vieille Meute de fon lieu, & la mettre à la place d'vn autre relais qui
foit le plus proche d'où l'on iroit laiffer courre, & enuoyer ce relais en
fa place : Et pour l'accompagner, le grand Veneur y doit enuoyer deux
Gentils-hommes de la Venerie & vn valet de chiens, pour mener vne
partie des chiens : car l'autre doit eftre menée par les valets des Gentils-
hommes qui la conduifent, & femblablement aux fix chiens, où il doit
auoir vn Gentil-homme de la Venerie, comme aux autres relais, qu'ils
feront mener par leurs valets : Et s'il n'y auoit des Gentils-hommes fuffifamment pour conduire les relais, le Marefchal des Logis y doit aller.
Les Gentils-hommes de la Venerie, qui feront de Meute, doiuent tenir
& accompagner les chiens, au moins iufques à la vieille Meute, & ceux
qui en font, iufques aux fix chiens, & ainfi des autres qui tiennent les
relais, fans les quitter, s'il ne leur arriue accident. Le Capitaine des
chaffes du pays où l'on doit courre & fon Lieutenant, auec fes gardes,
doiuent fe trouuer à l'Affemblée. Le Capitaine, ou fon Lieutenant, pour
conduire le Roy : & les gardes, pour aller auec ceux qui meinent les relais, pour les guider. Le grand Veneur, ou Commandant, doit enuoyer
aduertir le Premier Efcuyer du Roy, pour le faire venir, & les cheuaux
du Roy, afin qu'il les fepare & ceux de fes Efcuyers, & les envoye chacun auec vn relais, apres auoir referué les plus viftes pour aller de
Meute. Il doit enuoyer ceux d'apres à la vieille Meute, & dans cét ordre
aux autres relais : & commander aux Pages qui les meinent, qu'ils ne
s'éloignent pas des chiens, & obeïffent à ceux qui meinent les relais,
afin que l'on puiffe donner les chiens à propos, & que les cheuaux du

F. Miolle Pin.
G. B. Brambil del.
LA

G. Tasniere Sculp. Taurini

Roy foient frais, lors qu'il les voudra monter. Le grand Veneur doit feparer les fiens de la forte, & ainfi les Officiers & ceux qui feront à la
fuite du Roy.

CHAPITRE LV

De l'ordre que l'on doit tenir lors que l'on va laiffer courre le Cerf.

APres auoir enuoyé les relais, il faut confiderer le temps qu'il leur
faut pour aller aux lieux que l'on leur a deftiné, & fçauoir la diftance qu'il y aura de l'Affemblée à l'enceinte où eft détourné le Cerf que
l'on veut courre, afin de ne pas aller donner le Cerf aux chiens, auparauant que les relais foient à leurs poftes, à caufe que fi le Cerf y paffoit
auparauant qu'ils y fuffent, vous courriez rifque de n'eftre point relayez.
Ce temps eftant iugé & attendu, le Maiftre-valet de chiens doit auoir les
baftons de chaffe deuant luy à cheual, & en donner trois aux Lieutenans de la Venerie, pour en prefenter deux au grand Veneur, afin que
le grand Veneur en donne vn au Roy : & s'il y a des Princes, le Lieutenant en doit prendre du Maiftre-valet de chiens, pour leur en donner :
& le Maiftre-valet de chiens, aux Officiers & Picqueurs, & à ceux qui
font à la fuite du Roy, comme aux Gentils-hommes de la Venerie, qui
font allez aux relais. Ces baftons fe portent à la main, pour empefcher
que les branches ne vous puiffent offencer la veuë, lors que vous eftes
dans le fort, à la queuë des chiens. Il eft auffi befoin d'y porter de gros
gans, pour empefcher que les branches ne vous faffent mal aux mains
(particulierement dans l'Hyuer, qu'il n'y a point de feüilles) & de fort
groffes bottes, pour conferuer les iambes des mefmes accidens & des
épines. Les baftons eftans diftribuez, celuy qui doit laiffer courre, doit
marcher le premier, s'il fçait bien le pays, finon il doit auoir prié le Capitaine des chaffes de luy donner vn de fes gardes à cheual, à qui il dira
le lieu où il a détourné le Cerf, afin qu'il l'y meine, ou pour le moins
aux dernieres brifées qu'il aura iettées en fe retirant; où eftant, il les
fuiura pour aller à fon rembuchement. Les valets de limiers doiuent
marcher apres luy, tenans leurs limiers auec le traiét dénoüé à la main,
& le Maiftre-valet de chiens à cheual apres, & en fuite vn valet de chiens
à pied, deuant les chiens de la Meute, tenant vne houffine à la main,
comme tous les autres qui fuiuront les chiens : & les deux Pages tenans auffi chacun vne houffine & les anguichures de leurs trompes
garnies de couples, & de chacun vne harde, pour reprendre les chiens

qui fe fepareront du corps de la Meute, lors qu'ils chafferont; ce que fera auffi le Maiftre-valet de chiens; car ces trois perfonnes ne doiuent faire autres fonctions dans la chaffe, fi ce n'eftoit que l'on fuft dans vn grand & long deffaut, & qu'ils euffent trouué des chiens qui chaffaffent le Cerf de la Meute : en ce cas, ils doiuent les appuyer, fonner & parler à eux, iufques à ce qu'il foit venu des Picqueurs, aufquels ils en doiuent remettre la conduite, & eux rentrer dans leurs fonctions : Et apres doiuent marcher les Lieutenans, fous-Lieutenant, Gentils-hommes de la Venerie, grand Veneur & le Roy : & apres, fes Efcuyers, Capitaine des Gardes, & les Princes & Seigneurs qui feront à fa fuite. Et lors que celuy qui doit laiffer courre, iuge qu'il n'y a plus que cent pas iufques à fes brifées, & qu'il ait trouué vne belle place, comme vn carrefour, il doit s'y arrefter, difant au Maiftre-valet de chiens, Faites harder les chiens : ce qu'il doit faire apres auoir mis pied à terre & dit à fes compagnons, *Hardons les chiens dans l'ordre*, qui eft de harder les plus fages enfemble, afin de les donner les premiers : & cependant ce-luy qui a fait le rapport doit aller dire au Lieutenant de la Venerie, qu'il eft proche de fes brifées, s'il luy plaift de le dire au grand Veneur, afin que le grand Veneur le dife au Roy, pour fçauoir s'il luy plaift (comme tous les fufdits) de reuoir du Cerf, dont il a fait rapport : & fi le Roy n'y veut aller, il faut que le grand Veneur y aille & qu'il meine auec luy ceux qu'il a établis pour faire chaffer les chiens; puis que cela eft de confequence pour iuger fi le rapport qui luy en a efté fait, eft iufte : c'eft à dire fi le Cerf eft auffi vieil Cerf que l'on l'a fait dans le rapport, & auffi pour en remarquer la forme du pied, & s'il y a quelque con-noiffance, & à quel pied, afin qu'ils le puiffent difcerner, lors qu'il fe mélera auec d'autres Cerfs & qu'il s'en feparera; Mais s'il ne fe trouuoit que i.une Cerf, & celuy qui en auroit fait le rapport, l'euft fait Cerf de dix cors, il faudroit aller à d'autres briféer, s'il y auoit vn Cerf de dix détourné, fans confiderer le temps que l'on perdroit, pluftoft en appa-rence qu'en effect, puis que vous le recouureriez, en ce qu'vn Cerf de dix cors dureroit moins & fe feroit mieux chaffer : ioinct que les chiens en garderoient plus affeurément le change, pour les raifons que i'ay dites au chapitre cy-deuant : pour empefcher dorefnauant des rapports frauduleux, & que fi le Veneur l'a fait par ignorance, il fe faffe inftruire deformais par les habiles dans le meftier : Mais fi le rapport fe trouue iufte, celuy qui doit laiffer courre, demandera au grand Veneur, *Vous plaift-il que ie faffe approcher les chiens & que ie frappe à mes brifées?* Le grand Veneur doit dire au Roy ce que l'on a iugé du Cerf, & quel pied il a, & apres luy demander s'il trouue bon que l'on frappe aux bri-fées; & en ayant receu l'ordre, il doit commander à celuy qui doit laif-

fer courre, d'y frapper, & le fuiure, & apres luy les chiens & les picqueurs : alors celuy qui doit laiffer courre, doit careffer fon chien fur
les voyes & au rembuchement, & apres luy alonger le trait, le laiffant
fuiure & crier : les valets de limiers doiuent pareillement le fuiure, leurs
limiers derriere eux, & le trait denoüé à la main, pour eftre prefts à
l'alonger lors qu'il les priera de luy ayder & trouuer le retour de fon
Cerf (s'il en fait vn) & apres il tiendra fon chien vn peu de temps fur ce
trait, luy difant *Vayla*, en le nommant, & le laiffera fuiure en criant
Harout, Harout, Haly, en regardant à terre, & lors qu'il en reuerra des
voyes ou des foulées, il criera *Velcy va auant, dy vray, Velcy va auant;*
& fi c'eft à la faifon qu'il y a des portées, il fe baiffera vn peu pour les
mieux iuger fi elles font hautes & larges, comme ie les ay dit, à l'heure
il pourra crier *Velcy va auant par les portées*, plufieurs fois, & lors qu'il
aura fuiuy quelque temps, qu'il les confidere & regarde encore pour iuger fi elles font de mefmes que les premieres qu'il a veuës, de peur que
fon chien n'ait changé de voyes, & trouuant que non, il doit reïterer &
dire *Velcy va auant par les portres, apres l'amy, apres*, & le nommer
par fon nom, *Harout, Harout, Haly*, & fi fon Cerf fait vn retour
(comme ils ont accouftumé deuant que de fe mettre à la repofée) fon limier luy fera connoiftre lors qu'il demeurera, ne trouuant plus de voyes
deuant luy : cela eftant, il doit dire au valet de chiens & aux picqueurs
de demeurer ferme, iufques à ce qu'il ait trouué le retour, car s'ils branf-
loient, ils pourroient paffer fur les voyes du Cerf, & en ofter le fentiment aux limiers : & pour abreger, il doit prier vn de fes compagnons
de prendre les deuans à main gauche, cependant que luy les prendra
fur la droite, & fi fon compagnon trouue le retour pluftoft que luy, apres
auoir fuiuy deux ou trois longueurs de trait, & le temps qu'il luy faudra pour reuoir & iuger par les foulées & les portées, que c'eft le Cerf
dont il aura reueu au rembuchement : il doit crier *Velcy va auant*, &
auffi-toft apres s'arrefter pour attendre celuy qui a fait le rapport, &
l'ayant ioint, il luy doit remonftrer des voyes du Cerf que fon chien a
fuiuy iufques-là, pour luy faire connoiftre fi c'eft fon Cerf : & fi ce l'eft,
il doit mettre fon chien derriere, pour laiffer fuiure la voye à celuy qui
en a fait le rapport, qui doit crier *Hault-à-Hault*, pour faire venir le
grand Veneur, les chiens, & les picqueurs, qui les doiuent fuiure, fans
s'écarter dans l'enceinte, & luy fuiure fa voye auec fon chien, luy parlant comme cy-deffus, & obferuant les mefmes formes & les mefmes
termes, & lors qu'il verra fon chien hauffer la tefte pour euanter, il doit
croire que le Cerf n'eft pas loin de là à la repofée; neantmoins, de peur
que ce ne fuft d'vne autre befte dont il euft le vent, il faut qu'il le tienne
plus court fur le trait & plus fouuent arrefté, & luy dire *Vayla*, & par

fon nom, afin de luy faire fuiure la voye iufte, & qu'il ne la change pas,
& auffi-toft qu'il l'entendra redoubler de voye, & le bruit qu'vn Cerf fait
au partir de la repofée, il doit crier *Gâre, Gâre*, afin d'auertir les picqueurs qui fuiuent les chiens, & ceux qui font dans les chemins autour
de l'enceinte, de prendre garde à eux, pour effayer de voir le Cerf, &
d'en remarquer le corfage, le pelage & la tefte, & lors que celuy qui
laiffe courre, fera dans la repofée, il la doit considerer, en voyant fi elle
eft longue & large, & fi la forme du pied, & les connoiffances en font
de mefme que du Cerf dont il a fait rapport, & fi c'eft à la faifon des fumées, les confiderer pour iuger fi elles font femblables, à celles qu'il
aura leuées le matin, & apportées à l'Affemblée, & toutes ces connoiffances fe treuuans conformes, il doit crier *Volcelay*, car quand vn Cerf
fuit, l'on doit parler en ce terme, & non plus *Vol cy va auant*, il doit
fuiure encore trois ou quatre longueurs de trait, auparauant que de
faire donner les chiens, pour obuier à vne ruze que font ordinairement
les Cerfs au partir de la repofée, particulierement les Cerfs de dix cors,
& ceux qui ont efté courus par des chiens courans, qui font vn retour
auffi-toft qu'ils font lancez, pour fe deffaire des chiens qui s'emportent
ordinairement deux ou trois cens pas, apres eftre découplez, à caufe de
l'ardeur qu'ils ont dans ce temps, ioint que fi vn Cerf auoit fait un retour, & qu'ils n'en trouuaffent plus la voye, ils pourroient lancer vn
ieune Cerf ou vne Biche, & quand ils ne lanceroient rien, voftre Cerf
peut aller faire partir vn ieune Cerf de la reposée pour s'y mettre fur le
ventre, & que lors que vous feriez reuenir vos chiens pour requefter &
trouuer la voye de voftre Cerf, ils tomberoient fur les voyes du ieune
Cerf, le chafferoient fans faire faute, puis qu'ils n'auroient pas encore
pû prendre le fentiment du Cerf qui leur auroit efté donné, & ayans
fuiuy deux ou trois longueurs de trait, comme i'ay dit, qui vous empefche ce mauuais rencontre, & vous donne le temps de reuoir des
fuites de voftre Cerf, & en eftre affeuré, vous deuez demander au grand
Veneur s'il luy plaift d'en reuoir des fuites; où s'il veut que vous faf-
fiez donner les chiens, & s'il dit, oüy, vous deuez fonner le premier en
cette occafion, & le grand Veneur apres vous, & cela à caufe que c'eft
vous qui auez fait le rapport, qui laiffez courre, & qui deuez répondre
de l'euenement : comme s'il arriuoit que ce fuft vne Biche, ou vn ieune
Cerf, & que vous euffiez fait rapport d'vn Cerf de dix cors : puis que
c'eft celuy qui fonne le premier qui laiffe courre, s'il le fait de fon mou-
uement, & que ce ne foit pas par la priere que luy aura faite celuy qui
fait le rapport de fonner, n'ayant peut-eftre pas de trompe fur luy, ou
ayant mal à la Bouche : car fi vn Veneur auoit fait rapport d'vne Biche
pour vn Cerf, & que l'on vinft à fes brifées, & qu'en fuiuant les voyes,

il reconnuſt par le pied, les portées, & les fumées, que ce fuſt vne
Biche, il peut dire : *Ie me ſuis trompé à ce matin, mais pour le preſent*
ie connois que c'eſt vne Biche, & ne faiſant pas donner les chiens, il ne
peut eſtre accuſé d'autre faute que du retardement au plaiſir de ſon
Maiſtre, & que s'il y auoit quelqu'vn des picqueurs qui vouluſt raffiner
& croire que ce fuſt d'vn Cerf, ou par malice qu'il ſonnaſt pour chiens,
ce qui obligeroit de donner les chiens, ce feroit luy qui auroit laiſſé
courre & fait la faute, encores que celuy qui a fait le rapport n'euſt pas
fait la declaration ſuſdite, parce qu'il faut que ce ſoit luy qui ſonne le
premier, ou qui en donne l'ordre.

CHAPITRE LVI

Des qualitez qu'vn bon Picqueur doit avoir.

I'AY creu qu'il eſtoit à propos de vous faire connoiſtre les bonnes qualitez que doit auoir vn Picqueur auparauant, que de le faire chaſſer,
afin qu'en vous les déduiſant en détail, vous les compreniez mieux. Il
eſt donc à propos qu'il ſoit homme de iugement, vigoureux, & hardy,
afin qu'il n'apprehende pas de franchir & ſauter vn foſſé, & de paſſer
vne riuiere dans l'occaſion, ny de donner dans le fort où les branches &
les épines le pourront égratigner, & s'il ſe rencontre bon ſonneur, il s'en
fera mieux entendre, & en donnera plus d'émotion aux chiens; c'eſt
vne bienſeance qui ſe peut rencontrer au Picqueur; mais il n'en eſt pas
de meſme de la ſcience qui ſe doit acquerir par le temps & l'aſſiduité
que l'on doit rendre pour ſe faire connoiſſeur, qui eſt la qualité que l'on
doit auoir pour eſtre bon Picqueur (puiſque c'eſt ce qui forme & aſſeure
le iugement en faiſant chaſſer) il faut auſſi qu'il connoiſſe le nom, la
force, le nez, & la ſageſſe des chiens qu'il veut faire chaſſer, & qu'il ne
ſoit pas trop chaud, ny auſſi trop timide, puis que le trop de chaleur
peut faire prendre le change aux chiens, & la timidité les empeſche d'y
chaſſer : quand ils ſont ſages, & que dans ces rencontres le Picqueur ſe
doit conſeruer le iugement pour leur ayder de la parole & de l'œil, & ſe
reſſouuenir de la forme du pied & des connoiſſances du Cerf que l'on
aura donné aux chiens, & qu'il n'en faſſe pas vn iugement en courant
(comme font les étourdis) mais pluſtoſt s'arreſter, pareillement mettre
pied à terre, & (s'il en eſt beſoin) le genoüil, pour en mieux conſiderer
la ſolle, les coſtez, les pinces, le talon, la iambe & les os, afin de voir ſi

ces connoiſſances ſont conformes à celles du Cerf que l'on a donné aux
chiens : car le Picqueur ne doit pas eſtre ſatisfait d'en auoir reueu,
quand il alloit d'aſſeurance (encores que ce ſoit la forme & le temps que
l'on peut plus aſſeurement iuger d'vn Cerf pour ſçauoir de quelle qualité il eſt : il faut auſſi qu'il en reuoye lors qu'il ſuit, pour s'en ſeruir,
afin de le plus aſſeurément reconnoiſtre, puis qu'vn Cerf qui aura vn
pied auſſi rond que long, allant d'aſſeurance : peut, quand il court, faire
des ſuites rondes : & pour le ſçauoir, il faut au premier chemin ou
plaine que paſſera vn Cerf, apres eſtre donné aux chiens, que là les Picqueurs en conſiderent les ſuites, & voir ſi elles ſe rapportent à la forme
du pied, lors qu'il alloit d'aſſeurance, pour leur en ſeruir dans les temps
qu'il ſuira, & ira d'aſſeurance : comme s'il arriuoit qu'il ſuſt ſort-longé
deuant les chiens, & qu'il fiſt des ruzes qui ſont d'aller & venir ſur eux
d'aſſeurance dans les chemins, c'eſt au connoiſſeur à qui ie donne cét aduis, afin qu'il ne ſe laiſſe pas emporter par la chaleur aſſez ordinaire aux
Chaſſeurs, & non à ceux qui n'ont que la qualité de hardis Picqueurs,
qui ne ſonnent & ne parlent aux chiens que dans le temps qu'ils
chaſſent, ou qu'il n'y a qu'à crier *ourvary*, pour les obliger à tourner :
mais lors qu'ils arriuent dans le change, les voyant balancer, ils demeurent interdits & hors d'œuure, ayant recours au Ciel pluſtoſt qu'à
la terre, où ils ne connoiſſent rien : ce qui me fait conclure & dire, qu'il
faut eſtre connoiſſeur, pour eſtre bon Picqueur.

CHAPITRE LVII

*Comme le Picqueur doit parler & ſonner lors qu'il ſait chaſſer les chiens,
la mort du Cerſ, & la Retraite.*

C Evx qui doiuent faire chaſſer les chiens, ſe doiuent nommer Picqueurs, qui ſont ceux deſquels i'ay parlé au chapitre precedent,
vous ayant fait voir leur capacité; & dans celuy-cy ie veux enſeigner
comme ils doiuent parler & ſonner, quand ils feront chaſſer, ainſi que
l'ont pratiqué de tout temps les bons & anciens Picqueurs, & non
comme en vſent la pluſpart de ceux d'apreſent, puiſque c'eſt vne methode qui a eſté raiſonnée & épurée par vne quantité innombrable d'excellens hommes en cét art, depuis deux cens ans, & qui eſt reconnuë
preſentement par les ſçauans, pour la vraye & la meilleure que l'on
puiſſe tenir, qui eſt que l'on ne doit iamais ſonner du cor que du gros
ton, quand l'on fait chaſſer, & par mots coupez, comme *Don, Don, Don,*

Don, Donhoon, & ce dernier doit eſtre long. L'on doit auſſi parler en ces termes : *Il va là chiens, Il va là,* & *s'en va là,* & quelquesfois dire, *outre-vault chiens, outre-vault,* quand ils tiennent la voye, & la chaſſent, & parlant à ceux qui ſont à la teſte, les nommer en diſant les termes cy-deſſus; Le greſle ne ſe doit ſonner que lors que vous voyez le Cerf, où l'on doit dire d'vn ton haut *Tayaut,* ce qui ſait connoiſtre à ceux qui ſuiuent la chaſſe, ce que l'on y ſait, & qui établit & maintient la croyance aux chiens, puiſqu'il y a vn reglement, & que dans la maniere que l'on ſonne & parle à preſent aux chiens, il n'y en a aucuns, leurs termes te-nans pluſtoſt du Baſteleur que du Chaſſeur; Neantmoins ie ne veux pas eſtre ſi regulier que ie ne diſe que quelquesfois en faiſant chaſſer, quand l'on n'eſt pas dans vn païs de change, ou que vous eſtes aſſeuré que voſtre Cerf eſt ſeul deuant les chiens, vous ne puiſſiez ſonner quelque ton du greſle, pourueu qu'il ſoit ſuiuy du gros ton, & acheué, & que pour ies autres chaſſes (dont ie parleray en ſuite du traité pour Cerf) l'on ne le puiſſe plus ſouuent, comme pour Loup, Sanglier, & Re-nard, qui ſont beſtes qui ne donnent pas ſi ſouuent dans le change, eſ-tant beſoin d'animer les chiens; Mais pour Cerf, Liévre & Cheureüil, il n'en ſaut pas vſer ainſi, puis qu'il leur ſaut pluſtoſt donner de la crainte, afin de les obliger d'en garder le change, particulierement du Cerf, qui le cherche & fait bondir plus qu'aucun des animaux, & que lors qu'vn Cerf tourne (ce que vous voyez par vos chiens lors qu'ils demeurent ſans crier) il ſaut leur dire *Houruary chiens, Houruary, à moy tiéhault,* & ſonner, ſi vous voulez, le premier ton du greſle, & les autres entre-coupez du gros ton, en cette ſorte : *Ton hon, Ton hon, Ton hon,* pour les obliger à retourner plus promptement à vous, & en trouuer le re-tour, & lors que vous en reuerrez des voyes qui ſeront du retour & doubles, vous leur crierez *Volcy reuary, Volcy reuary;* & quand les voyes ſeront ſimples, vous crierez *Volce l'eſt la voye;* & à l'heure que vous iugerez que voſtre Cerf ſera accompagné, afin de les tenir en crainte, & en garder le change, vous leur crierez *Laylà, chiens, Laylà,* & cela iuſques à ce que voſtre Cerf ſoit ſeparé & ſeul, & que l'on rompe ceux qui prendront le change, que l'on les oſte de deſſus les voyes, en leur criant *haye,* & que le Picqueur qui les remenera auec les autres qui chaſſeront le droit, les appelle en leur diſant *à moytié à hault,* & *à moy chiens, tié à hault,* & celuy qui les ſait ſuiure, leur doit dire *tirez, chiens, tirez;* & pour les ſaire requeſter & les obliger à ſe rabatre des voyes du Cerf, il leur ſaut dire *Velcyallé, Meſbelots, Velcyallé,* & les nommer, particulierement ceux en qui vous auez creance, où vous ſonnerez en-core par mots entrecoupez, & ſi vous auez deſſein de ſaire venir quel-qu'vn des Veneurs à vous, il ſaut ſonner vn mot long, & luy vous doit

répondre du mefme mot, ce qu'oyant, vous fonnez deux mots longs,
qui eft le fignal de la chaffe pour le faire venir au pluftoft fans aucune
réponce ; & le Cerf eftant pris, vous en fonnerez la mort par trois mots
longs, comme *Don, Don, Dooon*, & en fuite la retraite, comme *Donhon,
Donhon, Donhon, Donhon*, ce dernier mot fe doit fonner long.

CHAPITRE LVIII

Comme les Picqueurs doiuent faire chaffer les chiens pour forcer le Cerf.

CE n'eft pas affez de vous auoir donné toutes les precautions pour
chaffer le Cerf, il en faut venir à l'execution, en vous faifant connoiftre comme on le doit forcer & prendre ; & pour n'y rien obmettre,
ie veux auparauant vous dire les obftacles qui s'y rencontrent par la di-
uerfité des temps & des faifons qui en peuuent diminuer le plaifir,
comme les vents autans & galernes qui empefchent d'ouyr les chiens,
& leur ofte vne partie du fentiment des voyes, ce qui fait qu'ils n'en
chaffent pas auec tant de chaleur, n'y n'en gardent pas fi bien le change,
qu'au Printemps, pour la forte fenteur des herbes qui pouffent, & op-
priment vne partie du fentiment des voyes aux chiens, auffi s'en voit-il
beaucoup moins dans cette faifon qui gardent le change, que dans les
autres faifons. Celle du Rut fait auffi par la forte fenteur des Cerfs, que
les chiens n'en chaffent pas fi hardiment, & qu'il eft befoin quand vous
eftes dans le change, de les réchauffer pluftoft que de les intimider, pour
les obliger à maintenir ces puantes voyes. Voila les temps & les faifons
que les Picqueurs doiuent obferuer, afin de n'auoir pas vne fi grande
confiance aux chiens que dans les beaux temps & autres faifons, &
qu'apres leur auoir donné vn Cerf, ils leur laiffent paffer cette premiere
ardeur qui leur eft ordinaire, & ne les approchent pas qu'ils n'ayent
bien pris la voye, & qu'ils ne l'appuyent. Vous ne fonnerez auffi dans
ce commencement, que mediocrement, afin qu'ils puiffent s'imprimer le
fentiment du Cerf que vous leur auez donné, auparauant qu'il fe mefle
auec d'autres Cerfs : & y eftant, qu'ils en gardent le change, lors qu'il
s'en feparera, & s'il y a quatre Picqueurs commandez pour tenir &
faire chaffer les chiens (fi c'eft en païs de grand change) que deux les
tiennent affiduëment les vns apres les autres, & que les deux autres
fuiuent fur les ailes, l'vn à droit, & l'autre à gauche, pour voir venir le
change, lors que le Cerf de la Meute & les chiens le feront bondir, afin

de l'obferuer, pour voir s'il y eſt : & n'y eſtans pas, s'il y a des chiens
qui chaſſent le change, de les rompre & les faire rallier au corps de la
Meute. Les Pages & les Maiſtres-valets de chiens doiuent ſuiure la
chaſſe, pour faire auſſi r'allier les chiens qui ſuiuuent de loing & qui
traînent, leur criant, *Tirez, chiens, tirez,* & qu'au premier chemin où
le Cerf de la Meute longera, ou trauerſera, les Picqueurs s'y arreſtent
aſſez, pour conſiderer la forme du pied par les ſuites, afin que le Picqueur ſoit muny de tout ce qui luy eſt neceſſaire pour s'en ſeruir dans
l'occaſion, & particulierement lors que les chiens prendront le change,
afin qu'ils puiſſent reconnoiſtre leur Cerf & le remettre deuant eux. Il
faut auſſi qu'il n'y ait que ceux qui ſont à la queuë des chiens qui
ſonnent : car ſi ceux qui ſont aux ailes ſonnoient, ils pourroient cauſer
du deſordre. Ie dy meſmes quand ils verroient le Cerf de la Meute,
pourueu que les chiens chaſſent & en tiennent la voye : car ſi vous ſonnez, vous ferez venir les chiens qui ne ſeront pas dans la voye, comme
ſont les ieunes chiens & les moins ſages : & venant à celuy qui ſonnera
pour prendre la voye, ils l'emporteront au preiudice des ſages, qui viendront apres, & ces étourdis ne la maintiendront que iuſques à ce que
voſtre Cerf s'accompagne. Mais alors qu'il ſe ſeparera, ces chiens n'eſtans pas ſages, ils n'en garderont pas le change, & vos bons chiens venans apres & trouuans les voyes chaſſées, ils s'en reſroidiront, & peut-
eſtre les quitteront pour aller ioindre ceux qui ſeront deuant eux, qu'ils
trouueront en defaut, ou chaſſans le change ; ce qui vous peut faire faillir le Cerf, ou au moins, eſtre long-temps ſans le pouuoir remettre deuant les chiens. Ie diray encore plus, qu'on ne doit pas ſonner, quand
bien les chiens ne chaſſeroient pas, pourueu qu'il n'y ait que peu, & que
ce ſoit ſur vn retour que le Cerf de la Meute euſt fait, dont les Picqueurs
& les chiens en queſtaſſent le bout de la ruze ; puis que cela peut faire
deux mauuais effeɛts : l'vn qu'il donnera vne mauuaiſe impreſſion aux
chiens, de ne leur pas laiſſer acheuer de trouuer le bout de la ruze du
Cerf qu'ils chaſſent & les accouſtumera qu'auſſi-toſt qu'vn Cerf tournera,
ils leueront la teſte, pour écouter & oüir ſonner, au lieu de tourner &
requeſter : ioinɛt qu'ils peuuent, venans à celuy qui ſonnera, faire partir vn Cerf qui ſera à la repoſée, entre le lieu d'où ils ſeront partis & celuy qui aura ſonné, que les chiens pourront chaſſer quelque temps auparauant que vous les puiſſiez rompre, & cependant voſtre Cerf ſe ſort-
longera & retournera au change, pour faire les meſmes ruzes : ce qui
vous donnera bien de la peine, & vous fera perdre beaucoup de temps,
& très-ſouuent faillir vn Cerf. Tellement que la vraye methode, c'eſt de
ne ſonner qu'à la queuë des chiens, puis qu'il n'appartient qu'à ceux qui
les voyent chaſſer, de iuger de ce qu'ils ſont, & que ſi d'auanture il y

auoit quelque chien qui euſt pluſtoſt trouué le retour du Cerf que les
autres, il le faut arreſter iuſques à ce qu'ils ſoient venus, en luy diſant,
derriere, & non *haye*, à cauſe qu'il n'eſt pas en faute, afin de chaſſer
dans le bel ordre & non en bracconniers, qui ne ſont que couper & eſſayer à trouuer vn chien ou deux pour dérober vn Cerf, & que tant que
les chiens qu'ils ont deuant eux, veulent chaſſer, ils les ſuiuent, & la
pluſpart du temps, ſans ſonner, pour mieux couurir leurs fineſſes; mais
auſſi-toſt qu'il leur arriue deſordre, ou par le change, ou quelque ruze
d'vn Cerf ſur vn retour, ils quittent leurs chiens & là en vont chercher
d'autres, pour faire le meſme : & ſi en chaſſant, ils paſſent à vn relais,
ils le ſont donner au preiudice de ceux qui chaſſeront le Cerf de la
Meute, qui viendront apres, & ne trouuans plus de relais, leurs chiens
& leurs cheuaux eſtans recrus, ſont obligez de ſe retirer, & cela eſtant,
les vns ny les autres ne prennent le Cerf. Il eſt donc mieux de chaſſer
dans le bon ordre, & de deffendre à ceux qui ſont aux relais, de ne les
donner que lors qu'ils verront les Picqueurs établis pour tenir les
chiens, & qu'ils les auront fait chaſſer iuſques-là, ſi ce n'eſtoient les
meilleurs & les plus ſages chiens de la Meute qui s'en feroient allé ſans
Picqueurs, comme cela ſe peut; Mais s'il y a des Picqueurs, ce doit
eſtre d'eux de qui ils doiuent receuoir l'ordre pour relayer, puis que ce
ſont eux qui peuuent iuger le beſoin qu'ils en ont : comme quand vn
Cerf eſt ſeul deuant les chiens, & qu'il y ait, au moins vne heure qu'ils
le chaſſent, l'on ne peut manquer à relayer; mais s'il eſt accompagné
d'autres Cerfs, & particulierement s'il y en a d'auſſi Cerfs que luy, ils
ne doiuent pas faire donner vn relais, ſi ce n'eſt dans vne extréme ne-
ceſſité, comme de n'auoir que trois ou quatre chiens deuant ſoy, en qui
le Picqueur n'ait pas creance pour n'eſtre pas ſages, ou bien que ces
chiens ſoient outrez, ou tres-malmenez. La raiſon eſt, que ſaiſant donner des chiens frais, qui n'auront pas encores eu le ſentiment des voyes
du Cerf de la Meute, quoy que ce ſoient des chiens ſages, comme
doiuent eſtre ceux des relais, ils maiſtriſeront vos chiens de Meute, ou
pour le moins s'ils vont auec eux, ce ſera par vn effort de leur ambition,
qui les mettra hors d'haleine & les empeſchera de conſeruer le ſentiment de leur Cerf, & fera auſſi qu'auſſi-toſt que voſtre Cerf qui ſera
mal-mené, ſe ſentira pouſſé par ces chiens frais & trop preſſé, il ſe ſeparera des autres, auant que vos chiens, que vous aurez donné frais, en
ayent pù prendre le ſentiment : car lors qu'il s'en ſeparera, ce ſera pluſtoſt par bon-heur que par ſageſſe, s'ils en gardent le change. Il faut donc
pluſtoſt parchaſſer auec vos chiens ſages, qui ont eu le ſentiment du
Cerf, iuſques à ce que vous l'ayez ſeparé; & lors vous donnerez vos relais dans l'ordre, apres les premiers chiens paſſez, afin de leur donner

cét auantage, pour eftre les maiftres de la voye & en garder le change,
au cas que le Cerf s'y remélaft, ou au moins iufques à ce que vos chiens
du relais en ayent pris le fentiment, pour en garder le change à leur
tour. Et pour iuger fi voftre Cerf eft accompagné, c'eft lors que vous verrez mollir vos chiens fages & n'aller pas fi vifte, qui eft vne prudence
que les chiens prennent dans la pratique de chaffer, afin que lors que le
Cerf qu'ils chaffent, fe feparera des autres, ils ayent l'haleine & le fentiment libre, pour en faire le difcernement : c'eft lors que vous leur deuez crier, *Layla*, plufieurs fois, & iufques à ce que il foit feparé; ce que
vous iugerez, leur voyant appuyer la voye auec plus d'ardeur & de vifteffe (figne que le Cerf fera feul deuant eux) & auffi-toft vous deuez
fonner pour chiens : car lors qu'il eft accompagné, il ne faut fonner que
pour auertir les relais, puis qu'on ne fonne que pour rechauffer & réjoüir les chiens & leur donner de l'emotion; & dans ce temps, il leur
faut donner de la crainte. Il faut auffi que les Picqueurs ayent l'œil à
terre, dans tous les lieux où ils croiront d'en pouuoir reuoir, afin d'aider à leurs chiens & s'affeurer dauantage que c'eft le Cerf de la Meute
qu'ils chaffent, & particulierement lors qu'il eft fur fes fins, qui eft le
temps que les Cerfs rufent & cherchent le change, & auoir vn foin particulier de faire rompre les chiens qui le prendront pour les r'allier auec
ceux qui chafferont le droict : ce qui fait deux bons effects, l'vn que
vous chaffez à plus grand bruit, & ainfi auec plus de plaifir : & l'autre,
que cela rend vos chiens fages. Il faut auffi toutes les fois que voftre
Cerf tournera (particulierement dans le fort) retourner iufte dans la
voye : car les Cerfs tournent fur leurs mefmes voyes, ioint qne fi vous
vous écartiez à gauche, ou à droict dans le fort, auec les chiens, vous feriez bondir le change, ce qui pourroit porter vos chiens à le chaffer : &
fi cela vous arriuoit, il faudroit brifer haut dans le fort, au lieu où vous
vous feriez apperceu que le change auroit bondi, comme au premier
chemin que vous trouuerez au fortir du fort, y ietter des brifées baffes,
afin que vous puiffiez reconnoiftre le lieu où vous eft arriué ce defordre,
& les dernieres voyes que vous aurez chaffées de voftre Cerf, pour apres
auoir rompu vos chiens & fait prendre les ieunes & les plus fols, aller
prendre les deuans dans le vent, auec les plus fages, & commencer du
cofté de la refuite ordinaire des Cerfs, pour abbreger : & neantmoins il
les faut prendre entiers, par des chemins & des routes les plus proches
& les plus commodes, en parlant à vos chiens, pour les faire requefter.
Et toutes les fois qu'ils fe rabbatront, il leur faut donner le temps d'af-
fentir des voyes, pour connoiftre fi c'eft leur Cerf, & cependant les Picqueurs regarderont à terre, pour leur ayder de leur iugement: & fi vous
ne trouuez voftre Cerf paffé, il faut reuenir auec vos chiens dans le fort

où à bondy le change, où fera demeuré voftre Cerf, & vous reffouuenez
de prendre d'abord fes deuans; car fi vous vous amufiez à requefter dans
le fort où auroit bondy tout ce change, & que voftre Cerf s'en allaft, il
auroit le temps d'en aller chercher d'autres, de ruzer, & de reprendre
haleine & force; & comme cela vous vous affeurerez, puifque fi voftre
Cerf demeure, vous le venez relancer apres, & qu'autant de fois qu'il
fera ces retours dans vn chemin, vous regardiez par deffus la croupe de
voftre cheual, pour en reuoir plus facilement des voyes qui retournent,
& brifer dorefnauant à tous les chemins par où vous pafferez, & s'il
donne dans vne plaine, faifant mine d'y vouloir aller, comme font les
Cerfs malicieux, particulierement quand il fait fec, & que la poudre
vole, afin d'ofter le fentiment aux chiens, & de reuenir fur leurs mefmes
voyes dans le mefme païs. Pour obuier à cela, il faut que le Picqueur
s'arrefte au fortir du fort pour deux raifons, l'vne pour ne pas faire emporter les chiens au delà des voyes, & l'autre pour regarder à terre, &
voir fi le Cerf retourne fur luy, afin que fi cela eft, il rappelle fes chiens
auec le cor & la voix, en leur criant *Volcy renary à moy lié à hault*, &
ayant relancé voftre Cerf, s'il va chercher l'eauë pour la longer & battre,
comme dans vn ruiffeau qui pourra trauerfer le païs où vous chafferez,
y arriuant auec vos chiens il faut obferuer fon entrée, pour voir s'il
monte ou defcend : car fi vous vous eftiez mépris, vous perdriez vn
grand temps, comme s'il montoit & que vous defcendiffiez; & lors que
vous ferez affeuré où il a la tefte tournée, vous longerez l'eauë, & crierez à vos chiens, *il bat l'eauë :* & pour en eftre plus affeuré, il faut qu'vn
des Picqueurs aille dans le ruiffeau deuant les chiens, pour voir fi les
branches & herbes qui feront deffus le bort, feront moüillées des écla-
bouffures qu'aura fait le Cerf en entrant dans le ruiffeau, & s'il y a
quelque groffe pierre qui excede l'eauë, d'y regarder auffi, afin de voir
fi elle eft moüillée, & voyant ces fignes, il doit crier *Il bat l'eauë*, & fonner pour chiens, & les autres Picqueurs doiuent eftre auec les chiens
my-partis des deux coftez du ruiffeau, pourtant à douze pas, pourueu
que ce ne foit point dans vn lieu où il y ait des forts & des demeures.
Car, en ce cas, il faudroit longer le ruiffeau fur le bord, de peur de faire
bondir le change, & à caufe que les chiens pourroient auoir plus de fentiment dans ce lieu couuert, où le Cerf feroit des portées au fortir du
ruiffeau, & que fi c'eftoit vne plaine au fortir du ruiffeau, les voyes du
Cerf en feroient elauées pour dix ou douze pas de l'eauë, qui defcendroit
le long de fes iambes, ce qui en ofteroit le fentiment; c'eft ce qui m'a fait
dire qu'il falloit prendre à douze ou quinze pas du ruiffeau : En cas
qu'il n'y euft point de bois où il peuft faire des portées, vous continuërez ainfi à longer, ou monter ce ruiffeau, iufques à ce que vous trouuiez

voſtre Cerf ſorty; Mais s'il alloit dans vn étang, il faut empeſcher vos
chiens d'y entrer, & pluſtoſt aller prendre les deuans auec eux de l'autre
coſté, pour connoiſtre s'il en ſort, & les ayant pris entierement, ſi vous
ne le trouuez pas ſorty, il faut, auec vos chiens, vous retirer à quelque
ferme là aupres, pour vous y raffraiſchir, où vous demeurerez vne
heure : car ſi le Cerf a deſſein d'en ſortir, il le ſera dans ce temps-là qu'il
n'entendra plus de bruit, & alors vous viendrez reprendre vos deuans;
le trouuant, vous mettrez quelques Caualiers ſur le bord de l'étang, pour
l'empeſcher d'y reuenir; car s'il eſt mal-mené, auſſi-toſt que vous l'aurez
relancé, il y reuiendra, & s'il n'en eſt pas ſorty, c'eſt ſigne qu'il n'a plus
de force, & que s'il va ſur les fins à vne grande riuiere, ce ſera pour tou-
iours s'y faire voir, s'il ne paſſe dans quelques Iſles où vous irez le relancer, en y menant vos chiens auec vn batteau : car il ſeroit dangereux
de les laiſſer battre l'eauë apres le Cerf, s'il s'y opiniaſtroit, à cauſe qu'il
pourroit y auoir pied en pluſieurs endroits, & non pas les chiens, ioint
que les abords ſont difficiles à monter, & que les chiens eſtans las, s'y
pourroient noyer; mais ayant vn batteau, vous l'y prenez ſans aucune
riſque, & le Cerf eſtant pris, vous en ſonnez la mort, comme ie l'ay dit
au chapitre cy-deuant, & en ſuite la retraite, cependant que l'vn des Picqueurs enleue le pied droit de deuant auec vn couteau, en fendant la
peau entre le gros nerf & l'os, la longueur de demy-pied qu'il coupera
comme la peau de deſſus, la leuant iuſqu'au premier ioint du pied, & le
decernant, il l'enleuera, puis ſendra le nerf & la peau enuiron trois
doigts pour y paſſer la mein, & apres le preſentera au grand Veneur, ou
en ſon abſence au Commandant qui le donnera au Roy; c'eſt au Gentil-
homme de la Venerie qui a relayé le dernier, à aller chercher vne charrette pour amener le Cerf au quartier de la Venerie, afin d'en faire curée au chiens, & s'il y a vn valet de limier, ce doit eſtre luy qui garde le
Cerf, iuſques à ce que la charrette ſoit venuë, & demeurera auſſi auec
le meſme Gentil-homme à la conduite iuſques au quartier, & s'il ne ſe
rencontre vn valet de limier à la mort, ce doit eſtre au penultiéme des
Gentils-hommes de la Venerie qui aura relayé à garder le Cerf (l'ordre
eſtant ainſi étably de tout temps) car les valets de chiens doiuent remener les chiens qui ſe feront trouuez à la mort (au moins vne partie) &
les autres doiuent aller par le païs d'où la chaſſe eſt venuë, ſonnant la
retraite de temps en temps, afin que s'il eſt demeuré des chiens, de les
prendre & ramener au quartier : car ſans ces diligences, il demeureroit
tres-ſouuent des chiens couchez de laſſitude, dans le bois à la mercy des
loups, ioint qu'il y en peut auoir qui auroiët chaſſé le change, qu'ils
doiuent rompre & ramener comme les autres; & que les autres qui em-
meinent les chiens qui ont pris le Cerf, ſi toſt qu'ils ſeront arriuez au

quartier de la Venerie, mis les chiens dans le chenil, & beu vn doigt,
ils preparent ce qu'il faut pour faire la curée, comme quelques cuuiers
ou vafes pour mettre la moüée du fein de pourceau & du lait, fi c'en eft
la faison.

CHAPITRE LIX

Des lieux où l'on peut requefter vn Cerf, lors que l'on la failly,
& comme on le doit faire.

IE vous ay fait voir comme il falloit connoiftre vn Cerf par le pied, le
corfage & la tefte, le détourner, le chaffer. & le prendre; neantmoins
ie n'ay pas affez fait, puifque la prife en peut eftre incertaine, à caufe de
beaucoup d'obftacles qui arriuent affez fouuent lors que l'on chaffe,
comme d'vne grande nuée qui peut tomber à l'improuifte qui élauera
les voyes du Cerf que vous courez, & qui les refroidira, auffi bien que
vos chiens de le chaffer, & qu'vn relais peut eftre donné mal à propos,
ou bien qu'vn Cerf s'opiniaftrera à battre l'eauë, ou qu'il fe fera accompagné d'autres auffi Cerfs que luy, defquels il vous aura donné le
change, & qu'après il fe fera fort-longé pour auoir le temps de rufer
dans les chemins, ou autres lieux; toutes ces chofes font qu'vn Cerf mé-
nage fa force, puifque cela vous met dans de grands & longs defauts, ce
qui fait que bien que vous ayez retrouué fes voyes, & que mefmes vous
l'ayez parchaffé, rapproché, & relancé, la nuit vient auffitoft qui vous
oblige à le brifer pour le requefter le lendemain; & pour y reüffir, il
faut que vous l'ayez chaffé tard, & que vous foyez affeuré que c'eft la
voye de voftre Cerf lors que vous le brifez, & que vous iugiez fi c'eft
dans vn païs où l'on le puiffe, comme en des buiffons, ou que fi c'eft
dans vn grand païs, il faut qu'il y ait peu de Cerfs; car dans les grands
païs (qui font tres-peuplez de Cerfs, & de toute qualité & d'aage) c'eft
ce qui ne fe peut faire que par vn tres-grand bon-heur, puifque pour y
reüffir, il faut que le Cerf que vous courez, ait vn pied extraordinaire
aux autres, comme d'eftre vn grand pied long, ou vn fort gros pied rond,
ou que ce foit vn fi vieux Cerf dont le pied en foit rétreffi, & extraordinairement petit, ou qu'il ait vn pied bot, ne donnant que du bout de la
pince en terre, ou vne grande connoiffance que vous ayez bien remar-
quée, pour fçauoir à quel pied elle eft, & fi elle eft de dehors en dedans,
ou de dedans en dehors, du pied de deuant ou de derriere, encores
cette derniere connoiffance peut manquer, à caufe qu'elle fe peut rompre

en courant, particulierement fi c'eft dans vn pays rude & pierreux, ou
que ce foit vn corfage extraordinairement grand, ou tres-petit, & le pelage auffi extraordinaire, qui peut eftre fort noir ou moucheté comme
vn fan, & que la tefte en fuft tres-haute, fort ouuerte, & extraordinairement cheuillée, comme de porter vingt, vingt-deux, & vingt-quatre;
ou que ce fuft vne de ces teftes bijarres dont i'ay parlé : en ce cas l'on
peut requefter vn Cerf dans ces grands pays; mais fi c'eft vn pied, vn
pelage, & vne tefte ordinaire, il eft tres-mal-aifé; fi ce n'eftoit vn Cerf
qui euft tenu les abois deuant vos chiens, plufieurs fois, que vous euffiez
laiffé à vne ou deux heures de nuit, qui n'auroit pas pû s'éloigner du
lieu où vous l'auriez brifé, à caufe de fon extréme laffitude; car s'il n'y
a quelques-vnes de ces chofes cy-deffus, vous ne pouuez requefter vn
Cerf dans vn pays de grand change par la fcience, & rarement par bon-
heur; mais dans les pays où il y a peu de Cerfs, comme i'ay dit, vous le
pouuez, apres auoir chaffé ou parchaffé vn Cerf le plus tard que vous aurez pû, & que vous en aurez bien confideré la forme du pied & les connoiffances, pour iuger fi c'eft voftre Cerf, auparauant que de le brifer;
c'eft vn auantage de le pouuoir faire fur la terre, & quand on n'eft pas
contraint de laiffer vn Cerf battant l'eauë, particulierement dans des
ruiffeaux : car fi c'eft dans vn étang, apres en auoir pris les deuans, vous
eftes affeuré qu'il y eft, & croyez qu'il en fortira peu de temps apres que
vous l'aurez quitté, pourueu qu'il n'entéde plus de bruit pour n'aller pas
loin de là demeurer, s'il eft mal-mené : finon il retounera dans le pays
d'où vous l'aurez amené, s'il s'eft depaysé; car dans les groffes riuieres,
il ne peut demeurer : vous n'auez donc que les ruiffeaux à craindre;
car où il y en a plufieurs, vn Cerf peut fortir de l'vn & rentrer dans
l'autre; & s'il y a des demeures entre ces ruiffeaux, il s'y pourra mettre
fur le ventre; c'eft ce qui fe rencontre rarement en France; mais fre-
quemment en Piémont, où ie n'ay pas laiffé d'en requefter plufieurs par
les ordres de deffunéte S. A. R. Victor Amedée, & de Monfeigneur le
Prince Thomas fon frere, qui y contribuoient beaucoup de leurs foins,
dont la bonne pratique & leur humeur genereufe ont toufiours fait reüffir ce qu'ils ont entrepris, tellement que pour requefter vn Cerf dans ce
pays où font tant de ruiffeaux qu'ils appellent Biallieres; il y faut peiner du corps & de l'efprit, & ne fe laffer de longer ou monter ces eauës
des deux coftez, iufques à ce que vous ayez connoiffance que voftre Cerf
en foit forty, & s'il rentre dans vn autre bras, ou dans vne de ces Biallieres, vous en ferez de mefme : & fi les voyes de voftre Cerf alloient de
trop hautes erres, & que vos limiers ne les puffent emporter & fuire,
il faut, apres auoir pris les deuants, trauerfer & fouler les enceintes qui
s'y rencontreront, pour en renouueller des voyes du Cerf, & le relancer;

Mais fi vous n'en auez aucune connoiffance, il faudra aller prendre les
grands deuants à l'œil & auec les limiers, par où voftre Cerf eft venu le
iour d'auparauent : ou pour abbreger, il y faut auoir enuoyé, dés le matin, vn valet de limier & vn Veneur à cheual, qui ayent eu connoiffance
de voftre Cerf, pour luy aider à prendre les deuants à l'œil, & que s'ils
en ont connoiffance, celuy qui eft à cheual, vienne auertir ceux qui requeftent dans le pays où l'on a brifé le Cerf le iour precedent. I'ay voulu
donner ce peu d'inftruction pour le Piedmont, afin de s'en feruir auffi
bien qu'en France, fi on en auoit befoin. Et pour fçauoir le pays où l'on
eft, pour y requefter vn Cerf quand on l'a brifé, l'on doit demander au
premier païfan que l'on trouue, quel pays & quel bois font ceux où l'on
eft, & quel village en eft plus pres, afin de s'y faire mener pour y faire
la retraite. Et auffi-toft que vous y ferez arriues auec vos chiens, voftre
premier foin fera de les loger & leur donner bonne & ample paille
blanche, leur vifiter les iambes & les pieds, pour connoiftre s'ils y ont
quelques épines, les tirer, & s'ils font aggrauez, ou échauffez, afin de
leur faire vn reftraintif dés le foir, & leur donner auffi du laict venant du
py de la Vache, s'il y en a dans le village, finon leur faire du potage en
façon de moüée auec fein doux, & auffi-toft que vous ferez à voftre logement, vous enuoyerez au Roy, luy donner auis de ce que vous auez
fait, & en mefme temps au quartier de la Venerie, pour faire venir
chiens, limiers & cheuaux, toute la nuict, afin qu'ils puiffent arriuer au
poinct du iour, ou vous eftes logé, & mander qu'il demeure vn relais de
chiens à l'entrée du pays d'où vous aurez emmené voftre Cerf, & vn valet de limier, pour en prendre les deuants : & s'il trouue le Cerf reuenu, qu'il enuoye auffi-toft vn homme à cheual, pour vous auertir,
afin que vous alliez le trouuer & y meniez vos chiens, pour fuiure le
Cerf & l'y reclamer. Ie dis toutes ces chofes, fi c'eft vn Cerf depayfé ; ce
qui arriue le plus fouuent quand l'on requefte des Cerfs, à caufe qu'ils
ne font pas relayez : ainfi ils ne font pas chaffez des chiens, ny pouffez
fi vifte, ce qui les fait durer plus long-temps & iufques à la nuict ; Mais
fi c'eft dans le pays où vous auez donné vn Cerf aux chiens que vous
ayez brifé, vous vous deuez retirer au lieu où eft logée la Venerie, où
tout le refte de l'equipage fe retire auffi, & là vous aduiferez enfemble
des lieux & cantons où vous deuez aller prendre les grands deuants, qui
doiuent eftre pris par vne partie de vos valets de limiers, & par les
autres, dans les plus proches chemins & routes du lieu où vous aurez
brifé voftre Cerf, & ordonner qu'il y en aura vn qui ira prendre les
voyes, qui fera accompagné d'vn Picqueur qui ait eu connoiffance du
Cerf que vous auez couru, & que les autres fe feparent & aillent auec
les autres valets de limiers : C'eft là l'ordre que l'on peut donner dans

vn grand pays : Et pour le Cerf qui s'eſt depayſé, il faut auſſi-toſt que
les hommes, les limiers, les chiens courans & les cheuaux feront arriuez
au lieu où vous ferez logez, donner l'ordre que l'on les faſſe repaiſtre, &
apres qu'ils vous viennent trouuer fur le pays, & au lieu où vous aurez
briſé le foir voſtre Cerf, & leur donner vn guide pour cela, afin qu'ayans
renouuellé des voyes de voſtre Cerf, vous les puiſſiez auoir, pour fuiure
les chiens que vous voudrez donner, lors que vous l'aurez relancé, &
pour les autres ils feront feparez & enuoyez en relais du coſté que vous
verrez que le Cerf aura la teſte tournée, & qu'ils ayent le foin de porter
à boire & à manger pour ceux qui requeſtent le Cerf : & apres ces
ordres, & que vous aurez déjeûné, vous enuoyerez vn de vos valets de
limier auec vn des Picqueurs, connoiſſant voſtre Cerf qui aura fait chaſ-
fer les chiens le iour auparauant, afin qu'il prenne les deuans derriere
vos briſées, à quelque diſtance de là, & par le lieu où fera venu voſtre
Cerf le iour precedent, & que deux autres aillent deuant vos briſées vn
plus pres, & l'autre plus loin, prendre de grands deuans, pour connoiſtre
ſi voſtre Cerf s'en fera allé tout d'vn temps dés le foir, & qu'il y ait vn
Picqueur ou deux, ſi vous en auez, auec eux, la trompe au coſté, puiſqu'il faut que tous foient ainſi, lors que l'on requeſte vn Cerf, & que ces
Picqueurs ayent auſſi eu connoiſſance du Cerf de la Meute, afin que ſi
les valets de limiers qui font auec eux, en rencontrent, ils puiſſent iuger
enfemble ſi c'eſt voſtre Cerf, & que ce l'eſtant, ils fonnent deux mots
longs pour vous auertir & vous obliger d'aller à eux : & quant à vous,
vous irez auec vn ou deux des limiers qui voudront des voyes qui iront
de hautes erres aux briſées & rembuchement que vous aurez fait de
voſtre Cerf, le foir auparauant, pour prendre les voyes de voſtre Cerf
que vous fuiurez iuſques à ce que vous les ayez renouuellées, ou que
quelques-vns de vos Picqueurs fonnent pour vous faire aller à eux.
Ayant trouué paſſé voſtre Cerf, & y eſtans arriuez, vous prendrez la
voye auec vn de vos limiers, en cas qu'ils n'euſſent pas renouuellé de
voyes ; car ſi cela eſtoit, & que voſtre Cerf fuſt à couuert dans des forts,
il faudroit le brifer au premier chemin, & en prendre les deuans, finon
vous prendrez la voye, comme i'ay dit, auec vn de vos limiers, & les
autres vous les enuoyerez à droit & à gauche prendre les grands deuans,
afin d'abreger, apres pourtant en auoir reueu & iugé ſi c'eſt voſtre Cerf,
& ſi ce l'eſt, vous enuoyerez vn homme à cheual faire venir vos chiens
& vos cheuaux au lieu que vous leur auez deſtiné le matin deuant que
partir, & quand vous verrez que voſtre limier aura renouuellé de voye
(ce que vous iugerez quand il aura plus d'ardeur, & qu'il fera plus gay)
alors ſi voſtre Cerf entre dans vn fort, & de belle demeure, il l'y faut
brifer, le rembucher, & en prendre les deuans ; & s'il demeure, vous

10

vous éloignerez de deux ou trois cens pas du rembuchement pour ſonner deux mots, pour faire venir vos hommes, chiens, & cheuaux; & en
les attendant, vous conſidererez les cōnoiſſances du Cerf que vous aurez
rembuché, pour plus aſſeurément iuger ſi c'eſt voſtre Cerf, de peur
d'auoir changé de voyes ce iour-là, en ſuiuant auec vos limiers, comme
il eſt poſſible, particulierement ſi voſtre Cerf auoit donné la nuit auec vn
autre, où il auroit fait vne partie de ſa nuit, & le quittant, il ſeroit demeuré en ſa place ſur le ventre, & que l'autre Cerf euſt percé pour aller
demeurer à vne enceinte ou deux au delà; en ce cas il faudroit, pour s'en
aſſeurer, obſeruer les allures ballanceantes du Cerf qui aura eſté couru :
car de l'autre, elles iront droit fermes, & reſoluës, & quant aux ſumées,
vous les verrez, deffaites de couleur & de forme au Cerf qui aura eſté
couru, & feront auſſi rouges, ſeiches, & brûlées, ioint que le Cerf qui
eſt mal-mené, appuye plus du talon, de la iambe, & des os, ce qui luy
fait paroiſtre la iambe plus large, les os s'écartans dauantage, à cauſe de
ſa laſſitude qui luy fait manquer de force : Et apres que vous aurez bien
conſideré ces cōnoiſſances, vos chiens eſtans venus, & deux relais enuoyez, l'vn entre le lieu où vous redonnerez le Cerf aux chiens, & le
païs d'où vous l'auez emmené le iour precedent; & l'autre, dans le fonds
du pays où vous ferez, & le Roy eſtant venu, ou qu'il vous ait mandé
qu'il ne viendra pas, & apres auoir donné le temps à vos relais d'aller à
leurs poſtes, vous frapperez à vos briſées pour relancer voſtre Cerf & le
redonner aux chiens. C'eſt le terme dont vous deuez vſer quand vous re-
queſtez vn Cerf; car il n'y a que lors que vous commencez à le courre
qui ſe peut dire lancer, & apres l'auoir redonné aux chiens, vous le
chaſſerez de la meſme maniere qu'au chapitre precedent : Et quand il
ſera pris, vous en ſonnerez la mort & la retraite de meſme, apres auoir
fait ſouler vos chiens, & auoir ouuert la nappe au col du Cerf pour en
donner à ceux qui feront à la mort, particulierement aux ieunes chiens,
afin que toutes les fois qu'vn Cerf qu'ils chaſſeront, ſe dépayſera (encores qu'ils ne ſoient pas ſecourus des relais) ils le maintiennent.

CHAPITRE LX

Des preparatifs pour faire la curée aux chiens.

LE Gentil-homme de la Venerie qui aura eſté chercher vne charrette,
& le valet de limier qui aura gardé le Cerf, le doiuent faire charger,
& tous les deux le doiuent accompagner, puiſque ce font eux qui en

doiuent répondre, iufques à ce qu'il foit conduit au quartier de la Venerie, & déchargé dans le chenil, en la garde des valets de chiens; &
quant au lieu deftiné pour y faire la curée, ce doit eftre vne belle &
grande place herbuë, afin que la venaifon ne fe gafte pas dans la poudre;
& fi toft que le Cerf eft entre leurs mains, ils doiuent prendre leurs cou-
teaux pour ofter la nappe du Cerf, & le preparer pour en faire la curée à
leurs chiens qui font dans le chenil, où il doit auoir deux valets de chiens
aupres d'eux pour les empefcher de crier & fe battre, à caufe du vent
qu'ils auront du Cerf. Les valets de chiens le mettront fur le dos, foû-
tenu de fon bois; & fi c'eft dans le temps de la Cerfuaifon, il faut qu'ils
ayent fait prouifion d'vn crochet de bois pour y mettre & accrocher les
menus droits qui appartiennent au Roy, & commencer par la coupe des
bouts de la tefte qui en font mols, & iufques au dur : car le refte doit
feruir à faire de l'eauë, & mettre ces bouts de tefte dans vne feruiette
blanche; puis ils leueront les dintiers, le bout du mufle, & les aureilles
qu'ils mettront au crochet par vne fente qu'ils auront faite à la peau :
cela eftant, ils commenceront à luy ofter la nappe, la fendant fous la
gorge, & iufques où ont efté les dintiers. Apres ils prendront le pied
droit dont ils couperont la peau allentour de la iambe, & la fendront
iufques au noyau de la poitrine, & les autres valets de chiens, ou pour
le moins deux, en peuuent faire de mefme à ceux de derriere, cependant
que deux tiennent les deux autres pieds, & pour l'ouuerture de la peau
des iambes de derriere, elle doit aller le long du dedans des cuiffes
iufques aux dintiers, & apres ils dépoüilleront les iambes, & en fuite le
corps. Ce qu'eftant fait, on luy doit laiffer la nappe fous le corps pour
leuer la langue, & le refte des menus droits, coupans les quatre nœuds
qui font au deffaut des épaules & des cuiffes, qu'ils mettront pareillement au crochet. L'on doit fendre le Cerf tout le long du ventre, & en
ofter la panfe, fans la rompre ny couper, afin de ne pas gafter la venaifon de ce qui fortiroit de ce fac, que l'on doit donner aux petits ou
grands valets de chiens ordinaires, & en leur abfence, à ceux qui font
en quartier, pour l'aller vuider & lauer où eft le franc boyau, qui eft encores de menus droicts, qui fe doit mettre au crochet, & pour le membre
du Cerf, il doit eftre leué, dont les valets de chiens doiuent auoir foin de
le lauer, nettoyer & le mettre tremper vingt-quatre heures dans du fort
vinaigre, & apres l'en tirer, pour le faire fecher au four, ou au Soleil,
felon la faifon; pour quand il fera fec, le remettre au maiftre valet de
chiens, qui le doit donner au Lieutenant, ou au grand Veneur, s'il le
veut, dont la vertu eft de guarir le flux de fang. Comme l'os que l'on
doit tirer du cœur du Cerf, que l'on appelle vulgairement, Croix de
Cerf, qui doit eftre feulement nettoyé de fa chair & feiché. Il faut don-

ner le cœur, vne partie du foye & de la ratte aux valets de limiers, pour
le droiél de leurs limiers, qui leur doiuent faire manger par petits morceaux, apres les auoir mis deuant la teſte du Cerf, que l'on aura leué du
Maſſacre, où ils les tiendront quelque temps, les vns deuant les autres,
pour les animer. Alors on leuera les épaules, döt la droiéle appartient
à celuy qui a laiſſé courre le Cerf : & l'autre aux Gentils-hômes de la
Venerie. Les petits filets doiuent eſtre encore au Roy, & le cimier au
grand Veneur. Les grands filets aux Lieutenāt & ſous-Lieutenant de la
Venerie. Les ſoccilets & les nôbres, aux valets de limiers, & le col aux
valets de chiẽs. Et quāt au bois du Cerf, il doit eſtre porté au Roy. On
doit auoir conferué le ſang dans vn ſceau ou chauderon, auſſi-toſt que
l'on a ouuert le Cerf. Il faut auſſi auoir fait prouiſion de deux ou trois
ſceaux de laiél venant du py de la vache, ou au moins qu'il ne ſoit pas
écrémé, ny aigre; ce qui feroit mal aux chiens. Les valets de chiens
ayant apporté le ſac & les boyaux, bien lauez & nettoyez, ils les couperont par petits morceaux, auec le reſte de la ratte & du foye, & force
pain auſſi, par petits morceaux, & méleront le tout dans le ſang & le
laiél, qui ſera dans vn grand bacquet, ou deux (s'il ne ſuffit d'vn) broüi-
lant le tout auec les mains, & le laiſſeront vn peu de temps, pour faire
imbiber le pain : & apres, vous le mettrez ſur la nape du Cerf (qui eſt
la peau) que vous aurez étenduë ſur le drap de curée, qui doit eſtre de
toile forte, aſſez grand & carré : & peu de temps apres que vous aurez
mis la moüé ſur la nappe, vn des valets de chiens la doit oſter : & les
autres doiuent prendre le drap de curée par les coings, pour remuer &
méler la moüée, iuſques à ce que le pain ſoit imbu du ſang & du laiél :
& dans l'Hyuer que l'on ne trouue pas du laiél facilement, l'on doit
prendre huiél ou dix liures de ſein doux, ſelon la quantité de chiens que
l'on a, pour faire la moüée groſſe ou petite, lequel l'on fait ſondre &
méler auec de l'eauë & boüillir dans vne chaudiere, que l'on met tout
chaud dans vn grand bacquet, où eſt le pain en petits morceaux, & le
dedans du Cerf, que l'on remuë auec des baſtons. Le Maiſtre-valet de
chiens doit auoir fait couper force houſſines par ſes compagnons, qui
ſoient de bois de bouleau, ou de coudre, & non de bois puant & de ro-
uynette, qui donne le flux de ſang. Cette preparation eſtant faite, il doit
aller dire au Lieutenant de la Venerie, ou à celuy qui commandera dans
le quartier, que la curée eſt preſte : & apres, il doit reuenir donner le
reſte de ſes ordres, comme de faire mettre le coffre du Cerf dans vne
belle place herbuë, à cinquante pas de la moüée, & le forthu à meſme
diſtance (ſi c'en eſt la ſaiſon) qui eſt le temps de la Cerfuaiſon. Ce forthu,
ſont les petits boyaux du Cerf, que l'on doit mettre au bout d'vne
fourche de bois, dont on aura émouſſé les bouts, de peur qu'elle ne

picque les chiens, & donner ordre aux valets de chiens de fe tenir partie dans le chenil, & l'autre dehors, aux aifles, pour conduire & faire aller les chiens à la moüée, & que ceux qui feront dans le chenil, fe
tiennent à la porte, pour l'ouurir tout d'vn temps, & la tenir ouuerte,
afin que les chiens ne s'y heurtent pas de la hanche en paffant, où ils fe
pourroient étreufler, & que l'on couple & tienne les chiens qui font trop
gras, pour ne les decoupler qu'apres que les autres auront efté quelque
temps à la moüée.

CHAPITRE LXI

Des ceremonies que l'on doit obferuer en faifant la curée.

LE Lieutenant de la Venerie, ou celuy qui commandera en fon abfence, ayant receu l'aduis du Maiftre-valet de chiens que la curée
eft prefte, il doit aller chez le grand Veneur, fa trompe au cofté, luy donner le mefme aduis, & le grand Veneur auffi en mefme eftat, doit aller
en aduertir le Roy, fuiuy du Lieutenant & des Officiers de la Venerie,
eftant bien de faire les chofes auec le plus de pompe que l'on peut, puis
que c'eft pour honnorer le plus grand Roy de la Chreftienté, & que vous
rendez auffi ce que vous deuez au grand Veneur, qui arriuant aupres du
Roy, luy doit demander s'il luy plaift de venir voir faire la curée à fes
chiens : & y venant, le grand Veneur le doit fuiure auec tous les Officiers de la Venerie : & fa Majefté arriuant proche du chenil, le grand
Veneur, auec fa fuite, doit s'auancer, pour fçauoir du Maiftre-valet de
chiens fi la curée eft en eftat, par lequel il fe fera donner deux houffines,
l'vne qu'il prefentera au Roy, & l'autre pour luy. Et s'il y a des Princes
& des Ducs, le Lieutenant de la Venerie en doit prendre de la main du
Maiftre-valet de chiens, pour leur en donner : & apres ledit Maiftre-valet de chiens en doit diftribuer aux Officiers de la Venerie, & à ceux qui
font à la fuite du Roy. Il s'obferue vn ordre de tout temps que tous ceux
qui affiftent à la curée, doiuent ofter leurs gants, à moins que d'eftre con-
fifquez aux valets de chiens. Celuy qui a laiffé courre le Cerf, dont on
fait la curée, prend la tefte deuant luy, auec fes deux mains, l'appuyant
le bas à terre, & la tient droicte derriere la moüée, pour la faire voir aux
chiens, lors qu'ils viennent. Le Roy fe met derriere celuy qui tient la
tefte, & fonne pour chiens, fi bon luy femble, le premier : & apres, le
grand Veneur, le Lieutenant, les Officiers de la Venerie & affiftans; au
mefme temps, les valets de chiens doiuent ouurir la porte du chenil des

deux coftez : & les chiens eftans à la moüée, on leur doit parler comme en les faifant chaffer, & flatter les ieunes chiens auec la main, leur donnant par les flancs, en les nommant, & continuer ainfi à fonner & parler, iufques à ce qu'ils ayent mangé la moüée; alors l'on doit mettre les chiens gras en liberté : le Roy, s'il luy plaift, le grand Veneur & Officiers, voyant la moüée prefque mangée, iront au plus vifte où eft le coffre, y fonner encore pour chiens, & toufiours du gros ton : & ceux qui font demeurez auec les chiens à la moüée, diront aux chiens : *Tirez, chiens, tirez*, & y eftans, continuëront à parler de la mefme forte qu'à la moüée, iufques à ce qu'ils ayent mangé toute la venaifon. Il faut que les valets de chiens ayent le foin de leur ofter les os qui ne feruent plus qu'à leur gafter les dents & à les faire entrebattre. Alors on doit aller (comme on a fait au coffre) où eft le forthu, que doit tenir vn valet de chiens en le montrant aux chiens quelque temps auparauant que de leur donner, & crier *Tayoo*, & le Roy, le grand Veneur & tous les Officiers, doiuent fonner du grefle, & forthuer les chiens auffi de la bouche : ce qui fe fait pour diuerfifier les tons, les occafions, & les temps qui fe prefentent dans la chaffe, afin d'établir la vraye creance que doiuent auoir les chiens. En fuite, le valet de chiens leur abandonne le forthu : & apres l'on doit fonner la retraite, en fe retirant vers le chenil, pour obliger les chiens à y aller, où le Maiftre-valet de chiens doit eftre à la porte, pour les voir entrer & en fçauoir le compte, afin que s'il ne s'y trouuoit pas, il enuoye auffi-toft des valets de chiens auec leur trompe, fonner la retraite dans les lieux où aura paffé la chaffe, & en aille faire la relation au Lieutenant, & le Lieutenant au grand Veneur, afin qu'il en puiffe rendre compte au Roy, lors qu'il luy demandera.

CHAPITRE LXII

Pour chaffer le Cerf, en Piedmont.

ENCORES que i'aye donné dans d'autres chapitres de cét œuure, les connoiffances des Cerfs, & tout ce qui s'y peut faire pour en bien prattiquer la chaffe en France, Neantmoins me trouuant obligé & d'inclination que cét ouurage ferue auffi en Sauoye & en Piedmont : i'en ay fait quelques Chapitres, afin d'en donner vne plus parfaite intelligence à fon Alteffe Royalle de Sauoye, qui a beaucoup d'affection pour cette chaffe, qui pourtant ne fera que pour luy faire cônoiftre la maniere d'agir, en faifant chaffer les chiens, & les lieux où il faut chaffer,

felon les faifons : car pour les connoiffances du pied, du corfage & de
la tefte, ie ne luy en fçaurois donner d'autres que celles que i'ay expri-
mées cy-deuant; puis qu'elles font de mefme en fes pays qu'en France,
& que les termes & la façon de fonner, y doiuent eftre égallement ob-
ferués. Mais quant à la façon d'agir, en faifant chaffer, elle eft d'vne
autre maniere, à caufe de la difficulté des pays, ie veux dire des lieux où
l'on chaffe le plus ordinairement le Cerf en France; où il y a auffi des
Prouinces qui font montagneufes, dont ie ne pretends pas parler; mais
feulement des pays plats & fans eauës, au moins qui puiffent incommoder les chiens ny les hommes, & où l'on peut les accompagner par tout,
& voir ce qu'ils font, pour les reprimer auec facilité : ce qui ne fe peut
en Sauoye, à caufe que c'eft vn pays de grandes & hautes montaignes,
pleines de rochers, où il fe faut contenter de cottoyer & fuiure les chiens,
par de bien petits chemins, & de leur parler de temps en temps & fonner à propos, pour les obliger de chaffer, comme lors qu'vn Cerf tourne,
de tourner & requefter, pour en trouuer le bout de la ruze : ce qu'il faut
faire auec iugement, & par la connoiffance que l'on doit auoir des chiens
par la voix, lors qu'ils chaffent, puis que l'on ne les peut voir : & ainfi
des autres chofes que ie diray plus amplement.

Le pays où l'on peut courre le Cerf en Piedmont, a plus de conformité à celuy de France que la Sauoye, à caufe qu'il eft plat, & que l'on
y peut accompagner les chiens de mefme; mais il y a des torrens d'eauës
qui y paffent, qui les rendent differents, où elles font tres-groffes & rapides, particulierement au Printemps, & vne partie de l'Efté : elles
viennent des montaignes qui bornent le pays, & font caufées par la
neige qui s'y eft conferuée tout l'Hyuer (à caufe des grands froids qu'il
y fait) & font fonduës par le Soleil, dans le temps que i'ay dit, qui
enflent & groffiffent ces riuieres & torrens, lefquels vont ferpentans
dans le plat pays du Piedmont, & fe feparent en beaucoup d'endroits;
Et de ces torrents fortent plufieurs ruiffeaux, qu'ils appellent biaillieres, que ceux du pays conduifent auec grand foin & addreffe, pour ar-
rofer leurs campaignes & prairies : ce qui les rend tres-fertiles; mais qui
fait vn obftacle aux plaifirs que fon Alteffe Royale auroit plus parfaits
à courre le Cerf; puis que ces torrens & biaillieres paffent, la plufpart,
dans les pays où font les Cerfs, & où il doit chaffer : neantmoins ces
eauës ne le peuuent pas empefcher de les prendre, pourueu que l'on y
apporte les remedes & precautions en fuite, comme ie les ay pratiquées
dix-huict années que i'ay eu l'honneur d'y feruir fon A. R. Victor Amedée, fon pere, ayant fait prendre à fes chiens deuant luy, vne quantité
de Cerfs innombrables, où eftoit auffi Monfeigneur le Prince Thomas,
fon frere, qui depuis ce temps-là s'eft rendu tres-fçauant dans la chaffe,

& dans toutes les precautions que ie diray : ce qui m'oblige d'auoüer
que s'il pouuoit toufiours chaffer auec fon Alteffe Royale, fon Nepueu,
& auffi long-temps qu'il viura, ce que ie fais prefentement, feroit inutile ; mais comme il eft mortel, i'ay iugé qu'il eftoit à propos que ie r'ap-
pellaffe ma memoire, pour annoncer à fon Alteffe Royalle les chofes
plus effentielles que i'ay peu connoiftre dans fes Eftats, en y chaffant,
afin qu'elles puiffent feruir à fon diuertiffement, à fes fucceffeurs & à
moy, en luy témoignant que ie fuis toufiours dans les reffentimens de
l'honneur & des bien-faits que i'ay receu de cette grande & admirable
Princeffe, Madame Royalle, fa Mere, & de fon Augufte Maifon. Et pour
y mieux reüffir, i'en feray quatre chapitres, où ie feray connoiftre les
lieux où l'on doit courre dans les faifons : ce qui eft le plus important,
puis que fans cette obferuance, il eft tres-difficile de forcer les Cerfs
auec les chiens-courans en Piedmont, où ils ont vne differente nature &
maniere d'agir à ceux de France, lors qu'ils font chaffez, eftans prefque
toufiours dans l'eauë. Mais en France, les Cerfs ne battent l'eauë que
dans le befoin de s'y raffraichir, ou pour y ménager fi peu de force qui
leur refte ; ie veux dire lors qu'ils s'y arreftent : car fi vn Cerf, apres
eftre donné aux chiens, quitte fon pays pour aller en vn autre, s'il trouue
vne riuiere, ou vn eftang, il paffe l'vn & l'autre, fans s'y arrefter. Vous
n'auez donc qu'à en prendre les deuants par l'autre cofté, où vous ne
manquerez de le trouuer forti ; & fi par malice il va à l'eauë pour fe
deffaire des chiens, ce fera dans quelque petit ruiffeau qui fe pourra rencontrer dans vn pays de bois, fortant d'vne fource ou d'vn eftang, où il
y aura fi peu d'eauë (au moins en quantité d'endroits) qu'elle n'empefchera pas les chiens d'y chaffer, y ayans des branches pendantes, ou des
herbes des deux coftez, que le Cerf touchera, lors qu'il y paffera & y
fera des portées, où les chiens auront du fentiment : car il ne fçauroit
la battre long-temps dans les eftangs, ny dans les riuieres que nous
auons en France, à caufe qu'il faut qu'ils y nâgent toufiours ; Mais le
pays de Piedmont n'eft pas de mefme nature, ny les Cerfs de mefme
humeur, puis qu'ils vont à l'eauë & la battent par inclination : ce qu'ils
font connoiftre dés le matin, lors que l'on eft aux bois, en les fuiuant
auec le limier, pour les détourner : car fi-toft qu'ils ont le vent de vous
& de voftre chien, ils fe iettent dans vn de ces torrens ou biaillieres,
pour les longer : & fi vous vous opiniaftrez à les fuiure, ils fortiront de
ceux-là, pour r'entrer en d'autres, & long-temps ainfi, fans vouloir demeurer : Et quant à ceux que vous détournez & laiffez courre, peu de
temps apres qu'ils font donnez aux chiens, ils vont s'y remettre, pour
les longer, ou monter, & apres l'auoir fait quelque temps, ils entrent
dans des Ifles peuplées de bois & de grands forts, ou bien fouuent les

Cerfs font leurs demeures, pour y faire bondir le change : & s'ils ne l'y ont rencontré, ils fe reiettent de l'autre cofté dans le torrent, pour le battre encore; Mais pour les obliger à quitter le torrent, il faut mettre des hommes à cheual à cinq cens pas l'vn de l'autre, afin qu'ils fe puiffent voir & s'affifter à pouffer le Cerf, & qu'en criant, ils aduertiffent les Picqueurs, & n'en eftans pas ouïs, il faut qu'vn d'eux les aille chercher, & les faffe venir auec les chiens : & en ce faifant, vous obligerez le Cerf à quitter les torrens, pour aller dans ces biaillieres, prefque auffi grandes que les petites riuieres qui font en France, où neantmoins les Cerfs ont pied quafi par tout, & non pas les chiens, qui font obligez d'y nager : ce qui les laffe & refroidit, à caufe que ces eaües font de neiges & de fources, & que fi le Cerf fort de cette biailliere, ce fera pour r'entrer dans vne autre; & comme cela bien fouuent, il vous donne à deuiner, & vous fait perdre beaucoup de temps, cependant il fe fort-longe, & n'eftant pas preffé, il fe maintient dans fa force : ce qui le fera durer tres long-temps, quand bien vous le maintiendriez : Et pour y obuier, if faut tous les ans, auparauant que de chaffer dans ces pays, où font ces quantitez d'eaües & biaillieres, que des Picqueurs, qui fçauront parfaitement le pays, meinent des payfans, qui ayent des ferpes, ou coignées, pour couper des arbres des deux coftez des biaillieres (s'il y en a) finon de les y en faire apporter, pour les ietter aux trauers de la biailliere, tant qu'il y en ait fuffifamment, pour empefcher l'eaüe de les emporter, & les Cerfs d'y pouuoir paffer, & que ces barricades foient à cinq cens pas l'vne de l'autre, pour obliger vn Cerf, lors qu'il y fera, d'en fortir, afin que les Picqueurs en ayent connoiffance, quand bien il y rentreroit, & qu'ils foient affeurez qu'il va deuant eux, & que le Cerf s'en voyant fuiui & appuyé, il foit obligé de quitter l'eaüe, pour aller rufer fur la terre, ou vous démélerez plus aifément fes rufes, & auec plus de plaifir. Il y a encores d'autres chofes à faire, que ie diray en fuite, felon les occafions qui s'en prefenteront.

CHAPITRE LXIII

Du pays où on peut courre le Cerf au Printemps, en Piedmont.

CE qui eft le plus important pour forcer le Cerf en Piedmont, c'eft de fçauoir faire élection du lieu où on le doit attaquer dans les faifons, comme de confiderer que dans le Printemps, vous ne le deuez, ny ne le pouuez dans le pays plat (qui eft le grand pays) ny auffi dans les

buiſſons voiſins, puis que la pluſpart des Cerfs qui y ſont, viennent du
grand pays en cette faiſon, & où ils s'en retourneroient auſſi-toſt que
vous les auriez donné aux chiens : & ces buiſſons, ſont Stupigny, les
Montaignes de Riuolle & de Riualte; les Iſles d'Harpignan, Giuoulet,
les Riſiers; & les buiſſons qui ſont entre Ligny & Vulpian, puis que
tous ces lieux n'ont autre refuite que le grand pays ou paſſent ces torrens & biaillieres, qui ſont en cette faiſon, ſi pleins d'eauë, qu'il eſt impoſſible de les paſſer; Mais vous auez la Montagne de Piouſſaſque, qui
en eſt éloignée de quatre à cinq lieuës : ioinct que les Cerfs qui y ſont,
n'en viennent pas, venant vne partie des Montagnes qui ſont aux pieds
des Alpes, & l'autre eſt née dans cette Montagne, qui eſt belle & aſſez
commode, ayant le village de Traſne au pied, pour faire le logement de
la Venerie, & auſſi l'Aſſemblée : Les relais y ſont iuſtes, & que l'on peut
donner auec facilité, voir ſouuent les chiens, lors qu'ils chaſſent, & les
ouïr touſiours. Vous les pouuez auſſi ſecourir de temps en temps,
en coupant au deuant d'eux, par des petits chemins, qui deſcendent
dans des gorges, qui y ſont, pour reuoir des voyes du Cerf, afin
d'eſtre aſſeuré de ce qu'ils chaſſent, & auſſi que les Picqueurs peuuent
eſtre, les vns au pied de la Montagne, & les autres ſur le haut, où il y a
vn chemin où Son Alteſſe Royale peut aller & galoper par tout, en les
faiſant élaguer tous les ans, d'où il peut ouyr touſiours les chiens chaſſer; vous y auez vn torrent que l'on appelle le Sangon qui paſſe au pied
de cette Montagne, & l'allonge d'vn coſté, ou il faut mettre des gardes à
cheual, depuis le grand rocher de Traſne, iuſques au Pont de Iauannes,
à deux cens pas l'vn de l'autre, pour voir entrer le Cerf dans l'eauë & le
ſuiure, au moins de l'œil, pour prendre garde s'il ira dans des Iſles qui
y ſont; car comme l'eauë eſt fort haute & rapide en cette faiſon, il ne la
peut battre long-temps. Il faut mettre auſſi vn Relais & vn Picqueur ſur
le bord de l'eauë dans vn pré qui y eſt, & ne donner ce Relais que lors
que le Cerf en ſera ſorty; pourtant en cas que le Cerf n'euſt pas percé
la riuiere, ſans s'y arreſter pour quitter la Montagne; car en ce cas, il le
faudroit donner, mais reuenant à la Montagne, ce ſeroit pour maintenir le Cerf, iuſques à ce que les chiens de la Meute les ayent ioints,
puiſqu'ils peuuent eſtre demeurez dans les Iſles à battre l'eauë & à requeſter. Vous mettrez voſtre vieille Meute aux quatre chemins, ou à Liueloux, qui ſont les deux refuites les plus aſſeurées; neantmoins vous
en ferez diſtinction, comme aux quatre chemins, lors que l'on laiſſera
courre ſur le penchant de Traſne, ou du coſté du Pont de Iauannes, &
quand vous laiſſerez courre ſur le penchant de Piouſſaſque & de Cu-
miane, l'on la doit mettre à Liueloux, & les autres Relais qui ſeront
dans la Montagne, au Campet & à l'Eſpraize : & lors que vous donne-

rez vos Relais, vous pouuez faire reprendre des chiens qui chasferont,
& les aller faire raffraifchir à des fontaines & des petits ruiffeaux qui
font en beaucoup d'endroits dans la Montagne, pour apres les ramener
au lieu où ont eflé donnez les Relais, pour les redonner quand le Cerf y
repaffera; car dans les Montagnes, il faut fouuent donner des chiens
frais, à caufe qu'ils y peinent beaucoup plus que dans la plaine. Vous
mettrez aufli deux autres Relais, l'vn à la Montagne de Riuolle, &
l'autre à celle de Riualte, en cas que voftre Cerf y vouluft aller, & dônerez l'ordre à ceux qui les meneront, qu'apres y auoir demeuré deux
heures, & que la chaffe n'y aille pas, ils s'en reuiennent dans la Montagne de Piouffafque, par le chemin que les Cerfs ont accouftumé d'aller à ces Montagnes, afin que fi celuy de la Meute y alloit, ils le rencon-
traffent en leur chemin, & vous relayaffent; car l'on peut faillir à laiffer
courre aux premieres brifées, ce qui vous obligeroit d'aller à d'autres,
ioint que l'on eft ordinairement long-temps à lancer vn Cerf dans cette
Montagne, à caufe que l'on ne le peut abreger, y ayant peu de chemins;
tellement que comme cela, ces deux Relais ne peuuent manquer de
vous fecourir, puis qu'ils reuiendront affez toft dans la Montagne pour
y donner leurs chiens, eftant la faifon où les Cerfs ont plus de force: &
fi vous ne trouuez affez de Cerfs dans cette Montagne pour vous occu-
per, iufques a ce que les eauës foient écoulées dans les pays que i'ay
nommez, il faut aller en quefte aux Montagnes de Pragelas, & du Col
Marion où vous trouuerez des Cerfs qui viendront, apres eftre donnez aux
chiens en la Montagne de Piouffafque, n'ayant point d'autre refuite, fi
ce n'eft quelques-vns qui pourront aller à des buiffons qui font au delà
de Vigan, où il y a aufli ordinairement des Cerfs.

CHAPITRE LXIV

Des Buiffons du Piémont où l'on doit courre le Cerf en Eflé.

LE mois de Iuillet eftant venu (qui eft le temps de la Cerfuaifon) &
que les neiges feront fonduës aux montagnes, & les grandes eauës
écoulées dans la plaine, les torrens & les biaillieres y feront guayables,
ce qui fera que l'on y pourra courre le Cerf, au moins à la plufpart des
buiffons, afin de laiffer le grand pays pour chaffer l'Hyuer, pour les confiderations que i'ay defia dites : ioint que les plus vieux Cerfs qui y
font l'Hyuer, font allez aux buiffons pour y pouffer leurs teftes, & y
trouuer les viandis meilleurs & en plus grande quantité, qui les auront

chargez de venaifon : ce qui vous en facilitera la prife, & les empefchera
auffi de pouuoir venir iufques à ce grand pays qui eft pour lors encores
plein d'eauë, particulierement ceux qui font allentour de Vulpian, où ie
fuis d'auis que l'on aille planter le piquet auec les chiens & l'equipage
pour y loger. Au partir de la Montagne de Piouffafque. le pays en eft
tres-beau, & les eauës y font en cette faifon fi baffes, qu'elles fe trouuent
fauorables pour les chiens, pluftoft que nuifibles, puifqu'ils fe raffraif-
chiffent dans la grande chaleur de cette faifon, & qu'ils y peuuent auoir
auffi par tout le fentiment d'vn Cerf, & que fi vous y attaquez vn Cerf
de dix cors, il fe fera prendre dans le pays où vous mettrez vos Relais,
horfmis vn qu'il faut mettre dans les Rifiers de Ligny, où le Cerf
pourroit venir fur fes fins, n'ayant point d'autre refuite, & fi c'eft vn
ieune Cerf, il pourra quitter le pays, où vous mettrez feulement la
vieille Meute, & le plus fort Relais d'apres, au milieu des Riziers de
Ligny, qui fera tenu par vn Picqueur, pour relayer & fecourir les chiens
qui chafferont : car bien fouuent les Picqueurs ne les peuuent accompagner dans ce pays qui eft tres-marefcageux ; ce qui les oblige à aller
chercher quelques ponts qui y font, & des paffages : mais quand on
court vn Cerf de dix cors, ils y peuuent fuiure les chiens : car vn Cerf
de cét aage ne paffe en aucuns lieux, que le Picqueur n'y puiffe paffer,
ioint qu'il ne s'opiniaftre pas à s'y faire battre & tourner; mais feulement ils le percent pour aller en Courtaffe, comme font auffi les ieunes
Cerfs, où vous deuez mettre vn bon Relais & vn Picqueur, & que ce
foient vos chiens les plus fages, puifque c'eft l'entrée du grands pays &
du grand change, ou au moins vn buiffon qui n'en eft feparé que d'vn
chemin, & que le Prince aille paffer par les anciens chemins qui vont de
Ligny à Turin ; & quand vous aurez pris cinq ou fix Cerfs à ces buiffons, vous pourrez aller à Cafenauue, qui eft vn pays fort éloigné du
grand change & des eauës, & apres aller aux buiffons de Riuolle & de
Riualte, c'eft où leurs Alteffes de Sauoye ont vne Maifon de plaifir, qui
porte le nom de Riuolle, dans laquelle, entre autres beaux logemens, il
y a vn Sallon confiderable pour fa grandeur, & les belles peintures qui
y font, au bout duquel eft une grande & longue gallerie où font les
teftes les plus confiderables des Cerfs que les Ducs de Sauoye ont pris,
y en ayant vne entre les autres, qui eft haute, large, & extraordinairement cheuillée, portant vingt-quatre, dont i'en laiffay courre le Cerf deuant S. A. R. Victor Amedée, & Monfeigneur le Prince Thomas fon
frere. Ce Cerf auoit beaucoup vieilly pour auoir vn pied extraordinairement petit, & qu'auffi en vieilliffant il luy eftoit rétreffy, ce qui auoit
fait paffer les Veneurs qui en auoient eu connoiffance plufieurs fois, fur
les voyes, fans en confiderer les connoiffances, les prenant pluftoft pour

eftre d'vne Biche que d'vn Cerf, ioint qu'il s'eftoit rendu fi fin & fi malicieux, qu'il eftoit tres-mal-aifé (encores que l'on en euft rencontré aller de bon temps) d'en pouuoir venir à bout pour le détourner, & encores pour le laiffer courre, mefmes qu'apres l'auoir lancé, il alloit auffi-
toft faire partir vn autre Cerf pour fe mettre en fa repofée, & le faire
courre en fa place : ce qui m'a fait experimenter quelquesfois auparauant que de pouuoir le faire chaffer aux chiens. Il fut pris dans le grand
païs, deuant Son Alteffe Royale, & Monfeigneur le Prince Thomas;
Son Altefte voulut qu'on l'apportaft à Thurin pour en faire la curée à
fes chiens, deuant Madame Royale, & les Sereniffimes Infantes fes
fœurs, apres que le pied droit en fut leué & donné à Son Alteffe Royale,
qui voulut que les connoiffances en fuffent confiderées par fes Veneurs,
afin de leur faire connoiftre que ce n'eft pas feulement aux grands pieds
de Cerf où il fe faut arrefter, mais encores aux connoiffances d'vn vieil
Cerf, & comme ie les ay dites au traité cy-deuant, & que pour les connoiftre, il fe faut faire affez long-temps inftruire par les habiles dans le
meftier, & non comme ceux qui croyent qu'apres auoir efté dix ou
douze fois au bois auec vn Maiftre, ils en fçauent autant & plus que luy,
voulans aller auffi-toft apres feuls, ou par hazard ils détournent vn Cerf,
& le laiffent courre, & voyans qu'ils ont fi bien reüffi, ils croyent qu'ils
peuuent paffer par tout pour tres-habiles, quoy qu'ils ne le foient pas :
car pour fe dire connoiffeur, il faut auoir efté long-temps au bois, &
auec des perfonnes qui foient experimentées au meftier, & pratiquer encores plufieurs années en fon particulier pour s'établir dans les connoiffances, & apprendre les ruzes des Cerfs : car ce qui eft ordinaire,
reüffit volontiers, comme à voir vn grand pied de Cerf où font toutes
les connoiffances, il eft aifé d'en iuger pour peu de pratique que l'on
ait, comme auffi (quand le Cerf fait fa nuit) de le détourner, & quand
il fe rembufche fans faire aucune rufe ny faux rembufchemens, & qu'il
fe va mettre à la repofée dans le premier fort qu'il trouue : Mais lors
que les Veneurs peu inftruits rencontrent des pieds de Cerf, comme celuy dont ie viens de parler, & qui faffe les mefmes rufes, ils le laiffent
& l'abandonnent, dans le doute qu'ils ont que ce foit vn Cerf, ioint
qu'ils ne peuuent fçauoir où il demeure, n'en pouuans trouuer les dernieres voyes, tellement que telles gens ne font iamais rapport, fi ce n'eft
de ces grands pieds de Cerf, encore faut-il que le liure aux afnes foit
ouuert, qui font les temps qu'il fait mol & beau reuoir. Ie reprens mon
fujet, difant que les buiffons de la Montagne de Riualte ont trois refuites qui font Stupigny, Piouffafque & les Montagnes de Riuole; mais
Riuole eft la plus affeurée où vous deuez mettre voftre vieille Meute,
lors que vous y courrez, & vn Relais dans les Ifles d'Arpignan, vn

autre à l'entrée du grand païs au canal, & vn autre, dans la Montagne
Piouffafque, au grand rocher ; que ſi voſtre Cerf y va, vous enuoyerez
querir voſtre vieille Meute, & le Relais des Iſles, qui viendront aux
quatre chemins pour vous ſecourir dans Piouffafque, & quand vous
laiſſerez courre à la Montagne de Riuolle, vous mettrez vn Relais à
Pierregroffe, qui eſt le milieu de la Montagne & la vieille Meute aux
Iſles d'Arpignan, auec vn Picqueur ; il faut mettre auſſi des gardes à
cheual le long de la Doire, pour prendre garde où ira le Cerf, & s'il
fera bondir le change dans des Iſles qui y ſont remplies de bois, où demeurent ſouuent des Cerfs : & au de là de la Doire, il y a vne biailliere
qui va à Arpignan, où vous mettrez encores vn Relais de chiẽs. Il faut
que le Picqueur ſe tienne au deſſus de la biailliere, & en lieu qu'il puiſſe
voir dans les Iſles & la riuiere, pour connoiſtre ce qui en ſortira, & s'il
voit venir vn Cerf à luy, qu'il le remarque, pour iuger ſi c'eſt le Cerf de
la Meute par le rapport qui aura eſté fait à l'Aſſemblée deuant luy, &
s'il eſt haſlé & moüillé, & quand il ſera entré dans la biailliere, il ſe re-
mettra ſur l'eminence, & fera auancer ſes chiens du coſté d'Arpignan,
ſi le Cerf n'a percé la biailliere auſſi-toſt qu'il y ſera entré ; car bien ſouuent il l'allonge, & n'en fort qu'aupres d'Arpignan, pour ſe dérober dans
les Iſles : celuy qui eſt à ce Relais, doit auant que de faire donner ſes
chiens, dire à vn de ceux qui tiennent des cheuaux, d'aller auertir les
Picqueurs qui ſont en defaut dans les Iſles, s'ils ne l'ont entendu ſonner, afin qu'ils viennent, cependant que luy fera donner ſes chiens ſur
les voyes du Cerf, pour le maintenir iuſques à l'entrée du grand païs qui
eſt au canal de ce coſté-là ; où il y doit auoir vn Relais de chiens ſages,
& vn Picqueur qui le doit faire donner, apres que les chiens de la Meute
feront paſſez, puiſque dans les païs où il y a du change, ils ſe doiuent
donner ainſi : car au premier retour que fera voſtre Cerf, les Picqueurs
& les chiens de la Meute pourront ioindre la chaſſe. Vous auez encore
la Montagne de Giuoulet, où ſe trouuent ordinairement dans cette ſaiſon de vieux Cerfs, qui ſont venus du grand païs pour y faire leurs
teſtes, & qui y retourneront auſſi-toſt qu'on les aura donnez aux chiens,
ce qu'il faut faire auec ſix chiens ſeulement, & tenir la Meute dans le
bas de la Montaigne, & à l'entrée de la plaine au deſſus d'Arpignan,
pour la donner, lors que le Cerf paſſera, ſans attendre les chiens qui le
chaſſeront, & mettre la vieille Meute au canal, & les autres Relais dans
le grand païs, & pour l'empeſcher de deſcendre dans les Iſles d'Arpignan, il faut qu'il y ait deux ou trois hommes à cheual ſur le penchant,
entre les Iſles & la Montaigne qui ſonnent & meinent du bruit, pour
l'obliger d'aller où l'on tiendra les chiens de la Meute.

CHAPITRE LXV

Des Buiſſons où l'on doit courre le Cerf durant l'Automne, en Piémont.

IE tiens qu'il y a pluſieurs raiſons qui vous doiuent obliger d'attendre la ſaiſon de l'Automne pour courre le Cerf aux buiſſons de Stupigny, à cauſe que c'eſt vn pays mareſcageux de ſoy, & qu'en ce temps les chaleurs de l'Eſté precedent, l'auront deſſeiché, ou qu'au moins, les Picqueurs y pourront paſſer & tenir les chiene, & qu'auſſi la recolte ſera faite dans cette grande & fertile plaine, qui eſt entre Thurin & Riuolle où vous n'auriez pû paſſer auparauant, ſans y faire vn grand degaſt, & que Dieu n'y euſt eſté offenſé : car c'eſt là qu'vn Cerf paſſe auſſi-toſt qu'il eſt donné aux chiens, pour aller aux bois de Colin, où l'eauë de la Doire ſera aſſez baſſe pour y paſſer, comme les biaillieres qui le trauerſent, où pour lors vous pourrez tenir vos chiens, ce que vous n'auriez pû faire ſi vous y auiez chaſſé au Printemps & dans l'Eſté, à cauſe des grandes eauës; & que le Cerf eſtant ſorty du bois de Colin, il va, ſans y manquer, au grand pays, où vous trouuerez auſſi les eauës abbaiſſées; mais la derniere & plus forte raiſon eſt, que c'eſt le temps que leurs Alteſſes Royales vont à vne de leurs maiſons que l'on appelle Mille-fleurs, & pluſtoſt de Mille-plaiſirs, pour luy faire iuſtice, puiſque tous ceux que l'on peut ſouhaiter dans vne maiſon de campagne, s'y rencontrent au ſortir de la porte, comme les promenoirs, les belles eauës & la chaſſe, qui ſont dans deux grands parcs, l'vn en face de la Maiſon, au bout duquel il y a vne grande plaine extrémement vnie, & peuplée de Lievres, Faiſans & Perdrix, bornée d'vn coſté d'vne petite riuiere, qu'on nomme le Sangon, où il y a force oyſeaux de riuiere, que l'on peut voler auec plaiſir, à cauſe que cette riuiere eſt remplie de ſources; qui eſt ce que les oyſeaux de riuiere ayment. Il y a auſſi vne futaye ſur le bord, où il ſe nourrit des Herons, qui paſſent inceſſamment ſur cette plaine, que l'on peut attaquer au paſſage, auec des oyſeaux de proye. Et au bout de cette plaine, du coſté de Thurin, ce ſont force belles maiſons, que l'on appelle Caſſines, ſeparées les vnes des autres, de mil ou douze cens pas, qui ſont de petites plaines, où il y a touſiours du couuert, à cauſe des vignes qui y ſont plantées par rangées, diſtantes d'enuiron trente pas, & ſouſtenuës par de petits arbres & quelques pieux, qui ſont des couuerts agreables, où vous pouuez courrir touſiours au frais, & où ſôt force petits ruiſſeaux, qu'ô y fait couler, pour arroſer les heritages : c'eſt où l'on peut chaſſer & forcer le Lievre auec les chiens-

courans, tout l'Eſté, & auec beaucoup de plaiſir; parce que le ſentiment
de la voye du Lievre s'y conſerue, & que les chiens s'y raffraiſchiſſent
ſouuent : Ioinct que ceux qui font à la chaſſe, ont vn double plaiſir, de
la faire à la veuë des Dames de Thurin, qui parroiſſent aux feneſtres de
leurs Caſſines, où elles vont dans cette belle & agreable ſaiſon. Et derriere la maiſon, eſt l'autre parc, qui eſt auſſi planté par allées & abbaiſſé
de cinquante à ſoixante pieds du logement, dont l'aſſiette eſt auſſi platte
que de l'autre; lequel abbaiſſement ſe fait tout à coup par la nature, qui
s'y eſt heureuſement rencontrée, comme ie vous feray connoiſtre, apres
vous auoir dit qu'auparauant d'entrer dans ce parc, l'on deſcend à vn
grand parterre qui eſt deuant, par vn eſcallier double, reueſtu de ba-
luſtres de marbre blanc, dont eſt auſſi reueſtu vn grand & large canal,
plein d'eauë merueilleuſement belle, d'où ſortent à l'enuy pluſieurs
ſources coulantes dans des canaux, qui ferment ce parterre & ce parc.
Dont quelques-vns qui le trauerſent, ſont bordez de grands arbres, qui
ſont des allées & des couuerts à perte de veuë, où l'on ſe promeine auec
delices dans des barques qui y ſont tres-enjolliuées & toûjours au frais.
Ce beau parc eſt acheué de fermer par cette petite riuiere que i'ay dite;
Et de l'autre coſté il y a vn grand pays auſſi plat que celuy de deuant la
maiſon; mais de differente nature, puis qu'il eſt diuerſifié par de petites
plaines & de grands buiſſons, peuplez de beſtes ſauues & beſtes noires :
& ce ſont ces beaux buiſſons de Stupigny, dont ie veux parler, d'où l'on
peut ſouuent oüir & voir la chaſſe dés l'appuy des feneſtres de Mille-
fleurs, où le Cerf vient quelquesfois ſe raffraiſchir dans les canaux, &
meſme s'y faire prendre. C'eſt auſſi le lieu que les Ducs de Sauoye ont
de tout temps deſtiné pour le diuertiſſement de la chaſſe, aux Princeſſes
deſquelles ils ſe ſont alliez, où chacune a paru dans ſa façon d'habits &
maniere d'agir; ce qui a fait connoiſtre que celles venuës de France, ont
l'action & l'agréement au deſſus des autres, ayant paru à cheual auec
vne vigueur & vne addreſſe admirable, ſur toutes Madame Royalle &
Madame la Princeſſe de Carignan, qui ont bien voulu montrer par leur
humeur genereuſe, le peu d'eſtime qu'elles font des chaſſes où vont les
autres Princeſſes, pour faire choix de celles du Cerf, où elles ont fait
voir encore qu'elles ſurpaſſoient leur ſexe en force, conduite & courage,
& ne le cedoient pas meſmes au noſtre, en ces nobles qualitez, s'eſtans
trouuées à la mort de quantité de Cerfs, que ie leur ay veu meſmes
pouſſer, lors qu'ils eſtoient aux abois, eſtans ſuiuies de douze ou quinze
de leurs Dames, aduantageuſement veſtuës & montées ſur des cheuaux
de prix, dont les houſſes & brillans harnois, richement étoffez, n'eſtoient pas de moindre valeur; ce qui augmentoit de beaucoup le plaiſir
des Chaſſeurs qui les accompagnoient, & en rendoit la priſe cer-

taine : car cette admirable troupe prenoit par tout où elle paroiffoit.
I'aurois à parler à l'infiny de ces auguftes & aymables perfonnes, n'eftoit qu'en reprenant mon fubiet, où elles ont vne tres-loüable inclination, ie me fens obligé de fatisfaire aux curiofitez de leurs Alteffes
Royalles. Ie diray donc, que toutes les fois que vous laifferez courre
dans les buiffons de Stupigny, il faudra donner feulement fix chiens,
pour obliger le Cerf à fortir & debucher du pays, pourueu que ce foit
vn Cerf de dix cors, ou de dix cors icunement, qui ne manquera pas
auffi-toft apres eftre donné aux chiens, de venir à la plaine, où vous mettrez voftre Meute à l'entrée, vis-à-vis de la maifon de Stupigny, fur vne
eminence, qui eft fort proche du Sangon ; d'où vous pouuez voir tous
les buiffons & venir le Cerf à vous : & auffi-toft qu'il fera paffé, vous
ferez donner les chiens de lá Meute fur fes voyes, fans attendre ceux qui
le chaffent, que vous ferez reprendre par vn valet de chiens, lors qu'ils
viendront. Vous deuez auffi auoir tiré huict ou dix chiens de voftre
Meute, des moins viftes, & les enuoyer au chemin qui va de Thurin à
Riuolle, à caufe qu'il y a loing de Stupigny au bois de Colin, où doit
eftre voftre vieille Meute à l'entrée, & vn relais au débuché de l'autre
cofté, tenu par vn Picqueur, pour en cas que voftre Cerf y fift bondir le
change ; & qu'apres l'auoir fait, il fe iettaft à l'eauë, la battre & la longer, dans la Doire, qui y paffe, & dans quelques biaillieres, qui font difficiles à paffer pour les Picqueurs, à caufe qu'ils ont de hauts bords, &
peu d'abords ; ce qui les peut empefcher d'accompagner les chiens &
connoiftre ce qu'ils font. Il y auroit à craindre que le Cerf ayant battu
l'eauë, ne fe dérobaft des chiens pour aller au grand pays, qui eft la refuite ordinaire des Cerfs : & fi cela arriuoit, il faudroit que ce Picqueur
donnaft fon relais auffi-toft qu'il feroit paffé, pourueu qu'il n'entendift
aucuns chiens qui chaffaffent les voyes du Cerf, & qu'il euft conneu que
c'eft le Cerf de la Meute, ou auffi-toft il enuoira auertir les Picqueurs de
ce qu'il a fait, afin qu'ils le fuiuent auec leurs chiens, cependant qu'il
maintiendra le Cerf, & le meinera à l'entrée du grands pays, où doiuent
eftre vos fix chiens, comme les plus fages & les plus forts, apres voftre
vieille Meute, que vous ne deuez donner, qu'apres qu'il y aura des
chiens paffez fur les voyes, & qu'il foit hors d'vn torrent qui y eft, le
conduifant de l'œil durant qu'il y fera : & que celuy qui menera les
chiens, l'allongera du cofté du grand pays, où vous deuez tenir le relais : car il ne faut iamais relayer, quand vn Cerf eft à l'eauë, pourueu
que vous ayez des chiens deuant vous, fi ce n'eftoit qu'il rendift les
abois, & que vos chiens ne le puffent plus perdre de veuë ; vous deuez
auffi auoir mis vn relais dans le grand pays, particulierement fi vous attaquez vn icune Cerf.

CHAPITRE LXVI

Du pays où l'on peut courre l'Hyuer, en Piedmont.

I'AY fait connoiftre par la defcription que i'ay faite au chapitre precedent, comme la Maifon de Millefleurs eft parfaitement accomplie &
commode pour y chaffer, & comme font les lieux & buiffons que i'ay
nommez auparauant. Il ne me refte plus qu'à vous faire voir ce que c'eft
du grand pays, que i'ay efté obligé de vous nommer plufieurs fois, à
caufe que c'eft la refuite de tous les buiffons defquels i'ay parlé, & l'origine des beftes fauues, Cheureüils & beftes noires, & encores de toutes
fortes de gibiers, y en ayant vne quantité affez grande, pour fournir au
plaifir & au gouft des Ducs de Sauoye. Ce pays eft compofé d'enuiron
quatre à cinq mil arpens de bois taillis, qui fe coupent tous les neuf ou
dix ans; qui font feparez en quantité d'endroits par des Fermes, ou
Caffines, qui ont leurs heritages allentour, femez & remplis de toutes
fortes de grains; tellement que cette quantité de bois, qui fe coupe tous
les ans & en plufieurs endroits, à caufe que tous ces bois font à des particuliers, c'eft ce qui donne vne grande nourriture par tout le pays aux
beftes qui y font : auffi s'y plaifent-elles fi parfaitement, qu'elles multiplient beaucoup plus qu'en France, & le pays ne s'en peut deferter,
pour le peu de foin qu'on aye de les conferuer, y en ayant veu prendre
de toutes ces fortes de beftes, en dix-huict années, vne quantité incroyable : & apres tout ce temps, il s'y en voyoit autant qu'auparauant.
Mais encore, vne commodité admirable s'y rencontre fort à propos;
c'eft que ce païs eft au fortir des portes de Thurin, au moins n'en eft-il
éloigné que d'vne petite lieuë : Et cette ville eft d'autant plus confiderable, qu'elle eft la demeure ordinaire de leurs Alteffes Royalles : &
qu'auffi tous ces buiffons que i'ay nommez, n'en font qu'à deux & trois
lieuës, excepté la Montaigne de Piouffafque, qui en eft à quatre : Tellement
qu'en quelque lieu que le Duc le Sauoye veüille aller attaquer vn Cerf,
il le peut chaffer & prendre, & venir, fans s'incommoder, coucher dans
fon Palais a Thurin. Ce païs eft tres-commode pour y picquer & tenir
les chiens, lors qu'vn Cerf fe fait chaffer fur la terre, à caufe que le bois
qui y eft, plie & obeït aux cheuaux; mais la quantité des eauës rapides
qui y paffent, par des riuieres & biaillieres, le rend difficile & penible
aux hommes & aux chiens, lors que les Cerfs s'y font chaffer, & les
oblige, auffi bien que les Cerfs, de s'y habituer & accouftumer, pour y
pouuoir refifter du corps & de l'efprit, puis qu'il faut que l'vn & l'autre

trauaille fans difcontinuer, pour y maintenir & chaffer vn Cerf de pres,
& ne luy pas donner le temps de s'éloigner & fe fortlonger deuant les
chiens : car quand cela arriue, il eft tres-mal-aifé de le pouuoir r'apro-
cher & relancer, à caufe des rufes & changemens qu'il fait dans ces
biaillieres, fortant de l'vne pour r'entrer dans l'autre : & pour y obuier,
apres auoir fait faire les barricades que i'ay dites aux autres chapitres,
lors que vous auez donné vn Cerf aux chiens, & qu'il vient à l'eauë, il
faut exactement obferuer fon entrée, afin de fçauoir, fans y manquer,
s'il defcend, ou s'il monte, pour longer vne riuiere, ou vne biailliere des
deux coftez, & que les Picqueurs & les chiens foient my-partis, & faire
le plus de diligence que vous pourrez, en conferuant feulement le temps
qu'il faut à vos chiẽs pour fe rabatre des voyes de vôtre Cerf, lors qu'il
en fortira : car il leur faut permettre le moins que vous pourrez, d'entrer dans ces torrens & biaillieres d'cauës rapides & froides, venans de
neiges fonduës & de fources, qui leur refroidiroient les iambes & les laf-
feroient, à caufe qu'ils feroient obligez d'y nager, & qu'ils y feroient
auffi moins de diligence : & obferuer auffi de ne les pas prendre fi pres
du bord, à caufe qu'vn Cerf qui en fort, porte de l'eauë fur fon poil, qui
luy coule le long des iambes & des pieds, & tombe dans ces voyes; ce
qui les élaue & en ofte le fentiment aux chiens, & feulement iufques à
ce qu'elle foit toute tombée. Mais fi fur le bord de ces torrens & biaillieres, il y a du bois & des forts, où vn Cerf peut faire des portées, touchant aux branches par les endroits du corps & de la tefte, qui n'auront
pas efté moüillez, où les chiens pourront auoir du fentiment; en ce cas,
il faut prendre des deuants, plus pres de la biailliere, à caufe qu'il feroit dangereux, fi vous vous écartiez dans le fort auec vos chiens, de
faire bondir quelque autre Cerf qui y feroit à la repofée, que vos chiens
chafferoient, peut-eftre long-temps auparauant que vous les peuffiez
rompre & ofter de deffus les voyes; ce qui donneroit le temps à voftre
Cerf de fe fortlonger & de ruzer : ioinct qu'apres qu'ils auroient affenti
de ces bonnes voyes, ils auroient peine à fe rabatre & parchaffer celles
de voftre Cerf, qui iroient de hautes erres, & quand vous arriuerez à ces
retranchemens & barricades, il faut qu'vn Picqueur mette pied à terre,
pour en reuoir & connoiftre s'il en fort, & auffi s'il rentre dans la biailliere au de-là de la barricade, ou s'il la quitte tout à fait, à caufe du peu
de fentiment que peuuent auoir les chiens, lors qu'vn Cerf fort de
l'eauë, pour les raifons que i'ay dites; Et s'il y r'entre, il faut qu'vn Picqueur le fuiue, fi l'eauë n'eft pas trop haute, finon qu'il aille fur le
bord, pour connoiftre aux branches des arbres qui pendront fur le bord
de la biailliere, fi elles font moüillées : car fi voftre Cerf y a paffé, il
n'aura pas manqué d'y faire fauter de l'eauë, comme fur des pierres (s'il

y en a qui excedent) que vous verrez moüillées par endroits; ce qui eſt plus ordinaire dans les riuieres & torrens, à cauſe qu'il y en a beaucoup plus & de tres-groſſes : c'eſt ce qui ſe doit appeller éclabouſſures, & les voyant, vous deuez crier, *il bat l'eaüe*, & ſonner pour chiens, pour auec les Picqueurs, les obliger de venir à vous. Vous continuerez ainſi, iuſques à ce que vous le trouuiez ſorti; & alors qu'il enfoncera dans le païs, pour chercher le change, & vous le donner, vous obſeruerez vos chiens, qui tiendront la teſte, pour les connoiſtre de nom, afin de ſça-uoir s'ils ſont ſages aſſez pour conſeruer le ſentiment de voſtre Cerf, s'il eſt accompagné, & le maintenir lors qu'il s'en ſeparera; afin que ſi vous n'y auiez vne parfaite creance, vous ayez ſoin de leur crier tres-ſouuent, *Layla*, *Layla*, *Layla*, *chiens*, pour les obliger à auoir de la crainte & n'aller pas ſi viſte, afin que vos chiens ſages qui ſeront apres eux, puiſſẽt paſſer deuant, & que quand voſtre Cerf ſe ſeparera des autres, ils en ayent pris le ſentiment & le maintiennent : car c'eſt vne choſe aſſeurée que les chiens qui commencent à eſtre ſages, ou au moins qui ſont obeïſ-ſans, ont de la méfiance d'eux auſſi-toſt que vous vſez de ce terme *Layla*, & que vous ne ſonez plus. Ce qui ſe doit faire dans ces occaſions, eſt ſeulement pour auertir ceux qui ſuiuent la chaſſe & les relais; & cela fait que cette meſfiance les oblige à laiſſer paſſer les ſages deuant eux, à cauſe qu'ils leur ont veu garder le change d'autres fois : & ſi voſtre Cerf ruſe & fait des retours dans le ſort, retourner iuſte ſur les voyes, afin d'obliger vos chiens de vous ſuiure, pour trouuer le retour & le bout de la ruſe, & ne pas faire bondir le change : que ſi par mal-heur vos chiens l'auoient pris, il les ſaudroit auſſi-toſt oſter de deſſus les voyes, en leur criant *haye*, & briferez haut en ce lieu : & au premier chemin que vous trouuerez, vous y ietterez des brifées, afin qu'apres auoir pris les deuants, ſi vous ne trouuez voſtre Cerf paſſé, vous puiſſiez reuenir & connoiſtre le lieu où vos chiens ont pris le change, pour y requeſter & y relancer voſtre Cerf, puis que vous ne l'auez pas trouué paſſé, apres auoir fait reprendre les ieunes chiens & ceux qui ne ſont pas ſages, pour requeſter auec ceux qui ſont ſages; mais il vous faut reſouuenir de prendre touſiours ces grands deuants, auparauant que de vous arreſter à requeſter dans le ſort (pour les conſequences que i'ay dites au Traiⱷé pour Cerf) & ſi voſtre Cerf reuient à l'eaüe, & s'il a encore de la force, vous en vſerez comme i'ay dit; mais s'il en manque, il faut que les Pic-queurs le pouſſent, pour acheuer de l'outrer; car les chiens peuuent eſtre rebutez de battre l'eaüe : ioinⱷ que le Cerf peut rendre les abois en des lieux où ils ne peuuent pas aller, à cauſe de la rapidité des eaües, ou bien il y ménageroit le reſte de la force iuſques à la nuiⱷ.

Fin de la chaſſe du Cerf.

DE LA CHASSE DV LIEVRE

J. Stella Pinx.
CHASSE DU LIÈVRE
G. Tasniere Sculps. Fec.

DE LA CHASSE DV LIEVRE

CHAPITRE PREMIER

Contenant les termes defquels on doit vfer en faifant chaffer
les chiens pour le Lievre, & les remarques
que l'on doit faire du terrain & du temps.

Ncores que la taille du Lievre & celle du Cerf, foient les plus eloignées de proportion, de beftes courables (defquelles ie parleray cy-apres) neantmoins ce font celles où il fe rencontre plus de conformité, dans le fentiment qu'en ont les chiens : Ce qu'ils nous font connoiftre, lors que nous commençons par les faire chaffer le Lievre quelque temps, pour leur imprimer vne plus parfaite obeyffance, & les laiffer prendre force, afin qu'auffi-toft apres que l'on leur donne vn Cerf, ils le chaffent de mefme ; C'eft auffi ce qui a obligé ceux qui ont introduit les termes, de les rendre femblables, au moins peu differens, fans confiderer l'inegalité du pied, ny les connoiffances, puifqu'il n'y en a point au Lievre; mais au fentiment & à la maniere qu'ils fe font chaffer, puifque ce font les deux animaux qui font le plus de rufes & de retours, & qui fe trouuent les plus femblables, felon pourtant la nature des pays differens où ils les font : car le Lievre les fait dans la plaine prefque toufiours, ou dans quelques

bocquetaux, & cela à caufe qu'il y eft né & nourry, & le Cerf les fait
dans de grands pays de bois, pour les mefmes raifons de la naiffance &
de la nourriture, & tous deux la plufpart du temps dans les chemins, &
toufiours fur leurs voyes, ce que ne font pas ordinairement les autres
beftes. Ces raifons m'obligent à parler de la Chaffe du Lievre, imme-
diatement apres celle du Cerf, afin de mieux & plus facilement faire
connoiftre ce que i'en diray, fans interruption des termes : ce que i'ob-
ferueray en fuite des Chaffes dont ie parleray.

La Chaffe du Lievre eft beaucoup plus facile à comprendre que celle
du Cerf, puifque ce n'eft à proprement parler, qu'vne pratique & rou-
tine à faire chaffer feulement, & que celle du Cerf eft vne fcience où il
faut eftre bon Connoiffeur pour eftre bon Picqueur. Elle fe peut auffi
apprendre en bien moins de temps, pourueu que ce foit par des perfonnes qui ayent efprit & iugement, à caufe que c'eft la plus delicate
pour le fentiment, & la plus fujette aux terrains & aux temps de toutes
les Chaffes : car lors qu'il fait grand chaud, la poudre vole dans les
terres, les herbes font bruflées, ou au moins, fi feiches, que le Lievre
y paffant, ny laiffe, ny dans l'vn ny dans l'autre, que peu de fentiment ;
& s'il vient vne pluye dans ces chaleurs, elle fait fumer la terre, ce qui
la rend puante, & offufque le fentiment du Liévre, & ne peut eftre
bonne qu'apres trois ou quatre heures de là ; & s'il gele, le fentiment en
eft auffi moindre, à caufe de la terre qui eft dure, & empefche que le
pied du Liévre n'y peut entrer & s'y imprimer, & auffi que le froid fe
concentre ; que s'il a dégelé, les Liévres paflent & emportent la terre
auec leurs pieds qu'ils ont fort pleins de poil, & comme cela, laiffent
peu de fentiment à la terre. Il y a auffi les vents de bife, galerne, & autan ; mais particulierement les deux premiers font fi aigres & effuyans,
qu'ils emportent le fentiment des voyes. Toutes ces chofes doiuent eftre
connuës & obferuées de celuy qui fait chaffer les chiens pour Liévre,
pour quand il s'en apperçoit, ne pas aller ce iour-là à la chaffe, puifqu'il
n'y peut donner aucun plaifir à fes chiens ; mais pluftoft du refroidiffement à fon Maiftre pour la chaffe, s'il n'en auoit pas encore la parfaite
connoiffance, & puifqu'il fe peut imaginer que ce fera le mefme toutes
les fois qu'il ira, & auffi que la chaffe eft feulement établie pour le
plaifir.

Les termes pour faire chaffer le Liévre, font que lors que vous aurez
découplé vos chiens, & qu'ils auront paffé leur premiere ardeur, vous
leur deuez crier, *à moy chiens, tiéhault*, & fonner vn ton du grefle, &
trois ou quatre du gros ton entrecoupé, pour les obliger à reuenir à
vous, & y eftans reuenus, vous leur deuez dire, *Bellement mes bellots*,
plufieurs fois, & nommer ceux en qui vous auez plus de creance, afin de

les obliger à queſter, & pour cela vous leur direz, *Holo, Holo, Holo loo,*
& lors que vous verrez qu'ils rencontreront des voyes de la nuiĉt d'vn
Liévre, vous irez à eux, & les nommant, vous leur direz *Velcyalté,* pluſieurs fois, pour les obliger à tenir la voye du Liévre, ce que vous reïtererez de temps en temps, & iufques à ce qu'ils l'ayent lancé. Il faut
auſſi que le iugement de celuy qui les fait chaſſer, leur ayde, en confiderant la faiſon & le lieu où il eſt, pour connoiſtre où peut demeurer vn
Liévre, afin d'y aller auec ſes chiens : & pour les obliger à le fuiure, il
leur doit crier, *à moy tié hault,* & en nommer quelques-vns des plus
ſages qui peuuent faire fuiure les autres, & s'ils ne le font, ceux qui
fuiuent la chaſſe, leur doiuent crier *tire͡z, chiens, tire͡z,* & faire claquer
leur ſoüet : car on en doit eſtre muny à la chaſſe du Liévre, ou d'vne
grande houſſine, encore plus commode, en ce qu'elle ne fert pas ſeulement à chaſtier les chiens, mais auſſi à battre ſur les hayes & les buiſſons pour faire partir & repartir vn Liévre, lors qu'il y eſt au giſte & relaiſſé ; & pour obliger mieux vos chiens à vous fuiure, vous deuez ſonner du gros ton par mots entrecoupez, comme *Ton hon, Ton hon, Ton
hon,* & auſſi pour les faire tourner, queſter, & requeſter, celuy qui le
verra au giſte, doit crier *Ho loo ie le voy,* & lors que le Liévre eſt lancé,
celuy qui le verra, doit crier *Velle la* & quand les chiens en auront pris
la voye, le Picqueur leur doit crier *s'en va, chiens, s'en va,* & ſonner pour
chiens comme pour Cerf, quelques mots du greſle, pourueu que l'on fi-
niſſe du gros ton : car l'on ne doit iamais finir du greſle, ſi on ne voit
la beſte que l'on chaſſe, & lors que le Picqueur reuoit des voyes du
Liévre fuyant ; il ſe peut feruir, s'il veut, du terme que l'on vfe pour le
Cerf, qui eſt *Vol ce l'eſt,* pour faire difference de celuy qu'il auroit dit
en faiſant parchaſſer, lors que le Liévre faiſoit ſa nuiĉt, & alloit d'aſſeurance, qui eſt *Vel cy allé.*

CHAPITRE II

De ce que la nature enſeigne aux Liévres.

L A reflexion que i'ay faite pluſieurs fois ſur la maniere d'agir du
Liévre, ſelon les faiſons & les temps, lors qu'il ſe releue le ſoir du
bois, ou du lieu où il s'eſt mis au giſte le iour pour s'y repoſer, & cacher, & comme il fait ſa nuiĉt, & de la façon qu'il ſe retire & rentre au
matin, m'a fait connoiſtre qu'il auoit vne plus parfaite connoiſſance de
la mutation des temps que les Aſtrologues qui en ont écrit, ce qui doit

eſtre appris par ceux qui le veulent chaſſer & forcer, puiſque, comme
i'ay dit au Chapitre precedent, cette chaſſe eſt la plus dépendante des
temps, de toutes : & pour le ſçauoir ſans y manquer, il faut que celuy
qui fait chaſſer les chiens pour Liévre, aille le ſoir auparauant au releué
du Liévre, & le matin à la rentrée, d'où il connoiſtra à point nommé, le
temps qu'il fera ce iour-là, afin qu'il en puiſſe eſtre aſſeuré, & du lieu
où il pourra trouuer vn Liévre; ie ne dy pas qu'il doiue eſtre exact à
ſuiure & remarquer où vn Liévre ſe met au giſte, mais ſeulement qu'il
remarque le matin s'il rentrera dans le bois d'où il l'aura veu ſortir le
ſoir, ou s'il s'eſt mis dans quelque hallier, ce qui ſera vn ſigne éuident
qu'il ne pleuuera pas ce iour-là; car le Liévre ne ſe met iamais dans le
fort, lorſqu'il doit pleuuoir, à cauſe qu'il ſeroit moüillé dans ſon giſte,
& qu'il y auroit de continuelles allarmes quand l'eauë des branches &
des feüilles tomberoit deſſus, & allentour de luy : il choiſira pluſtoſt ſa
demeure ſur le penchant d'vn foſſé qui ſera à l'abry de la pluye & du
vent, & où l'eauë pourra s'égouter ſans venir ſur luy, ou aux lieux emi-
nens dans la plaine, comme ſur quelque Meurjer, ou tas de pierres; &
lors qu'il doit faire de grands vents & froids, il rentre au bois pour y
eſtre à couuert; mais quand il demeure au giſte dans les guerets ou
bleds, c'eſt vn ſigne aſſeuré d'vn beau temps, ce que vous connoiſſez le
matin, les attendant à la rentrée ſur le bord du bois, & que vous n'y en
voyez venir aucun; ces remarques ſe doiuent faire ſelon les ſaiſons,
l'aage, & le naturel des Liévres : car les Levraux & les ieunes Liévres
n'ont pas encores toutes ces adreſſes & habitudes, eux qui demeurêt dãs
les lieux où ils ont eſté nez & nourris iuſques à ce qu'ils ſoient forts;
c'eſt auſſi à l'exception des Liévres qui ſont ladres, qui ſont leurs demeures dans des lieux humides & mareſcageux, comme dans quelques
petites Iſles, & aux queuës des eſtangs ſur des buttes de ioncs, ou dans
les bas des terres aupres des prez, y ayant ordinairement de l'eauë dans
leur giſte. Il y a auſſi les temps que les Liévres ſont en amour, & lors
ils ont vn tel déreiglement en leur façon d'agir, que l'on n'y peut faire
aucun iugement, à cauſe qu'ils ſont touſiours ſur pied, courans les vns
apres les autres iour & nuiĉt; mais ils n'ont pas leurs ſaiſons de chaleur
ſi reglées que les autres beſtes : & ce qui nous le fait connoiſtre, c'eſt
que nous voyons des Levrauts preſque en tout temps; neantmoins ils
ont les mois de Decembre & Ianuier pour leur principale & plus aſſeurée chaleur, & que ie croy eſtre reglée pour les vieux Liévres : car ceux
qui peuuent eſtre en chaleur dans les autres temps, ſont des Levraux
qui naiſſent dans les ſaiſons extraordinaires, & qui viennent en aage &
en chaleur dans vn temps déreglé, n'ayans bougé d'enſemble, ou ſe rencontre d'ordinaire maſle & femelle. Les hazes peuuent faire iuſques à

trois Levrauts, ce qui fe peut connoiftre lors que vous en prenez vn qui
aura vne étoille au front; il n'y a aucune connoiffance par le pied entre
le mafle & la femelle; mais l'on en peut faire des conjectures, lors qu'on
en deffait la nuict auec des chiens courans, puifque le mafle fait beaucoup plus de païs que la femelle qui ne fait que tourner allentour du lieu
ou elle veut fe mettre au gifte, & qu'auffi lors que vous les chaffez, la
femelle tourne plus que le mafle & tient moins de pays, & ne s'éloigne
pas auffi tant des chiens, & en les voyant, l'on y peut remarquer que le
mafle a ordinairement la tefte plus courte & plus carrée, le corfage plus
petit, & le poil plus rouge, ce font les fignes qui peuuent faire coniectu-
rer que c'eft vn mafle.

CHAPITRE III

Des proprietez du Liévre.

LEs proprietez du Liévre fe rencontrent beaucoup plus aux goufts
qu'à la fanté, neantmoins la ceruelle en eft bonne pour attendrir les
genfiues aux petits enfans, & leur faire plus promptement percer les
dents, en leur en frottant, & le pied de deuant du Liévre eft propre pour
ceux qui font fujets à la colique : fi c'eft le pied droit, il le faut porter au
cofté droit, & le pied gauche au cofté gauche, c'eft ce que i'ay veu experimenter à vn Gentil-homme de condition, & cela fans tirer à confequence, ny bleffer noftre Religion Catholique, Apoftolique, & Romaine.
Le poil eft auffi propre a étancher le fang; mais pour le gouft, on le
peut mettre en plufieurs apprefts, defquels il n'eft pas befoin de parler.
mais feulement de deux qui femblent eftre les plus commodes aux chaffeurs, à caufe de la facilité & promptitude à les apprefter : Le premier.
c'eft de fe feruir du foye & du fang pour le méler auec des œufs, & en
faire vne omelette, & le fecond c'en eft vn que i'ay inuenté; apres auoir
tué vn Liévre vn iour de Carefme-prenant, qui eftoit fi vieil & fi dur,
qu'il nous fut impoffible de luy feparer les aureilles auec les mains,
quoy que nous l'euffions repris à plufieurs fois; ie m'auifay pour éprouuer fi on le pourroit attendrir de le faire vuider feulement, & auffi-toft
apres l'embrocher fans l'écorcher, faifant rougir deux péles à feu : &
pour ménager le lard, i'en coupay deux tranches, comme pour faire des
lardons, & les attachay auec du fil à deux lattes, paffant le fil entre la
couenne & le gras, afin qu'il ne fe brûlaft pas; & quand mon Lievre euft
le poil affez fec, i'y mis le feu auec vn tifon flamboyant : le poil eftant

brûlé, ie pris vne des pelles rouges & appuyay mon lard contre icelle, le faifant degouter fur le Lievre, & continuay auec ces pelles, qui rougiffoient l'vne apres l'autre, iufques à ce que ie vy que la peau fe feparoit du corps, & que ie la pû ofter facilement auec des pincettes (ce qui fe peut faire aufli auec la main) & apres eftre détachée & oftée, ie l'arroufay encores vne fois auec le lard, & apres auec du fort vinaigre : & le voyant cuit, l'on y fit vne faulfe, qui fe peut faire douce, ou à la poiurade, felon le gouft : ce vieil Lievre & dur qu'il eftoit, auparauant d'eftre cuit, fe trouua plus tendre qu'vn levrault gardé de trois iours, d'où il fortoit du ius en le coupant, comme d'vn gigot de mouton, qui font les deux chofes contraires qui rendent les Liévres roftis mauuais : ioinct la dureté, & qu'ils font alors fort fecs. Et apres y eftre tout à fait experimenté, le deffunct Roy Louis XIII. me commanda vn iour des Roys, à Verfaille, de luy en faire apprefter vn qui venoit d'eftre pris, & propre pour en faire l'experience, eftant tres-vieil & tres-dur. Il eut aufli la curiofité de vouloir le venir voir roftir à la bouche (ainfi s'appelle la cuifine des Roys de France) fa Majefté le trouua fi tendre & fi excellent, & ceux qui auoient l'honneur de manger auec elle, qu'il n'y demeura que les os. I'ay voulu mettre cét appreft, pour feruir aux Chaffeurs, lors qu'ils auront pris vn Lievre à la campaigne, & qu'ils iront pour repaiftre dans vn mauuais cabaret, où ils ne trouueront rien : & par cét aduis, ils pourront faire promptement leur difner, & retourner incontinent à la chaffe.

CHAPITRE IV

Des faifons où il faut chaffer le Lievre.

CE n'eft pas affez de vous auoir fait connoiftre les vents & les temps qui font contraires à la chaffe du Lievre, il faut que ie vous donne encore la connoiffance de la terre & des faifons propres, & celles qui y font contraires, comme font les gelées, à caufe que cette chaffe fe fait prefque toufiours dans la plaine, où les chiens fe pourroient deffoler & en feroient long-temps boiteux; ce n'eft pas que l'on ne puiffe chaffer dans l'Hyuer, pourueu que l'on faffe choix des lieux propres pour cela, comme dans des plaines, où il y a des brandes, & dans des fonds de fable, où le Soleil aura paru vn peu de temps, pour amortir la plus groffe gelée, comme en d'autres pays, où il a dégelé, & en fuite dans le Printemps, iufques à ce que les grains foient grands à les pouuoir gafter, & qu'en ce temps les hazes ont leurs levraux tres-petits. Toutes ces confiderations vous doiuent retarder de chaffer le Lievre, iufques à ce que la recolte foit faite, au moins a ceux qui habitent les plaines, & d'attendre iufques au mois de Septembre propre à dreffer les ieunes chiens. La terre en eft fraifche, le Lievre y fait des portées dans les chaumes & regains; ce qui augmente le fentiment aux chiens. Il y a de grands Levraux que vous pouuez prendre & forcer en vne heure, quelquefois moins : c'eft ce qu'il faut à vos ieunes chiês. I'ay dit au Traiété pour Cerf, comme il falloit accouftumer les ieunes chiens dans le chenil, & les apprendre à aller au couple : vous en deuez vfer ainfi des chiens pour Lievre, finon que vous les pouuez faire chaffer deux mois plus ieunes, à caufe qu'ils ne font pas obligez à faire de grandes traittes, comme les chiens pour le Cerf, parce qu'on les peut reprendre, quand on veut, puis que cette chaffe fe doit faire dans la plaine, n'eftant pas encores en cecy dans le fentiment du fieur du Foüillou, qui veut que l'on cõmence à faire chaffer les ieunes chiês pour Lievre, dans les bois & pays couuerts, & mefme que l'on les y découple; ce que ie n'approuue pas, parce que cette methode ne peut produire que de mauuais effets, à caufe qu'il s'y peut trouuer vn Renard, vne foüine, vn chat & d'autres beftes, felon les pays, & que ces ieunes chiens peuuent chaffer longtemps auparauant que vous puiffiez voir ce qui eft deuant eux : ioinét qu'il eft difficile aux Picqueurs de les fuiure dans des pays fourrez, où fe font chaffer ces animaux, qui ne font que tourner, où il vous feroit mal-aifé de les ofter de deffus les voyes de ces beftes & les y chaftier : & auffi que fi vous donnez des ieunes chiens dans des pays couuerts, ou le fentiment eft bien plus grand du Lievre, que dans la plaine, ce que i'ay dit, leur fait prendre vne mauuaife impreffion d'abord, & fera que toutes les fois qu'vn Lievre viendra à la plaine, ils en mépriferont les voyes, à caufe du fort fentiment qu'ils auront eu dans ces pays couuerts; & c'eft cela qui leur fait méprifer les voyes, ou au moins, les chaffer mollement : ce qui donne le temps à vn Lievre de fe fortlonger & ruzer deuant eux, & fait que les voyes s'amoindriffent toufiours dans le fentiment des chiens, & qu'en peu de temps de-là ils ne les veulent plus chaffer, allans pluftoft chercher d'autres voyes dans les pays couuerts : ioinét qu'apres les auoir accouftumé à aller chercher & quefter vn Lievre dans les bois, & qu'en fuite vous les vouliez mener quefter à la plaine, pour lancer vn Lievre, ils ne le feront que tres-negligemment, & ne penferont qu'à trouuer du couuert : Et quand bien ils y auront lancé vn Lievre, s'il ne va bien-toft dans ces pays couuerts, ils ne l'y maintiendront pas, fi ce n'eft par vn temps fort propre à chaffer. Vous eftes auffi dans ces pays couuerts, priué de la moitié du plaifir que vous pouuez auoir à

chaſſer le Lievre, d'entendre ſeulement vos chiens, & de ne les pas voir;
Mais dans la plaine, vous auez le plaiſir entier, y voyant tout ce que ſont
vos chiens, eſtant en voſtre pouuoir de les chaſtier, & ainſi les rendre à
commandement en bien moins de temps, puis que vous leur pouuez
donner d'abord, ſans y manquer, la connoiſſance de ce que vous voulez
qu'ils chaſſent, en enuoyant deux heures deuant, reconnoiſtre par vn
homme ou deux, à cheual, dans le pays où vous deſirez chaſſer, pour
voir vn Lievre au giſte, ſi vous ne vous voulez donner la peine &
la patience de le faire queſter auec des chiens dreſſez; vous leur donnerez ce Lievre remarqué, dans vn pays où il y en ait peu : car s'il y en
auoit beaucoup, ils en feroient partir ſouuent & en prendroient le
change; & les voyât, cela les obligeroit à faire des efforts, & leur donneroit vne mauuaiſe habitude de leuer le nez auſſi-toſt qu'ils rencontreroient de bonnes voyes, ou qu'ils entendroient vn chien crier. Ie ne
voudrois pas auſſi que l'on attendiſt à faire partir le Liévre que l'on auroit veu au giſte, à la veuë des chiens; mais que ce fuſt vn peu auparauant, & qu'apres on les menaſt ſur les voyes, & que vous euſſiez choiſi
auſſi vne belle iournée exempte de ces vents, que la terre ſoit bonne,
comme s'il auoit pleu le ſoir auparauant, & non d'vne heure ou deux,
pour les raiſons que i'ay dites cy-deuant.

CHAPITRE V

*De la qualité des chiens que les Gentils-hommes doiuent auoir
pour forcer le Lievre, & comme l'on les doit tenir.*

LA chaſſe du Lievre eſt celle qui conuient le mieux aux Gentils-
hommes, à cauſe qu'elle eſt de moindre dépence pour les hommes
& pour les cheuaux, & où il n'eſt pas beſoin que les chiens ſoient grands
pour y reüſſir : ce qui fait qu'il leur faut moins de pain, & auſſi qu'ils
peuuent faire cette chaſſe dans leurs petites terres, en leur particulier; &
quand ils voudront chaſſer à plus grand bruit, ils ſe pourront aſſembler
& ioindre leurs petites Meutes enſemble : ce qui les entretient dans la
ſociété & bonne intelligence, & leur oſte la ialouſie qui regne ordinairement parmy les Chaſſeurs, ne pouuants ſouffrir que leurs voiſins
chaſſent ſur leurs terres; Mais comme cela, tout eſt en commun : ce qui
eſt doit eſtre, & ne faire pas comme quelques-vns qui croyent que leurs
voiſins qui ont ſur eux fait lancer vn Lievre par leurs chiens, ne le

peuuent fuiure fur leurs terres; mais qu'auffi-toft qu'ils y entrent, ils
doiuent rompre leurs chiens; c'eft où ils fe trompent, veu que ce refpeĉt
n'eft deu qu'aux Roys, encores ce ne doit eftre que dans quelques-vnes
de leurs terres, qu'ils referuent pour leur plaifir particulier : car pour les
leurs autres terres, ils ont eu de tout temps la bonté de les donner aux
plaifirs des Gentils-hommes; ce qui doit eftre permis aux Gentils-
hommes & auffi aux terres d'Eglife, l'ayant veu iuger & decider ainfi
au deffunĉt Roy Lovis le Ivste, eftant à S. Germain en Laye, qui voulut auoir la bonté de prendre connoiffance d'vn pareil differend meu
entre deux Gentils-hommes qui eftoient de fes domeftiques, où toutes
les particularitez cy-deffus furent déduites. Cette focieté, que les Gentils-hommes doiuent auoir inuiolable, fait auffi qu'ils ne s'emportent
pas dans la prefomption de vouloir tenir des Meutes au de-là de leur reuenu, afin de chaffer auec plus grand bruit que leurs voifins, en quoy
plufieurs ont incommodé leurs familles : les vns par oftentation, & les
autres par vn tres-grand attachement à la chaffe, n'ayans point d'autre
penfée, où Dieu peut eftre offencé, puis que nous deuons auoir les temps
& les heures reglées, pour vacquer au fpirituel & au temporel, & apres
il veut bien que nous ayons celles de notre diuertiffement. Vous obferuerez que les chiens pour Lievre, ne doiuent eftre ny grands, ny petits,
pour plus generallement eftre bons : car, comme i'ay defia dit, les
grands chiens y reüffiffent peu, à caufe qu'ils font haut de terre & qu'ils
en ont moins de fentiment du Lievre : ioinĉt qu'ils n'ayment pas à tant
tourner, pour employer mieux leur viteffe & la faire paroiftre; les petits chiens font auffi plus vigoureux, & fe tiennent en meilleur corps &
font de plus grande fatigue pour chaffer. Ils doiuent eftre taillez dans
leur proportion, comme les chiens pour Cerfs : & pour le poil, fi ce
n'eft pour les Princes & grands Seigneurs : ie tiens qu'il eft mieux de ne
s'y pas attacher; mais feulement n'en prendre pas de ces poils élauez,
dont i'ay parlé au Traiĉté pour Cerf. Vous les deuez loger à proportion
de vos conditions & de la quantité de chiens que vous aurez dans des
chenils, afin de les tenir enfermez, fi vous en voulez auoir tout le plaifir : car fi vous les laiffez vagabonds, ils vont le matin chaffer à la rozée :
ce qui leur gafte le nez & fait qu'ils ne veulent plus chaffer dans la chaleur, ny pour voftre plaifir, ayant defia pris le leur dans leur particulier,
ou s'il vous obeïffent, ce fera auec negligence, peu de viteffe & de force,
eftans fi pleins de quelque befte morte, qu'ils ne pourroient plus aller.
Il faut auoir le foin de les panfer, au moins deux ou trois fois la fep-
maine, particulierement le lendemain de la chaffe, pour leur abbatre la
poudre & la fueur qu'ils y pourront auoir pris, & leur vifiter les iambes
& les pieds.

CHAPITRE VI

Où l'on doit trouuer les Lievres dans les faisons.

IE commenceray par l'Autonne, à vous faire voir où se trouuent les Lievres & Levraux, puis que c'est la faison la plus propre pour dresser les ieunes chiẽs; vous deuez donc aller chercher, lors qu'il fait sec, les Lievres dans les chaumes de bled & d'auoine, particulierement où il y aura des chardons : & quand il aura pleu, les quester dans les terres nouuellement labourées; les Lievres ne se plaifans pas dans ces chaumes, lors qu'ils font moüillez, & les Levraux dans les hayes & buiffons, comme dans les clos de petites maifõs, à l'écart : & durant l'Hyuer, dans quelques petits bois & gros halliers, où il y aura quelques tas de pierres, & auffi fur le haut d'vn foffé, & quand il fera vne belle iournée, dans les bleds verds, où vous pouuez auoir connaiffance qu'ils font au gifte, par vne vapeur de leur haleine, qui paroift comme vne petite fumée; c'est la pratique, qui vous peut donner cette cõnoiffance. Ils fe mettẽt auffi volontiers dans quelque maifon ruinée, où il fe trouuera des épines & des ronces, pour eftre en ce lieu à l'abry du vent : & au Printemps, dans les terres nouuellement labourées : & quand il fait chaud, au pied de quelque petit buiffon, ou genefts, proche d'vn gagnage, pour fe mettre à couuert des mouches.

CHAPITRE VII

Des ruzes & addreffes des Lievres, quand ils font chaffez.

LES Lievres, quoy que les plus petits de tous les animaux defquels ie parle dans mon Traité de Chaffe, ne font pas les moins rufez, particulierement les vieux & ceux qui ont efté courus auec les chiens-courans, que l'on peut connoiftre quand ils fe font voir dans le gifte, d'où ils ne veulent partir qu'en leur donnant de la houffine : & auffi quand ils fe mettent au milieu d'vne plaine, & au lieu le plus eminent; & que lors qu'ils en font partis, pour commencer à courre, ils fe font petits, & eftans entrez dans vn chemin, le longeant, ils fecoüent le iarret de temps en temps; par ces fignes, vous vous pouuez affeurer qu'ils font de grande viteffe & haleine, & que c'eft vn mafle : car les femelles

(comme i'ay defia dit) ne s'écartent pas fi loin de leurs demeures : ioinct
qu'elles font ordinairement dans les buiffons, ou fur le bord de quelque
foffé; fi ce n'eft par vn iour extraordinairement beau. Ce Lievre donc
pourra longer vn chemin demy-lieuë ou plus, & iufques à ce qu'il ait
trouué vn carrefour, où il y ait plufieurs chemins pour faire fes rufes,
en les longeant & reuenant fur luy, courant prefque de fa force, afin de
maintenir l'auantage qu'il a d'eftre fortlongé & éloigné des chiens, & les
oyant venir, s'il y a quelque grande piece de terre labourée, que nous
appellons guerets, il y entrera, faifant encores le petit, de peur d'eftre
apperceu : & s'il fait chaud & que la terre foit fort feiche, il la trauer-
fera, ayant l'addreffe & la rufe de voir qu'il fait voler la poudre par tout
où il paffe, qui recouure fes voyes & ofte vne partie du fentiment aux
chiens qui le chaffent, & s'il a pleu quelque petite lauaffe, il l'allongera
dans les rayes où l'eauë aura vn peu couru, & où il fera gacheux, afin
qu'il emporte de cette terre detrempée auec fes pieds, qu'il a tres garnis
de poil : & comme cela, il ofte encores le fentiment aux chiens, qui
trouueront auffi fes voyes aller de hautes erres, à caufe du temps qu'il
leur aura fallu à deméler ces retours & rufes, & fe voyant fortlongé des
chiens, & qu'il a le temps de chercher le change, il le va trouuer, &
comme il eft l'ancien, il fait partir le ieune Lievre de fon gifte en le battant, s'il n'en veut fortir, & fe met en fa place : Ce Lievre nouueau qui
entend fonner les cors & venir les chiens, s'en va; les chiens arriuent où
le Lievre de la Meute eft relaiffé, qui ne bougera, fi vn chien ne le fait
partir du nez ou de la dent : & cela n'eftant pas, vos chiens trouuent les
voyes du Lievre frais, qui vont du mefme temps, puis qu'il eft party
quand celuy de la Meute eft demeuré, & ainfi il vous donne le change,
& fi cette rufe ne luy reüffit, eftant relancé & échapé des chiens (car i'en
ay veu faire fi fort les fins, qu'ils fe laiffoient enuelopper & prendre au
milieu de huict ou dix chiens) mais s'il s'en échappe, vous le verrez faire
des diligêces tres-grandes pour regagner fon auantage & s'éloigner encores des chiens, pour chercher quelque autre occafion de rufer, puis
que celles-là ne luy ont pas reüffi. Comme s'il voit vn troupeau de
vaches; ou de beftial blanc, qui en paiffant foit épars, il aura l'addreffe
d'y aller doucement en fe faifant petit : pour ne les pas efpouuanter &
r'affembler, afin qu'il y puiffe faire deux ou trois rufes auparauant que
de fe flaftrer au milieu d'eux, où il attendra les chiens, qui eftans venus,
peuuent courre apres le beftial, & par leurs fuites auront paffé fur les
voyes du Lievre, & les auront effacées, ce qui en oftera le fentiment : &
s'il eft relancé, il s'en ira encore de fa force droict à quelque hameau,
pour y rufer allentour des maifons, dans les chemins battus du beftial :
& apres, s'il y a quelques maifons ruïnées de long-temps, il montera

huiɛt à dix pieds ſur vne muraille, pour s'y relaiſſer; & s'en voyant relancé, il s'en ira dans quelque petit bois, faiſant feinte de le paſſer, &
reuiendra ſur ſes voyes, demeurer à dix pas d'où il eſt entré ſur le haut
d'vn foſſé, ou ſur quelque tocque de bois, & allant dans vne plaine, ſur
ſes fins, il ſe mettra dans quelque trou qu'aura fait vn chien dans la
terre, pour y chercher vn mulot, ou ſous quelque rocher, ou le long des
hayes, ſur quelque foſſé, apres auoir fait vn élan & vn ſaut extraordinaire, afin que les chiens n'en ayent pas le ſentiment iuſques-là. Ce
n'eſt pas qu'vn Lievre faſſe toutes ces rueſs que i'ay dites cy-deſſus,
toutes les fois qu'il eſt chaſſé; mais elles peuuent arriuer en pluſieurs
chaſſes : & ſi c'eſt vn Lievre ladre, vous le pouuez connoiſtre auſſi-toſt
qu'il ſera ſorti de ſon giſte, que vous trouuerez dans les lieux mareſcageux, & bien ſouuent pleins d'eauë. Ce Lievre ſera ſes r, uſes contraires
au premier dont i'ay parlé : car celuy-cy ſe ſera chaſſer dans des lieux
humides & battra l'eauë auſſi quelquesfois, quand il la rencontrera
commode à ſa taille, en gardant les lieux mareſcageux, qui eſt le centre
de ſa demeure. l'ay voulu vous faire connoiſtre toutes ces ruſes, comme
ie les ay prattiquées, auparauant que de vous montrer comme il les
faut exercer en chaſſant, afin que vous en ayez vne plus parfaite connoiſſance.

CHAPITRE VIII

Comme l'on doit faire chaſſer les chiens pour forcer le Lievre.

I'AY fait connoiſtre dans les Chapitres precedens les ruſes des Lievres,
& des temps qu'il les falloit attaquer pour les forcer ſelon les ſaiſons, puiſque ces precautions font le fondement de cette chaſſe, comme
de ſçauoir connoiſtre les lieux qui ſont les plus auantageux aux ſentimens des chiens, & qu'il falloit que ce fuſt en des païs découuerts pour
y pouuoir voir touſiours les chiens chaſſer, tourner & requeſter, afin que
le plaiſir en ſoit entier, pourueu que ce ne ſoit pas dans des plaines où
il y ait beaucoup de Liévres, comme ſont celles que les Princes & Seigneurs conferuent, où vous auriez bien moins de plaiſir, puiſque
vous verriez ſouuent partir le change, & le prendre à vos chiens qui ne
le peuuent pas garder, comme d'vn Cerf. Ce n'eſt pas qu'il n'y en ait
quelques-vns des vieux, qui apres auoir chaſſé vne demy-heure vn
Liévre, ne donnent quelques connoiſſances aux Picqueurs, lors que le
change eſt party, & va deuant eux en les voyant chaſſer plus froidement,

& auffi qu'en ces pays où les chiens voyent fouuent des Lievres, ils en
contractent de mauuaifes habitudes telles que ie les ay defia dites; Vous
vous reffouuiendrez auffi de ne les pas faire chaffer, quand il y aura de
la rofée fur la terre, fi ce n'eft quelquesfois dans les extrémes chaleurs,
en ce cas il faut faire de neceffité vertu, comme d'obferuer les vents;
neantmoins s'il ne fait que le vent autan, vous ne laifferez de chaffer,
pourueu que vous obferuiez de n'attaquer pas, pour ce iour-là, le Lievre
dans vne grande plaine, où il peut plus effuyer les voyes que dans les
lieux couuerts, & auffi vous peut moins incommoder à ouyr les chiens,
& vous entendre les vns les autres. Et apres vous eftre reffouuenu de
ces chofes que i'ay voulu vous dire encores vne fois toutes enfemble,
afin de vous en raffraifchir la memoire dans l'occafion neceffaire, il faudra preparer vos chiens auec foin, afin qu'ils en paroiffent plus beaux
& agreables à voftre Maiftre, & à ceux qu'il aura conuiez de les voir
chaffer, & en aller receuoir le commandement de luy le iour auparauant,
pour en aduertir ceux qui feront fous voftre charge, afin qu'ils fe leuent
du matin pour aller bouchôner & peigner les chiens, leur vifiter les
iambes & les pieds, pour voir s'ils n'y ont point d'épines ou de dentées,
& s'il y en a quelques-vns qui ayent les pieds échauffez ou deffolez, il
les faut laiffer ce iour-là au chenil, & iufques à ce qu'ils foient guaris :
& s'il y en a de maigres, qui peuuent eftre quelques ieunes chiens qui
auront trop d'ardeur à la chaffe, en prenant au delà de leurs forces,
ceuxlà ne fe doiuent faire chaffer que de deux chaffes l'vne, afin de leur
donner le temps de reprendre leurs forces : car autrement vous les mettriez fi bas qu'ils deuiendroient eticques. Vous pouuez voir mieux
toutes ces chofes, lors que vous les menerez à l'ébat, et prendrez le
compte de ceux qui pourront chaffer pour le dire au Commandant à
l'equipage, ou à voftre Maiftre, & leur dônerez peu à manger pour le repas, particulierement aux chiens gras & æux chiens Anglois; Ayant fait
ces diligences, vous deuez déjeuner & faire déjeuner voftre monde, &
auffi-toft apres commander aux valets de chiens qu'ils aillent coupler,
où le Commandant doit aller auffi, afin qu'il ordonne de ceux qu'il faut
laiffer au chenil, & apres leur avoir donné l'ordre du lieu où ils doiuent
aller à la chaffe, il doit monter à cheual, & aller trouuer fon maiftre,
pour luy dire que fes chiens vont au rendez-vous, & la quantité qu'il en
aura ce iour-là, pour chaffer & luy dire les caufes pourquoy les autres
font demeurez, & voyant fon Maiftre à cheual, & qu'il ait receu le fecond ordre pour aller au lieu où il veut chaffer, il doit s'en aller au galop ioindre fes chiens pour les y mener, & y eftant, il doit prendre fon
mouchoir par vn coin, leuant la main auffi haut qu'il pourra, pour voir
d'où vient le vent, afin d'y découpler & y mener fes chiens quefter, pour

leur donner plus de fentiment & de facilité a déméler la nuict d'vn
Lievre, lors qu'ils en auront rencontré, en parchaffer & tenir la voye
iufques à ce qu'ils l'ayent lancé ; fon Maiftre eftant arriué, il luy doit
donner vne houffine, pareillement à ceux qui feront auec luy, pour
battre les hayes & les buiffons, afin d'en faire partir le Liévre & repartir, lorsqu'il y fera relaiffé, & auffi pour chaftier les chiens quand ils feront en faute, & les faire r'allier au corps de la Meute, & apres il doit
demander à fon Maiftre s'il luy plaift qu'il faffe découpler, & s'il dit ouy,
il doit mettre pied à terre, & paffer les refnes de la bride de fon cheual
dans le furfais, ou les fangles, pour l'empefcher qu'il ne s'en aille, afin
d'ayder à tenir les chiens & les découpler. Il doit commencer par les
plus fages, & s'il y a des icunes chiens qui n'ayent pas encore chaffé, les
faire prendre & tenir par vn valet de chiens à qui il ordonnera de ne les
donner que iufques à ce que les autres ayent lancé vn Liévre, & qu'ils
l'ayent chaffé vn quart d'heure, à caufe qu'il les pourroit faire emporter
en queftans, courans, & crians apres les cheuaux & les oifeaux, ce qui
les peut laffer fi l'on eft long-temps fans trouuer vn Liévre, & afin que
cela leur dône auffi vne meilleure impreffion quand vous les donnez
d'abord dans les voyes d'vn Liévre, & vne vraye connoiffance de ce que
vous voulez qu'ils faffent. Cela ne doit eftre que pour les deux ou trois
premieres fois que vous les faites chaffer : car apres il les faut donner
d'abord auec les chiens dreffez pour les accouftumer à quefter & parchaffer des voyes de la nuict d'vn Lievre : Les chiens eftans donnez, &
le Picqueur à cheual, il doit demeurer ferme pour laiffer paffer cette
premiere equipée que font ordinairement les chiens François au partir
du couple (car les chiens Anglois en ont peu) & apres les appeler en leur
difant, *à moy chiens tié hault*, & ne reuenans pas, il faut qu'il fonne par
mots entrecoupez, & le premier ton du grefle, pour les obliger à reuenir
pluftoft. Eftans reuenus, il doit les mener quefter au lieu deftiné, & dans
le vent, en leur difant, *bellement mes bellots*, par plufieurs fois, & pour
les obliger à quefter, il leur faut dire *Holoo, Holoo, Hololoo*, & fonner
de temps en temps par mots entrecoupez du gros ton, leur criant auffi
au lict, au lict chiens, & s'il en voit quelqu'vn à qui il doit auoir creãce,
fe rabatre des voyes de la nuit d'vn Lievre, & en crier, il doit aller à luy
& luy dire *Vel cy allé*, plufieurs fois, le nommant, & fonner afin de faire
venir les autres, pour luy ayder à déméler & parchaffer ces voyes, & fi
elles alloient de trop hautes erres, & que vous veiffiez qu'elles ne fiffent
que tourner, c'eft figne que ce Lievre s'ira mettre au gifte loin de là, &
que c'eft le lieu où il aura fait fa nuict & fon viandis. Alors le Picqueur
doit appeller fes chiens, & aller prendre de grands deuans dans le vent,
& confiderer la faifon dans laquelle il eft, & le temps qu'il fait ce iour-là,

comme fi la terre eft humide, ce Liévre ira demeurer dans vn lieu fec,
fur vne petite eminence où il y aura quelque murjer ou tas de pierre, ou
fur le haut d'vn foffé releué, ou s'il n'y en a dans ce lieu, ce fera dans la
terre la plus éleuée, pourueu qu'il ne faffe pas grand vent; & s'il fait fort
fec, il fera dans les bouts & culées des terres où le chaume eft grand,
proche les prez, & dans les endroits où il y aura force chardons; fi c'eft
dans vn païs dont les terres foient en friche, ce fera fous quelques genefts et petits buiffons, pour fe parer du grand chaud & des mouches.
Cependant que le Chaffeur le queftera auec fes chiẽs, ceux qui font à
cheual, doiuent eftre feparez les vns des autres de cinquante à foixante
pas, regardant à terre pour effayer de voir le Lievre au gifte : ce qu'arriuant, ils doiuent crier d'abord *Holoo ie le voy*, & marcher toufiours,
afin de ne pas faire partir le Liévre, & apres faire figne du chapeau au
Picqueur, s'il en peut eftre veu, finon ietter fon mouchoir à terre en lieu
où le puiffe retrouuer, aller faire venir le Picqueur & les chiens, & venir deuant pour faire partir le Lièvre, afin que les chiens ne le voyent
pas pour les raifons que i'ay dites, & parce que cela les oblige à faire
des efforts, & les empefche de fi bien prendre la voye, au moins fi toft,
à caufe qu'ils n'ont pas le fentiment libre, lors qu'ils font hors d'haleine ;
Le Lievre eftant party du gifte, il faut que ceux qui font à la chaffe, le
confiderent pour remarquer s'il eft grand ou petit, ce qui fe peut iuger
dans fa proportion par ceux qui font experimentez en cette chaffe,
comme s'il eft rouge, ou gris, blanc, ou gris brun, afin que lors que le
change partira, ils le puiffent reconnoiftre, & le dire aux Picqueurs, qui
ne doiuent pas preffer les chiens à cette chaffe, particulierement du commencement, ne les deuant approcher d'vn bon quart d'heure, que de
cent pas, & apres de cinquante, & tous ceux qui font à la chaffe, les
doiuent fuiure, fans s'écarter à droit ny à gauche dans la plaine, où ils
pourroient rompre les voyes du Lievre qui tourne tres-fouuent, ce qui
empefcheroit les chiens d'en pouuoir reprendre le bout du retour, & les
feroit tomber en defaut; ils ne doivent pas auffi fonner qu'à la queuë des
chiens, & apres le Picqueur, quand bien ils verroient le Lievre, pourueu que les chiens chaffent, puifqu'ils feroient venir ceux qui ne feroient
pas dans la voye, & leur apprendroient à couper, ioint qu'il faut toufiours maintenir les chiens enfemble pour chaffer à plus grand bruit, &
en rendre le plaifir plus parfait; car s'il y en auoit quelqu'vn qui empor-
taft la voye du Lievre, cent pas, ou plus, deuant les autres, il le faudroit
arrefter, en luy difant *derriere*, & non *haye;* car ce mot de *haye*, ne fe
doit dire qu'aux chiens qui font en faute, comme quand ils chaffent le
change; mais fi les chiens eftoient en defaut; que les fçauans dans la
chaffe viffent le Lievre de la Meute, le iugeant tel par les remarques que

i'ay dites, & que la terre eſtant humide, il ſuſt moüillé & crotté, & par
la chaleur, qu'ils le viſſent échauffé & dehaſté, en ce cas ils doiuent ſonner pour faire venir les Picqueurs & les chiens, afin de releuèr le defaut; & ſi le Liévre enfile & longe vn chemin, & qu'il ait deſia quelque
auantage deuant vos chiens, eſtant fort-longé; en ce cas ne les preſſez
pas, afin de donner le temps à ceux qui ſont les moins auancez, d'en
trouuer le retour, comme il arriue le plus ſouuent, ſpecialement quand
c'eſt vn chemin qui confine à des terres nouuellement labourées que
nous appellons guerets, où le Lievre ſe plaiſt à les trauerſer, particulierement s'il a eſté chaſſé d'autres fois, ayant l'adreſſe de connoiſtre que
c'eſt où les chiens ont le moins de ſentiment; Et lors que vous verrez
vos derniers chiens prendre la voye du retour dans le gueret, ne voyant
point partir le Lievre, & que vos premiers chiens ſoient demeurez, vous
ſonnerez pour chiens, & leur parlerez pour les obliger d'en maintenir
la voye : car c'eſt vn ſigne éuident que c'eſt voſtre Lievre qui a tourné &
ruzé pour aller dans ce gueret où le chaſſent vos derniers chiens. Vous
remarquerez auſſi à quelle main il aura fait ce premier retour, pour y
tourner toutes les fois, puiſque de trente, il en ſera au moins vingt-cinq
à cette main. Il faut encores moins preſſer vos chiens dans ces guerets,
où ils ont le moins de ſentiment, & par conſequent plus de peine à tenir la voye, & que ſi vous les preſſiez, vous les obligeriez à l'outrepaſſer,
ou les faire aller à droit ou à gauche, & lancer vn autre Lievre : car c'eſt
en ces lieux que les Lievres giſtent plus volontiers; Et ſi voſtre Lievre
eſt fort-longé, & que ces terres ſoient ſeiches; le Lievre ayant fait voler
la poudre en courant, qui peut recouurir vne grande partie des voyes,
& en oſter auſſi du ſentiment, ou s'il a pleu, faiſant gâcheux, le Lievre
qui a le pied plein de poil, emportera cette terre détrempée auec ſes
pieds, ce que nous appellons paſter, ce qui diminuë auſſi beaucoup le
ſentiment, cela eſtant, il faut appeller vos chiens, & aller auec eux
prendre de grands deuans, & iuſques à des terres plus fermes, & vieilles
labourées, où il y ait des herbes & du frais, où le Lievre peut faire des
portées en quelques endroits (car ce qui touche aux iambes & au corps,
ſe doit appeller portées) ce qui augmente le ſentiment aux chiens, ou
bien vous irez par rencontre en quelque terre en friche, où il y a plus
d'herbe & plus de ſentiment, où il ſe conſerue auſſi plus long-temps;
vous menerez vos chiens en ces lieux prendre les deuans, les faiſant requeſter doucement, en vous ſeruant des termes & des tons pour ſonner,
que i'ay dit, afin que lors que voſtre Lievre paſſera, ils s'en rabattent &
le chaſſent; & ſi apres en auoir rencontré les voyes, vous rentriez dans
ces terres nouuellement labourées, ſans les auoir renouuellées, il faudroit reprẽdre encore vos grãds deuans, pour chercher d'autres terres

fermes & herbuës, & les ayans pris, fi vous ne trouuez voftre Lievre
paffé, il faudra les reprendre plus courts iufques à trois fois, les racour-
ciffant à chaque fois, en y allant tres-doucemenr, pour donner affez de
temps à vos chiens de s'en pouuoir rabattre, & leur ayder auffi de l'œil ;
& fi vous ne le trouuez paffé, c'eft vn figne éuident qu'il s'eft flaftré &
relaiffé ; alors il faudra aller auec vos chiens où vous auez quitté les
dernieres voyes, les y réchauffer (en leur parlant & fonnant, comme i'ay
dit) pour les obliger à tenir la voye, au moins que ce foit de temps en
temps, & ceux qui font à cheual, prendront garde à terre pour découurir & voir le Lievre relaiffé, & que les Picqueurs mettent pied à terre
pour regarder en fe baiffant aux lieux les plus fauorables, & effayer d'en
voir des voyes, & fi l'on voit partir vn Lievre, n'aller pas apres, qu'auparauant on n'ait veu le lieu d'où il eft party, pour iuger fi c'eft vn gifte,
ou vne flaftrure ; car fi c'eft vn gifte, il fera enfoncé & fort battu, ce
qu'ils font auec leurs pieds auparauant que de s'y mettre, comme le lieu
qu'ils choififfent pour y demeurer le iour, & y eftre plus cachez ; & fi
c'eft vne flaftrure, il n'y paroiftra que peu, puifqu'ils s'y mettent feulement fur le ventre, n'ayant pas le temps de la façonner, ils s'y razent
feulement le plus qu'ils peuuent ; & fi c'eftt vne forme, c'eft un figne
évident que c'eft vn Lievre frais : Il y peut auoir àuffi quelque doute,
quand bien ce ne feroit qu'vne flaftrure, & que vous n'euffiez pas iugé
au Lievre qui en fera party, les remarques que i'ay dites, pour voir que
c'eft celuy de la Meute, puifque ce peut eftre vn Lievre qu'vn berger, ou
vn mâtin peut auoir fait partir, il y aura peut-eftre vne heure ; il eft vray
que cela fe peut, ce que vous pouuez connoiftre à la flaftrure qui en fera
plus battuë que celle d'vn Lievre qui eft couru, & l'ayant relancé, il ne
manquera d'aller chercher d'autres lieux & de differente nature (puifque
ces guerets ne luy ont pas reüffi) & d'allonger le iarret, s'il en a encores
la force, pour faire diligence & fe fort-longer encores deuant les chiens,
afin d'auoir le temps de rufer d'une autre maniere, particulierement fi
c'eft vn mafle, à caufe qu'il fçaura plus de pays qu'vne femelle ; il ira
chercher vn carrefour, où fe trouueront force chemins, dans lefquels il
ira & viendra de toute fa force, pour auoir le temps d'aller & venir dans
tous : & apres il fe relaiffera fur le haut d'vn foffé, ayant fait vn faut, ou
vn élan de toute fa force, pour s'éloigner de ces dernieres voyes, afin
que les chiens n'aillent pas iufques à luy en le chaffant ; Et lors que vous
arriuerez à ce carrefour, & que vous verrez vos chiens chaffer dans tous
ces chemins, il faut les appeler, en leur fonnant & parlant, comme cy-
deuant, pour les faire venir à vous, requefter & les mener prendre les
deuants autour de fes chemins, & au de-la du lieu où le Lievre aura fait
fes retours, pour y trouuer fes dernieres voyes ; en cas qu'il s'en aille, &

ne le trouuant paffé, apres auoir pris vos deuants entiers au de-là de
toutes ces voyes, pour eftre affeuré qu'il demeure, il faut que les Picqueurs rameinent leurs chiens requefter allentour de ce carrefour, dans
les hayes & buiffons, s'il y en a, & les réchauffent en leur parlāt, pour
les obliger à y entrer, & battent auec leurs gaules, comme tous ceux qui
font à la chaffe & fur le haut des foffez, qui font entre les terres labou-
rables & ces chemins, où il fe peut relaiffer : Et l'ayant relancé, il faut
encore, pour eftre plus affeuré, que c'eft le Lievre de la Meute, aller voir
au lieu d'où il eft party, pour iuger fi c'eft vne forme ou vne flâtrure : &
dans le temps qu'ils voyent le Lievre, iuger s'il eft fait comme celuy
qu'ils ont chaffé iufques-là, & s'il va donner dans vn troupeau de beftial blanc ou à corne. Auparauant que vos chiens y foient mélez, il faut
les rompre & aller prendre de grands deuants auec eux, afin de trouuer
les voyes de voftre Lievre feules, & fans eftre effacées de ce beftial, fi
d'auanture il perce, finon vous reuiendrez requefter de l'œil & auec vos
chiens, dans voftre enceinte, où le beftial aura efté. Il faudra auffi obferuer fi voftre Lievre n'auroit point efté iufques au beftial & qu'il s'en
fuft retourné : & pour cela, il faut prendre vos deuants plus grands par
le lieu d'où vous eftes venus ; & l'ayant relancé, s'il va dans ces enclos,
où il pourroit auoir eu connoiffance de quelques Levraux, dont il vous
auroit donné le change, vous le connoiftrez, voyant chaffer vos chiens,
qui ne feront que tourner. Cela eftant, vous romprez vos chiens &
prendrez auec eux les grands deuants de ces iardinages, pour fçauoir fi
apres que voftre Lievre vous aura donné le change, il s'en eft allé, & ne
le trouuant paffé, vous viendrez requefter auec vos chiens au lieu d'où
eft party le change ; & s'il y a quelque mazure, ou quelque maifon ruinée, ou il foit venu quelques ronces ou épines, vous irez battre & quefter, fans y rien obmettre : car il y peut eftre allé iufques au haut pour
f'y flaftrer : & fi apres s'eftre relancé, il fe va mettre dans quelque
trou de Blereau ou de Renard, ou dans vn trou, fous quelque rocher : ce que vous pourrez iuger par vos chiens, qui le chafferont
iufques-là, & auffi à la voye du Lievre, qui eft longue & étroitte (celles
du Renard & du Blereau, eftans rondes & beaucoup plus larges) vous
l'en pourrez tirer auec vn églantier, qui eft vne forme d'épine, qui a ces
pointes vn peu larges, longues & crochuës, que vous mettrez dans le
trou à rebours ; & lors que vous fentirez que le bout touchera le Lievre,
vous appuyerez & tournerez l'eglantier, qui s'attachera au poil, &
comme cela, vous le tirerez ; Mais fi c'eft vn Lievre ladre que vous chaf-
fiez, il ne manquera d'aller chercher les lieux marefcageux, comme les
queuës d'eftangs, où il fe pourra relaiffer fur des buttes de ioncs qui y
font, & lors que vous y arriuerez & que vos chiens ne chafferont plus,

il faut les appeler pour retourner, afin de connoiftre s'il n'auroit point
efté iufques-là, & feroit reuenu tout court fur luy ; & ayant veu que cela
n'eft pas & qu'il entre dans l'eftang, pour y demeurer, ou en percer la
queuë, il en faut prendre les deuants ; & ne le trouuant forti, vous viendrez où vous l'auez trouué entré, pour y aller auec les cheuaux & obliger les chiens d'y requefter, fi le fonds en eft affez bon pour cela, finon
il y faut faire entrer des valets de chiens à pied, pour faire le mefme &
relancer voftre Lievre : il pourra auffi apres battre & longer l'eauë dans
quelques petits ruiffeaux, dont il faudra obferuer l'entrée, pour eftre affeuré s'il la monte ou defcend, pour aller auec les chiens & les Picqueurs, des deux coftez, & le trouuer forti : ce qui ne tardera pas long-
temps, ne s'opiniatrant pas à battre l'eauë, comme vn Cerf. Il peut
auffi paffer vn bras de riuiere à nage, pour entrer dans vne Ifle, où il
aura efté d'autres fois, pour y manger de l'ozeille, de quoy ces Lievres
font fort friands, & qu'ils s'en font fort bien trouuez, à caufe de la chaleur extraordinaire qu'ils ont ; ils s'y peuuent auffi relaiffer fur quelque
tefte de faule, qui ne fera éleué que de trois ou quatre pieds, où vous
pouuez entrer auec vos chiens, pour le requefter, relancer & le prendre.
Toutes ces chofes n'arriuent pas autant de fois que l'on court le Lievre ;
mais cela peut arriuer en plufieurs fois que vous le courrez. Le Lievre
eftant pris, il faut que le Picqueur foit diligent de l'ofter aux chiens &
de remonter auffi-toft à cheual, pour en eftre le Maiftre ; & y eftant, leur
montrer en criant, *Velleloo*, plufieurs fois : & apres il doit fonner, &
ceux qui font à la chaffe auffi, du grefle, pour obliger les chiens qui
traifnent, de venir : & s'il y a des ieunes chiens, leur montrer le Lievre,
particulierement apres que l'on aura fait retirer les autres : Cela eftant
fait, vous en fonnerez la mort par trois mots longs, comme pour Cerf,
& la retraite en fuite, & emporterez voftre Lievre iufques à ce que vous
ayez trouué vn pré, ou vne belle place, pour en faire curée à vos chiens,
prenant le pain qui eft coupé par petits morceaux (ainfi qu'il doit eftre
dans les gibecieres des Picqueurs) & s'ils n'ent ont, qu'ils en aillent
prendre à la premiere maifon, pour le broüiller & méler dans le fang du
Lievre, apres luy auoir ofté la peau ; ce qu'il ne faut pas manquer : car
elle feroit rendre gorge aux chiens, puis vous l'ouurirez & mélerez ces
petits morceaux de pain auec le fang & les dedans, qu'il faut auffi
mettre en pieces, & vne partie des épaules & des cuiffes : & l'autre, vous
les garderez pour les ieunes chiens en leur particulier. Apres la curée
faite, & pour le corps, vous leur donnerez, apres leur auoir fait manger
la moüée en forme de forthu, en fonnant le grefle, & du gros ton à la
moüée, que vous étendrez apres efte faite, comme i'ay dit, affez large,
afin que les chiens en ayent tous. Pour ces formalitez, elles s'y peuuent

obferuer de mefme que pour Cerf, puis que ce font les mefmes termes.
Et apres, vous recouplerez vos chiens & les compterez, afin de voir s'il
en manque, pour enuoyer vn ou deux de vos valets de chiens fonner la
retraitte par les lieux où vous aurez chaffé ; & puis vous prendrez vos
ieunes chiens, pour leur donner ce que vous aurez gardé du Lievre & de
la moüée, & leur faifant manger, vous leur frapperez de la main par
les coftez, en les nommant, & leur difant les termes qu'il faut pour les
faire chaffer. Cela fe doit faire, fans y manquer, à caufe qu'ils n'ont
pas encores la connoiffance de ce que l'on veut d'eux, afin de leur donner & les obliger à aller à la curée dorefnauant auec les autres, & auffi
d'y chaffer.

Fin de la Chaffe du Lievre.

DE LA CHASSE DU CHEVREUIL

L'ENTRÉE AU BOIS

LA CHASSE DV CHEVREVIL

CHAPITRE PREMIER

Des qualitez qui se rencontrent au Chevreüil.

IL semble que ceux qui ont écrit cy-deuant de la Chasse, n'auoient pas encores l'entiere connoissance du plaisir que l'on peut auoir à forcer le Chevreüil auec les chiens-courans, ny l'addresse de le faire, puis qu'ils en ont dit si peu de chose : & neantmoins c'est la plus considerable apres celle du Cerf, & elle s'y peut parangonner en plusieurs choses; le pied, le corps & la teste, ayans beaucoup de ressemblance dans leurs proportions. Ils font aussi leurs viandis de mesmes nourritures & dans les mesmes païs, où il faut agir de mesme façon, lors que l'on va en queste pour les détourner, & mesme quand on les donne aux chiens : & lors qu'ils y sont donnez, ils tiennent les mesmes pays & font les mesmes ruses que les Cerfs, sinon qu'ils ne s'éloignent pas tant, & ne se depayent pas si ordinairement que les Cerfs : ce qui n'en est pas moins agreable, puis que les relais en sont plus iustes, & que la retraitte en est plus facile : elle est aussi moins penible & de beaucoup moins de peine, n'estant pas obligé de tenir tant d'hommes, de cheuaux & de chiens, ny de si habiles gens dans le mestier, puis que l'on n'est pas tenu dans ce rapport, de discerner le masle d'auec la femelle : ce qui neantmoins est

mieux, quand on le peut faire, à caufe qu'il y a plus de plaifir à voir vn
Chevreüil auec fon bois deuant les chiens, qu'vne Chevrette qui n'en a
point, & que l'on en peut mieux garder le change, auffi bien que la race.
Il fe fait auffi mieux chaffer, & ne tourne pas tant que la Chevrette : ce
qui fe peut connoiftre quand on rencontre d'vn vieil Chevreüil, qui a ordinairement plus de pied que la Chevrette. Il y auffi de la difference à
leur façon d'agir, lors qu'il font leurs nuiêts (ce que ie feray voir cy-
apres) vous y auez auffi grande facilité à rencontrer des chiens pour
mettre à la main & chaffer le Chevreüil : car c'eft l'animal qui a le plus
de fentiment & qui donne le plus d'ardeur aux chiens, lors qu'ils le
chaffent : ce qui fait qu'ils n'en gardent pas fi hardiment, ny fi commu-
nement le change que d'vn Cerf. Il y a auffi plus de difficulté à le donner
aux chiens feuls, à caufe que le mafle & la femelle font ordinairement
enfemble.

CHAPITRE II

Comme il faut que les chiens foient taillez pour chaffer le Chevreüil.

LEs chiens pour chaffer & forcer le Chevreüil, doiuent eftre d'entre-
deux tailles & bien rablez, ayans dans leurs proportions les qualitez
que i'ay dites au chapitre des chiens pour Cerf, & qu'ils foient de race
de vrais chiens-courans, puis qu'il faut à cette chaffe des chiens d'vne
parfaite obeiffance, à tourner & requefter tres-fouuent dans les forts, où
les Chevreüils font plus ordinairement leurs rufes & retours que les
autres beftes, & que fi les chiens n'y tournoient iufte fur les voyes, ils
feroient bondir fouuent le change, qui leur eft plus difficile à garder que
des autres grandes beftes. Il ne faut donc pas de ces clabots à grandes
aureilles, qui rebattent les voyes plufieurs fois, puis qu'ils trouueroient
à cette chaffe, de quoy exercer leur réuerie, à caufe que les Chevreüils
tournent plufieurs fois dans vn pays. Il n'y faut pas auffi de ces chiens
corneaux, qui font hauts d'aureilles & à demy mâtins, qui ne tournent
pas volontiers : & encores quand cela leur arriue, ce n'eft pas dans la
voye; mais pluftoft en prenant vn grand tour : ce qui eft tres-dangereux
à faire bondir le change; & encores qu'ils ne le fiffent pas, ils peuuent
rencontrer les voyes du Chevreüil, que vous courrez, & l'emporter fans
crier : car tels chiens crient ordinairement peu, & ne font iamais fages,
n'eftans propres qu'à mettre dans vn vautret, pour chaffer le Sanglier : Et
pour le choix du poil des chiens, defquels on fe peut feruir à chaffer

le Chevreüil, cela dépend de l'humeur de ceux qui les voudront, pourueu que ce ne foit pas de ces poils élauez, dont i'ay parlé au Traiꞔé
pour Cerf.

CHAPITRE III

Des lieux où les Chevreüils font leurs viandis, felon les faifons.

LORS que le Printemps eft venu, & que le bois qui a efté coupé l'Hyuer auparauant, a pouffé quelque rejeꞔ, & que les feigles & bleds
commencent à venir, & autres menus grains, les Chevreüils y vont
faire leurs nuiꞔs & leurs viandis; choififfant en cette faifon, auffi bien
que les Cerfs, les acuts des pays, & les buiffons, pour y aller & les y
auoir plus à commandement. Ce que pourtant ils ne font pas fi-toft, &
tant qu'ils auront de ces bois nouueaux dans les pays où ils font, &
iufques à ce qu'ils en foient raffafiez, ou au moins, qu'ils en ayent paffé
leur premier appetit, qui leur eft fi grand, & en mangent de telle forte,
que leur eftomach en eftant fi plein, n'en fait la digeftion qu'auec beaucoup de peine : ce qui eft caufe qu'il s'éleue forcé vapeurs à leur cerueau, qui ne peuuent eftre que fortes, à caufe de la force qui fe rencontre en ce bois nouueau, pouffé de telle forte, qu'ils en font comme
troublez, pour trois femaines, ou vn mois, fe laiffans voir & approcher
durant ce temps, auec facilité; & lors que l'Efté eft venu, ils vont aux
gagnages, pour y viander & faire leurs nuiꞔs, qui font les bleds, auoines,
poids, féves & veffes, les plus proches des acuts de pays & buiffons où
ils demeurent, & y feront encore à l'Automne, fi on ne les en chaffe,
faifans leurs nuiꞔs & leurs viandis dans les taillis, & aux regains des
prez et des auoines, de quoy ils font encore fort friands; Et l'Hyuer eftant venu, ils quittent tous ces lieux & fe retirent dans les fonds des
forefts & plus grands pays, où ils font leurs nuiꞔs & leurs viandis aux
ronciers & aux fontaines, où il y a des herbes toufiours vertes, & aux
brandes & taillis les plus ieunes : Ce font là les lieux où les Veneurs
doiuent aller en quefte auec leurs limiers, pour les rencontrer & les détourner.

CHAPITRE IV

En quel temps les Chevreüils entrent au Rut.

LE Chevreüil en ce rencontre, a beaucoup d'auantage fur le Cerf, puis qu'il fait fon Rut dans vne efpece de mariage, & reciproque amour auec fa femelle, en forte qu'ils ne s'abandonnent qu'à la mort, Mais le Cerf le fait comme dans vn concubinage perpetuel. C'eft ce qui fait que lors que la mort de l'vn ou de l'autre arriue, ils ont beaucoup de peine à fe r'affocier, à caufe qu'il faut qu'il arriue vn mal-heur égal à d'autres, ou bien qu'vne Chevrette ait fait trois fans d'vne ventrée (comme il arriue quelquesfois) où il y aura deux mafles & vne femelle, ou deux femelles & vn mafle, & qu'apres auoir efté chaffez du pere & de la mere : l'vn des deux mafles, ou l'vne des femelles, fe trouue fortable pour s'accoupler auec celuy ou celle qui eft deparié : & cela n'eftant pas, le furuiuant demeurera comme dans vne perpetuelle viduité, & quant à ces trois iumeaux, ils feront leur Rut enfemble, & y demeureront auffi iufques à ce que le temps foit venu, que la Chevrette fera prefte à faire fes fans : car en ce temps, il faut que l'vn des deux mafles quitte, & que l'autre aille chercher compagnie, & ainfi quand il y a deux femelles. Leur Rut commence dans le mois d'Octobre, & ne dure que douze ou quinze iours, à caufe qu'ils en ont la iouïffance toutes les fois qu'ils la veulent, n'eftans contrariez d'aucun Chevreüil, comme font les Cerfs de leurs compagnons. Ils ne fe font pas voir auffi comme les Cerfs, ny ne meinent pas tant de bruit, lors qu'ils crient & rayent, le faifant d'vn ton gros & court, & fans éclat : Ceux qui rayent le plus gros & le plus court, ce font les plus vieux Chevreüils. Ils vont fe raffraifchir aux mares & aux ruiffeaux, affez fouuent dans le temps de leur Rut. Ils grattent auffi quelquesfois du pied en terre; mais peu en comparaifon des Cerfs. Ils font auffi des hardois felon la proportion de leurs teftes & de leurs forces, la gorge leur enfle où le poil leur noircit, & mefme fous le ventre; mais non pas fi fort qu'aux Cerfs.

CHAPITRE V

En quel temps les Chevreüils mettent bas leurs teftes & les bruniffent.

LE Chevreüil n'eft pas reiglé, ny fi affeuré de la faifon qu'il doit mettre bas, que le Cerf : car nous voyons des Chevreüils en toutes les faifons, qui ont la tefte veluë; Neantmoins, la plufpart mettent bas

à la fin du mois d'Octobre, ou au commencement de Nouembre, faifon
affez defaduantageufe pour pouffer leurs teftes, puis que c'eft l'entrée
de l'Hyuer, & le temps qu'ils fortent du Rut; auffi la pouffent-ils fi len-
tement, qu'encores qu'ils en ayent peu, elle n'eft pas en fa perfeétion,
dans quelques années pluftoft que celles des Cerfs; Mais l'ordinaire,
c'eft en Avril, & apres ils bruniffent leurs teftes; ce qu'ils font de la
mefme maniere que les Cerfs, comme de toucher au bois, finon qu'ils
ne fe frottent qu'à de petits brins de bois fort plyans, qui font à hauteur de leurs teftes & felon leurs forces; auffi n'y peut-on auoir aucune
connoiffance, que pour difcerner le mafle d'auec la femelle, à caufe
qu'ils ne touchent iamais leurs teftes à aucun bois qui refifte & fe tienne
droiét, ce qui fait voir la hauteur du corfage & de la tefte. L'on n'en
leue pas auffi le Fréoüer, comme l'on fait d'vn Cerf. Ils mettent bas
auffi par vne mefme caufe, ayans vne demangeaifon caufée par des vers
aux mefmes endroits, qui les oblige de mefme à toucher au bois, pour
ébranler & faire tomber pluftoft leurs teftes. L'on en trouue peu de
muës, à caufe qu'elles font petites & qu'ils arriuent à mettre bas dans
les lieux où il va peu de monde.

CHAPITRE VI

En quel temps les Chevrettes mettent bas, & font leurs fans.

L'Amour defcend auffi bien en l'animal qu'en l'homme, ce que nous
fait voir la Chevrette, puifqu'elle a vécu iufques-là auec le Chevreüil, fans l'abandonner d'vn pas, s'il ne l'a voulu; Mais lors que fes
fans font prefts à fortir de fon ventre, elle s'en fepare par l'amour qu'elle
a plus grand pour eux que pour luy, par vn inftinét de nature qui enfeigne à la Chevrette, que fi elle en donnoit fi toft la connoiffance au
Chevreüil, il ne pourroit fouffrir qu'elle leur fift careffe deuant luy,
puifque l'amour qu'il a pour elle, eft fi grand, qu'il luy eft impoffible de
fouffrir qu'aucun animal l'approche, & cela feulement, iufques à ce
qu'elle luy ait fait connoiftre qu'ils font de luy; ce qu'elle ne fait
qu'apres que fes premieres ardeurs font paffées de les careffer, & qu'ils
font affez forts pour marcher; car fi elle en vfoit autrement, il les tuëroit; c'eft ce que veut dire le fieur du Foüillou, quand il écrit que les
Chevrettes fe vont cacher lors qu'elles veulent faire leurs fans, à caufe
que le Chevreüil les mangeroit : ce qui ne peut eftre, attendu qu'il ne
mange d'aucune chair ny charnage, puifqu'il eft vn des plus propres, &

des plus delicats de tous les animaux dans son manger; ce qui se voit en ceux que l'on nourrit; La Chevrette ayant vsé de ces precautions, elle va choisir vn lieu commode pour y faire ses fans, hors du danger des hommes, des loups, & des renards; & pour ne donner pas ce déplaisir tout à coup à son masle, elle s'en dérobe cinq ou six iours auparauant, seulement deux ou trois heures le iour, afin de l'accoustumer peu à peu au seiour qu'elle sera sans le voir, luy saisant ainsi esperer qu'elle le viendra retrouuer apres sa deliurance, afin qu'il ne s'éloigne pas de ce païslà, & qu'elle l'y puisse resoudre : ce qui se sait dans le mois de May, & quand elle a sait ses sans, elle les garde cinq ou six iours, qu'il leur saut pour auoir la force de marcher & s'esquiuer du Chevreüil, lors qu'elle les luy monstre; alors elle le va chercher & le meine où ils sont, les luy monstrant auec indifference, & toutesfois l'obseruant, pour, si d'auanture la ialousie & la colere le prenoit, qu'elle se peust mettre au deuant d'eux, auparauant qu'il les pust offencer, & apres les luy auoir sait connoistre & aymer, ils les gardent ensemble, iusques à ce que les sans les puissent suiure, & qu'ils soient grands; mais rentrant au rut, ils s'en dérobent, & si leurs sans les viennent retrouuer, ils les chassent en les battant, tant que leurs petits sont vne societé particuliere, & demeurent ensemble. La Chevrette en peut auoir iusques à trois, en des années.

CHAPITRE VII

*Des connoissances que l'on doit auoir des ieunes Chevreüils
d'auec les vieux par la teste.*

LEs connoissances que l'on peut auoir aux testes des Chevreüils, sont pareilles à celles des Cerfs, comme les termes & les noms pour en iuger les connoissances; ce qui se doit commencer par les Meules, pour connoistre si elles sont pres du test, & si elles sont larges, la pierrure grosse, les gouttieres creuses, les perlures grosses & détachées. Il saut aussi considerer la grosseur du marain, & la quantité des andoüillers qui y seront attachez, afin de iuger que s'il y en a beaucoup, le marain n'en peut pas estre si gros, & regarder à l'empaumure si elle est large & renuersée, puisque toutes ces connoissances doiuent estre à la teste d'vn vieil Chevreüil, & s'y peuuent connoistre aussi bien qu'à celle d'vn Cerf, apres auoir consideré la qualité & proportion des animaux, & que la hauteur, largeur, & grosseur de la teste d'vn Chevreüil dépend (aussi bien que du Cerf) des bons & mauuais païs où ils sont nourris, ioint que les ieunes

Chevreüils ont auffi les mefmes connoiffances que les ieunes Cerfs, ayans
les meules hautes & éloignées du teft de deux doigts, & que les vieux
Chevreüils ne les ont que d'vn petit doigt, les pierrures petites & peu
détachées, les perlures de mefme, peu de goutieres, & fans aucune empaumure, ayans feulement vn ou deux andoüillers par amont. Les Chevreüils qui font nourris dans ces bons païs, peuuent porter iufques à
douze, bien ou mal femé : ce terme fe doit dire aux Chevreüils comme
aux Cerfs.

CHAPITRE VIII

*Des connoiffances que l'on peut tirer par le pied,
pour difcerner le Chevreüil d'auec la Chevrette.*

IE fçay que ceux qui vont aux bois pour le Chevreüil, ne font pas obligez de faire le difcernement du mafle d'auec la femelle par le pied,
& auffi que l'on n'a pas deu les obliger à en faire le rapport, qui auroit
efté tres-fouuent frauduleux, à caufe du peu de connoiffance qu'il y a
dans la gencralité des pieds des Chevreüils & des Chevrettes, où l'on
peut neantmoins particularifer, en y prenant de la peine, & s'y atta-
chant l'efprit par vne loüable ambition de fe tirer du commun, & pour
en rendre le plaifir plus parfait, & en conferuer la race, l'on en peut
auffi mieux garder le change, lors qu'on en reuoit, & auffi quand on le
voit. Il s'en fait auffi mieux chaffer : Et pour y reüffir, il faut obferuer,
lors qu'on va aux bois, de certains pieds de Chevreüils (qui font con-
noiffables d'auec ceux des Chevrettes, pour auoir plus de pied) & remarquer leur maniere d'agir, quand ils fe débuchent du fort, font leurs
nuicts, & qu'ils s'y rembuchent, & bien confiderer les connoiffances qui
font aux pieds de plufieurs Chevreüils que vous trouuerez femblables
dans leurs proportions, à celle des Cerfs. Ce qui me fait dire que ceux
qui font connoiffeurs pour Cerf, ont vn grand auantage fur les Chaffeurs des autres beftes, qui ne font pas connoiffeurs pour Cerf; mais
ceux qui le connoiffent, fe peuuent rendre plus habiles dans toutes les
autres chaffes, lors qu'ils s'y veulent appliquer, & en moins de temps,
que celuy qui aura efté enfeigné par vn homme qui n'aura efté au bois
que pour Chevreüil; car il ne fçaura que difcerner le pied des Chevreüils d'auec les autres beftes, & comme cela le Maiftre & l'Efcolier
n'auront iamais autre curiofité ny ambition que de fçauoir détourner des
Chevreüils & les lancer, fans iamais pouuoir connoiftre le mafle d'auec

la femelle : ce qu'ils font felon leur fens, n'ayans aucunes connoiffances, fans lesquelles on ne peut faire aucun difcernement des pieds : Ie commenceray à dire que les mafles ont ordinairement plus de pied deuant que les femelles, que le tour des pinces en eft plus rond, & le pied plus plein que celuy des Chevrettes qui les ont ordinairement creux, & les coftez moins gros que les mafles qui ont auffi le talon & la iambe plus larges, & les os plus gros & tournez en dedans; mais les femelles les ont en dehors, & moins vfez que les Chevreüils qui ont leur quatriéme, cinquiéme, & fixiéme tefte, & au deffus; car les Chevreüils qui font au deffous de cét âge, donnẽt peu de connoiffance, fi ce n'eft aux allures : car le Chevreüil fe iuge comme le Cerf, mettant toufiours les pieds dans vne mefme diftance : Il y en a auffi qui vont l'emble naturellement, comme quelques Cerfs qui font de grands & longs corfages, de grande haleine & force; mais à ces connoiffances il y faut regarder de pres, & les bien obferuer; ce qui fe peut quand il fait bon reuoir, ioint que vous auez toufiours vn pied de Chevrette aupres de celuy de Chevreüil, pour les confronter, puifqu'ils vont ordinairement enfemble, auffi y a-t'il dif-ficulté de donner vn Chevreüil feul aux chiens, mais lors qu'ils fe fe-parent, vous vous pouuez feruir de ces connoiffances pour difcerner le mafle d'auec la femelle, & y rallier vos chiẽs. Vous les pouuez auffi difcerner par la maniere qu'ils font leurs nuiéts, ce qui vous feruira à en remarquer le pied & le connoiftre, pour quand vous les courrez & les feparerez, vous obferuiez que lors qu'ils releuent, le mafle fort le premier, & s'auance auffi le premier dans le gaignage, afin de recon-noiftre s'il y a quelque danger pour en exempter la Chevrette : & y ef-tans tous deux, le mafle eft toufiours plus auancé dans la plaine; & quand ils fe retirent au fort pour y faire leur demeure, il marche le der-nier. L'on fe peut feruir de ces connoiffances et remarques pour en pre-iuger, mais non pas pour en faire vn rapport affeuré, qui pourroit eftre incertain dans des faifons de l'année, à caufe des grandes feichereffes qu'il fait dans l'Efté, où il feroit mal-aifé d'en pouuoir iuger : Ie ne doute pas que ce que i'ay dit cy-deffus, ne foit cenfuré des faineans, qui diront qu'il n'eft pas neceffaire de vouloir raffiner & examiner fi c'eft vn mafle ou vne femelle, puifque l'vn & l'autre fe peuuent courre, pour n'eftre pas obligez en l'apprenant de peiner de l'efprit & du corps. Ce n'eft pas auffi pour eux que i'écrits, mais pour ceux qui ayment le meftier & l'honneur.

CHAPITRE IX

Des termes dont on ſe doit ſeruir, lors que l'on va aux bois
pour Chevreüil, & qu'on le chaſſe.

LEs termes & la façon de ſonner pour faire chaſſer & requeſter les
chiens, lors que l'on court le Chevreüil, ſont de meſmes que ceux
que ie vous ay dit au Traiƈté pour le Cerf, & auſſi pour parler aux limiers, quand on les meine aux bois pour le détourner; Il faut agir de
meſme façon lors que l'on dreſſe vn ieune chien pour en faire vn limier,
afin de l'obliger à ſe rabatre d'vn Chevreüil, à en vouloir, & le ſuiure
iuſte dans la voye, comme de luy faire perdre le caquet par les ſuites,
& auſſi de luy permettre de crier quand on laiſſe courre vn Chevreuil;
mais pour le détourner, la methode en eſt differente à celle du Cerf,
qu'il ne faut iamais lancer (ſi l'on peut) le matin; mais pour le Che-.
vreuil, il le faut lancer toutes les fois que vous le pourrez, à cauſe que
les Chevreuils ſe retirent de bonne heure des gaignages, ou des taillis
coupez de l'année, pour aller à ceux qui auront vn an de rejeƈt, où ils
acheuent de faire leurs nuiƈts, ſaiſans beaucoup de tours, ce qui doit
obliger le Veneur, apres en auoir rencontré, de les ſuiure auec ſon limier, iuſques à ce qu'il les ait lancé & fait partir d'où il feront au reſſuy,
afin d'oſter la difficulté que l'on auroit à démeſler toutes ces voyes, qui
iroient ſerpentans dans les tailles d'vn an ou deux, où ils vont acheuer
leurs nuiƈts, & où l'on feroit long-temps à les démeſler, puiſque l'on
doit eſtre aſſeuré qu'apres les auoir lancés, ils iront ſe rembucher au
premier fort, où ils demeureront; mais comme cela voſtre limier l'ira
lancer plus facilement, lors que vous le voudrez donner aux chiens, à
cauſe que les voyes iront droiƈt & de meilleur temps, & que ſi vous les
voulez faire aller querir & lancer auec vos chiens courans, les decou-
plans aux briſées ſur les voyes, vous le pourrez auſſi; ce qui eſt bien à
propos, puiſque cela les accouſtume à vouloir des voyes qui iront de
deux ou trois heures, afin que quand il arriuera qu'ils feront tombez en
defaut d'vn Chevreuil, qui leur peut auoir donné le change, & qu'à
quelque temps de là ils en rencontrent les voyes, ils les reprennent, &
les parchaſſent, ce qu'ils auroient peine à faire, ſi l'on ne les y auoit accouſtumé. L'on doit auſſi détourner le Chevreuil dans la meſme methode que le Cerf, & en faire le rapport dans les meſmes termes, ſinon
qu'on n'eſt pas obligé de diſcerner le maſle d'auec la femelle; & neantmoins ſi vous l'auez pû, y ayant veu les connoiſſances que ie vous ay
dites vous pourrez dire : *i'y mécroy vn maſle.*

CHAPITRE X

*Du choix que l'on doit faire des païs pour attaquer vn Chevreüil,
& le courre à force, felon les faifons.*

IL n'eſt pas moins important de fçauoir bien attaquer vn Chevreuil qu'vn Cerf, puiſqu'il eſt auſſi ſujet à en donner le change, & encore plus difficile aux chiens à le garder, vous en ayant dit les raiſons. Il faut donc ſelon les ſaiſons, attaquer les Chevreuils aux lieux les plus éloignez du change, comme en Eſté, aux buiſſons, où ils vont pour y trouuer les viandis meilleurs, & en plus grande quantité, le maſle pour y acheuer ſa teſte, & la femelle pour y choiſir vn lieu propre à y faire ſes fans, & qu'il y ait des viandis pour la faire bonne nourrice. C'eſt donc en cette ſaiſon qu'il les faut attaquer aux buiſſons, & ſe bien étudier à ne courre que les maſles, afin d'en rendre le plaiſir plus agreable, & en maintenir la race, puiſque c'eſt le temps que les Chevrettes ſont preſtes à faire leurs fans, ou à en eſtre deliurées. Ils ſont auſſi plus aiſez à voir & ſeparer dans ces buiſſons, d'où ils ſortent auſſi-toſt apres eſtre dõnez aux chiens, à la plaine, pour aller aux grand païs où eſt l'origine de leur naiſſance ; & quand meſmes le maſle ne ſortiroit pas ſi toſt, il eſt plus facile en cette ſaiſon de le donner ſeul aux chiens, à cauſe qu'il ſe rembuche ſeul, & qu'auſſi-toſt qu'on l'aura lancé, il ſortira de l'enceinte, pour empeſcher que l'on n'ait connoiſſance de la Chevrette qu'il ſçait eſtre pleine & peſante, ou qu'elle a des fans ; cela fait que vos chiens paſſent leur premiere ardeur auparauant qu'ils ſoient entrez dans le grand pays où eſt le change, & qu'ils ne s'écartent pas à droiĉt ny à gauche, demeurans dans la voye du Chevreuil qui leur a eſté donné, & qu'apres l'auoir maintenu ainſi ſeul, ils en auront pris le ſentiment pour ſe le conſeruer, lors que le Chevreuil de la Meute ſera bondir le change pour le garder, ou au moins en donner connoiſſance aux Picqueurs, s'ils ne le gardent abſolument : Et en Hyuer, qu'ils ſont retirez dans les fonds des foreſts, il les faut attaquer aux bouts & acuts de pays, comme les plus éloignez du change, afin de les pouuoir voir auparauant qu'ils y ſoient, & donner ce peu d'auantage à vos chiens, pour leur en donner le ſentiment, laiſſant paſſer leur premiere ardeur ; & pour la reſuite, elle eſt preſque touſiours aſſeurée, pourueu que ce ne ſoit pas vn Chevreuil paſſager, qui ayant perdu ſa femelle, cherchera à s'accoupler, pouuant eſtre venu de ſept ou huiĉt lieuës de-là, de buiſſons en buiſſons, où il s'en pourroit retourner, apres que vous l'auriez donné aux chiens.

Ceux-là font ordinairement de grands coureurs, ayans efté mis en haleine par des Mâtins & chiens de Bergers, en paffant dans la campagne :
comme auffi par quelques chiens de Gentils-hommes, allans quefter vn
Lievre. Tellement que leur refuite ne fe peut connoiftre que par l'addreffe & diligence de celuy qui l'aura détourné : & le connoiffant venir
feul de la campaigne, il en doit prendre le contrepied, & le fuiure
quelque temps, pour connoiftre le pays & les buiffons d'où il vient, pour
le dire à l'Affemblée, afin que l'on y enuoye deux relais, & que l'on en
mette feulement vn dans le pays, en cas qu'il y demeuraft, pour fecourir les chiens de la Meute, iufques à ce que l'on ait fait venir ceux de la
refuite. Il faut auffi que le Maiftre-valet de chiens ait preparé des baftons
de chaffe, felon la faifon, de mefme que pour le Cerf, & que l'on y obferue toutes les mefmes formalitez, comme ie les ay veu prattiquer au
Capitaîne de la Venerie du Roy, pour le Chevreüil, particulierement à
Monfieur le Chevalier de la Fontaine, qui eft tres-capable de fa charge,
& qui a efté aimé & confideré du deffunct Roy, non feulement pour
cette chaffe ; mais auffi pour celle du Cerf.

CHAPITRE XI

Comme l'on doit chaffer & forcer le Chevreüil auec les chiens-courans.

IE vous ay fait connoiftre cy-deuant les formalitez qui fe doiuent obferuer au partir de l'Affemblée de la chaffe pour Chevreüil, & comme
il falloit feparer les relais & aller au laiffé courre ; lefquelles auffi bien
que les termes & manieres de fonner, ne different en rien de celles du
Cerf. Partant il me refte à vous en faire voir l'effect ; & pour cela, vous
dire qu'eftant au rembuchement du Chevreüil que vous deuez courre,
celuy qui en a fait le rapport, doit auoir fon limier à la main, le traict
dénoüé & demander à fon Capitaine s'il luy plaift qu'il frappe aux brifées, & qu'il donne le Chevreüil, auec fon limier, aux chiens de la
Meute, ou s'il veut qu'on les decouple fur les voyes pour le lancer. Ce
que le Capitaine doit demander au Roy, ou doit luy auoir demandé,
afin de ne faire aucun retardement à fon plaifir. Ie vous ay defia dit l'effect que cela faifoit aux chiens, de leur faire lancer le Chevreüil ; Et icy
ie dis encore que le plaifir en eft plus agreable, pour le grand bruit de
quantité de chiens, que d'vn feul limier : outre qu'ils le vont lancer auec
plus de diligence, dont l'vn & l'autre accroift le contentement. Vous deuez donc commencer à decoupler les chiens, aufquels vous auez plus de

creance, afin qu'ils prennent la tefte, & foient Maiftres de la voye, pour
la tenir iufte, & tourner auffi-toft que le Chevreüil tournera (ce qu'il
fait ordinairement, apres eftre party de la repofée) & apres qu'ils feront
decouplez, il leur faut crier, *Bellement, mes Bellots, bellement,* & nommer les chiens en qui vous aurez confiance, en leur difant *Vel-cy-allé,
Vel-cy-allé,* pour les obliger à donner dans la voye & la tenir iufte, regardant à terre de temps en temps, pour leur ayder de l'œil ; & lors que
vous en reuerrez, vous crierez, *Vel-cy-va-auant,* & ainfi iufques à ce
qu'il foit lancé. Apres quoy (quand vous en reuerrez des fuites), vous
crierez *Volce l'eft.* Vous fonnerez auffi du gros ton, par mots entrecoupez, comme pour faire chaffer & requefter, & cela, iufques à ce qu'il foit
lancé : Et fi voftre Chevreüil tourne auparauant (ce que vous iugerez
lors que vous verrez vos chiens qui demeureront) alors il faut tourner
par où ils font venus, afin de les obliger de vous fuiure & de ne pas
s'écarter, où ils pourroient changer de voyes ; mais feulement trouuer le
bout de la rufe de voftre Chevreüil, afin de le lancer feul, & que vous
foyez affeuré que c'eft luy ; Et pour cela, il faut crier à vos chiens,
L'ayla, chiens, quand vous les entendrez, redoubler de voye, de peur
que ce ne fuft vne autre befte qu'ils euffent lancé : ce qui les tiendra en
crainte, & leur fera connoiftre que vous voulez qu'ils ne chaffent que du
Chevreüil. Et apres ces termes reïterez, les voyant appuyer & chaffer la
voye, vous deuez croire qu'ils chaffent vn Chevreüil ou des Chevreüils :
& pour en eftre plus certain, & auffi pour faire le difcernement du
mafle & de la femelle, par les connoiffances que i'ay dites, il faut qu'au
premier des chemins qu'il paffera, le Picqueur, qui eft à la queuë des
chiens, defcende & mette vn genoüil en terre, pour en mieux reüffir &
iuger fi c'eft le mafle, & s'il eft feul deuant les chiens : & y trouuant les
connoiffances neceffaires, il doit crier, *Volce-l'eft,* & fonner pour chiens,
quand bien la Chevrette y feroit ioincte : Et auffi-toft qu'il verra les
autres Picqueurs qui fuiuent la chaffe à droict & à gauche, leur dire
qu'il y a deux Chevreüils deuant les chiens, afin que le premier qui
verra le mafle feul, il fonne & crie *Tayoo,* afin que les autres rompent
les chiens & les oftent de deffus les voyes de la Chevrette, pour les amener fur celles du Chevreüil, pour ne faire qu'vn corps & chaffer à plus
grand bruit : Et fi d'auanture il n'en eftoit entendu, il doit brifer fur les
voyes, & apres les aller querir, & leur dire le corfage, le pelage du Chevreüil & la hauteur de fa tefte, & s'il le iuge vieil ou ieune, afin que
quand il fera bondir le change, ceux qui font à la chaffe, le puiffent connoiftre & difcerner d'auec les autres : & lors qu'il fera feul, les Picqueurs doiuent parler & fonner dauantage à leurs chiens, pour animer
& donner de la creance à ceux qui ne l'ont pas encores parfaitement.

Pour cela, il faut qu'ils obferuent de ne pas confondre les termes, ny la maniere de fonner, & d'en faire la diftinction felon les temps & les occafions, afin de rendre leurs chiens à commandement. Ce que l'on doit faire, particulierement à la chaffe du Chevreuil, qui fait le plus de retours & le plus de rufes fur fes fins, de tous ceux qui ont le pied fourchu ; Auffi faut-il que les Picqueurs tiennent exactement les chiens, pour leur ayder à tourner, requefter & les tenir en crainte, quand le Chevreüil donnera dans les lieux où ils croiront qu'il y ait du change, où il faut fonner peu & y chaffer fagement, ayant toufiours l'œil fur les chiens fages, afin de pouuoir iuger par leur maniere d'agir, quand le Chevreüil de la Meute eft accompagné, & lors qu'il eft feparé, de les en voir prendre la voye & la chaffer. Ce qui fe fait quand vous voyez mollir vos chiens fages : car c'eft vn figne euident que voftre Chevreüil eft accompagné ; & auffi-toft qu'il eft feparé, & que les chiens en ont trouué la voye, vous les voyez renouueller de iambes & redoubler leurs voyes ; alors vous pouuez fonner pour chiens, comme auparauant, & vous reffouuenir quand il fe r'accompagnera, d'vfer de la mefme precaution, & de parler à vos chiens, auec les mefmes termes, pour les faire chaffer fagement & les tenir en crainte; puis que c'eft par eux & par la prudence que vous aurez à les faire chaffer, que vous deuez maintenir voftre Chevreüil dans le chàge, à caufe du peu de connoiffance que vous y pouuez auoir par le pied, & que vos chiens ont peine à en difcerner le fentiment, pource qu'il eft prefque toufiours dans vne égalité, quoy qu'ils ayent couru, par leur naturel qui eft chaud; ce qui fait qu'ils n'en peuuent pas fi bien garder le change, comme des Cerfs, dont le fentiment s'augmente en courant; parce que de leur temperament ils font plus froids que les Chevreüils, & auffi qu'ils s'échauffent dauantage en courant, à caufe de leur plus grande pefanteur. Ce font là les raifons pour lefquelles il fe voit peu de chiens qui gardent le change du Chevreüil, auec la mefme hardieffe que pour Cerf; mais feulement ils donnent la connoiffance aux Picqueurs, lors que le change du Chevreüil bondit deuant eux, & s'accompagnent auec le Chevreüil de la Meute ; tellement que ce doit eftre de la prudence & iugement de ceux qui font chaffer les chiens, de les maintenir dans cette fageffe, s'ils veulent connoiftre du change, puis que les chiens ne le peuuent garder d'eux-mefmes; & s'il arriuoit qu'ils l'euffent pris, il faut rompre vos chiens & les tirer hors du fort, apres y auoir brifé haut & bas, & au chemin par lequel vous fortirez, pour reconnoiftre le lieu, afin d'y reuenir requefter voftre Chevreüil, quand vous aurez pris vos grands deuants, ne l'ayant point trouué paffé; encores que les Chevreüils demeurent plus volontiers que les Cerfs; neantmoins il en faut toufiours prendre les deuans,

afin d'en eftre affuré. C'eft pourquoy i'ay dit qu'il falloit que les Picqueurs, qui font chaffer pour Chevreüil, teinffent plus exactement leurs
chiens, que pour les autres grandes beftes, pour connoiftre ce qu'ils
font & leur ayder à tourner & requefter, à caufe qu'ils doiuent fçauoir
où font les dernieres voyes du Chevreuil que les chiens ont chaffé ; lors
que le change a bondi, où ils doiuent brifer : ce qu'ils feront auffi aux
chemins qu'ils paffent apres leurs chiens, lors que le Chevreuil eft mal-
mené & de differente maniere, en y faifant des brifées, les vnes fort
hautes, les autres vn peu plus baffes : & pour celles qu'ils ietteront en
terre, qu'il y en ait de plus groffes les vnes que les autres, pour les difcerner & en faire connoiftre les dernieres iettées : & comme cela, ils
fçauront les dernieres voyes de leur Chevreuil, pour y mener leurs
chiens requefter, toutes les fois qu'ils tomberont en deffaut : car le Chevreuil tourne beaucoup plus que le Cerf & en bien moins de pays, ce
qui fait doubler fes voyes : loinct que pour requefter dans le change &
faire parchaffer ces dernieres voyes, il faut que ce foit auec les chiens
les plus fages, & faire reprendre ceux qui ne le font pas, pour les faire
fuiure & les redonner, lors que vos chiens fages auront r'approché & relancé voftre Chevreuil : ce qui fait deux bons effects, l'vn que vous en
chaffez auec plus grand bruit : & l'autre que cela fait les ieunes chiens
fages, en ne leur permettant pas de chaffer d'autres beftes, que celles
que l'on aura donné de Meute : Et lors que le Chevreuil eft fort mal-
mené, il faut rendre prefque les mefmes affiduitez que fi vous chaffez vn
Lievre, à tourner & requefter dans les hayes & dans les forts, où il y a
auffi de vieilles maifons, & mefme regarder fur des rameaux que les bu-
cherons auront laiffé, ayans bien la malice de s'y ietter, en faifant vn élan,
pour ofter le fentiment aux chiens. Il peut auffi aller trauerfer vn étang
ou vne riuiere, battre l'eauë, & la longer dans des ruiffeaux, où il faut
obferuer les mefmes reigles que pour Cerf, prenans de grands deuants
aux eftangs pour le trouuer forty, & de mefme dans les riuieres & dans
les ruiffeaux, obferuer fon entrée auec foin, pour voir où il a la tefte
tournée, afin d'y defcendre ou monter des deux coftez, auec les chiens,
iufques à ce qu'ils l'ayent trouué forty : & l'ayant pris, vous en fonnerez la mort, comme pour Cerf, & la retraitte, & en ferez la curée auec
les mefmes chofes, foins & ceremonies.

Fin de la Chaffe du Chevreuil.

DE LA CHASSE DU LOUP

LE LAISSER COURRE

DE LA CHASSE DV LOVP

CHAPITRE PREMIER

Du naturel des Loups.

Es autres chaffes dont j'ay parlé, n'ont pour objet
que le plaifir; mais outre qu'il fe rencontre en
celuy-cy, l'homme a befoin de cette chaffe, pour
détruire fon ennemi; Auffi eft-elle établie de
temps immemorial pour cette neceffité, par nos
premiers Roys, & maintenuë par leurs Succef-
feurs, fpecialement par ce grand Roy, LOVIS LE
IVSTE, qui n'a eu autre attention en toute fa vie,
que de faire la guerre aux Ennemis de fon Eftat,
quoy que ce fuffent les moindres de fes exploicts : Neantmoins on a
conneu depuis fa mort, le bien que cette chaffe apportoit dans toute la
France. Notamment dans la Prouince de Gaftinois, où les Loups ont
tué plus de trois cens perfonnes, de toute forte d'aage & de fexe. Il fe
donne quelquesfois des batailles où il n'y en meurt pas dauantage :
ioinct que cette mort eft beaucoup plus déplorable au fentiment hu-
main. I'ay veu arriuer les mefmes chofes en Piedmont, en fuite de la
guerre; ce qui fait que ces animaux trouuent des corps morts, & les
mangent auec tant de gouft, qu'ils ne veulent plus fe repaiftre d'autre
chofe que de l'homme, qu'ils n'apprehendent plus. Au contraire, ils le

vont efpier pour le furprendre, afin de l'eftonner dauantage, le teraffant
auparauant qu'il fe foit apperceu qu'ils l'ayent attaqué : & comme cela,
ils s'en rendent les maiftres aifément. C'eft ce qu'ils prattiquent à toutes
les beftes, quand ils les prennent par differentes rufes : Car fi c'eft vn
chien, de peur d'en eftre mordus, ils le prennent par la gorge, & auffi
pour l'empefcher de crier, à qui vous n'entendez faire qu'vn cry, & encores tres-bas & fort enroüé. Et fi vn Loup prend vn Mouton, ce fera
par deffus le col, afin de le charger plus aifément fur fon dos, & pour
l'empefcher de crier & fe deffendre, en luy oftant le vent, apprehendant
auffi que s'il le traifnoit, il n'épouuentaft les autres, afin que quand il
l'aura tué & mis dans vn bois, il en aille reprendre vn autre. Et s'il s'attaque à vn Cheual, ce fera par le deuant, ou il y aura moins de danger,
& à vne Vache, par le derriere, la prenant par fon pis, comme à ce
qu'elle a de plus fenfible, pour la faire auffi-toft tomber. S'il attaque vn
grand Pourceau, il le prendra par l'aureille & en compagnie d'vn autre,
cependant que fon compagnon luy percera la gorge : car ils font ordinairement en compagnie, pour en eftre plus hardis & plus forts. Ils
font auffi tres-friands des afnes & poulins : ioinct qu'ils y trouuent peu
de refiftance. Les Louueteaux commencent par la prife des poules,
poulets-d'Inde & des oyes, dont ils font fort friands : & en fuite,
prennent des petits chiens, quand ils les ont attirez vn peu loing des
maifons, fe feruans de l'addreffe qui eft née en eux, de fe rouller,
iufques à ce qu'ils foient à portée pour les prêdre, deuant qu'ils puiffent
fe fauuer dans les maifons. Toutes ces raifons cy-deffus font affez pertinentes, pour me permettre de dire que les Roys font obligez d'entretenir cet equipage; puis que nous fommes fous leur protection : ioinct
que leurs plaifirs font beaucoup diminuez par ces animaux rauiffeurs,
qui prennent les beftes fauues, Chevreuils & beftes noires; comme tous
les gibiers, fe rendans pour les chaffer à force, auffi adroits que des
chiens-courans. Quand ils ne les peuuent furprendre, fçauoir les beftes
fauues & Chevreuils à la repofée, & les beftes noires à la bauge : ie
veux dire les beftes de compagnie : car pour les grands Sangliers, ils
font trop fins pour s'y attaquer : Pour y mieux reüffir, ils s'affocient
trois Loups enfemble, afi de fe relayer & fe raffraifchir les vns apres les
autres, dont il y en aura vn qui prendra la voye & pouffera la befte, &
les deux autres iront à droict & à gauche, gaignans & prenans les deuants, pour quand ils verront la befte paffer, effayer de la ioindre, ou
pour le moins l'outrer, en luy diminuât fa force, afin de la prendre en
en moins de temps. Celuy qui a fait ce rencontre, en prend la voye & la
chaffe : celuy qui vient fur les voyes, ayant connoiffance qu'elles font
fuiuies par vn de fes compagnons, il la quitte & coupe, prenant des de-

uants & haleine, & fait ce que fon compagnon vient de faire à la premiere rencontre de la befte, & toufiours ainfi iufques à ce qu'ils l'ayent
prife ; ce que i'ay conneu plufieurs fois, eftant aux bois, pour exercer de
ieunes limiers, & entre autres d'vne Biche, que ie trouuay envafée fur
la glace d'vn des eftangs de Porche-Fonteine, pres de Verfaille, apres
l'auoir fuiuie afiez long-temps, & auoir reueu en plufieurs endroits de
trois Loups qui la fuiuoient, que ie trouuay cantonnez allentour de l'eftang, efperant qu'elle en fortiroit ; Mais pour cette fois ils chafferent en
vain pour eux, puis que la befte fut pour nous. Les Loups qui font accouftumez à cette chaffe, font de plus grande vifteffe & force, que les
Loups qui ne font nourris que de beftes mortes & de tripailles, qu'ils
vont chercher fur le bord des riuieres. Tels Loups font taillez & faits
comme de grands & gros Mâtins ; mais ceux defquels i'ay parlé auparauant, qui font nez & nourris dans les forefts & grand pays des beftes
fauues, Chevreuils & beftes noires, font faits comme de grands & beaux
Levriers, bien arpez & eftricquez, en ayant veu qui s'en alloiêt fans
tour, ny atteinte deuant les Levriers de l'equipage du Roy, qui eftoient
parfaitemen viftes. Le Loup eft le plus fin & le plus méfiât de tous les
animaux, & qui a le nez meilleur ; car fi vous ne le prenez à bon vent,
il eft impoffible de l'approcher auec l'arquebuze, ny le prendre auec les
lévriers, & fi vous luy faites vne traifnée d'vne partie d'vne befte morte
pour luy en donner la connoiffance, & l'obliger à venir au lieu où vous
l'aurez mife pour le tirer, il ne fera pas befoin que vous vous y mettiez
le premier iour : car il n'y viendra pas, quelque faim qu'il aye, auant
que de connoiftre que les mâtins y ayent efté, comme à vne chofe aban-
donnée, ce qui fe fait dans les grandes gelées & neiges, que les Loups
font affamez, ne trouuans rien à la campagne, à caufe que la terre eft
couuerte, & que l'on tient le beftial à l'étable ; ils n'iront donc pas ce
premier iour, ny quelquesfois le fecond ; mais bien au troifiéme, encore que ce ne fera que par échappée : Et fi vous n'auez picqué voftre
curée auec des pieux & des crochets, ils l'emporteront par morceaux,
n'y allant qu'en courant de toute leur force pour en prendre vne goulée
ou vn quartier ; car ils ont vne force incroyable deuant ; mais derriere
vne atteinte d'vn lévrier leur fait donner du cul à terre, & apres auoir
pris leur morceau, ils le vont manger à deux ou trois cens pas de là, ce
qu'ils font auec grande diligence ; car c'eft le plus goulu, & le plus car-
naffier de tous les animaux, auffi eft-il le plus fujet à la rage, & à faire
de grands maux, lors qu'il en eft atteint, à caufe de fa grande force
& vifteffe ; ce qui fait que rien ne fe peut fauuer deuant luy ; & ce qu'il
prend, il le déchire de telle forte qu'il y a peu d'efpoir de guarifon, ioint
que la morfure en eft de foy venimeufe. Nous auõs remarqué en plu-

fieurs Loups, apres les auoir pris & ouuerts, qu'il s'engendre vn ferpent dans leur corps, le long de leurs reins, qui en groffiffant & fe trouuant côtraint, remuë inceffament : ce qui leur donne de l'inquietude, & les fait tenir fur pied, fans prendre aucun repos, & en fuite il en naift vne douleur qui les fait deuenir maigres, vne partie du poil leur tombant, & enfin les fait mourir etiques ou enragez. L'on en trouue affez fouuent de morts, ce qui doit faire croire qu'ils ne viuent pas ordinairement bien vieux. Le fieur du Foüillou dit qu'ils ne viuent que douze ans, neantmoins c'eft ce qui ne fe peut fçauoir precifément; car depuis que les Loups ont paffé fix ans, on n'y connoift plus rien; Ils fçauent les re-medes qui leur font propres, lors qu'ils fe fentent dégouftez, & fe purgent comme les chiens, auec de l'herbe ou du bled en vert; Ils mangent auffi d'vne certaine terre qu'on appelle glaife, qui leur fert de medicament quelquesfois; & quelquesfois d'aliment : Ils ont auffi cette adreffe, que lors qu'ils fe voyent chaffez dans le bois par des chiens courans, pour les faire fortir à la plaine, s'ils font pleins de carnage, ils fe font rendre-gorge, en s'y mettant la patte pour s'exciter à vomir, afin d'en eftre plus legers, & d'en mieux courir, en cas qu'ils y foient obli-gez; neantmoins dans toutes ces mauuaifes qualitez, il s'y trouue quelque vertu, puifque les groffes dents en font bonnes à polir, & auffi pour frotter les genfiues aux enfans pour les attendrir & faire fortir leurs dents auec plus de facilité : & le grand boyau fert auffi, apres eftre dégreffé & bien nettoyé, tant qu'il n'y demeure que la fimple peau, pour la rendre deliée & fechée comme vn ruban de foye, eftant vn remede in-faillible à ceux qui ont la colique, en fe le mettant allentour du corps, fur la chemife. Il faut aux hommes celuy de la Louue, & aux femmes celuy du Loup.

CHAPITRE II

Des lieux où l'on doit aller en quefte auec le limier,
pour trouuer & détourner les Loups.

L Es Loups ont leurs mangeures felon les temps, & auffi leur façon d'agir en faifant leurs nuicts, auffi bien que les autres beftes def-quelles i'ay parlé dans ce traité; mais elles font differentes, parce que toutes les autres ne viuent que de ce que pouffe la terre, & les Loups viuent de chair; & neantmoins ils ont beaucoup de rapport dans la nourriture, felon les faifons, auffi bien que les viandis & mâgeures aux

autres beftes, dont elles font friandes au Printêps, à caufe de leur nou-
ueauté & tendreur; qui en Efté font plus nourriffantes par leur maturité, & dõt ils ont auffi en plus grãde abondance; & en Hyuer, ils font
moins bonnes & en plus petite quantité, comme i'ay fait voir; Il en eft
auffi de mefme pour les Loups, puis qu'au Printemps le beftial commence à entrer en chair; il va auffi dés le matin aux champs : ce qui
leur donne plus de temps pour l'épier & en faire leur proye; & l'Efté,
ils en ont encores plus d'occafion, puifque les campagnes font des forefts pour eux, à caufe que les grains y font grands où ils peuuent eftre
à couuert tout le iour pour y épier & prendre encore plus facilement le
beftial, qui eft en ce temps-là en pleine greffe & bonté : & dans l'Hyuer, il eft refferré dans l'étable, leurs gardes ne les faifant fortir que
pour le promener & le faire boire, ioint que les iours font courts, & les
campagnes découuertes : ce qui les empefche d'y ozer paroiftre, fi ce
n'eft par quelques grands broüillarts, ou que l'extréme faim les y con-
traigne, & auffi que tout ce qu'ils y peuuent trouuer, n'eft qu'vne vieille
vache morte de faim, ou vne brebis de pourriture, ou du claueau, & encores n'en ont-ils que le refte des mâtins qui y vont le iour; Il eft donc
vray que dans cette faifon leur nourriture eft beaucoup moindre en qualité & quantité, auffi bien qu'aux beftes fauues : ce qui les oblige auffi à
faire beaucoup plus de païs que dans les autres faifons, pour trouuer à
fe repaiftre, ioint qu'ils fe font retirez dans les fonds de forefts, ou
grands pays, ayans quitté les buiffons, peu de temps apres que la campagne a efté découuerte, à caufe qu'ils y font trop tourmentez des payfans & de leurs mâtins; Il faut donc aller en quefte aux queuës de ces
forefts où ils fe retirent, apres auoir battu la campaigne pour en eftre
plus pres, afin d'y retourner auec plus de commodité, & auffi qu'ils y
peuuent pluftoft efperer quelque proye par vne belle iournée, qui oblige
le Laboureur de mettre fon beftial aux champs, dans le bord des bois,
à l'abry du vent, pour y trouuer quelques herbes qui s'y conferuent. Ils
peuuent auffi demeurer quelquesfois dans vn buiffon au milieu de la
campagne, par vn iour qui fera fort obfcur, comme quand il neige, &
qu'il fait vn grand broüillard, & mefme demeurer fur pied dans la campagne, n'ayant pas encores trouué de quoy fe repaiftre; mais apres fi
vous les trouuiez entrez & demeurez dans vn buiffon, il faut eftre diligent à les venir courre; car ils n'y demeurent que iufques à ce qu'ils
iugent l'heure que l'on mettra le beftial aux champs; & pour les obliger
à demeurer, il fera bon d'y mettre quelques hommes allentour, pour
qnaud ils paroiftront dans la plaine, les huer & crier; ce qui les obligera à rentrer, & donnera le temps à vos chiens-courans & à vos lévriers
de venir : & quand bien vous les auriez détournés dans ces bouts &

14

acuts de païs, vous les y pouuez faire voir & courre à vos lévriers, pourueu qu'il y ait vne taille de l'année qui fepare l'enceinte, où ils feront
détournez du cofté du grand païs, où vous mettrez des deffences, qui
doiuent eftre des hommes diftans les vns des autres de dix ou douze pas
de mefme hauteur, où vous pouuez tendre auffi des panneaux, & que
le vent foit propre dans la plaine pour y faire la courre, & y mettre vos
lévriers; c'eft en cette faifon que le Loup & la Louue qui en ont de
ieunes, s'en défont, en les battant & les mordans pour les obliger à les
quitter : alors ces ieunes Loups fe tiennent encores enfemble fept ou
huit mois, & iufques à ce qu'ils fe fentent le courage & la force d'aller
chercher leur proye, & apres ils fe mettent deux enfemble, & pour leurs
mangeures, ils vont la nuict dans les villages pour y chercher quelque
refte de befte morte (n'eftans pas encores fi fins ny fi meffians que les
vieux Loups) & pour y prendre quelques petits chiens qui font fi peu
fins que de fortir pour courre apres eux ; & s'ils n'ont eu leur proye la
nuict, ils vont faire leurs demeures dans quelques garannes ou petits
bois, le plus proche du village, pour en fortir & fe couler le iour le long
d'vne haye, afin d'y prendre vne poule, ou vne oye qui fe fera écartée
du village; c'eft auffi en cette faifon qu'ils heurlent, & font leur mu-
fique, puis qu'ils mettent leur patte dans leur gueule quand ils crient,
pour en faire le tremblement : ce qui fait paroiftre quatre Loups,
comme s'il y en auoit douze. Les ieunes Loups font fouuent cette mu-
fique, peu apres qu'ils font chaffez des vieux Loups, afin de les obliger
à leur répondre, & les pouuoir aller trouuer; ce que pourtant ils ne font
pas, à caufe que c'eft le temps qu'ils entrent en chaleur, & que le vieil
Loup ne veut pas auoir de compagnon, ce qui arriue au commencement
de Ianuier.

CHAPITRE III

*Des lieux où l'on doit aller en quefte pour le Loup,
dans le Printemps.*

IL faut que ie prenne cette faifon dés le mois de Ianuier, afin de faire
voir le Rut des Loups, & pour ofter l'erreur de quelques Auteurs qui
en ont écrit. Ie diray donc que dans le mois de Ianuier les vieux Loups
commencent à fe chercher pour fe ioindre, & dans ce temps il eft facile
d'en rencontrer & en auoir connoiffance; mais tres-mal-aifé d'en venir
à bout pour les détourner, puifqu'ils font quafi toufiours fur pied; c'eft

auſſi celuy qui tombe dans les dernieres voyes, qui eſt le plus heureux, puiſqu'en cette faiſon l'on en détourne pluſieurs enſemble, en ayant veu demeurer & donner aux chiens dans vn buiſſon proche d'Angu, iuſques à quatorze, deſquels il en ſortit huit à la courre, tout d'vn temps, & de la ſeconde fois les ſix autres; ce qui apporta vne telle confuſion aux lévriers qui courroient chacun le leur, qu'ils n'en purent prendre qu'vn à chaque fois; Les Caualliers qui eſtoient à la courre pour ſecourir les lévriers, auoient peine à les diſcerner d'auec les Loups; auſſi ſont-ils tous des chiens, les vns appriuoiſez par les hommes, & les autres ſauuages, à cauſe qu'ils ſe nourriſſent dans les bois; mais tout le reſte de leur nature eſt ſemblable à nos chiens domeſtiques, bien qu'il y ait vne inimitié entr'eux irreconciliable : ce qui ſe voit apres auoir nourry vn ieune Loup dix ou douze mois en compagnie d'vn ieune chien, auec lequel il ſe iouëra bien ſouuent, & toutefois le tenant vn iour à l'écart, il le tuëra & le mangera; neantmoins ils ont les meſmes complexions & les meſmes infirmitez. On pourra dire que les Loups ne viuent que de chair qu'ils prennent : Auſſi diray-je que les chiens en feroient de meſme, s'ils ne craignoient le chaſtiment : les mâtins ne ſe iettent-ils pas ſur les beſtiaux? & ne les mangent-ils pas quand ils ſont morts? & s'ils ne le ſont pas, c'eſt à cauſe qu'ils ſont nourris auec eux, & que dans leur ieuneſſe on leur en empeſche par le chaſtiment; ce que feroient auſſi les grands lévriers, s'ils n'eſtoiĕt enfermez, veu que toutes les fois qu'ils s'échappent, & qu'ils rencontrent des beſtiaux, ils y courent, les eſtranglent s'ils peuuent, & les mangent; & meſme les chiens-courans, ſi toſt qu'ils ſont en liberté, courent aux troupeaux de moutons, les prennent & les mangent, s'ils en ont le temps. Quant à la chair humaine, s'eſt-il pas veu des chiens gratter la terre, déterrer des corps, & les manger : Les petits chiens ne prennent-ils pas des poules, des oyes, & autres volatiles? & ne les mangent-ils pas auſſi bien que les ieunes Loups? Et pour les maladies, les ont-ils pas de meſme? Le Loup eſt ſuiet à deuenir etique auſſi bien que le chien, & à auoir la galle, le roux-vieux, du farcin, des dartres, des fils, la cacqueſcendre, & flux de ſang; ce qui ſe voit par leurs laiſſées, & tout le reſte auſſi, quand on les a pris, ſans en excepter la rage le plus faſcheux de tous les maux; & ſi la dent d'vn Loup eſt venimeuſe, celle d'vn chien l'eſt auſſi, ce qui eſt cauſé à l'vn & à l'autre par leur haleine. Et le ſeul auantage qu'a le chien ſur le Loup, eſt le naturel & l'amitié qu'il a pour ſon bien-faiĉteur; mais le Loup n'en a iamais, car quelque bien que vous luy faſſiez, il ne vous paye que d'ingratitude; c'eſt en quoy ie voy que le ſieur du Foüillou ſe méprend dans ſes écrits, diſant que l'on ne peut nourrir de Loups; il deuoit pluſtoſt dire qu'il n'en falloit pas nourrir, puiſque la nourriture

n'en vaut rien. Il dit auſſi vne particularité du Rut & chaleur des Loups
que i'ay obſerué tres-long-temps, & ſait remarquer par ceux qui ont eſté
aux bois pour Loup, ſous ma charge, afin d'en pouuoir connoiſtre la verité, où ie n'en ay veu aucune apparence : ce qui me ſait croire qu'il l'a
empruntée de quelques naturaliſtes qui ſe ſont auſſi trompez, diſans
que la Louue apres s'eſtre ſait ſuiure pluſieurs iours & nuiĉts par pluſieurs Loups, & qu'elle les a laſſez iuſques à ce qu'ils ayent eſté contraints de ſe coucher & de dormir, alors elle éucille celuy qu'elle trouue
le plus à ſa ſantaiſie, & s'en ſait couurir, & que les autres eſtans éueil-
lez, le trouuans couplé & tenu auec elle (comme ſont les chiens) ils le
tuent : Si cela eſtoit, il faudroit que ce ſecret euſt eſté reuelé par les Loups
du temps d'Eſope : car c'eſt ce qui ne ſe peut ſçauoir qu'en le voyant.
Or de le voir, il eſt impoſſible, puiſque ces choſes arriuent dans le milieu des bois : car des Loups ne s'endormiront pas dans vne plaine, eſtans les plus méfians de tous les animaux, & qui ont le ſommeil le plus
tendre & le nez le plus fin, pour ne pas ſe laiſſer approcher des hommes.
Ce que nous voyons, quand nous allons lancer vn vieil Loup qui eſt détourné, puis qu'au premier aboy que ſait le limier, il ſort de ſon liĉteau,
n'attendant pas de plus pres que de deux ou trois cẽs pas. Outre qu'il
faudroit que les Loups ſe mangeaſſent les vns les autres, & qu'ils en
auallaſſent les os & le poil, puis que l'on n'a iamais eu connoiſſance
d'aucune de ces choſes, en les ſuiuant le matin auec le limier, ny auſſi le
haut du iour, en les laiſſant courre. Ie vous ay ſait voir la reſſemblance
& ſait connoiſtre la comparaiſon qu'il y a entre le Loup & le chien. Il
eſt encore à croire que les Louues ſe ſont couurir de meſmes que les
chiennes vagabondes : elles attirent les chiens apres elles, & s'en ſont
ſuiure quelque temps, n'eſtans pas encores dans leur pleine chaleur,
pour ſouffrir qu'ils les couurent. C'eſt dans cette ſuite que les chiens ſe
battent ſouuent, & qu'il y en a vn qui ſe trouue plus ſort & plus hardy
que les autres, & les ſait demeurer à l'écart, qui eſt celuy, quand la
chienne eſt toute à ſait chaude, qui la couure. Il en eſt de meſme des
Loups, puis que nous voyons, en les ſuiuant dans cette ſaiſon, qu'ils
ſont force vire-voultes, & que meſmes il y en a qui ont eſté portez par
terre : ce qui nous doit ſaire iuger & croire, que celuy qui ſe trouue le
plus ſort, c'eſt luy qui couure la Louue : & auſſi ſe voit-il touſiours vn
grand Loup auec elle, quand elle a des Louueteaux gros & rabelez,
ayans la teſte ſort groſſe, qui ſont les plus ſorts & les plus mal-aiſez à
abbatre par les Leuriers : de ſorte que ce Loup, apres l'auoir tenuë, ne
la quitte plus, au moins iuſques au premier Rut : & ſi encore il ſe
trouue le plus ſort, il continuë de demeurer auec elle, & les autres la
quittent à peu de temps de-là, ſe mettans deux ou trois enſemble, pour

en eftre plus forts & hardis à la proye. Comme auffi auec quelques
Louues, qui n'entrent pas en chaleur dans cette année : car elles ne
portent pas tous les ans; alors ils vont & viennent des forefts aux buiffons, les mois de Fvrier & Mars, & en Avril, ils quittent tout à fait les
grands pays, au moins ceux qui ne fe nourriffent pas de beftes fauues.
Et les Louues, quoy qu'elles foient pleines des Louueteaux, elles les y
font & les y nourriffent. Le gouft de la chair de ces beftes leur eft trop
agreable pour le quitter, outre que ces Loups lors qu'ils ne peuuent
plus prendre les grandes beftes, qui font remifes dans leur force, ils
prennent les fans & les marcaffins, à quoy ils font encores plus friands,
& les autres qui font allez aux buiffons, comme la Louue & fon mafle,
ils choifiront vn beau buiffon, où il y aura de grands forts fourrez
d'épines & quelques trous (comme où l'on a tiré des meules de pierre)
qui fera au milieu de trois ou quatre villages, & fur le bord de quelque
riuiere, ou vn ruiffeau, afin d'y auoir leurs mangeures plus à commandement, pour s'y mieux nourrir auec leurs Louueteaux. Cette chaffe
fufpend fon exercice à la my-May, ce qu'on appelle la muë dans la Venerie pour le Loup du Roy, à caufe des bleds qui commencent à eftre
grands, où les Levriers ne pourroient voir les Loups, & qu'auffi ils font
toufiours fur pied, & qu'on auroit peine à en faire vn rapport affeuré,
ioinct qu'ils demeurent la plufpart du temps dans les bleds.

CHAPITRE IV

Des lieux où l'on doit aller en quefte du Loup, en Iuin,
en Iuillet & en Aouft.

CEs trois mois, l'equipage pour Loup doit demeurer en repos, au
moins les levriers, à caufe que les grains font grands dans la campagne, où font ordinairement les Loups, ce qui les rend tres-difficiles à
détourner : ioint qu'ò ne peut faire de courre pour les faire voir aux levriers : c'eft auffi le temps que les Louueteaux font tres-petits, defquels
vous n'auriez pas plaifir en les prenant. Il faut pluftoft les laiffer fortifier,
afin de les faire chaffer aux ieunes chiens pour le dreffer; vous y pouuez auffi dreffer ceux dont vous voulez faire des limiers, auec beaucoup
plus de facilité, & en moins de temps qu'aux autres faifons, à caufe
qu'apres auoir eu connoiffance d'vne portée de ieunes Loups dans vn
buiffon, ils n'en bougent plus, s'ils n'en font chaffez; où les vieux font
auffi, qui vont & viennent deux fois le iour, dans la campagne, le matin

& le foir, pour fe nourrir & leurs petits : ce qu'ils font reglément & hardiment, à caufe qu'ils font affamez dans cette faifon, fe fentans encores
de l'Hyuer, ioinct que la Louue nourrit fes petits de laict, ce qui l'amai-
grit & la rend plus affamée, outre le grand amour qu'ils ont pour leurs
petits ; ce qui leur fait prendre & leur apporter inceffamment la proye,
& arriuant aupres d'eux, ils fe font rendre gorge, pour leur faire manger, en fe mettant la patte dans la gueule, & lors qu'ils font vn peu plus
forts, ils leur apportent des pieces entieres de chair morte : & en fuite
de la viue, comme vne oye, vne poule, vn agneau, vn petit cochon, ou
vn petit chien, pour les apprendre à les tuer, auffi bien le Loup que la
Louue. Encores que le fieur du Foüillou dife que le Loup eft gras dans
ce temps, à caufe qu'il ne donne rien de ce qu'il prend à fes Louueteaux, & que c'eft la Louue feule qui les nourrit, & qu'à cette confide-
ration, elle eft tres-maigre dans ce temps. Elle ne peut eftre autrement,
puis qu'elle peut auoir nourry cinq, fix & iufques à fept Louueteaux :
mais dans l'ordinaire c'eft cinq, ioint que dans ce temps, elle ne fe pour-
uoit pas, à caufe de l'amour qu'elle a pour eux, par le foin qu'elle prend
de les allaicter, & n'eftoit que le Loup luy apporte à manger, au moins
pour les premiers iours qu'elle a fait fes petits, elle pâtiroit, & par confequent fes Louueteaux, à caufe qu'elle n'auroit pas du laict, ne fe pouuant refoudre à les quitter, iufques à ce qu'ils voyent clair (ainfi que
font les chiennes) de leurs petits, pendant les premiers iours. Et quand
ils commencent à marcher, alors ils les gardent l'vn apres l'autre, & le
Loup a autant d'amour pour eux que la mere ; mais comme il n'a pas
tant contribué à leur nourriture iufques-là, & qu'il a mangé vne grande
partie des bonnes chairs qu'il a prifes, comme mouton, agneaux, pou-
lains & volailles, cela l'a rendu gras pluftoft que de ces beftes maigres,
mortes de maladie qu'il mangeoit l'Hyuer, qui luy faifoient fouuent
plus de mal que de bien, & encore la plufpart du temps n'en auoit-il
que la moitié fon faoul, ayant auffi dans cette faifon toutes les occafions fauorables pour y furprendre le beftial qui eft dés le matin à la
campagne, & depuis 3. heures apres midy iufqu'à la nuit. Et lors que
les Louueteaux cōmencent à eftre forts, & qu'il leur faut plus de carnage, le Loup & la Louue vont enfemble à la chaffe, pour s'ayder l'vn &
l'autre, afin d'y prendre dauantage : c'eft dans ce temps qu'ils font plus
d'abbatis de beftiaux, c'eft là la chaffe de ceux qui font leurs petits dans
les buiffons : car ceux qui les font dans les fonds de forefts, c'eft aux
fans de Biches, Chevreüils & Marcaffins, & auffi aux meres, s'ils les
peuuent furprendre, à qui ils s'attaquent.

CHAPITRE V

Des lieux où l'on doit aller en quefte & courre le Loup,
en Octobre, Nouembre & Decembre.

L'Ordre doit eftre donné aux Officiers de la Venerie du Roy pour le Loup, lors que l'on les enuoye à la Muë, de venir auec leurs limiers & levriers, ioindre les chiens au rendez-vous, qui leur aura efté defigné par le grand Louuetier, ou Lieutenant de la Venerie, au premier iour du mois de Septembre, pour releuer la Muë, & faire deux ou trois chaffes, afin de mettre les chiens-courans & les limiers en haleine & en curée, auparauant que d'aller trouuer le Roy, qui ne doit manquer en cette faifon de chaffer le Loup; puis que c'eft la plus belle & plus fauorable de toute l'année; l'air y eft temperé & la terre bonne pour les chiens : les ieunes Loups font affez fort pour durer vne heure & plus : & fi l'on veut courre ceux de l'année auparauant (qui peuuent auoir en ce temps-là, feize mois) on le pourra, & auec beaucoup de plaifir. Les vieux Loups font auffi dans leur plus grande force & viteffe, pour fe bien deffendre des levriers; puis qu'ils ont fait bonne chere tout l'Efté; ils ne font pas auffi fi affamez, ce qui fait qu'ils ne font pas tant de pays, & qu'ils en font plus aifez à détourner, & n'en changent pas fi volontiers, particulierement ceuy qui ont des ieunes Loups : Car vous vous pouuez affeurer que quand vous en aurez eu connoiffance dans vn buiffon, vous ne manquerez de les y trouuer, quand vous les voudrez courre, pourueu que ce ne foit pas d'vn trop longtemps; Mais fi vous les chaffez, & que vous ne les preniez pas, il changeront auffi-toft apres de pays, le Loup & la Louue contraignant les Louueteaux d'en fortir, la Louue allant deuant, pour les guider, & le Loup apres, qui les chaffe, en les mordant, pour les faire fuiure : ce que nous connoiffons lors que nous en rencontrons & fuiuons auec le limier. Ils les meinent ordinairement à vn buiffon qui leur eft conneu, pour y auoir de grands forts : où s'il n'y a aucun buiffon à leur fantaifie, pour les y mettre en feureté, ils les meineront dans quelque marais, ou dans la queuë d'vn grand eftang, où il y aura force buttes de ioncs, où vous ne laifferez, apres les y auoir détournez, de les courre; mais auec plus de peine, pour les hommes & les chiens. Ce font là les lieux où vous deuez aller en quefte pour Loup, comme aux autres faifons cy-deuant nommées, & que l'experience m'a fait connoiftre,

CHAPITRE VI

De la taille qu'il faut que les Levriers ayent pour prendre le Loup.

IL faut que les levriers, pour ioindre & attaquer le Loup, foient viftes & vaillans, & pour y plus affeurément rencontrer, il eft befoin qu'ils foient tirez de race expérimentée : car autrement il s'en rencontre peu qui le veuillent attaquer : Pour les auoir ainfi, il faut faire couurir vne grande levrette pour Lievre, par vn levrier compagnon grand & bien déchargé, & qui ait toutes les qualitez requifes dans la taille, afin que les levriers qui en viendront, foient grands, longs et déchargez, horfmis deux leffes, qui doiuent eftre plus renforcées, que l'on doit mettre en fond de courre, pour coëffer & arrefter le Loup, lors que ceux des flancs leur ont donné tour & atteinte. Les meilleurs que i'ay veus dans la Venerie du Roy pour le Loup, eftoient venus de Bretaigne & donnez par Monfeigneur le Duc de Montbazon, qui auoit eu le temps d'en proportionner la taille, en faifant couurir vne levrette, fi elle eftoit vn peu époiffe & grande, par vn levrier fort déchargé, & fi la levrette eftoit déchargée, par vn levrier vn peu plus épais. C'eft ce qui fe doit faire, fi vous voulez eftre parfaitemēt bien en levriers : Et apres eftre nourris, faire le choix feulement de ceux qui font déchargez, comme i'ay dit : & des autres, vous vous en feruirez à prendre le Sanglier, à quoy ils feront propres ; puis qu'il n'eft pas neceffaire qu'ils ayent tant de viteffe ; mais pluftoft de la force & valeur. Il faut que ceux que l'on choifira pour le Loup, ayent les qualitez en fuite, dans leur taille, fçauoir la tefte vn peu plus longue que large, l'œil gros & plein de feu & biē coëffé, & que le col en foit long : c'eft figne de viteffe, comme eftre déchargé d'épaules, de reins hauts & larges, auoir les hanches larges & bien gigottées, le iarret droiĉt, la iambe feiche & nerfueufe, & le pied petit, les ongles gros, & qu'il n'y ait aucuns argots ; pour le poil, cela depend de la fantaifie, en ayant veu de bons de tout poils, mais particulierement de gris tifonnez, noirs, rouges, vifs & à gros poils. Ils n'en font pas fi beaux ; mais ils font plus durs à la fatigue : quand il pleut, ou qu'il tombe de la neige, l'on ne les void pas trembler comme les autres, & font auffi plus ordinairement vaillans. Ce font là les tailles & les poils que i'ay veu le mieux reüffir : car pour les gros levriers doguiftes, ils n'y font nullement propres, à caufe qu'ils ont ordinairement peu de viteffe & font moins vaillans pour le Loup, que les tailles que i'ay dites cy-deuant. Il ne font pas auffi de grande fatigue, & font plus difficiles à gouuerner, fe mangeans les vns les autres, fi l'on n'en a grand

foin : & fi vous les laiffez aller hors leffe, ou que les tenans ils s'échappent,
le premier beftial qu'ils rencontrent, ils l'attaquent & le tuent. Tels levriers ne font bons que pour le Sanglier, & à combattre contre le Tau-
reau & les Ours, pour ceux qui ayment ce diuertiffement. Et fi vous
voulez maintenir la race de ces bons levriers, il faut faire choix de deux
ou trois levrettes bien taillées, que vous laifferez ouuertes, les voyant
larges de coffre, & qu'elles ayent toutes les qualitez dans leurs tailles
que i'ay dites, & lors qu'elles feront dans leur chaleur pour fouffrir le
chien, vous les ferez tenir par de vos plus beaux & meilleurs levriers, qui
ne paffent point quatre ans, qui foient les plus viftes & vaillans, point
querelleurs, ny pillards, & confidererez les tailles du levrier & de la levrette, côme i'ay dit, afin que les levriers qui en viendront, foient comme
vous les deuez fouhaiter, pour feruir d'etricque, de flancs & de tefte, felon le befoin que vous en aurez. Apres qu'ils auront fait leurs levrons,
il faut en auoir vn foin particulier, en nourriffant fortemêt la mere : &
fi vous en voulez faire nourrir plufieurs d'vne portée, vous vous pour-
uoirez quelques iours auparauant d'vne Mâtine, pour les allaiéter, au
foulagement de leur mere (comme i'ay dit au Chapitre des chiens-courans pour Cerf) & les nourrirez trois mois chez vous, auparauant que
de les donner aux Laboureurs, qui feront en pays où il ne vient que des
fromens propres à nourrir des ieunes chiens, comme ie l'ay dit, en les
recompenfant : car ils ne les peuuent bien nourrir de laiél, potage &
pain, qu'il ne leur en coufte beaucoup. Et ainfi eftant nourris chez ces
Laboureurs, ils s'accouftumêt auec les Mâtins & le beftial, auec qui ils
font tous les iours : & comme cela, ils ne font moins pillars. Et à vn an
vous les retirerez, qui eft le temps que le cœur leur vient & l'enuie de
chaffer, qui leur fait chercher l'occafion dans la campagne, où ils pourroient trouuer vn Lievre, qui leur feroit faire des efforts, en le courant
long-temps, à caufe qu'ils ne prennent pas auec la mefme facilité que
fait vn petit levrier, où ils fe pourroient effiler : ioiné que c'eft l'aage de
les mettre à la leffe, pour les y accouftumer, & à la nourriture que l'on
leur veut donner ; & qu'ils fe rendroient vicieux en attaquant les beftiaux & les Mâtins, defquels ils fe pourroient faire tuer ou eftropier. Il
faut auffi que vous teniez les levrettes, que vous aurez choifies pour en
tirer race, en quelque maifon particuliere, afin qu'ils n'ayent aucune
communicatiõ auec les levriers, à caufe qu'elle leur cauferoit force que-
relles, particulierement dans l'equipage & Venerie du Roy pour Loup.
C'eft ce que i'ay toufiours obferué, & celles que vous voudrez couper; il
les faut faire couurir : & les voyant noüées & pleines de trois fepmaines,
ou vn mois, vous les ferez couper, ou cener par vn homme habille & bien
experimenté en cét art.

CHAPITRE VII

Comme l'on doit tenir & nourrir les Levriers dans la Venerie du Roy,
pour la chaſſe du Loup, la quantité que l'on en doit auoir,
la qualité des Levriers.

DANS l'equipage & la Venerie du Roy pour le Loup, il doit y auoir
huict leſſes de levriers, taillez, comme i'ay dit au Chapitre cy-deuant ; mais de differente force & hauteur, pour tenir chacun leur poſte,
qui ſont deux leſſes d'etrique, pour pouſſer & faire enfoncer le Loup
dans la courre, & le faire aller à quatre leſſes de flanc, & en ſuitte aux
fonds de courre à deux autres leſſes de teſte : les levriers des eſtriques
doiuent eſtre les plus petits & les plus legers, & comme de grands levriers pour Lievre : ceux des flancs vn peu plus forts & aduantageux, &
ceux des teſtes encores plus forts, qui ſont ceux qui doiuent arreſter &
retenir le Loup. Chaque leſſe doit eſtre de trois levriers, conduite & gou-
uernée par vn homme qui porte la qualité de valet de levrier, qui eſt
(comme ſes compagnons) Officier du Roy, iouïſſant des droits & exemptions qui leur ont eſté de tout temps donnez, comme aux autres Officiers de ladite Venerie, Commenſeaux de la Maiſon du Roy. Ces huict
valets de levriers ſeruent le Roy dedans cét equipage; Mais il n'y en a
que quatre qui ſoient dans la dependance & nomination du grand Louuetier : car les quatre autres ſont ſous la nomination des premiers Gentils-hommes de la Chambre du Roy, & ſont ſeulement ſous l'obeïſſance
du grand Louuetier & du Lieutenant de ladite Venerie, durant le temps
qu'ils ſont dans l'equipage : ces valets de lévriers doiuent auoir ſoin de
leurs lévriers, parce qu'ils ſont obligez d'en répondre ; ie veux dire des
accidens qui leur ſeroient arriuez par leur faute, comme s'ils leur don-
noient de mauuais pain, ou qu'ils ne leur en donnaſſent pas aſſez (ce
qui les feroit maigrir peu à peu & diminuer de force) ou de les auoir
mené à des carnages de vieilles beſtes mortes de maladie (ce qui leur
pourroit cauſer le flux de ſang, les faire mourir, ou au moins les dé-
gouſter) pour apres n'eſtre pas en la force & viſteſſe qu'ils doiuent auoir
pour ſeruir, & ne les pas bouchonner & peigner pour les tenir nets, &
qu'à faute de ce, il leur viendroit la galle, & quand ils ſont dégouſtez,
s'ils ont manqué de leur donner du potage en Hyuer & du laict en
Eſté venant du py de la vache, & s'ils ont eſté bleſſez du Loup ou de
leurs compagnons en ſe battant, qu'ils ne les ayent pas étuuez & pan-
ſez auec le ſoin & la capacité qui y eſt requiſe (qu'ils doiuent auoir) &

ne l'ayent pas dit au Commandant pour les luy faire voir, & qu'ils
n'ayent pas eu le foin de leur donner de l'eauë, & la changer en Hyuer
tous les iours, & en Efté deux fois chaque iour, ou de les auoir mal-éta-
blez en les mettant dans vn lieu où il y aura eu des cochons ou des
poules : ce qui leur peut donner vne galle que nous appellons le roux-
vieux, ou le farcin, & de n'auoir pas pris garde fi la porte du lieu où ils
les auront logez, n'eftoit pas bonne ny bien fermante, tant qu'ils fuffent
fortis & perdus, & fi en les promenant, ils les laiffoient aller hors leffes
fans les tenir, & qu'ils allaffent attaquer vn bœuf, vne vache, ou vn tau-
reau qui les pourroit tuer, ou vn mâtin qui les peut eftropier, ou qu'il
vint à paffer vn chien enragé dont ils auroient efté mordus & deuenus
enragez, fans en auoir donné aduis par leur negligence affeêtée ; car s'ils
manquent à toutes ces chofes, ils meritent punition, comme de ne les
pas tenir en bon corps, puifque les lévriers y doiuent eftre, fi vous voulez qu'ils ayent viteffe & force pour refifter au trauail qu'ils ont à fouffrir dans cét équipage, quand le Roy y prend plaifir, à caufe qu'il faut
déloger & marcher fouuent : car quand vous auez fait deux chaffes en
vn lieu, s'il y refte des Loups, & fi ce font vieux Loups, ils s'en vont ; Il
faut donc bien nourrir les lévriers en leur donnant du pain de bon orge,
& bien fait, qui foit cuit de deux ou trois iours ; c'eft ce que i'auois étably dans ladite Venerie, leur ayant fait donner vn cheual pour porter
leur pain ; car auparauant ils mangeoient le pain tel qu'ils le trouuoient
dans les vilages où ils logeoient, & de toutes fortes de grains, & quelquesfois au fortir du four, ce qui les faifoit couler felon ces changemens de pain ; auffi eftoient-ils maigres dans ce temps, fans force ny viteffe, & depuis cét ordre ils furent toufiours en bon corps, vifteffe, & en
force.

CHAPITRE VIII

Comme il faut que les chiens-courans foient pour chaffer le Loup.

IL faut que les chiens-courans pour chaffer le Loup, foient d'vne nature extraordinairement hardie, puifqu'à tous les autres, bien loin
de le chaffer ; auffi-toft qu'ils en ont le vent, le poil leur dreffe, fe mettant la queuë entre les iambes, & derriere les cheuaux des Picqueurs,
encores qu'ils foient fur les voyes d'vne befte qui eft dans leur fentiment, & qui leur plaife : ce que font auffi les limiers qui ne font pas
dreffez pour le Loup, reuenans derriere celuy qui les meine, ou du

moins ſe ſerrent-ils contre luy, ne voulans pas aller de quelque temps apres deuant, pour la crainte qu'ils ont de cét animal; c'eſt pourquoy quand on eſt bien en race de chiens pour Loup, il la faut conſeruer auec grand ſoin. Ce n'eſt pas qu'il ne s'en puiſſe rencõtrer quelques-vns qui le chaſſent, quãd vous les donnez auec d'autres au lancé d'vn Loup, encore qu'ils ne ſoient pas de race; mais ce ne ſera que iuſques à ce qu'ils ayent rencontré d'vne autre beſte dont le ſentiment leur ſoit plus agreable : ce que i'ay experimenté pluſieurs fois, & ce qui me fait dire que les chiens qui ne ſont pas deſcendus de la race, chaſſent ſeulement par obeïſſance, & non pas par inclination. Il eſt donc tres-important de la conſeruer, & d'en ſavoir bien choiſir la taille, comme ie l'ay décrite aux autres Traiclés, & d'obſeruer la nature des chiens & des lyces, afin que ce ſoit ceux qui auront le nez le plus fin, puiſque le ſentiment du Loup eſt le plus delicat, & qui ſe pert le pluſtoſt, à cauſe de la quantité de poil qu'il a ſous les pieds, qui empeſche que la ſolle & la peau ne portèt en terre, au moins ſi fortement que des autres grandes beſtes : ce qui en diminuë beaucoup le ſentiment aux chiens, & qui fait qu'ils ſont naturellement enclins à le chaſſer hardiment, comme beaux chaſſeurs & requeſteurs; & qu'ils ne ſoient pas iournalliers : il faut auſſi qu'ils ayent l'œil plein de feu, ce qui ſignifie hardieſſe, bien deliberez; mais pour pillarts, ce n'eſt pas vn defaut, pour Loup, car ils le ſont preſque tous par le grand courage qu'ils ont : enfin ils doiuent eſtre grands & bien taillez, & auoir toutes les qualitez que i'ay dites au Traiclé cy-deuant. Il faut auſſi que les lyces ſoient ainſi taillées, ayans les meſmes qualitez leſquelles vous ferez couurir auſſi de meſmes, & quand elles auront fait leurs chiens, vous en aurez le meſme ſoin, & en ferez les meſmes nourritures chez vous, comme apres chez les laboureurs. Vous les en deuez retirer à dix mois, comme les autres pour les meſmes raiſons; mais il ne les faut pas faire chaſſer, qu'ils n'ayent quatorze ou quinze mois, qui eſt l'aage que le cœur & la force ſont venus aux chiens; car ſi vous les laiſiez chaſſer auparauant, il y auroit à craindre que vous ne les rebutaſſiez, & qu'ils ne vouluſſent plus chaſſer le Loup.

CHAPITRE IX

Comme il faut tenir & nourrir les chiens-courans pour le Loup.

LEs chiens-courans pour chaſſer le Loup ſe doiuent tenir dans vn chenil, comme ie l'ay décrit au Traiclé pour le Cerf, les garder & obſeruer iour & nuiĉt, y ayant vn valet de chiens couché aupres d'eux, à

cauſe que ce ſont chiens pleins de feu & de courage; ce qui les rend querelleurs, & fait qu'ils ſe battroient ſouuent, ſi on n'y eſtoit pour les reprimer & chaſtier de la houſſine, en les nommant, & leur criant *haye :*
car manque d'auoir ce ſoin, l'on en trouueroit ſouuent d'eſtranglez, ou
au moins d'eſtropiez; Il faut auſſi auoir vn ſoin particulier de leur donner de l'eauë, & leur changer ſouuent, apres auoir nettoyé les vazes
dans leſquels vous la mettrez : car comme ces chiens ſont pleins de feu,
ayans le ſang tres-chaud, ils ont beſoin d'eſtre raffraiſchis ſouuent, autrement ils deuiendroient enragez, à quoy ils ſont enclins plus que les
autres par leur chaleur extraordinaire; il les faut auſſi bouchonner, peigner, & greſſer, quand ils en ont beſoin; & quand vous les verrez maigrir, leur donner du potage fait auec ſein de cochon & du creton que
l'on prend chez les bouchers, outre leur nourriture ordinaire qui doit
eſtre de pain d'orge, plus particulierement pour ces chiens : ce qui les
raffraiſchit & les maintient en bon corps; & ſi l'on iuge que cette maigreur vient d'vne grande & longue courſe qui les peut auoir échauffé,
il leur faut donner du laiét venant du py de la vache, quelque temps,
& iuſques à ce qu'ils ſoient en bon corps, & non des breuuages auec
l'huille, qui les échauffe & les rend ſi malades, que quelquefois ils en
meurent.

CHAPITRE X

De la ſaiſon qu'il faut choiſir pour dreſſer les ieunes chiens
pour le Loup.

LEs mois de Iuin, Iuillet, & Aouſt, le Roy ne voit pas chaſſer ſon
equipage pour le Loup, par les raiſons que i'ay dites cy-deuant : il
faut donc l'employer à dreſſer les ieunes chiens que vous aurez nourris,
afin de renouueller les vieux qui feront dans voſtre Meute, & la fortifier, ſi elle eſt foible. La ſaiſon vous en eſt auantageuſe, puis qu'apres
auoir eu connoiſſance des ieunes Loups, & du lieu où ils ſont, vous les
y trouuez quand vous voulez, auſſi bien que les vieux; outre que la campaigne eſt couuerte : ce qui fait que le ſentiment en eſt meilleur pour
les chiens, puiſque les Loups touchent par tout de la iambe & du corps,
& y font des portées; ce qui en augmente le ſentiment aux chiens, &
fait qu'ils chaſſent auec plus de chaleur, & en tiennent plus facilement
la voye : il faut du commencement, auec ces ieunes chiens, attaquer des
ieunes Loups, pluſtoſt que des vieux, quoy que le ſentiment n'en ſoit

pas fi grand, mais auffi ils ne s'éloignent pas d'eux, & ne bougent de dedans le fort, où le fentiment des voyes eft encore plus fort; il y fait auffi plus frais pour chiens dans cette faifon, qui eft ordinairement tres-chaude. Et quand vous voudrez eftre affeuré où il y aura des ieunes Loups, il faut s'enquerir des bergers & laboureurs où ils voyent aller & venir fouuent des vieux Loups dans vn buiffon, afin d'y enuoyer vn va-let de limier, où il ne manquera de trouuer les ieunes Loups qui ferui-ront pour dreffer vos ieunes chiens, & ieunes limiers. Il y doit aller auec vn chien dreffé pour en auoir connoiffance, qu'il aura apres auoir trouué entrez & rembuchez les vieux Loups, allant auec fon chien dans le buiffon par les chemins & faux-fuyans, & s'il n'en rencontre là, il confiderera l'enceinte où font les plus grands forts, & d'où il aura trouué fortis & entrez les vieux Loups, & peut-eftre reffortis; car ils ne demeurent pas volontiers auec leurs ieunes Loups, s'ils ne font tres-pe-tits. Il percera cette enceinte iufques à ce qu'il trouue les abbatis qu'au-ront fait les ieunes Loups, qui font des herbes abatuës comme des pe-tits fentiers, où ils fe promeinent & vont au deuant des vieux, qui leur apportent à manger; car quand ils font fort petits, il ne fortent pas de l'enceinte, & auffi-toft qu'il en aura eu connoiffance, il fe peut retirer, & s'affeurer qu'ils font dans cette enceinte, quand bien ce n'auroit pas efté de la nuiçt, pourueu qu'il ait eu connoiffance des vieux, de la nuiçt, neantmoins il en peut prendre les deuans pour en eftre plus affeuré, & ne les ayans trouué paffez, reuenir au quartier de la Venerie, en faire fon rapport au Lieutenant ou Commandant; pour y aller, apres auoir déjeuné, auec les ieunes chiens, & quatre ou fix des vieux pour les émouuoir à chaffer, & s'attacher à la voye, lors qu'ils auront lancé les ieunes Loups que l'on trouue ordinairement dans vne enceinte feparée des vieux, qui ne veulent pas demeurer auec eux, pour ne pas donner connoiffance à ceux qui la pourroient auoir d'eux plus facilement, ioint qu'ils pourront eftre allez chercher de quoy les repaiftre.

Vous deuez donc aller découpler vos vieux chiens dans l'enceinte où font les ieunes Loups, & faire tenir vos ieunes chiens dans le chemin le plus proche de l'enceinte, par des valets de chiens & vn Picqueur qui fera à la tefte, pour les conduire & mener auffi-toft que les ieunes Loups feront lancez, à celuy qui fera chaffer les vieux chiens, l'ayant entendu fonner pour chiens : Ce qu'eftant, il doit entrer & faire entrer ces va-lets de chiens dix ou douze pas dans le fort, auec les ieunes chiens, auant que de les découpler, & il faut qu'il y ait auffi vn vieil chien pour les guider & leur monftrer a fuiure le Picqueur qui doit fonner & les mener le plus vifte qu'il pourra, pour ioindre les chiens qui chaffent, & les rallier auec eux en les réchauffant, pour les obliger de prendre la voye & la chaſſer ; & ce qui m'a fait dire qu'il falloit découpler les ieunes chiens dans le fort, pluſtoſt que dans le chemin, c'eſt qu'en les découplant dans le chemin, ils le pourroiēt longer ou entrer dans l'enceinte de l'autre coſté, où ne feroient pas les ieunes Loups, & où ils pourroiēt rencontrer & lācer quelque autre beſte, & la chaſſer : ce qui leur donneroit vne mauuaiſe impreſſion, & les retarderoit, peut-eſtre aſſez long-temps, à ne vouloir pas chaſſer le Loup, dont le ſentiment leur plaiſt moins que des autres beſtes. Le Picqueur ayant ioinct les vieux chiens qui chaſſent, & celuy qui les fait chaſſer, il doit parler à eux en ces termes, *Veleſcyallé*, & les nommer par leurs noms & leur crier, *Harlou, mes belots, harlou*, & ſonner pour chiens : mais mediocrement pour ce commencement, afin de ne les pas eſtonner, & les obliger à prendre la voye auec les autres, & la chaſſer, ou au moins les ſuiure : car en ces commencemēs, ils ne chaſſent pas volontiers. Il faut que l'vn des Picqueurs ait le ſoin de les appeller de temps en temps, pour les remettre ſur les voyes, & l'autre de les faire ſuiure, en leur diſant, *Ti-reʒ, chiens, tireʒ*, & ayant ioinct celuy qui fait chaſſer, il leur doit crier encore, *Harlou, mes belots, Harlou, Rali, chiens, Rali* : Et comme il verra qu'ils chaſſeront, ou ſuiuront les autres, crier, *S'en va, chiens, s'en va ;* & s'ils vont dans les chemins aux valets de chiens, il faut qu'ils les reprennent en les flattant, pour les premieres fois : car il eſt plus dangereux de les rebutter pour Loup, que des autres beſtes, & les redonner apres les autres, qui chaſſeront lors que le Loup paſſera vn chemin, ſinon qu'ils entrent dans le fort, la chaſſe eſtant pres d'eux : car il ne les faut pas donner de loing, à cauſe qu'ils pourroient reuenir à eux : Et ſi les ieunes Loups commencent à eſtre vn peu forts, il faut auoir mené vn relais de quatre ou ſix chiens dreſſez, pour ſecourir les chiens que vous auez donné de Meute : car pour prendre vn ieune Loup, il les faut tous mettre à bout, à cauſe qu'ils ſe relayent les vns les autres, ne faiſans pas beaucoup de pays ; ce qui fait qu'ils ſe rencontrent plus ſouuent, & qu'ils en durent dauantage : Et voyans vos chiens mal-menez, vous donnerez voſtre relais : ce qui rechauffera vos ieunes chiens ; lors qu'ils verront ceux-là chaſſer auec plus d'ardeur, vous continuerez à leur parler & à les r'allier auec les chiēs chaſſants, & auſſi les valets de chiens, & iuſques à ce que vous ayez forcé & pris vn ieune Loup : ce qui doit ſuffire pour vne fois, afin de les ménager pour faire pluſieurs chaſſes, & ſeruir à mettre vos ieunes chiens à la voye : ioinct qu'il ne les faut pas laſſer de ces premieres chaſſes. Le Loup eſtant pris, vous le ferez fouler à vos vieux chiens, pour obliger les ieunes à s'y méler par quelques atteintes : car en ces commencemens, ils ne les foulent pas volontiers ; & apres qu'ils l'auront foulé quelque temps, & que vous les

aurez flattez & touché de la main aux flancs en le foulant, & leur parlant, comme quand vous les auez fait chaffer, le Picqueur doit prendre
le ieune Loup & monter à cheual, pour le montrer encores aux chiens,
fonnant le grefle (comme il a deu faire dans le temps qu'ils le fouloient)
& leur crier, *Voylà le mort, à moy, chiens, tiehault :* Et il faut que
l'autre Picqueur les faffe fuiure, leur difant, *Tirez, chiens, tirez, acoule
à luy,* & quand vous ferez au premier chemin, le faire fouler encore aux
ieunes chiens feulement : & fi vous auez quelque morceau de Loup
cuict, leur en donner : cela fait, vous les couplerez & reprendrez le
Loup, à cheual, deuant les chiens, fonnant pour lors la mort par trois
mots longs, & en fuite la retraitte; Et quand vous ferez arriuez au quartier & logement des chiens, vous ferez cuire le Loup, fi vous n'en auez
vn de cuit, pour leur en faire la curée, de la façon que ie le diray dans
vn chapitre particulier : & y mettrez deux vieux chiens auec les ieunes,
pour leur montrer le chemin d'aller à la moüée & au forthu, & encores
auront-ils affez de peine à y aller pour cette première fois, & à manger
du Loup, qui eft d'vn gouft naturellement defagreable aux chiens : ce
qui fera qu'ils s'écarteront çà & là : Il les faudra appeller pour les obliger à y aller, finon les prendre auec des couples & les y amener, en les
carreffant, leur en faire manger dans la main, & les mener au forthu,
qui eft le coffre, où vous les decouplerez, cependant que l'vn des Picqueurs fonnera le grefle & criera, *Velle-loo.*

CHAPITRE XI

*Des termes que l'on doit tenir pour parler aux chiens,
quand l'on les fait chaffer le Loup.*

IE me fuis trouué obligé, pour ne donner point de l'interruption au
Lecteur, de mettre en fuite du Traicté pour Cerf, celuy du Lievre &
du Chevreüil, à caufe que les termes en font femblables, comme en
beaucoup de chofes, les manieres de faire chaffer & de fonner; Mais les
termes pour Loup font differents, & ont de la confonance auec le Sanglier & le Renard, dont ie traitteray cy-apres : car fans cette regularité,
à laquelle ie me fuis voulu attacher, & que i'ay creu eftre neceffaire,
pour eftre plus intelligible au Lecteur, i'aurois mis le Traicté de la
Chaffe pour le Loup directement apres celuy du Cerf, puifque dans cét
equipage & Venerie, il y a vn grand Louuetier : outre c'eft vn corps feparé des autres, n'eftant pas mefmes payez par les Threforiers des

Chaffes, Toilles & Fauconnerie, comme les autres; mais par les Threforiers de l'Efpargne, & que dans les autres Equipages (excepté la
grande Venerie pour Cerf) il n'y a que Capitaines & Lieutenans. Ie
commenceray à parler des termes dont on doit vfer, & des connoiffances
du Loup. Quand on en reuoit, on doit dire, *Voicy la trace* ou *pifte du
Loup*, & les os qui fortent de fon pied, fe doiuent appeller ongles : &
la fiente, les laiffées, & lors qu'il marche au pas & d'affeurance, alleures,
& quand il court, fuittes du Loup; les alleures fe connoiffent, allant
d'affeurance, quand le pied du Loup eft ferré; & les fuites, quand il
louue. Ce qui fe fait par l'effort qu'il fait en courant, & lors qu'il a
gratté, cela s'appelle galies ou déchauffeures; où il s'eft déchauffé, felon
le rencontre qui fe fait dans la façon de parler, quand le Veneur fait fon
rapport, & le lieu où il fe couche le iour, fe nomme litteau : car quand
on le court & que lors il fe repofe & fe met fur le ventre, ce lieu s'appelle flattreufe; & quand le Veneur eft aux bois, & que fon chien a rencontré la voye d'vn Loup, apres en auoir reueu, il doit dire à fon limier,
Vel-cy-allé, fi le Loup va d'affeurance, le fuiuant, comme quand il le
laiffe courre; mais l'ayant lancé, voyant qu'il fuit, il doit dire alors, *Velefcy-allé*, *Velefcy-allé*, qui eft le terme fignificatif qu'il va fuyant. Il
doit dire auffi à fon chien qui fuit pour lancer le Loup, *Apres, l'amy,
apres harout, harout, haly, hou, hou, harlou, harlou;* & apres eftre
donné aux chiens, le Picqueur leur doit crier, *S'en va, s'en va, chiens,
mes belots, harlou, harlou, outre vault chiens, outre vault,* & fonner
pour chiens, & pour requefter à veuë la mort & la retraitte, comme
pour les autres chaffes cy-deuant : mais quand on le voit, il faut crier,
Velleloo.

CHAPITRE XII

*Comme le Veneur & valet de limier, doiuent dreffer
les ieunes limiers pour le Loup.*

L E valet de limier pour Loup, doit plus exactement prendre garde à
faire choix d'vn chien bien fait, que les autres, & qu'il ait non feulement les qualitez que i'ay dites au Traicté pour Cerf; mais encores
quelque augmentation, comme d'eftre plus trauerfé, qu'il ait la tefte
plus carrée, l'œil gros, flamboyant, & naturellement ardent & furieux,
l'ayant veu plufieurs fois fe piller auec les autres, & s'il fe rencontre à
gros poil, il en fera mieux, & de poil vif, comme s'il eft rouge, que ce

foit vn rouge de feu, ou brun, & s'il eft gris, que ce gris foit d'un gris brun & non élaué, ou tout noir, & qu'il foit plus court que long; la taille s'en peut cônoiftre en le voyant, côme tous ces fignes & qualitez que i'ay dites. Mais pour fçauoir s'il fera bon, il en faudra faire l'épreuue: & pour cela, il fera bien de le mettre dans le chenil, pour eftre encore plus affeuré de fon ardeur & courage, où il fe domeftiquera auec les autres & apprendra à aller au couple : il s'en rendra auffi plus fier & hardy, le faifant chaffer trois ou quatre chaffes en compagnie : ce qui luy fera prendre d'abord la connoiffance du Loup, & en ira plus volontiers deuant celuy qui le meinera, comme de s'en rabatre, pourueu qu'il aille de bon temps, ou que vous l'ayez fait lancer par vn chien dreffé, afin de luy donner de bonnes voyes, comme celles qu'il a defia chaffées, & le continuer dans cette bonne volonté & premiere chaleur : car aux limiers pour Loup, vous ne leur en fçauriez trop donner, pour les confiderations que i'ay dites : & commençant à les mener, il faut continuer auec grand foin, pour bien reüffir à la chaffe du Loup, puis que c'eft le principal fuiet : car fi les levriers n'en font bons, il eft tresmal-aifé que les chiens-courans le puiffent eftre : Que fi vn chien eft froid & melancholique, apres en auoir tiré des preuues, comme de l'auoir mis plufieurs fois fur les voyes d'vn Loup, venant d'eftre lancé, & qu'il n'en veüille que par maniere d'acquit, ce que vous verrez en le tenant fur le traict : & s'il ne fent, & qu'il ne morde pas la branche que vous luy prefentez, où a touché le Loup, vous le deuez remettre au chenil, où il pourra mieux reüffir pour courre auec les autres chiens, qui luy donneront de l'émotion; vous en prendrez vn autre, en obferuant qu'il foit de la vraye race pour Loup : car autrement il feroit mal-aifé qu'il peuft reüffir : ce qui eft plus important à cette chaffe qu'aux autres, pour ces raifons que l'on peut aller lancer les autres beftes à la Trolle, à caufe que pour peu d'habitude que vous ayez dans vn pays, vous fçauez où doit demeurer vn Cerf, vn Chevreüil & vne befte noire : ce que vous ne pouuez fçauoir des vieux Loups qui n'ont point de Louueteaux, fans lefquels ils n'ont point de demeure affeurée. Tellement que vous pourriez, peut-eftre, quefter trois iours, fans rien trouuer, où vous lafferiez voftre equipage : & encore que vous l'euffiez lancé par hazard à la Troolle, vos levriers n'eftans pas placez, vous ne leur pourriez faire voir le Loup qui a accouftumé auffi-toft qu'il eft lancé, de s'en aller, fans tourner dans vn buiffon, à trois & quatre lieuës de là, & fans s'arrefter : & par confequent vous ne le pourriez pas prendre; tellement que le fondement du plaifir de cette chaffe depend des bons limiers : Et pour les dreffer auec moins de peine & plus promptement, il faut que ce foit dans les mois de Iuin, Iuillet, Aouft & Septembre, qui eft le temps des

Louueteaux, que vous trouuerez à poinct-nommé : Apres auoir eu connoiffance du lieu où ils font, où vous pourrez aller tous les deux ou trois
iours auec voftre ieune chien, les luy faire fuiure & lancer, fans qu'ils
s'en aillent du pays où ils feront : & lors que voftre chien en voudra
bien, vous pouuez attendre les vieux Loups, qui reuiennent de la campagne, pour apporter à manger à leurs Louueteaux, les faire fuiure, ou
attendre quelque temps; ce qui fe doit faire felon l'ardeur de voftre chien
à fuiure : & comme il eft auancé en fcience, vous en auez tout le loifir,
comme de luy faire fuiure le contrepied, puis qu'en cette faifon l'on ne
court pas. Si voftre ieune chien n'a point encore chaffé, n'ayant pas eu
connoiffance de Loups, il faudra pour les premieres fois, prier vn de
vos compagnons d'aller auec fon chien dreffé auec vous, pour lancer les
ieunes Loups & en donner connoiffance à voftre ieune chien, & iufques
à ce qu'il en veuille parfaitement, brifant deuant luy & prenant des deuants : & apres les auoir trouuez demeurez, les aller lancer auec voftre
ieune chien : & lors qu'il en voudra bien, vous le ferez fuiure les vieux
Loups, qui viendront de la plaine, dont les voyes iront de plus hautes
erres, & drefferont mieux que d'vn ieune Loup : & comme cela, vous
l'accouftumerez à vouloir des voyes qui aillent de la nuict, à perdre le
cacquet & à fe taire à force de fuite : car il ne faut point battre les limiers, crainte de les rebutter : Et fur tout obferuez, quand vous dreffez
vn limier pour Loup, de ne le mettre que fur des voyes de Loup,
iufques à ce qu'il en veuille parfaitement : car autrement il courroit
rifque de fe refroidir & de n'en vouloir plus; & les premieres fois que
vous irez aux bois, vous porterez des petits morceaux de Loup rofty,
afin de luy en donner de temps en temps, fur les voyes, & de faire en
forte de l'auoir tout à fait dreffé dans les mois que i'ay dit : car la faifon
de l'Hyuer y eft toute contraire, pour plufieurs raifons. Premierement,
que la terre eft la plufpart du temps gelée, ou couuerte de neiges, &
dans ce temps l'on ne doit pas mener des ieunes limiers aux bois (pour
les raifons que i'ay dites au Traicté pour Cerf) Secondement, les nuicts
y font longues. Et troifiémement, les mangeures pour les Loups, font
mal-aifées à trouuer; ce qui les oblige à faire vn grand pays, & vous
feroit difficile de rencontrer d'vn Loup qui allaft de bon temps, au
moins qu'vn ieune chien en peuft emporter les voyes : & comme cela
vous irez plufieurs fois aux bois, fans pouuoir donner aucune connoiffance de Loup, ny plaifir à voftre ieune chien, & quand par bonheur
vous luy en auriez donné vn iour, vous ferez longtemps apres, fans
en trouuer l'occafion : & ainfi vous eftes toufiours à recommencer,
& en hazard de donner connoiffance plufieurs fois d'autres beftes à
voftre ieune limier : partant ie tiens qu'il eft tres-difficile de dref-

fer vn limier pour Loup, fi ce n'eft en Iuin, Iuillet, Aouft & Septembre.

CHAPITRE XIII

Des connoiſſances par leſquelles l'on peut connoiſtre le Loup
d'auec la Louue & le grand chien, & auſſi
les vieux Loups d'auec les ieunes.

IE vous ay dit que les Loups font d'vne nature de chiens fauuages, & qu'ils auoient pour l'ordinaire de grandes reſſemblances dans leurs manieres d'agir, auec les domeſtiques. Ils en font de meſme dans les parties du corps, finon qu'ils les ont plus fortes; Ce qu'ils font voir quand les levriers, qui font plus hauts qu'eux, ne les peuuent arreſter, s'ils ne font pluſieurs. La raiſon eſt, qu'ils ont les membres plus nerfueux & mieux ioincts; ce qui nous fait difcerner le Loup d'auec le chien par le pied, pour grand qu'il foit. C'eſt ce que ie vous feray connoiſtre, apres vous auoir dit les lieux où l'on en peut plus aſſeurément iuger, felon les faifons. Dans l'Hyuer l'on en peut reuoir prefque partout, pourueu qu'il n'ait pas gelé extraordinairement : car fi ce n'eſt qu'vne gelée blanche, les Loups font des foulées auſſi bien que les autres beftes, lors qu'ils paſſent fur de l'herbe, où vous en pouuez iuger, pourueu qu'elle obeïſſe au pied, tant qu'il s'y imprime; & que ce foit auſſi auparauant que le Soleil ait paru fur les voyes : car il fait fondre la gelée & ofte la forme du pied, ou pour le moins la diminuë fi fort, que l'on n'y peut auoir aucune connoiſſance. L'on en peut auſſi reuoir fur la neige, pourueu qu'elle foit nouuelle tombée & qu'il ne degele pas, le pied s'y peut imprimer & donner connoiſſance; mais lors qu'elle eſt fort gelée & que le Loup y paſſe, elle eſt gromeleufe & retombe ainfi dans les voyes qui les couure & en ofte la forme : Et que s'il degele, pour en pouuoir iuger fur la neige, il faut qu'vn Loup ne faſſe que d'aller : car les voyes font élargies peu de temps apres qu'il eſt paſſé. Et lors qu'il n'a pas gelé & que la terre eſt découuerte; c'eſt dans les chemins où elle eſt ferme & non gailleufe, comme aux autres lieux, où l'on en peut iuger : car dans la terre molle, auſſi-toft qu'vn Loup y eſt paſſé, les voyes s'effacent, ou au moins fe retreſſiſſent de beaucoup. Et dans l'Eſté, c'eſt auſſi dans les chemins, le matin, que la rofée a battu la poudre & luy a donné aſſez d'humidité pour la rendre plus maſſiue & plus ferme, où la forme du pied s'imprime touté entiere, & vous donne occafion d'en pouuoir iuger : comme auffi dans les terres nouuelles labourées, où la rofée fait le mefme effect; & cela feulement iufques à ce que le Soleil ait feché cette humidité : car apres la poudre vole par tout & eft trop feiche pour fouffrir vne parfaite impreffion du pied, & donner lieu d'en faire vn iugement affeuré; mais s'il auoit pleu, vous en pourriez iuger tout le iour. Ce font les lieux où vous pouuez voir les connoiffances que ie vous vay enfeigner, non feulement du Loup, differentes du chien ; mais auffi du Loup d'auec la Louue, & du vieil Loup d'auec le ieune. Ie commenceray par la plus effentielle, & celle dont les valets de limiers pour Loup, font obligez de fçauoir le difcernement, puis qu'ils en doiuent faire le rapport, qui eft du Loup d'auec le chien, & non pas de la Louue d'auec le Loup. Premierement, il faut remarquer qu'au le vieil Loup, quand il va d'affeurance, vous voyez toufiours le pied tres-ferré, dont la forme ou l'empreinte (qui eft le bout des doigts) en eft mieux ioincte & mieux faite que celuy du chien qui va le pied épatté & ouuert, & a le talon moins gros & large que le Loup, & les deux grands doigts plus gros que le Loup, dont les ongles font aufli plus gros que du chien, & entrent plus auant dans la terre que ceux du chien qui ne font que l'effleurer, à caufe des doigts qu'il a beaucoup plus gros & plus pleins & qu'il n'a pas aufli les liaifons fi fortes : ce qui fait qu'il ne peut pas appuyer fi fortement du bout du pied que fait le Loup, ioint que le talon du Loup en eft plus gros, & comme i'ay dit plus large, qui forme deffous trois petites foffettes, ce qui ne fe voit pas au chien ; il l'a aufli plus détaché & éloigné du refte du pied, outre qu'il a plus de poil fous le pied que le chien, & que les allures en font plus longues, mieux reglées, & affeurées, encores que le chien foit grand ; mais il ne s'étend point allant au pas, comme fait vn Loup. Bien que ie vous aye dit que l'on n'eftoit pas obligé de difcerner la Louue pour en faire le rapport d'auec le Loup; neantmoins il eft toufiours mieux de le fçauoir, puis qu'il s'en peut connoiftre en la plufpart, en confiderant que la Louue eft mieux chauffée (ainfi que nous appellons) c'eft à dire qu'elle a le pied plus étroit & plus long, & les ongles moins gros que le Loup. Et pour le refte des connoiffances, elles y font de mefme dans leur proportion de pieds. Et pour connoiftre des ieunes Loups d'vn & deux ans (car paffé cét âge, ils fe doiuent nommer vieux Loups, mais non pas grands vieux Loups) il faut regarder & confiderer que les liaifons des pieds des ieunes, ne font pas encores fi fortes que celles des vieux Loups; ce qui fait que les ieunes vont le pied plus ouuert; ils ont aufli les ongles plus petits & pointus que les vieux, & n'ont pas les allures fi reglées ny fi longues. Pour le refte des connoiffances, elles y font de mefme. Vous les pouuez aufli connoiftre dans la façon de faire leurs nuicts, à caufe que les vieux

Loups font beaucoup plus de païs que les ieunes; ioint que dans les
grandes plaines, les vieux Loups vont faire leurs nuiéls, & les ieunes la
font allentour des villages, & le long des ruiffeaux : Ils n'ont auffi iamais leurs fientes (que nous appellons laiffées) fi dures que les vieux
Loups, & de cette connoiffance entre le vieil Loup & la vieille Louue,
c'eft qu'ordinairement la Louue les iette au milieu d'vn chemin, &
molles : Et celles du vieil Loup font dures, & les iette quafi toufiours
fur vne pierre, vne butte, ou vn petit buiffon, & quand il gratte (que
nous appellons fe déchauffer) il le fait auec plus de violence que la
Louue, ny que les ieunes Loups, creufant dauantage en terre, & la iette
auffi plus loin.

CHAPITRE XIV

Comme le valet de limier doit aller aux bois pour le Loup,
le détourner, & en faire le rapport.

IL faut que le valet de limier pour Loup, foit d'vn bon temperament,
afin qu'il ait bon pied & bon œil pour en reuoir dans les faifons
feiches, & en pouuoir iuger, à caufe qu'à cette chaffe, il faut aller fouuent aux bois, quand le Roy y prend plaifir, ioint que les Loups font
beaucoup plus de pays, en faifant leurs nuiéls, que les autres beftes,
n'ayant pas leurs mangeures affeurées & établies comme elles, qui les
ont au fortir du fort; mais les Loups vont au hazard toute la nuit pour
y rencontrer quelque befte morte, particulierement dans l'Hyuer; tellement que cinq ou fix hommes iront aux bois en de differens lieux, qui
neantmoins auront tous connoiffance d'vn mefme Loup, & quelquesfois pas vn ne le détournera, à caufe qu'apres auoir percé cinq ou fix
buiffons où il n'aura pas efté repeu, il ira demeurer dans vn fonds de foreft : ou s'il fait broüillard, ou qu'il tombe de la neige, il demeurera
dans la campagne derriere vne haye ou vn buiffon, pour y épier
quelques beftiaux. Il n'eft pas befoin que celuy qui va aux bois pour
Loup, dans vn buiffon, en faffe les dedans comme pour les autres
beftes, car le Loup fort à la campagne pour aller chercher fes mangeures;
mais quand c'eft dans vn grand pays où il y a des beftes fauues &
autres, dont les Loups fe peuuent repaiftre; il faut faire les dedans, &
particulierement dans la faifon qu'il y a des ieunes Loups, pour en
auoir connoiffance, à caufe qu'ils ne fortent pas, s'ils ne font defia
grands; & pour connoiftre qu'il y en a dans le bois où vous allez, c'eft

quand vous trouuez deux vieux Loups en fortir & entrer plufieurs fois,
& de tous temps, c'eft vn figne éuident qu'ils y ont leurs ieunes Loups.
Quant à la maniere de mener le limier aux bois, le mettre deuant, & le
faire quefter, c'eft la mefme que pour le Cerf, & le Chevreüil : & auffi
quand il fe rabat, où vous luy deuez dire, *Vel-cy-allé*, tant que le Loup
ira d'affeurance, & pour échauffer voftre chien, & l'obliger à fuiure,
vous luy direz *hou, l'amy, hou apres*, & quand vous le rembuchez, vous
le flatterez, en brifant haut & bas : Et fi vous en voulez prendre le contrepied, vous luy direz de mefmes, *tien à moi, Velcy revâry*, fi ce n'eft
que vous euffiez rencontré d'vn Loup dans la plaine, où vous l'euffiez
fuiuy pour en reuoir, & le iuger par les connoiffances que i'ay dites au
Chapitre precedent, & apres auoir fait les grands deuants de voftre
quefte, & n'auoir de rien rencontré, vous deuez confiderer le pays pour
voir de quel cofté pourroit venir vn Loup qui pourroit eftre demeuré
encores dans la campagne, pour n'auoir pas trouué de quoy fe repaiftre, afin de vous y mettre & y attendre vne heure, en écoutant fi
vous entendez crier des laboureurs ou bergers pour allei à eux, en cas
que le Loup ne vienne à vous, & eftant tombé fur les voyes auec voftre
chien, les fuiure iufques à ce que vous l'ayez trouué entré dans voftre
quefte, s'il y va; finon ne laiffer de le fuiure iufques à ce que vous l'ayez
mis à couuert dans vn fort où vous le briferez, encores qu'il entre par
vn chemin (ce que font ordinairement les Loups) qui ne font point de
retours fur eux, comme les autres beftes, fi ce n'eft rarement. Vous irez
prendre les grands deuants du buiffon, afin de ne le pas preffer : car il
pourroit eftre demeuré à vingt pas dans le bois pour écouter, fans eftre
entré dans le fort : & quand vous aurez pris les deuants du buiflon,
vous deuez reuenir où vous l'auez brifé, pour en fuiure la voye le long
du chemin, le rembucher dans le fort, & apres l'auoir fait, vous reprendrez vos deuants, que vous commencerez par où vous les auez acheué,
pour changer le vent à voftre limier, & luy faciliter le fentiment : & fi
vous le trouuez forty (car fi c'eft vn Loup qui foit affamé, il ne demeurera pas s'il n'y eft contraint par la peur) vous le deuez fuiure iufques à
ce que vous le trouuiez brifé : Et encores que cela foit, il fera bien pour
l'affeftion que vous deuez auoir au plaifir de voftre Maiftre, de houpper
voftre compagnon, afin que s'il a befoin de vous & de voftre chien pour
en venir à bout & le détourner, vous le fecouriez, puifque ce Loup qui
aura efté defia holé par ces bergers, & peut-eftre couru par leurs chiens,
& qui aura auffi eu le vent de vous & de voftre chien, aura peine à fe
refoudre de demeurer, joint la faim qu'il peut auoir, ou s'il le fait, ce
fera apres auoir fait beaucoup de tours, en longeant les chemins les vns
apres les autres : ce qui peut embaraffer vn homme feul, & le tenir

beaucoup de temps, & cependant les voyes vieilliſſent, & le limier ne
les peut plus emporter; mais quand l'on eſt deux, cependant que l'vn
démeſle des voyes pour en trouuer le dernier rembuchement, l'autre
doit prendre les grands deuants pour reconnoiſtre s'il ne ſort point du
buiſſon, afin que par là ils ſoient éclaircis de tous les faux rembuchemens : car les Loups en ſont aucunes fois trois ou quatre, & aſſez ſouuent au premier carrefour qu'ils trouuent, ils ſe déchauſſent, qui eſt vn
ſigne éuident qu'ils ne veulent pas demeurer, au moins ſi toſt : mais celuy qui prend les grands deuants, abrege & aſſeure ſon compagnon ſi le
Loup demeure, ou s'il s'en va : car s'il ne l'a pas trouué ſorty, encores
que vous ne l'euſſiez pas pû rembucher, vous ne laiſſerez d'en faire le
rapport, pourueu que ce ſoit dans vn buiſſon qui n'ait que quatre ou
cinq cens arpens : puiſqu'en découplant les chiens-courans à la trolle,
ils le peuuent aller querir & lancer, à cauſe qu'vn vieil Loup ſort du litteau auſſi-toſt qu'il entend du bruit : & l'ayant ainſi détourné enſemble,
celuy à qui ſera la queſte, ſera le rapport à l'Aſſemblée, au Lieutenant
de la Venerie, luy diſant : *Nous mécroyons vn tel & moy* (en nommant
ſon compagnon) *détourner vn Loup ou deux, vieux ou ieunes,* ou, *le
Loup & la Louue en vn tel lieu :* Et apres le Lieutenant le menera au
grand Louuetier, pour en faire le rapport au Roy. I'ay dit dans le Chapitre où ie parle du naturel des Loups, qu'ils ſont fort ſuiets à la rage,
& ce qui en eſt la cauſe : Et icy ie vous montreray comme le valet de limier peut connoiſtre ſi vn Loup eſt enragé, lors qu'il en a rencontré le
matin, & qu'il le ſuit, ou au moins en auoir de grandes conjectures,
c'eſt quand il rencontre d'vn Loup qui trauerſe les champs, & qu'il en
voit aller la piſte balançant : ce qui vient de la foibleſſe que le mal luy
donne, ne s'apperceuant pas meſmes qu'il ait rien pris pour ſe repaiſtre.
encores qu'il ſoit allé & venu allentour des villages, qu'il y ſoit paſſé, &
qu'apres tous ſes tours, il entre dans vne talope de bois, comme vne
groſſe haye, ou dans vn petit bocqueteau (qui peut eſtre le temps que ſon
accez eſt paſſé) où il demeurera iuſques à ce qu'il luy reprenne, ou qu'il
ſe mette dans des roſeaux à la queuë d'vn étãg qui ſoit éloigné des bois.
Tous ces ſignes ſont d'vn Loup malade de la rage, ce qui oblige le valet de limier à en faire le rapport dans ce doute, afin que l'on y aille en
eſtat de le tuer, & non de le chaſſer auec les chiens-courans, ny le faire
prendre aux lévriers, car ce ſeroit perdre voſtre équipage.

CHAPITRE XV

Comme il faut choifir la Courre pour y prendre les Loups.

IL eſt auſſi important à vn grand Louuetier de ſçauoir bien choiſir la
courre, & y placer les lévriers pour prèdre le Loup, qu'il eſt à vn General d'armée de ſçauoir prendre vn poſte auantageux pour mettre ſon
armée en bataille & y battre ſon ennemy : C'eſtoit ce grand Roy Lovys
ʟᴇ Ivsᴛᴇ qui ſçauoit tous les deux parfaictement : Il a fait connoiſtre
l'vn à toute la Chreſtienté, & l'autre à ceux qui ont eu l'honneur de le
voir chaſſer; c'eſt auſſi de luy que ie l'ay appris, & qu'il falloit auparau-
uant que de mettre la Courre, aller la recōnoiſtre, quand on ne la ſçauoit pas; Auſſi-toſt apres que le Veneur a fait ſon rapport, & que le Roy
eſt reſolu d'aller à ſes briſées, il faut s'èquerir des Gentils-hōmes du païs
qui voyent aller & venir les Loups d'vn buiſſon à vn autre, ou des Laboureurs, afin d'en ſçauoir la refuite, & ſi vous ne voyez pas qu'ils en
parlent pertinemment, il faut demander où ſont les grands pays de bois
qui ſont les plus proches du lieu où eſt détourné voſtre Loup, afin de
faire voſtre Courre dans cette refuite, ſi le vent y eſt bon : Et apres en
eſtre inſtruit, vous deuez aller viſiter le buiſſon pour iuger le lieu le plus
propre pour faire la Courre, & y placer les lévriers, apres auoir connu
d'où vient le vent : car pour eſtre bon & propre, il faut qu'il vienne du
coſté du buiſſon, & non du coſté de la Courre, à cauſe que le Loup, qui
eſt vn animal fin & défiant, & qui a le nez excellent, auroit le vent de
vos lévriers, & ne ſortiroit pas de ce coſté-là. Il faut apres conſiderer
l'affiette du lieu où vous voulez faire la Courre, afin qu'il ne ſoit pas
boſſu; mais qu'il ſoit en pays plat, & non de colline, & qu'il n'y ait aucun buiſſon dedans; puiſque c'eſt ce qui fait ordinairement faillir le
Loup par des détours qu'il fait allentour de ces buiſſons, où les lévriers
le perdent de veuë, au moins pour quelque temps : ce qui le fait éloigner d'eux, & qu'apres ils ne le peuuent plus joindre. Il ne faut pas
auſſi mettre la Courre la teſte en bas, à raiſon de l'auantage qu'ont les
Loups ſur les lévriers, lors qu'ils courent en deſcendant, à cauſe que
toute la force du Loup eſt ſur le deuant, ce qui le fait plus fortement
ſouſtenir en courant à la vallée que les lévriers : joint qu'ils ne peuuent
prendre le Loup ſans courre riſque de tomber & faire la cullebute. Et
ſi vous eſtes contraint de faire voſtre Courre où ſerôt ces collines & ces
buiſſons, à cauſe que c'en eſt la refuite, & que le vent y eſt bon, laiſſez
cette teſte auallante dans voſtre enceinte, la faiſant deffendre de meſme

que le buiſſon où ſera voſtre Loup, & placez vos premiers lévriers au
commencement du pied montant, & le reſte en ſuitte. Et encores qu'il
ſe rencontraſt vn païs plat pour faire la Courre, & qu'il y euſt des buiſſons dedans, s'il n'y en auoit que peu, & qu'ils ſuſſent fort petits, il les
faudroit faire couper, & s'en ſeruir à faire des huttes pour cacher les lévriers ; mais s'il y en auoit beaucoup, faites voſtre Courre au delà des
buiſſons, où vous mettrez des deffences, iuſques au bout où ſeront vos
levriers d'etriques ; & ſi vous n'en auez ſuffiſamment, vous mettrez ſeulement des Caualliers à gauche & à droict de ces buiſſons, pour y deffendre & pouſſer le Loup dans la Courre, tirant quelque coup de piſto-
let en l'air, afin de l'obliger à percer plus viſte, & qu'il n'ait pas le temps
de reconnoiſtre la Courre. Ce qu'eſtant bien reconnu & penſé dans
toutes ces circonſtances, vous enuoyerez vos deffences par vn Picqueur
de l'equipage qui aura eſté auec vous reconnoiſtre le buiſſon & la
Courre, afin qu'il ſoit inſtruit des lieux où il les faut mettre ; & ſi c'eſtoit dans vne queuë de foreſt ou grand pays, qu'il n'y euſt pas vne taille
de l'année qui ſeparaſt l'enceinte où eſt détourné le Loup, d'auec le
grand pays, mais ſeulement vn chemin, il faudroit y tendre des panneaux, & y mettre des Caualiers derriere pour les deffendre.

<hr>

CHAPITRE XVI

Comme l'on doit placer les deffences autour de l'enceinte où eſt le Loup,
& les Levriers à la courre.

Lors que l'on veut aller courre vn Loup, qui eſt détourné dans vn
buiſſon, où dans vne queuë de grand pays, il faut enuoyer placer les
deffences & tendre des panneaux, s'il en eſt beſoin, & preſque en meſme
temps, aller placer les levriers à la courre. I'ay marqué dans le Chapitre
cy-deuant les lieux où il falloit tendre les paneaux, mais non pas comme
il les faut, ny comme il les falloit tendre. Les panneaux pour Loup,
doiuent eſtre de cinq pieds de haut, quand ils ſont tendus, & que le fil
dont ils ſeront faits, ſoit vne fois auſſi gros que de ceux pour Renard, &
que les mailles en ſoient auſſi plus grandes : & quand vous les tendrez,
vous leur donnerez beaucoup de morfil : Ie veux dire qu'il faut retirer
du panneau, en le tendant aſſez pour eſtre laſche, afin que le Loup s'y
maille & s'y embroüille : car s'il eſtoit trop tendu, en donnant contre,
il s'en retireroit & pourroit apres y reuenir & ſauter par deſſus : car le
Loup ſaute facilement cinq & ſix pieds de haut : Et que la corde qui

commande le panneau, foit affez groffe pour ne pas rompre, lors que le
Loup y donnera : ie veux dire pour prendre ; mais pour deffendre, il
n'importe pas. Et afin de les faire durer dauantage, il faut les teindre
auec du tan. Pour les autres deffences, à pied & à cheual, il faut qu'elles
foient allentour du bois où eft détourné le Loup, du cofté que vous ne
voulez pas qu'il aille, pour l'obliger à aller aux levriers. Il faut que les
gens de pied foient à fix pas l'vn de l'autre, la tefte tournée aux bois,
auec chafcun vn bafton à la main (car il y a quelquesfois des Loups qui
les veulent forcer) & qu'ils foient éloignez du bois de dix ou douze pas,
pour n'en eftre pas furpris, lors qu'ils en fortiront, & auoir le temps de
crier, faire du bruit & montrer leurs baftons, pour les empefcher de
paffer & les faire retourner dans le bois : & pour cela, que chacun demeure à fa place ; car s'ils courroient apres le Loup, ils reuiendroit par
derriere eux & s'échapperoit. Les Caualiers doiuent eftre vn peu plus
éloignez du bois, à caufe de l'auantage qu'ils ont, & que les deux qui
font voifins, où le Loup fortira & les voudra forcer, fe fecourent : car
il ne faut pas que les autres branlent, de crainte d'vn pareil accident.
Quant aux gens de pied, vous les mettrez à quinze pas l'vn de l'autre,
la tefte tournée au bois : & fi vous auez plus de monde, vous les mettrez plus pres les vns des autres. Les Caualiers tireront des coups de
piftolets de temps en temps, pour diuertir le deffein que pourroit auoir
le Loup de venir paffer à eux, pour l'obliger d'aller à la courre. Dans le
temps que l'on place vos deffences, il faut placer voftre courre, à caufe
qu'vn Loup en peut auoir le vent & s'en aller : les valets de levriers y
eftans arriuez, il doiuent auoir des cerpes, ou que leurs épées taillent
affez bien pour couper des branches, qui feruiront à faire les huttes,
afin de s'y mettre à couuert auec leurs levriers : c'eft ce que l'on appelle loges, horfmis les deux qui tiennent les levriers d'eftricques, qui
n'en ont pas befoin, puis qu'ils doiuent eftre dans vn foffé, où s'il n'y
en a, fe mettre à couuert au bord du bois, de peur d'eftre apperceus du
Loup, qui ne manque iamais de fortir la moitié du corps hors du bois,
& s'arrefter, pour confiderer dans la plaine, s'il n'y voit rien qui luy
donne de la crainte, deuant que d'y entrer & enfoncer dans la courre.
Il faut auffi que ces valets de levriers ayent chacun vn bafton à la main,
de groffeur & longueur raifonnable, pour s'en feruir quand le Loup eft
arrefté & porté à terre par les levriers, & le luy mettre dans la gueule,
afin qu'il ne les eftropie pas & pour les faire démordre. Mais fi l'on vous
a fait rapport d'vn de ces grands Loups, qui font ces courreurs & pre-
neurs de beftes fauues, & qui font extraordinairement viftes, il faut tirer deux levriers de vos eftricques, les plus forts & les plus vaillans,
pour en faire vne leffe, & les placer au milieu de vos deux premiers

flancs : car il n'y a rien qui embroüille & embarraſſe vn Loup comme
cette leſſe, qui le pince & l'oblige à tourner, au moins à demy ; ce qui
luy fait perdre du temps, & en donne, aux leſſes des flancs, pour le
ioindre : & de cette ſorte, vous ne pouuez faillir vn Loup pour viſte
qu'il ſoit. La courre doit eſtre nette, comme ie l'ay dit, ſans aucun buiſſon, que perſonne n'y paſſe, quand les levriers y feront placez, & qu'il
ſoit plus large aupres du bois que dans le fonds, en plaçant les levriers
ſur deux lignes & dans leurs diſtances, comme ie le diray. Les eſtricques
(qui ſont les deux leſſes, qui doiuent pouſſer le Loup & le faire aller dâs
le fonds de la courre aux autres leſſes) doiuent eſtre aux deux ailes de
l'entrée de la courre, ſur le bord du bois & cachées (comme i'ay dit)
proche des dernieres deſſences, & à chacune vn Caualier, qui ſera auſſi
caché dans le bois, pour pouſſer apres les leviers, quand ils ſeront cachez, afin d'obliger le Loup à tenir le milieu de la courre ; & les deux
premieres leſſes des flâcs, doiuent eſtre miſes à cent pas des eſtricques
ſur les deux lignes & de diſtance égale. Et pour cette leſſe que i'ay dit,
que l'on tiroit des eſtricques, il la faut mettre au milieu de ces deux
flancs : & les deux autres flancs ſur les meſmes lignes & en meſme diſtance, à ſoixante pas des premiers flancs : & les deux leſſes de teſte au
bout des deux lignes & au fonds de la courre, à diſtances auſſi égales, à
cinquante pas des derniers flancs. Et cela toutesfois en cas que vous
ayez aſſez de place, ſinon les mettre à proportion, pour les diſtances ſeulement : car il faut que la courre ſoit touſiours diſpoſée comme ie l'ay
dit. Il faut auſſi qu'il y ait des Caualiers cachez au fonds de la courre,
qui ayent de la pratique pour animer & ſecourir les levriers. Vour or-
donnerez aux valets des levriers, de laſcher à propos, qui eſt que ceux
qui tiendront les eſtricques, ne laſchent pas que le Loup ne ſoit auancé
dans la courre quarante pas, ſortant apres de leur hutte auec leurs levriers, la leſſe à la main, dénoüée, pour leur faire voir le Loup, auparauant que de les laſcher. Ce que doiuent faire tous les autres, ſur
peine de punition : car autrement c'eſt manquer, puis que s'ils laſ-
choient auparauant, ils pourroient auſſi-toſt aller d'vn autre coſté qu'au
Loup, & que les premiers flancs, ny la teſte qui ſera au milieu, ne
laſche pas que le Loup ne les ait paſſé, & auancé dans la courre de huict
ou dix pas, pour ne le pas faire retourner dans le bois, & que les ſeconds flancs laſchent quand ils verront le Loup vis-à-vis d'eux ; &
qu'auſſi-toſt que les valets de levriers qui tiendront les teſtes, verront
les ſeconds flancs laſchez, ils s'auancent auec leurs levriers & aillent au
deuant du Loup, pour laſcher en teſte, & auparauant qu'il ſoit à eux.
C'eſt ce qui fait qu'on les appelle levriers de teſte, qui doiuent eſtre les
plus grands & les plus forts pour faire arreſter le Loup. Ces ordres eſ-

tans donnez par le Roy, s'il en a voulu prendre la peine, finon par le
grand Louuetier, ou le Lieutenant, l'on doit aller donner les chiens
pour lancer le Loup, fi vous ne le voulez faire lancer par le limier; Mais
fi vous voulez qu'il le foit plus promptement, afin de ne pas donner de
l'impatience au Roy, vous decouplerez vos chiens de Meute au rembuchement que l'on aura fait du Loup, pouruen qu'il ne foit pas du cofté
de la courre : car autrement il faudroit les aller decoupler à la Troole
du cofté où l'on a mis les deffences; & fi c'eft dans vn pays où il y ait
force autres beftes, il ne faudra donnér que les chiens qui veulent du
Loup feulement, pour le lancer, faifant tenir les autres, que vous ferez
donner, apres qu'il le fera : Et fi c'eft dans vn buiffon de deux ou trois
cens arpens, il ne faut donner que fix ou huiĉt chiens, afin qu'ils ne
preffent pas le Loup, crainte de l'obliger à forcer les deffences; & eftant
venu à la courre, & lafché dans l'ordre que i'ay dit, couru & arrefté des
levriers, il faut attendre le Roy, pour luy demander s'il le veut tuër, finon que ce foit quelqu'vn qui en ait la prattique, prenant fon épée des
deux mains, afin qu'il y en ait vne pour conduire la lame, & luy donner le coup au deffaut de l'épaule, bien pofément, pour n'en pas frapper les levriers, à caufe qu'ils branlent toufiours. Le Loup éftant mort,
les valets de levriers doiuent faire demordre les levriers auec les baftons, & que ce foit auec addreffe, pour ne leur pas rompre les groffes
dents : & s'il y a vn autre Loup dans l'enceinte, il faut qu'ils fe remettent
promptement à leurs places, pour lafcher de mefme & le prendre;
Quand il viendra, les Picqueurs doiuent auffi r'appeler les chiens-courans & les remener dans le bois quefter le Loup, le chaffer & le faire aller à la courre.

CHAPITRE XVII

*Comme l'on peut prendre les Loups à force, auec les chiens-courans,
& quels Loups il faut attaquer pour y reüffir.*

IL femble qu'au plaifir de la chaffe, comme en toute autre chofe, le
changement n'en eft pas defagreable, puis que ce qui ne fe rencontre
pas au gré de l'vn, le peut eftre à l'autre. C'eft ce qui fe trouue à la
chaffe du Loup, puis qu'apres en auoir veu courre & prendre auec les
levriers, vous en pouuez auffi courre & forcer auec les chiens-courans.
Il y a encores plufieurs autres addreffes pour les prendre, dont ie me
tairay : mon deffein n'eftant que de parler des chaffes nobles & d'efprit,

& où il faut auoir de la ſcience & vne longue prattique, pour y bien
reüſſir. Il faut auſſi eſtre nay auec eſprit, & que l'inclination y ſoit
comme la complexion forte : car il y faut beaucoup peiner. Et celuy qui
va au bois le matin, pour les détourner, ira quelquesfois dans certaines
faiſons, trois & quatre iours de ſuite, auparauant que de rencontrer
d'vn Loup qui aille d'aſſez bon temps pour le faire ſuiure à ſon chien,
où s'il en rencontre qui aille d'aſſez bon temps, il ira ſi loing qu'il n'en
pourra venir à bout pour le détourner : Et quand vous l'auez détourné
& donné aux chiens, il faut auſſi que le Picqueur qui les fera chaſſer,
ſoit dans vne agitation, ſans aucun relaſche d'eſprit & de corps ; de l'eſprit, pour faire que les chiens en maintiennent la voye ; à cauſe de la de-
licateſſe de cette chaſſe, par le peu de ſentiment qui eſt au Loup, & du
corps, pour le trauail continuel qu'il eſt beſoin qu'vn Picqueur faſſe, à
cauſe que ſi-toſt que le Loup eſt donné aux chiens, il eſt touſiours ſur
pied deuant les chiens : car lors que les Loups tournent, c'eſt ſeulement
à droiĉt & à gauche, & non ſur les voyes, comme les autres beſtes : cependant ils ont la meſme habitude, puis qu'au premier retour & à la
main qu'ils le feront, ce ſera preſque touſiours de ce coſté-là : ce qu'il
faut obſeruer ; tellement que ſi les chiens s'attachent bien à la voye, ils
y ſont touſiours chaſſans, & comme cela, vous n'eſtes iamais en deffaut,
ce qui en rend la chaſſe plus belle & plus aymable ; c'eſt auſſi celle où
l'on a plus de chaleur : Et pour reüſſir à les forcer, il faut en ſçauoir
faire le choix, comme de n'attaquer pas vn vieil Loup, dont la force &
l'haleine eſt indomptable, puis qu'apres les auoir couru cinq ou ſix
heures, s'ils trouuent de l'eauë, ils ſont auſſi frais qu'auparauant, particulierement ces grands Loups qui ſont de la taille des limiers, deſquels i'ay parlé, qui ne viuent la pluſpart du temps que de beſtes ſauues
& autres, qu'ils prēnent à la courſe, ou à force. C'eſt ce qui les maintient en haleine, ioinĉt que ces vieux Loups ſçauent pluſieurs pays, où
ils ont eſté ſe pouruoir & chercher des Louues en chaleur ; ce qui rend
leur refuite incertaine. Il ſe peut rencontrer quelque gros Loup de
taille de mâtin, qui ne vit que de beſtes mortes, qu'il va chercher proche
des villes, des bourgs & le long des riuieres ; de ceux-là, il s'en peut
forcer : car ils ont ordinairement peu d'haleine, puis qu'auſſi-toſt qu'ils
ſont repeus, le premiers bois qu'ils trouuent, ils s'y mettent au litteau,
d'où ils ne bougent iuſques à ce qu'il leur faille retourner à la proye :
Mais pour eſtre plus ordinairement aſſeuré de la priſe, ce ſont les ieunes
Loups qu'il faut attaquer, depuis l'aage de ſix mois iuſques à dix-huiĉt
ou vingt, qui ne ſont pas encore en pleine force, ny en haleine, n'ayans
fait aucune courſe, s'eſtants contentez de demeurer & viure dans leur
pays natal. Ils n'ont pas auſſi encores eſté en chaleur pour aller cher-

cher les Louues en d'autres pays, ce qui en rend la refuite affeurée,
pour y mettre vos relais & en eftre fecourus; & comme cela, vous les
pouuez prendre en trois, quatre & cinq heures, felon l'aage dans lequel
vous les attaquez. L'Affemblée fe doit faire au lieu le plus commode
pour les queftes, & dans la mefme forme & maniere que pour Cerf, finon que les baftons doiuent eftre pelez toute l'année, horfmis la poignée, & les relais feparez dans les mefmes confiderations, la quantité
defquels vous en mettrez, felon les aages & forces des Loups que vous
attaquez.

CHAPITRE XVIII

Comme l'on doit chaffer & forcer le Loup auec les chiens-courans.

IE conuie ceux qui auront naturellement peu d'inclination pour la
chaffe, & à qui elle peut eftre neceffaire, pour fe tirer d'vne humeur
melancholique, qui leur pourroit caufer de longues & ennuyeufes in-
commoditez, de commencer par voir chaffer le Loup; puifque c'eft celle
qui eft la plus chaude & la plus animante, par l'auerfion qu'on a naturellement contre cét animal, & qui fe fait chaffer de plus pres que les
autres beftes : ce qui anime les chiens & les oblige à redoubler leurs
voyes & mener plus de bruit, lequel continuë ordinairement iufques à
la prife, puis que c'eft la chaffe où il arriue le moins de deffauts, pourueu que la Meute en foit bonne & que les Picqueurs qui la feruent,
foient habiles dans le meftier. Vous les pouuez donner auec le limier,
finon auec les chiens-courans, que vous decouplerez au rembuchement,
fur les voyes; Neantmoins vous ne deuez pas pretendre d'eux qu'ils le
puiffent lancer tenans toufiours la voye, comme il le fait des autres
beftes; puis que le fentiment de Loup ne s'y conferue pas fi longtemps.
Il faut donc auffi-toft que vous aurez decouplé vos chiens, percer & fouler l'enceinte, le plus habilement que vous pourrez, à caufe que le Loup
a le fommeil fort tendre; ce qui fait qu'au premier bruit il fort auffi-
toft du litteau : & comme cela, il fe pourroit éloigner & fort-longer, auparauant que vous euffiez tombé fur les voyes auec vos chiens, fi vous
ne faifiez diligéce, autrement ils auroient peine à le r'approcher, au
moins pour les vieux Loups : car quant aux ieunes, qui font au-deffous
d'vn an, il les faut quefter auec plus de moderation, pour donner le
temps à vos chiens de les pouuoir lancer : & fi vous ne les trouuez dans
le milieu de voftre enceinte, apres auoir foulé les plus grands forts &

les plus fourrez, où ils demeurent ordinairement, il faut aller quefter aux riues & fur le penchant d'vn foffé, qui ferme le bois, où ils ont defia la màlice de fe mettre, pour voir fi dans la plaine il y a quelques menus beftiaux, qu'ils puiffent prendre : Et auffi-toft que quelques-vns de vos chiens fe recrieront, il faut aller à eux, pour fçauoir quels chiens ce font, fi vous ne les auez conneus par la voix, afin que fi ce font des chiens de creance, vous fonniez pour chiens, pour obliger les autres à venir à vous; ce qui ne vous doit pas empefcher de regarder à terre, au premier chemin que paffera le Loup. Car comme i'ay dit que cette chaffe eftoit fubiecte au temps, vos chiens le peuuent eftre auffi, & en ayans reueu, & tous les chiens s'eftants r'alliez, vous deuez leur laiffer bien empaumer la voye, auparauant que de fonner & leur parler beaucoup, ne les preffant pas, afin que quand le Loup tournera, ils ne s'emportent pas au de-là de la voye; mais pluftoft qu'ils y tournent auec luy, à ce qu'il n'ait aucun temps pour fe fort-longer deuant eux; Mais quand vous les verrez parfaittement dans la voye, vous deuez fonner fouuent & du grefle, & leur parler auffi fouuent, en leur criant, *Harlou, mes bellots, harlou, S'en va chiens, s'en va :* car il leur faut à cette chaffe donner de l'emotion, le change n'eftant pas à craindre de ces animaux cõme des autres beftes, à caufe qu'ils ne tiennent (la plufpart du temps) que les chemins, les lieux clairs & les plaines, fi ce ne font les ieunes Loups, & les vieux Loups, quand ils font fur leurs fins. S'ils fe rencontrẽt dans des pays fourrez, l'on a peine à les en tirer ; ce qui les fait durer dauantage, & fait qu'ils vous contraignent quelquesfois d'aller chercher vne harquebuze pour les y tuer : & s'il vous arriuoit que dans le temps que voftre Loup auroit encores beaucoup de force, vous tombaffiez en deffaut par vos chiens, qui fe feroient emportez au de-là de la voye, ou vne nuée qui les auroit élancé, il faut fans perdre aucun temps, que le Picqueur appelle fes chiens & qu'il aille prendre de grands deuants, de la refuite ordinaire des Loups, comme d'vn grand pays de bois, le plus proche, où il fera, & s'il ne le trouue paffé par ces premiers deuants, il en faut prendre d'autres plus courts, en confiderant les lieux plus fauorables aux fentimens des chiens : comme où il y pourra auoir des portées de la iambe ou du corps, ou au moins plus de fraifcheur. Il aura auffi l'œil à terre, à tous les chemins qui entreront dans les bois : Et apres auoir pris ces deuants, fi fes chiens ne le trouuent paffé, il doit reuenir au lieu de fon deffaut, où il doit auoir brifé, pour en reconnoiftre les dernieres voyes; & y requefter auec fes chiens, leur parlant fouuent, pour les obliger à fe rabatre de la voye du Loup, & la parchaffer, iufques à ce qu'ils l'ayent relancé : & s'il ne la peuuent tenir, il les faut mener requefter fur le bord des foffez, ou dans quelques vieilles mazures, s'il y en a dans les bois, & dans les plus grands forts : ou fi c'eft dans des plaines, où il y ait vn eftang à demy à fec & force rozeaux, & cela feulement dans l'enceinte d'où vous aurez pris vos deuants ; car fi vos chiens ne luy mettent le nez deffus, il ne partira pas ; & l'ayant relancé, s'il va dans vn ruiffeau pour le longer & y battre l'eauë, vous obferuerez fon entrée, comme toutes les autres chofes (ainfi que ie les ay dittes pour Cerf & pour Chevreüil) mais cela n'arriue pas fi fouuent pour Loup, & s'il donne dans le change, vous parlerez auffi de mefme à vos chiens pour les tenir en crainte, & obferuerez ceux en qui vous auez plus de creance. Et encore qu'ils n'en puiffent pas garder le change comme de Cerf ; neantmoins il s'y trouue toufiours quelques chiens qui vous font connoiftre le change en le chaffant plus froidement, joint que les Loups au deffus d'vn an, eftàs fur leurs fins, ne le vont pas chercher comme le Cerf & le Chevreüil ; mais feulement ils vont deuant les chiens, fans autre deffein que de s'en éloigner, & dans les lieux où ils fe rencontrent, fans en auoir d'affectez ; puifque i'en ay veu bien fouuent fe faire prendre dans les villages, & mefmes dans des maifons. Le Loup eftant pris, vous en fonnerez la mort, & fi vous le voulez conferuer en vie, vous le baillonnerez auec vn morceau de bois & vne corde, pour le faire chaffer à vos ieunes chiens, choififfant vn lieu propre, comme vn petit buiffon, où il n'y aura point d'autres beftes, afin qu'ils foient obligez de le chaffer ; & pour l'empefcher de s'éloigner des chiens, il luy faut couper vn nerf au iarret, & le leur abandonner, mettant auec eux deux ou trois vieux chiens pour les maintenir dans la voye, & l'ayant pris, vous le leur ferez fouler, en les careffant, & vfant des termes comme pour chaffer.

CHAPITRE XIX

Comme l'on doit faire manger le Loup aux Chiens-courans,
& leur en donner curée.

L A chair de Loup eft la plus difficile à digerer ; car fi vn chien la mange, fans eftre cuitte, il ne manque pas d'auoir le flux de fang. Elle eft capable auffi de le faire mourir, elle n'eft pas encore bonne cuitte & boüillie auec de l'eauë, mais roftie dans le four, elle fe digere, & ne leur fait aucun mal. C'eft de la forte qu'il la faut preparer pour leur en donner curée, & pour cela, la couper par quartiers, leuant les épaules & les gigots, & laiffant le coffre entier, faire chauffer vn four comme pour

cuire du gros pain, & le mettre dedans ; & quand il eſt bien cuit, l'on
doit couper les gigots & les épaules par petits morceaux, pour les
mettre dans la moüée que l'on doit faire auec du laiĉt & de la graiſſe,
ſelon les ſaiſons (comme ie l'ay dit au Traiĉté pour Cerf) & le coffre,
vous le mettrez à vingt-cinq ou trente pas de là, afin de le leur faire
manger apres la moüée, en les fort-huant de la voix & du cor ſonnant
le greſle : & afin que vous donniez plus promptement curée à vos chiens,
quand ils auront pris vn Loup, il faut en auoir vn cuit d'auance, reſer-
uant celuy que vous auez pris, que vous ferez cuire pour la premiere
chaſſe. L'on doit tenir la teſte du Loup deuant la moüée, quand les
chiens viennent la manger, & apres l'on en leue la peau que l'on emplit de
foin pour la mettre aux portes : l'on leue auſſi les quatre groſſes dents
pour ſeruir aux enfans, & le boyau de Loup que l'on appreſtera, comme
i'ay dit, l'on y doit obſeruer les meſmes formalitez & ceremonies qu'à
la curée pour Cerf, & auoir les meſmes ſoins des chiens.

Fin de la chaſſe du Loup.

DE LA CHASSE DV SANGLIER

CHASSE DU SANGLIER

DE LA CHASSE DV SANGLIER

CHAPITRE PREMIER

Des qualitez du Sanglier.

E Sanglier eſt le plus vaillant & le plus dangereux
de tous les animaux que nous chaſſions en France,
particulierement pour les chiens, donnant la
mort à pluſieurs, & faiſant à d'autres de grandes
bleſſeures : c'eſt ce qui me fait vous promettre
vn moyen pour en garantir au moins les lévriers.
Ils pourroient auſſi mal-traitter les hommes, s'ils
ne l'attaquoient à cheual : Ie pretens parler du
Sanglier qui eſt en ſon tieran ou en ſon quartan :
car pour les layes, & les beſtes de compagnie, elles ne peuuent pas bleſ-
ſer, mais elles font d'autres maux par leurs mangeures & gourman-
diſes qu'elles ont plus que les autres beſtes, puis qu'elles peuuent en
vne nuiɛt ruyner vne famille qui n'aura qu'vn arpent de bled preſt à en
faire la dépoüille, tellement que cét animal ne peut eſtre bon qu'apres
ſa mort, encores y a-t-il des ſaiſons qu'il ne l'eſt pas, particulierement
lors que les Sangliers ſont au Rut, & iuſques à ce qu'ils ayent mangé
des grains & du glan ; Il y a donc (outre le plaiſir que l'on a de les chaſſer) du merite à les prendre : ce que l'on peut faire de quatre façons,
comme ie vous feray voir cy-apres ; Ie veux dire des chaſſes que les

Princes & Gentils-hommes peuuent exercer auec beaucoup de contentement, & en donner auſſi aux Dames, où ils peuuent aller en carroſſe,
& ſe mettre au fonds de la courre, pour les voir prendre auec les lévriers, & quand on les mettra dans les toilles (car pour les deux autres
façons de chaſſer, qui eſt le vautret & à force, ce ſont chaſſes trop penibles pour elles) cette chaſſe eſt conſiderable & belle de ſoy; mais encores, à cauſe qu'elle ſe peut changer & diuerſifier : Auſſi a-t-elle eſté de
tout temps conſiderée par nos Roys, qui ont touſiours eu grand & bel
equipage pour ces quatre manieres de les chaſſer.

CHAPITRE II

De la taille qu'il faut que ſoient les chiens-courans pour chaſſer Noir.

LEs chiens-courans pour chaſſer les beſtes noires, y comprenant
toutes celles qui ſont de ce genre, comme ie l'ay dit au Chapitre cy-
deuant, doiuent eſtre grands, trauerſez, & plus épais pour cette chaſſe
que pour les autres; puis qu'ils ſont pour ſuiure des beſtes qui le ſont
chaſſer dans les plus grands forts & les plus épineux, ayans la peau &
le poil à l'épreuue; ce qui fait que les chiens à gros poils y ſont plus
propres; & pour la taille, il les faut comme au Traiſté des Chaſſes cy-
deuant, pour ne pas faire des redittes; & quant au poil, cela dépend de
la fantaiſie de celuy qui les veut. Ie tiens qu'à cette chaſſe, il eſt bien de
ne s'y pas attacher, ny d'auoir beaucoup d'affeſtion pour les chiens, afin
de ſe tirer du déplaiſir de les voir tuer aſſez ſouuent; l'on y peut neantmoins trouuer quelque conſolation, en ce que tous les chiens veulent
du Noir; ce qui les rend plus faciles à recouurer; vous les deuez tenir
dans le chenil comme les autres chiens, & leur donner la meſme nourriture, comme de les panſer, appriuoiſer à aller au couple, & de les
faire chaſſer; mais ils ne faut pas du commencement les donner ſur les
voyes d'vn grand Sanglier qui les tuëroit, n'ayans pas encores l'addreſſe
de s'en eſquiuer.

CHAPITRE III

Comme il faut que les lévriers soient faits pour prendre le Sanglier.

LEs lévriers pour prendre le Sanglier doiuent eftre grands, bien tra-
uerfez, la tefte large, l'œil gros plein de feu, les épaules & le poic-
trail large, les reins hauts & larges, & le refte des qualitez comme celles
que i'ay dittes au Chapitre des levriers pour Loup. Pour le poil il s'en
rencontre de bons de toutes les fortes; mais particulierement les gris-
noirs, rouges de feu, tizonnez, tous noirs, & à gros poil; les valets de
lévriers les doiuent tenir enfermez deux à deux, comme quand ils
doiuent aller en leffe. Et pour les ieunes lévriers, il faut pendant
quelques iours les pourmener feuls pour leur apprendre à aller en leffe,
& s'en faire connoiftre & craindre, car de tels chiens il en faut eftre le
Maiftre, & auoir foin de les bien loger, & d'y aller de temps en temps,
& ne s'en éloigner pas pour quelques iours, iufques à ce qu'ils ayent
pris amitié l'vn pour l'autre; & lors que vous les entendrez gronder, il
faut aller à eux auec vn foüet ou vne houffine à vne main, & vn bafton
à l'autre; l'vn pour les chaftier, & l'autre pour faire démordre celuy qui
aura le deffus; car il étrangleroit fon compagnon : ou auoir vn feau
d'eauë tout preft, pour leur ietter deffus, n'y ayans rien qui les fepare
pluftoft, & quand ils auront couru enfemble, & qu'ils feront tout à fait
dans l'obeïffance, vous ne laifferez pourtant de les tenir toufiours enfermez; car ces levriers le doiuent toufiours eftre. Il faut les pourmener
enfemble deux fois le iour, les tenans en leffe : car ils pourroient fe caufer du mal s'ils eftoient en liberté, & en faire beaucoup, en fe iettant fur
les beftiaux qui fe rencontreroièt dans leur chemin, y en ayant peu qui
fe puffent deffendre de deux grands & furieux levriers, comme font
ceux-là; ioint qu'ils peuuent courre apres des mâtins, & s'en faire eftropier; outre bien d'autres accidens que i'ay dit au Chapitre des lévriers
pour Loup. Ce qui feruira auffi pour leurs foins & traictemens, qui doit
eftre de mefme; ce qu'il y a de plus en ceux-cy, c'eft qu'ils font fujets à
eftre bleffez par de grandes découfeures que leur font les Sangliers auec
leurs deffences, dont les valets de levriers les doiuent fçauoir panfer : &
pour cela, qu'ils n'aillent point à la Chaffe fans vne groffe éguille & du
fil propres pour les recoudre, & des lardons pour feruir à leurs playes,
& en empefcher la mouche,

CHAPITRE IV

Comme l'on peut connoiſtre les maſles qui ont la qualité de Sanglier.

CE que nous appellons Sanglier, ce ſont les maſles qui commencent
à prendre ce tiltre, lors qu'ils ont quitté les compagnies que nous
appellons Beſtes-noires, qui ne ſe ſeparent iamais, ſinon les Layes
preſtes à faire leurs Marcaſſins, & depuis qu'elles en ſont deliurées,
iuſques à ce qu'ils ſoient aſſez forts pour ſe meſler auec les autres; mais
les Sangliers ne s'y rejoignent que quand ils ſont en Rut, & auſſi-toſt
qu'ils ont Ruté, ils les quittent. L'aage dans lequel ils prennent ce nom
de Sanglier, ne doit commencer qu'à trois ans, quoy qu'à deux ans &
demy ils ayent quitté les autres beſtes : ce qu'ils ne ſont pas tout à coup,
s'en éloignans quelquesfois, & iuſques à ce que le courage leur ſoit
venu, qu'ils ſe ſentent aſſez forts pour eſtre ſeuls : Durant ces ſix mois
l'on les doit appeller Ragots : à trois ans, l'on les doit qualifier de San-
glïer en ſon tieran, & à quatre ans, Sanglier en ſon quartan. Alors il eſt
en ſa haute qualité & pleine force : & apres ce temps on le peut dire
auſſi grand vieil Sanglier : & comme ie vous ay fait voir premierement
les connoiſſances de la teſte des Cerfs, auant que celle du pied, ie veux
faire le meſme à la hure des Sangliers qui ont quatre groſſes dents, deux
à chaque coſté, les deux d'en bas ſe nomment deffences, & ceux d'en
haut gres. Ce qui a eſté bien penſé par celuy qui en a eſté le parrain,
puiſque celles d'en bas ſont proprement leurs deffences, & bien ſouuent
tres-offenſiues : celles d'en-haut ſont auſſi nommées fort à propos gres,
à cauſe qu'elles touchent & frottent contre les deffences, qui ſemblent
les aiguiſer, ſans s'appuyer l'vne contre l'autre, ce que l'on void faire à
vn Sanglier lors qu'il eſt en furie, & qu'il tient deuant des chiens, puis
qu'il fait comme s'il mâchoit, faiſant mener du bruiĉt à ſes quatre dents;
ce que i'ay veu & ouy pluſieurs fois. Quant à la difference des ieunes &
des vieux Sangliers, c'eſt qu'au ragot les deffences n'excedent les gres
que d'vn petit doigt, & du Sanglier en ſon tieran de deux doigts, & lors
qu'il eſt en ſon quartan, de trois doigts, De ces trois âges les deux derniers peuuent faire plus de mal, à cauſe que leurs deffences ſont plus
longues & fort trenchantes, & qu'ils ſont auſſi plus vaillants pour auoir
plus de force & de cœur : Ce qui n'eſt pas encores au premier, & quand
ils viennent plus dans l'âge, ils ne peuuent plus faire de mal, à cauſe
que leurs deffences ſe tournent en trompe, la pointe s'approchant de
l'œil, de laquelle ils ne peuuent plus offencer : il n'y a donc que le choc

à craindre de ceux-là, car ils ont toufiours deffein de mal-faire : ce font
ceux que l'on appelle Sangliers mirez : les deffences n'en font pas auffi
fi trenchantes, ny fi blanches, à caufe de leur vieilleffe & des pierres &
racines qu'ils ont rencontré toutes les fois qu'ils ont foüillé, vermillé, &
fait leurs boutis, ce qui leur émouffe & leur vfe les deffences : l'on les
peut nommer auffi grands vieux Sangliers.

CHAPITRE V

Comme l'on peut connoiftre & difcerner les Sangliers
dont ie vous viens de parler, par le pied.

IE vous viens de faire voir ce que c'eft qu'vn Ragot, vn Sanglier en fon
tieran, vn autre en fon quartan, & vn grand vieil Sanglier par les
deffences. Cette connoiffance eft fatisfaifante pour la curiofité, ne pouuant feruir qu'à cela, puis qu'elle ne paroift parfaictement qu'apres la
befte prife : il eft vray que l'on les peut voir & iuger en chaffant, pourueu que ce foient gens du meftier; mais s'il eft lancé & deuant les chiens,
n'eftant pas vne befte que vous vouliez prendre à force comme les Cerfs,
au moins ne le deuez-vous pas, fi vous ne vous voulez deffaire de vos
chiens, & n'ayant pas ce deffein, cette connoiffance ne vous eft pas neceffaire, puifque vous n'en deuez pas garder le change comme d'vn
Cerf. C'eft donc celle du pied ou de la trace qui fe peut dire neceffaire
pour le détourner & en faire le rapport : Et voicy la difference qu'il y a
entre la trace du Sanglier & de la Laye qui fe fepare des autres beftes,
quand elle eft fort pleine & va feule (comme fait le Sanglier dont ie
viens de parler) pour choifir de belles & fortes demeures, afin d'y faire
fes marcaffins : Il y a auffi la faifon qu'elles font au Rut auec les Sangliers : ce que le Veneur eft obligé de fçauoir, pour en faire le difcernement & rapport affeuré, à caufe du danger qu'il y a pour les chiens, &
pour cela il faut remarquer que les Layes, en la faifon qu'elles font fort
pleines, pezent beaucoup : mais cette pezanteur les fait aller les quatre
pieds ouuerts, dont les pinces font auffi moins groffes que d'vn Sanglier
qui va la trace ferrée; les gardes en font auffi plus larges du Sanglier, &
la folle auffi plus large, les coftez plus gros & vfez, & le talon plus
large, les alleures en font auffi plus longues & plus affeurées, mettant
les pieds plus reglément dans vne mefme diftance. Il fait auffi beaucoup
plus de païs en faifant fa nuict, que la Laye, à moins de rencontrer fon
mangis proche de fa demeure : ce n'eft pas que la Laye ne foit en auffi

bon appetit que luy, ayant ſes Marcaſſins à nourrir ; mais elle aura bien
l'adreſſe d'auoir choiſi vn buiſſon où il aura ſes mangeures, tres-peu
loin de là, & de l'eauë dans le buiſſon (pour s'y mettre au foüille) comme
tout ce qui luy eſt neceſſaire, pour ſa ſeureté, & pour n'eſtre pas obligée
à l'aller chercher loin, ſe meſſiant de ſes forces, à cauſe de ſa pezanteur.
Et dans la ſaiſon du Rut, quelques-vnes peuuent auoir les alleures
auſſi longues qu'vn Sanglier, ayans les membres plus libres que quand
elles ſont fort pleines, & ſe peuuent auſſi mieux iuger, à cauſe du déreglement des Sangliers en la ſaiſon du Rut : mais la forme de la trace
du Sanglier eſt plus ronde & mieux faite, comme les autres connoiſſances que i'ay deſia dittes. Il y a vne autre difference entre le Sanglier
en ſon tieran, & le Sanglier en ſon quartan : Le Sanglier en ſon tieran,
a la ſolle moins pleine que celuy qui eſt en ſon quartan, & a les coſtez
de la trace plus trenchans, les pinces en ſont auſſi moins groſſes & plus
trenchantes. Le Sanglier en ſon quartan a les gardes plus larges & plus
vzées, la iambe en eſt auſſi plus large, & les gardes plus pres du talon :
les alleures en ſont plus longues, & ſon pied de derriere demeure plus
éloigné de celuy de deuant, au lieu que le Sanglier en ſon tieran rompt
vne partie de ſa trace, & va les pieds plus ouuerts : & les vieux Sangliers mirez ont encores les gardes plus larges que ceux-là, plus groſſes
& plus vſées, elles ſont auſſi plus pres du talon & plus bas joinctées, &
vont les quatre pieds plus ſerrez : Il y a auſſi connoiſſance à leur
foüille, où l'on y peut voir la grandeur & groſſeur par la largeur & longueur du foüille, & en eſtant forty, entrant dans le fort, s'il en crotte &
moüille les branches, on en connoiſt la hauteur par ſes portées, qui ſe
peuuent appeller ainſi, comme des laiſſées, ſi elles ſont longues & larges,
& quand l'on les a lancé, en conſiderer la bauge ſi elle eſt creuſe, longue
& large ; tous ces ſignes ſont de grands & vieux Sangliers.

CHAPITRE VI

Comme il faut connoiſtre la beſte noire d'auec les pourceaux priuez.

IL eſt encore neceſſaire de vous faire voir les connoiſſances que i'on
peut auoir entre les beſtes de compagnie & les pourceaux priuez,
puis que ceux-cy vont auſſi dans les bois y chercher le gland, & y demeurent quelquesfois cinq & ſix iours, & dans les grands ſonds de foreſts, quelquesfois deux & trois mois, pour y engraiſſer : & qu'apres
eſtre bien ſaouls de ce gland, qui les échauffe, ils vont ſe mettre au

toüille, à la premiere mare ou eauë qu'ils trouuent; & en eſtant ſortis,
ils ſe vont mettre à la bauge dans vn fort, pour y eſtre plus en repos. Les
beſtes noires font le meſme. Il faut donc pour les diſcerner, que ce ſoit
par les connoiſſances que l'on doit tirer des pieds des vns & des autres,
& conſiderer que les pourceaux priuez vont toùjours les quatre pieds
ouuerts, & les pinces pointuës & ſans rondeur. Mais les beſtes noires
vont les pieds plus ſerrez, particulierement ceux de derriere : ils ont les
pinces plus rondes & mieux faites, & le pied plus creux que ceux des
porcs priuez, qui l'ont ordinairement plein & n'appuyent pas du bout
de la pince, comme les ſauuages, qui ont le talon, la iambe & les gardes
plus larges, & qui s'écartent beaucoup plus que ceux d'vn pourceau,
qui a les gardes petites & picquantes, droiƈt en terre : Il ne ſe iuge pas
par les alleures, comme les beſtes noires, les faiſans plus courtes & plus
déreiglées, le vermillis en eſt auſſi plus petit que des beſtes noires, &
qui ne ſe ſuit pas, trauerſant les ſeillons qu'il rencontre : ce que ne fait
pas la beſte noire, qui ſuit ſon vermillis tres-long, ſans diſcontinuer;
mais le pourceau le fait en vn endroit, & puis en vn autre.

CHAPITRE VII

Des lieux où les Sangliers vont chercher leurs mangeures,
ſelon les ſaiſons.

POVr ſuiure l'ordre que i'ay entrepris, ie commenceray par l'Hyuer,
afin de faire voir où les Sangliers vont faire leurs nuiƈts & chercher
leurs mangeures, pour en donner l'aduis à ceux qui doiuent aller aux
bois, les détourner. Ie commenceray donc par la plus difficile ſaiſon, au
moins pour les Sangliers qui entrent au Rut dans le mois de Decembre,
quelques années à la moitié, & d'autres au commencement; ce qui leur
dure enuiron trois ſepmaines, & manquans de trouuer des layes, ils
vont quelquefois chercher des truyes, & s'en eſt veu pluſieurs fois les
ſuiure iuſques dans leurs eſtables, & les autres, qui les ont tenuës dans
les bois. C'eſt en ce temps-là qu'il faut aller apres les beſtes de compagnie, pour les détourner & les courre : car elles ſont bonnes à manger
& les Sangliers ne valent rien, la chair en eſtant rouge, maigre, & de
mauuaiſe odeur; ce qui ſe fait en trois ſepmaines : car auparauant que
d'eſtre au Rut, ils ſont gras & en porchaiſon, au moins eſt-elle peu diminuée. En ce temps ils ſont dans les fonds de foreſts, faiſans leurs
nuiƈts & leurs mangeures, ſous les fuſtayes, où il y a du gland, de la

foüite & quelques fruicts fauuages, qui font cachez la plufpart fous les
feüilles, qu'ils treuuent en vermillant, & quelques racines d'herbes : &
aux fontaines, du creffon & autres herbes; c'eft lors qu'ils font plus de
pays, faifans leurs nuicts, ne trouuant que peu de mangeure en vn endroit; fi bien qu'ils marchent toute la nuict pour fe raffafier, à caufe que
cét animal gourmand ne fe contente pas de peu.

CHAPITRE VIII

Des lieux où le Veneur doit aller en quefte & chercher les Sangliers,
au Printemps & l'Efté.

IL eft à propos que ie ioigne dans ce Chapitre le Printemps & l'Efté,
puis que ce font les deux faifons où les Sangliers, les Layes & les
beftes de campaigne, font en mefme pays, où elles demeurent tout ce
temps, fi on ne les oblige d'en fortir, ou qu'elles manquent de nourriture : & s'ils le font, ce fera pour aller à vn autre pays de mefme nature,
particulierement les Sangliers & les Layes, qui vont chercher les buiffons les premiers, pour y trouuer leurs mangeures à propos : le Sanglier, pour s'y refaire de la maigreur de l'Hyuer & du Rut : & la Laye,
pour y choifir vn beau buiffon, où il y aura de grands forts, pour y faire
fes Marcaffins, d'où elle ne bougera, fi on l'y laiffe en repos : & pour le
Sanglier, il ira & viendra à trois ou quatre buiffons, de temps en temps,
pour reconnoiftre, en faifant chemin, les mangeures qui luy plairont le
plus, qui font les bleds, & bien que verds, il ne laiffe pas de les paftu-
rer, foüiller & vermiller, y mangeant des racines de chiendant, de pif-
fanlis, de baffinets, de naueaux fauuages & de fenez : & auffi-toft que
les pois, feves & lentilles s'auancent, les Sangliers, Layes & beftes de
compagnie, y vont tres-volontiers; mais les Layes pleines fortent peu à
la campagne, ne voulant pas donner connoiffance d'elles, fe contentans
de vermiller dans les clairiers & chemins de leurs buiffons & fous les
fuftayes, s'il y en a, pour deterrer quelques glands qui feront tombez de
l'Hyuer auparauant, & quelques racines que le Printemps aura pouffé.
Il eft iufte de leur laiffer faire leurs Marcaffins, & de chaffer pluftoft les
beftes de compagnie, pour apres attaquer les Sangliers : Et lors qu'ils
auront mangé des grains en leur maturité, les raifins venans à eftre
meurs, quand ils y peuuent aborder, ils en mangent tant qu'ils
s'enyvrent, en ayant trouué à la bauge dans des vignes, & s'ils en
fortent, c'eft pour aller peu loing de là demeurer dans quelque hallier.

Les Layes & les beftes de compagnie y vont auffi, & non pas fi hardiment; mais le Sanglier vaillant, quand il fe fent en bon corps, il va où
la fantaifie le prend, fans rien craindre.

CHAPITRE IX

*Des lieux où l'on doit aller en quefte l'Automne,
pour y trouuer le Sanglier.*

LEs Sangliers, Layes & beftes de compagnie, voyant la recolte faite,
& apres auoir encore glané vn peu de temps, ils fe retirent dans les
fonds de forefts, où ils font leurs mangeures de pommes, poires fauuages, d'herbes & de racines à leur gouft ; & lors que le gland commence à tomber, ils en mangent & s'en donnent tant, qu'ils acheuent
d'emplir leur peau; ce qu'ils ont defia bien commencé par les grains
qu'ils ont mangé. Il les faut donc aller quefter & chercher en ces lieux,
& où il y a des mares & ruiffeaux, autrement ils n'y pourroient pas fubfifter : car le grain les ayant defia échauffez, le gland acheue de leur
mettre le feu dans le corps; tellement qu'il faut qu'ils boiuent & fe
mettent au foüille deux ou trois fois le iour, pour s'y raffraifchir. Ils ne
font pas grand pays en cette faifon, ayans toutes leurs mangeures fur le
lieu; ce qui fait qu'ils font tous bons, & qu'il n'en faut faire aucun
choix pour les détourner & courre auec plaifir, & moins de peine, &
qu'il y a grand gouft à les manger, quand l'on les a pris.

CHAPITRE X

*Des termes defquels l'on fe doit feruir pour faire chaffer le Sanglier,
& aller aux bois.*

LEs termes pour faire chaffer Loup & Sanglier, ont bien du rapport;
mais dans les façons d'aller aux bois, ils font differents en beaucoup
de chofes; ce qui m'oblige à les faire fuiure, felon les occafions, & les
dire toutes, afin que le Lecteur les puiffe mieux entendre, & n'ait aucune interruption. Ie diray pour cela, que le pied du Sanglier fe doit
nommer la trace : & les os dont ie vous ay parlé au Traicté pour Cerf,
qui fortent du derriere de la iambe, fe doiuent appeller gardes, & ce

refte du pied comme pour Cerf, la fole, les coftez & les pinces, le talon
& la iambe : & quand il fe rencontre vne des pinces plus logue que
l'autre, cela fe doit nommer pigache, qui eft ce que l'on dit au Cerf, connoiffance ; & quand ils foüillent, l'on doit dire, boutis ; & lors qu'ils ne
font que pouffer du bout du boutoy, la fuperficie de la terre, faifant
comme vne petite raye, fuiuant les traces des Mulots, pour trouuer leur
magazin, qu'ils ont fait de gland ou de noifettes, cela s'appelle vermiller ; où ils fe couchent dans la bourbe, fe doit nommer le foüille ; où ils
fe couchent & demeurent le iour, fe doit nommer la bauge ; & la fiente,
les laiffées. Ce font là les termes qui doiuent feruir aux Veneurs qui
vont aux bois pour détourner les beftes noires ; & auffi quand ils en
font le rapport, lors qu'on les interroge ; Et le Picqueur qui fait chaffer
les chiens, lors que le Sanglier leur eft donné, il doit fonner pour
chiens comme à veuës, lors qu'il le voit ; & pour faire requefter, la
mort, & la retraitte, de mefmes qu'aux chaffes précedentes : Et pour
parler aux chiens lors qu'ils font dans les voyes & qu'ils la chaffent,
quand le Picqueur reuoit de la befte qui fuit, ils doit vfer de ces termes,
Velefcy-allé fuyant, plufieurs fois : & apres, *S'en va, chiens, s'en va,*
hou, hou, chiens, hou, hou ; & quand il voit le Sanglier, crier, *Voylc-là :*
& lors qu'il tourne. crier, *Hourvary,* à fes chiens, pour les obliger à
tourner.

CHAPITRE XI

Comment le Veneur & valet de limier doit faire choix d'vn chien,
pour luy feruir de limier, & comme il luy doit parler pour Noir.

LE valet de limier doit faire choix d'vn ieune chien, pour luy feruir
de limier, d'entre deux tailles, affez court & trauerfé, & à gros poil,
s'il fe peut, à caufe qu'il faut qu'il foit fouuent dans les forts épineux ;
ce qui les rend plus hardis, & fait qu'ils ne fe rebuttent pas : car il n'y
a que cela à craindre pour les limiers que l'on veut mettre au noir, puis
que tous les chiens le chaffent d'inclination, à caufe qu'il a le fentiment
plus fort que les autres beftes, Ie vous ay dit pour la taille & le poil,
comme il les falloit, aux Traictez des chaffes cy-deuant. Il faut obferuer
dans ces qualitez celles qui font connoiftre la hardieffe d'vn chien, afin
de le choifir tel, pour ne fe pas rebutter des boutades des Sangliers,
lors qu'il les lancera & fera partir de la bauge : & pour la maniere de le
mener, afin de l'obliger à aller deuant fe rabattre & fuiure les voyes, en

prendre les deuants & fuiure le contrepied : & pour le donner aux
chiens, ce font auffi les mefmes methodes, comme pour Cerf, Chevreüil
& Loup. Les termes, ie vous les ay dits, finon que quand le Sanglier
va d'affeurance, il faut dire, *Vel-cy-allé* : & quand voftre chien fuit, luy
dire, *Hou, hou :* & quand il eft lancé, crier, *Velefcy-allé.*

CHAPITRE XII

Comment le valet de limier doit aller aux bois,
pour détourner la befte noire.

LE valet de limier doit eftre plus matinal, pour aller aux bois pour
beftes noires, que pour autres beftes, à caufe qu'elles fe retirent au
fort de meilleure heure, fi ce n'eft en deux faifons; fçauoir au temps du
Rut, & lors que les bleds font en maturité, où ils font à couuert en faifant leurs mangeures, ioint qu'ils ont peine à les quitter : cela leur arriue auffi quelquesfois quand les raifins commencent d'eftre meurs. Et
horfmis ces deux faifons, ils vont faire leurs nuiéts dans les lieux que
i'ay dit, y faifant beaucoup de pays : ce qui fait que fi vous n'vfez de
precaution, en vous enquerant des lieux où font leurs demeures ordinaires, qui font les plus grands forts, pour en aller prendre les grands
deuants auec voftre limier, vous courrez rifque bien fouuent, encore
que vous ayez rencontré des voyes de la nuiét, fi vous voulez vous opiniaftrer à les fuiure & en deffaire la nuiét, de perdre beaucoup de
temps, à caufe qu'ils font force tours & beaucoup de pays dans les
longues nuiéts, où vous confommeriez le temps qu'il faudroit à les détourner & venir en faire voftre rapport, vous laffer & voftre limier, en
laiffant vieillir les dernieres voyes, qu'il ne pourra plus emporter, quand
bien vous en auriez connoiffance : Vous deuez donc aller droit où font
les demeures, en prendre les grands deuants, & quand voftre chien fe
rabattra de befte noire, ietter vne brifée à l'entrée du fort & en prendre
le contrepied, pour en reuoir fuffifamment & en iuger par les connoiffances que i'en ay dites, & de la befte que vous aurez deffein de détourner, felon l'ordre que vous en aurez : Et ayant trouué par les connoiffances du pied, de la iambe & des gardes, que ce font beftes conformes
au deffein que vous auez, vous reuiendrez où vous auez ietté cette brifée, pour en rompre trois ou quatre autres & le rembucher, & ferez
fuiure les voyes à voftre limier deux longueurs de traiét, pour obuier
au faux rembuchement, particulierement fi c'eft vn Sanglier apres qui

vous eftes, qui eft vn animal tres-fin & mefiant : & apres eftre affeuré
qu'il entre, vous vous retirerez au chemin & en prendrez les deuants,
comme des autres beftes; & quand vous trouuerez des beftes noires
forties de voftre enceinte, apres en auoir reueu, fi vous eftes en quelque
doubte, il en faut prendre le contrepied, pour en le fuiuant, percer
voftre enceinte, & voir fi ce font les mefmes beftes que vous auez rembuché, par les mefmes manieres & precautions que i'ay dites au Traiché
pour Cerf : Et lors que vous les aurez détournées, vous deuez venir à
l'Affemblée en faire le rapport à voftre Capitaine, qui vous doit mener
au Roy, où vous reïtererez ce que vous luy auez dit, difant, *Ie mécroy
détourner vn Sanglier en fon Tieran, ou en fon Quartan*, ou ce qu'il
fera, *qui a vne grande & groffe trace :* & vous direz s'il a quelque connoiffance (qui s'appelle vne Pigaffe) on doit dire auffi s'il a peu ou beaucoup de pied, ou s'il a la tefte ronde, ou auffi longue que ronde : & tout
cela, en cas que le Roy le vouluft courre à force, afin que s'il donnoit le
change aux chiens, l'on le peuft difcerner d'auec d'autres; Mais fi l'on
le veut courre auec des levriers, ou auec le Vautraiâ, cela n'eft pas neceffaire.

CHAPITRE XIII

Comment l'on doit chaffer & prendre les grands Sangliers.

LEs Sangliers qui font en leur tieran & leur quartan, ne fe doiuèt pas
chaffer à force auec chiens-courans; mais feulement il en faut decoupler fix ou huiâ des plus vieux, qui font les plus adroits à s'efquiuer de leurs coups : encore feroit-il bien de leur mettre vn collier, où il
y ait des grelots, pour obliger le Sanglier à fuir, & ne pas tenir & tourner à eux : cela fait auffi qu'il fort du bois & vuide pluftoft, pour aller à
la courre. Ces grands Sangliers fe peuvent auffi courre & forcer auec le
Vautraiâ; ce que ie feray voir dans vn Chapitre en fuite, celuy-cy n'eftant que pour donner l'inftruâion de les prendre auec les levriers d'attache, que l'on doit iaquer, pour les conferuer & empefcher d'eftre bleffez & mefme d'en eftre tuez. Car la perte feroit grande d'vn bon levrier, qui vous auroit beaucoup coufté à nourrir, dix-huiâ ou vingt
mois, qui eft le temps que l'on doit commencer à les faire courre; ce qui
peut arriuer à la premiere chaffe, pour ne fçauoir coëffer vn Sanglier à
propos, afin d'en efquiuer les coups : Et vous le pouuez empefcher
auec vne affez petite defpence, en faifant faire des iaques, qui peuuent

durer douze ou quinze ans, pourueu qu'on les faffe eftendre & feicher,
apres les auoir oftées de deffus les levriers. Vous ne vous en deuez feruir que pour prendre les Sangliers : car pour les beftes de compagnie,
les levriers n'en ont que faire, puis qu'elles en diminuëroient la vifteffe,
en ayant befoin pour ces beftes qui font tres-vifles, pour fept ou huiɗ
cens pas. Ces iaques doiuent eftre faites de toille de chanvre ; vous les
pouuez faire auffi de deux façons : l'vne d'y mettre cinq ou fix toilles
picquées enfemble & fort dru, auec du fil, finon deux toilles feulement,
& au milieu du crin ou du cotton ; mais le crin feiche plus aifément,
puis les ioindre & attacher fur le chien, par deffus le dos, pour couurir
le ventre entierement ; en forte que le poiɗrail en foit couuert, le col &
la gorge, dont le bout fera attaché au collier, qui doit eftre large & de
deux ou trois doubles de cuir : car ils font fuiets à auoir la gorge cou-
pée. Ces Sangliers que i'ay nommez cy-deffus, fe doiuent prendre par
ces levriers, qui feront mis à la courre, quand ils fe rencontrent détournez dans vn buiffon, ou à quelques bouts de forefts, les pouuant faire
venir à la plaine, en gardant le grand pays, comme s'il y a vne taille de
l'année, pour y mettre des deffences & les empefcher d'y aller ; vous le
pouuez faire auffi fous des fuftayes, pourueu que les arbres n'y foient
pas plantez drus, & qu'il n'y ait aucun buiffon. Ce font là les lieux où
vous pouuez faire vos acourres ? Les deffenfes fe doiuent mettre comme
pour Loup, ou vn peu plus pres l'vn de l'autre, & voftre courre auffi de
mefme, y placer vos levriers de mefme & felon leur taille, finon qu'il la
faut faire plus courte & plus étroite, à caufe que les Sangliers ont beaucoup moins de vifteffe que les Loups ; & auffi que vos levriers fe mettroient hors d'haleine, s'il falloit qu'ils vinffent de fi loing les ioindre :
ce qui les empefcheroit de les fi bien prendre & tenir. Il faut auffi obferuer le vent, car cét animal n'eft pas moins méfiant que les Loups ; &
fi vne fois il a entré à la courre, & qu'il ait entré dans le fort, il ne faut
plus efperer qu'il y reuienne : & cela eftant, il faudra mettre voftre
courre en vn autre lieu, où vous replacerez vos levriers de la mefme
maniere, & dõnerez l'ordre à vos valets de levriers de fe bien hutter &
cacher, & ne donner les eftricques, que le Sanglier ne foit entré dans la
courre, au moins à trente pas. Les flancs fe doiuent donner quand il eft
vis-à-vis d'eux : car le Sanglier retourne peu quand il eft fi aduancé, fe
confiant à fa force & valeur. Les valets qui tiennent les levriers de fefte,
fe doiuent auancer la leffe à la main, pour les lafcher, pour coëffer le
Sanglier & fecourir ceux des flancs. L'on doit auoir eftably des Caualiers, qui foient cachez derriere les eftricques, pour fecourir les levriers,
& que ce foient perfonnes qui ayent de la prattique, & des épées bien
pointuës & fermes, pour picquer & faire mourir promptement le San-

glier, luy donnant le coup à quatre doigts au deffous de l'épaule. Il faut
auffi fçauoir prendre le poil & appuyer la lame fur la main gauche,
pour la conduire & tenir plus ferme, afin de ne pas bleffer les levriers,
apres auoir mis pied à terre, puis qu'il n'y a aucun peril, lors que les
levriers ont coëffé le Sanglier : car ils ne demordent iamais, s'ils ne font
bleffez ou tuez, pourueu qu'ils foient nombre fuffifant à le tenir. Voftre
courre eftant ordonnée & lors que vous auez dit aux gens de cheual de
n'y laiffer paffer perfonne, vous irez frapper à vos brifées auec vn limier,
finon vous decouplerez vos chiens-courans aux brifées, pour l'aller querir & lancer, fonner & parler, pour les faire quefter ; & quand il fera
lancé, leur crierez, *Hou, hou, hou, S'en va, chiens, s'en va*, & fonner
fort fouuent, afin de donner chaleur à vos chiens & preffer le Sanglier,
pour l'obliger à aller à la courre, fans fe reconnoiftre : & y eftant entré,
luy donner les levriers dans l'ordre que i'ay dit, le prendre & l'emporter, & faire curée des dedans & des épaules à vos chiens, & le refte,
gardez-le pour vous.

CHAPITRE XIV

Comment l'on doit chaffer le Sanglier auec le vautraict.

L'On peut prendre encores les Sangliers dont ie viens de parler,
comme toutes les beftes noires auec le vautraict, dont la chaffe n'eft
pas moins plaifante que celle que ie viens de nommer, & encores plus
facile à exercer, puis qu'il n'eft pas neceffaire de nourrir des chiens-courans, ny d'aller aux bois pour les détourner, mais feulement de faire recherche dans les Fermes chez les Laboureurs des jeunes, grands, &
beaux mâtins, & qu'ils ayent dans leur taille vne partie des qualitez que
i'ay dites pour les chiens-courans, qu'ils foient bien deliberez, & y
mettre (fi vous les auez) demy-douzaine de chiens baftards, engendrez
de chiens-courans & mâtines, lefquels crieront mieux fur la voye, & la
tiendront auffi plus iufte que les mâtins ; ce feront auffi eux qui les re-
mettront dans la voye, lors qu'ils l'auront perduë. Cette chaffe fe doit
commencer au mois de Septembre, lors que toutes les beftes noires
font en bon corps, ioint que la recolte eft faite ; elle fe peut continuer
iufques à la fin du mois de Mars, particulierement des beftes de compagnie : car pour les Sangliers & les Layes, depuis le temps qu'ils ont
donné au Rut, ils font maigres, joint que de chaffer plus auant dans la
faifon, ce feroit en détruire la race, à caufe que les Layes font pleines :

Et pour auoir des mâtins dans le temps que i'ay dit, il faut aller en Iuillet & Aouſt viſiter les Fermes pour y trouuer & faire election de ceux
qui vous ſeront propres, comme ie les ay repreſentez cy-deſſus, & dont
l'aage en ſoit depuis vn an iuſques à deux, & la quantité que vous déſi-
rez en auoir, qui doit eſtre pour les grands de quarante-cinq ou cinquante, à cauſe qu'il s'en fait vne grande diminution, pour eſtre ſouuent
bleſſez & tuez lors qu'ils rencontrent de grands Sangliers; Et apres
auoir fait cette remarque, il faut les faire emmener par les payſans à qui
ils ſont, vn mois deuant que vous vous en vouliez ſeruir pour chaſſer,
& les enfermer dans vn grand lieu où il y ait de quoy les mettre à couuert, & en auoir les meſmes ſoins que des chiens-courans, leur donnant
les meſmes nourritures, & y établir deux Picqueurs & deux valets de
chiens pour les ſoigner, appriuoiſer, & s'en faire connoiſtre : comme de
les apprendre à aller au couple, s'il ſe peut, & leur donner des couples,
comme aux epaigneuls, pour les empeſcher qu'ils ne les coupent; parler & ſonner quelquesfois où ils ſont, comme quand vous les ferez chaſſer, afin de leur donner de l'emotion : car tels chiens en ont beſoin pour
les obliger à chaſſer, lors que vous le voudrez : Et pour les mettre plus
parfaitement enſemble, il faut leur faire courre & tuer vn aſne d'vn an
ou dix-huiĉt mois, & apres leur en faire curée. Vous deuez apres vous
enquerir des pays où vous voulez aller chaſſer, & meſme y aller reconnoiſtre les plus grands forts, & les demeures les plus ordinaires des
beſtes noires ſelon les ſaiſons, comme ie les ay dites, afin d'y aller auec
vos mâtins, & mener ſept ou huiĉt chiens-courans pour queſter & lancer les beſtes noires, qui ſeront conduits par l'vn des Picqueurs, & que
l'autre, & les deux autres valets de chiens qui ont eſté touſiours aupres
des mâtins, dont ils ſeront connus, demeurent auec eux, & les tiennent
dans les routes, iuſques à ce que les chiens-courans ayent lancé des
beſtes noires, & que le Picqueur qui le fait chaſſer, en ait reueu pour en
eſtre plus aſſeurée, & qu'il ait ſonné pour chiens : Alors on doit découpler les mâtins, & le Picqueur qui eſt auec eux, doit pouſſer ſon cheual,
& crier, *à moy tié à hault*, & les valets de chiens doiuent dire *tire{*
chiens, tire{, en faiſant claquer leur foüet : Alors le Picqueur doit
joindre le pluſtoſt qu'il pourra celuy qui fait chaſſer les chiens-courans,
afin de mettre les mâtins ſur les voyes, leur criant *hou, hou, hou, hou,*
& ſonner pour chiens pour les animer à chaſſer la voye, ou au moins la
tenir de temps en temps, & rider, qui eſt ce que font tels chiens, & auoir
le ſoin que toutes les fois qu'ils s'écarteront, vn des Picqueurs les aille
faire reuenir aux chiens-courans qui tiennent la voye, qui ſont accom-
pagnés par l'autre Picqueur qui doit ſonner & crier *à moy tié à hault*,
& parler auſſi pour chiens, pour les obliger à venir à luy & dans la

voye : & s'ils vont aux valets de chiès dans les chemins, il faut qu'ils
faſſent claquer leur foüet, & leur diſent *lire; chiens, lire;*, & quand la
beſte noire aura tenu deux ou trois fois deuant eux, s'ils ne l'ont coeſ-
fée, il la faut tuer d'vn coup de fuzil, qui doit eſtre porté pour cela, afin
de ne les pas faire chaſſer trop long-temps pour cette premiere chaſſe,
& leur aſſeurer la curée, & comme cela trois ou quatre fois; car lors
qu'ils feront bien à la voye, & qu'ils chaſſeront vn Sanglier, pour grand
qu'il ſoit, ils le coeſſeront, pourueu qu'ils y arriuent enſemble dix ou
douze : Et pour les beſtes de compagnie, tout auſſi-toſt qu'ils les tiendront deuant eux, & meſmes qu'elles ne partiront pas aſſez-toſt de la
bauge, ils les coeſſeront & arreſteront; Il faut que les Picqueurs ſoient
munis de bonnes épées & de mousquetons pour tuer les grands Sangliers, lors qu'ils les verront tenir deuant les màtins; car autrement ils
en eſtropieroient, & en tuëroient beaucoup, & apres leur auoir tiré du
mouſqueton, y aller auec l'épée; car on ne ſçauroit trop toſt fecourir les
chiens; ce que i'ay experimenté long-temps en Piémont, où Son A. R.
de Sauoye Victor Amedée, auoit vn beau & grand vautrait, & de quoy
le bien exercer; car il ſe trouue-là vne tres-grande quantité de beſtes
noires. Il faut que les Picqueurs à cette chaſſe portent des aiguilles &
du fil, & du lard pour coudre et mettre dans les playes des chiens qui
feront bleſſez, & faire ſuiure vne petite charrette attelée d'vn cheual
pour les emporter auec les beſtes noires que l'on prendra; Cette chaſſe
eſt chaude & animante, en y mettant, comme i'ay dit cinq ou ſix corneaux qui crierõt et obligeront les màtins à crier de têps en têps fur les
voyes. Vous ne ſçauriez ainſi perdre la chaſſe, & quand bien ils ne crie-
roient pas bien ſouuent; cette quantité de grands maſtins qui s'écartent
çà & là dans le fort, cottoyant la voye, fait qu'ils tiennent demy-arpent
de bois en largeur, & qu'ils meinent beaucoup de bruict : Cette chaſſe
ſe peut faire à moins de frais, quand l'on veut, ayant moins de maſtins,
& par conſequent moins de monde; & la ſaiſon eſtant venuë de ne plus
chaſſer, pour les raiſons que i'ay dites, il faut garder vos maſtins, ou les
faire conſeruer par les meſmes Laboureurs que vous recompenſerez, afin
que le temps de chaſſer eſtant venu, ils vous ſeruent à en dreſſer d'autres.

CHAPITRE XV

Comment l'on doit mettre les beſtes noires dans les toilles.

CEttf façon de chaſſer et de prendre les beſtes noires, de laquelle ie
vay parler, n'appartient qu'aux grands Princes, à cauſe du grand
attirail qu'il faut pour conduire les toilles & les Officiers pour les

tendre & garder; le diuertiſſement en eſt tres-agreable de ſoy, & qui ſe
peut augmenter en y menant les Dames, y ayant apparence qu'elle a
eſté inuentée pluſtoſt pour elles que pour les hommes, au moins celles
qui ont inclination de chaſſer. Ce qui eſt à proprement parler, faire
courre par des chiens apres vne beſte pour la forcer, la laiſſant dans ſa
liberté, en tenir la voye, & luy voir faire ſes ruſes d'elle-meſme; & non
comme celles-cy que l'on met dans les toiles, qui ſont forcées pluſtoſt
par l'empriſonnement que l'on leur donne, que par la ſcience & ſageſſe
des chiens; mais pour les hommes, il ne faut pas qu'ils en manquent,
non plus que d'experience, pour les y mettre aſſeurément : & pour y
reüſſir, il faut que ceux qui vont aux bois pour détourner les beſtes
noires à mettre dans les toilles, aillent deux enſemble, & qu'arriuans à
leurs queſtes, ils ſe ſeparent pour en prendre les grãds deuants, & que
s'eſtant rencontrés & dit l'vn à l'autre qu'ils n'ont eu aucune cõnoiſ-
ſance de beſtes noires de la nuiƈt, ils ſe ſeparêt derechef pour aller faire
le dedãs de leurs queſtes, & que le premier qui rencontrera de beſte
noire, houpe à ſon compagnon pour l'obliger à venir à luy. L'ayant
joint, il luy doit remonſtrer des beſtes qu'il aura rembuchées, deſquelles
ils doiuent prendre les deuants enſemble, pourtant ſeparez, prenant
l'vn à droit & l'autre à gauche, pour ſe rencontrer dans le meſme chemin où ils auront fait leur rembuchement; & s'eſtans rencontrez,
n'ayans rien trouué forty de leur enceinte, ils doiuent s'outrepaſſer en
ſe croiſant, & reprendre encores leurs deuants, pour changer le vent à
leurs limiers, comme i'ay dit autresfois, & n'ayans rien trouué forty de
leur enceinte, celuy qui a le meilleur chien, doit demeurer, afin que ſi
ces beſtes ſortoient de leur enceinte pour auoir le vent d'eux, ou effroy
d'autre choſe, il les briſaſt, & en priſt les deuants, comme auſſi à tous
les changemens de chemins où il paſſera, afin que ſon compagnon venant, il le puiſſe ſuiure, & le trouuer, en cas qu'il fuſt trop loin pour
l'entendre houpper, & que l'autre aille à l'Aſſemblée où ſera le Capitaine des toilles pour luy en faire le rapport; lequel Capitaine doit auoir
donné l'ordre dés le ſoir au Commiſſaire des toilles, & aux Archers de
ſe tenir preſts pour marcher auec l'attirail, auſſi-toſt qu'ils en auront le
commandement, auec les Lieutenant, ſous-Lieutenant, Picqueurs, &
valets de limiers, lors qu'ils ſeront reuenus du bois : Et ayant ſceu la
quantité de beſtes qu'ils mécroyêt détourner & quelles beſtes ce ſont,
comme d'vn an & deux ans, & s'il y a vne Laye & des Marcaſſins, il en
doit faire le veritable recit, & comme s'il auoit vn maſle que nous appellons Ragot : car les Sangliers en leur tieran & en leur quartan, ne
ſe meſlent pas auec les beſtes de compagnie, ſi ce n'eſt à la ſaiſon du
Rut; mais pour lors ils ſont tres-mal-aiſez à mettre dans les toilles, à

caufe qu'ils font prefque toufiours fur pied. Le rapport eftant fait au
Capitaine, ou Lieutenant, en fon abfence, il doit commander au Commiffaire & aux Archers, de faire marcher les toilles, qui doiuent eftre
portées fur vn chariot, que tous les fufdits fuiuront, & le valet de limier,
qui a fait le rapport. Le Lieutenant, ou fous-Lieutenant, doit aller auec
eux, pour voir & iuger le lieu où il faudra tirer les toilles, & faire haf-
ter & mefurer le circuit de l'enceinte, ou le faire luy-mefme, pour en
eftre plus affeuré, afin de fçauoir s'il y aura affez de toille pour l'enclorre & auffi le parc; & l'ayant fait, il doit demander au Commiffaire
combien il y a de pans de toilles; ce qu'il doit fçauoir, & s'il ne s'en
trouue pas affez pour enclorre l'enceinte, il faut qu'il faffe reprendre
les deuants par le valet de limier, pour découurir quelque faux fuyant,
qui paffe par vn coing de fon enceinte, venant à fortir au chemin par où
il prend fes deuants, & l'ayant trouué, y faire aller doucement le valet
de limier, auec fon chien deuant luy, pour connoiftre fi les beftes qu'il
a rembuchées, le pafferont. Et ne les y trouuans paffées, il doit faire tirer les toilles par là & commencer à bon vent, afin que les beftes n'en
ayent pas le vent, & faire continuer à prendre les deuants par les valets
de limiers, cependant que l'on les tirera, & iufqu'à ce qu'elles foient leuées : car le bruit que l'on fait, pourroit donner de l'effroy aux beftes
noires & les obliger à s'en aller. Il arriue affez fouuent que ces Ragots
les quittent, & qu'auffi quelquesfois vne partie des beftes fortent de l'enceinte; puis qu'il fe peut que deux compagnies feront entrées dans vne
mefme enceinte, dont l'vne demeurera, & l'autre fortira; c'eft à quoy
les Veneurs qui les auront détournées, doiuent regarder, pour fçauoir
combien il y en eft entré & forty, fe donnant la patience de fuiure affez
long-temps leurs voyes auec leurs limiers, pour les pouuoir bien compter : Et apres en eftre affeuré, il faut tirer & leuer les toilles & les pieux
plantez des deux coftez, de douze pieds en douze pieds, & crochetées
par en bas. Le Capitaine ou le Lieutenãt, en fon abfence, doit en aller
faire le rapport au Roy, & luy demander s'il veut les voir prendre ce
iour-là. I'ay toufiours veu que le deffunct Roy enuoyoit fçauoir de la
Reine, fi elle y vouloit aller (ce que i'ay veu faire auffi par fon A. R. de
Sauoye, à Madame Royalle, qui ne manquoit pas d'y aller & d'y mener
toutes fes Dames) & fi le Roy dit qu'il veut aller ce iour-là les prendre;
celuy qui a receu cét ordre, doit laiffer de fes Officiers aupres du Roy,
pour le conduire où font les toilles, & luy s'en aller au galop, pour faire
tout preparer, & choifir le lieu plus propre à faire le parcq, où l'on doit
faire venir les beftes, & les prendre deuant le Roy, obferuans qu'il foit
à bon vent : car autrement l'on auroit beaucoup de peine à les faire venir. Ce lieu doit eftre en vne des riues de l'enceinte, & où il y aura le

moins de bois, pour l'auoir pluftoft couppé & éplané : car il faut que la
place en foit nette, & faire faire vn échauffaut au bois & en tefte de la
courre, pour y mettre les Dames, le faifant couurir de feüillages, fi c'eft
en Efté ; & en Hyuer, de toilles : Que l'on ait le foin de faire apporter
des tapis, pour mettre fur l'appuy, & des chaires, pour le Roy & la
Reyne, des fieges pour les Dames, & vne bonne collation, que le Maiftre-
d'Hoftel du Roy comãdera de porter, pour apres auoir eu le plaifir de
la chaffe, fatisfaire à l'appetit des Dames. Voilà côme ie l'ay veu prattiquer en Piedmõt. Et apres ces ordres, il faut faire tirer & leuer les
toilles du parc & retranchement, où il doit auoir vne toille qui fepare
l'enceinte & le parc, que l'on puiffe abbaiffer quand on veut que les
beftes y entrent : Et au pied de ces toilles, trois ou quatre Archers feront couchez & cachez, pour les leuer & tendre auffi-toft qu'il y aura
quelque befte entrée dans le parc, & iufques à ce qu'on l'ait prife ou
tuée. L'on les peut faire encores d'vne autre façon, en leuant le bord de
la toille ; & auffi-toft que les beftes y font entrées, la rabaiffer. Les Archers des toilles, doiuent couper des baftons, vn peu moins gros que le
bras, & longs de quatre pieds, qu'ils doiuent donner aux Seigneurs &
Gentils-hommes, que le Roy fait entrer dans le parc à pied, au cas qu'il
n'y ait point de Sanglier dans les toilles : car s'il y en a, il n'y en faut
que cinq ou fix à cheual, l'épée à la main, & y mettre des leuriers, fi l'on
veut ; finon les laiffer tuer à ces Caualiers, à qui il en couftera quelques
cheuaux. Tout eftant preparé, & apres auoir veu à l'entour de l'enceinte
fi ces toilles font bien tenduës en bas, & crochetées de petits crochets
de bois, fichez en terre le crochet, prenant le maiftre d'en bas de la
toille, éloignez de fix pieds en fix pieds, pour empefcher que les beftes
noires n'y paffent, en leuant la toille auec leur boutoy : Et pour cela,
commandez aux Archers de faire bonne garde derriere la toille, où ils
fe mettront de diftances égalles, felon qu'ils feront de monde, & d'y
frapper auec des baftons de temps en temps, particulierement quand
ils entendront les beftes s'allonger, pour effayer à la leuer, lors qu'elles
feront lancées & chaffées. Les toilles eftant toutes leuées & crochetées,
le Capitaine doit faire entrer vn valet de limier, auec fon limier, dans
les toilles, pour aller lancer les beftes, afin d'eftre plus affeuré qu'elles y
y font. Ce qu'ayant fait, il doit auffi-toft fe retirer, sans leur donner
plus d'effroy. C'eft ce que l'on doit toùjours prattiquer, afin de ne pas
faire venir le Roy à faute. Alors le Capitaine doit retourner au Roy,
luy affeurer qu'il y a des beftes noires dans les toilles, luy en difant le
nombre : Et comme quelquesfois le temps & les affaires du Roy ne luy
permettent pas d'y aller ce iour-là : en ce cas, il faut que toute la nuiét
il faffe faire bonne garde, par les Commiffaires & les Archers, qui

pourront faire du feu au dehors des toilles, s'ils en ont befoin, & les
battre fouuént : car les beftes feront ce qu'elles pourront pour en fortir :
& s'il y auoit vn Sanglier, il feroit dangereux qu'il ne fift le paffage aux
autres beftes, auec fes deffences, en fendant la toille ; Mais quand il y a
vn grand Sanglier, fi l'on a des toilles affez, on le doit tendre doubles.
Le Roy & la Reyne eftans venus, s'il n'y a point de Sangliers ; mais feulement des beftes de compagnie. Le Roy fe peut mettre dans le parc, &
faire mettre la Reyne & les Dames fur l'échaffaut. Le Roy y doit eftre à
cheual, pour y eftre plus feurément. Ie ne dis pas pour le dāger des
beftes noires ; mais pluftoft de quelque coup de bafton dans la mélée,
par l'ardeur qu'ont ceux qui courrent les beftes, pour les affommer, y
en ayant veu plufieurs en receuoir. Le Roy a accouftumé de faire entrer
les Seigneurs & Gentils-hommes à pied, dans le parc auec luy : Pour
cela, le Capitaine doit auoir donné le bafton au Roy & aux Princes, s'il
y en a : le Lieutenant, aux Seigneurs : & les Commiffaires, aux Gentils-hommes. Et apres, le Capitaine doit demander au Roy, s'il luy
plaift de placer les Princes & Gentils-hommes dans la courre, & s'il n'en
veut prendre la peine, c'eft à luy de les placer, apres en auoir iugé la
quantité, les feparer par cantons, & les cacher dans le parc, pour quand
les beftes y entreront & qu'elles pafferont à leurs poftes, les frapper. Le
coup mortel eft fur le nez, que nous appellons le boutoy. Ainfi le tout
preparé dans le parc & les Dames placées, l'on doit abbaiffer ou hauffer la toille, qui fepare le parc & l'enceinte, pour faire entrer les Picqueurs & les chiens dans l'enceinte, qui doiuent aller lancer les beftes,
pour les faire venir à la courre : & auffi-toft qu'vne de ces beftes fera entrée dans la courre, il faut qu'il y ait des Archers cachez pour la leuer
ou abbaiffer, afin que la befte ne puiffe retourner dans l'enceinte : &
auffi-toft qu'elle fera prife, la leuer ou l'abaiffer, pour en laiffer entrer
vn autre dans la courre : & toufiours ainfi tant qu'il y aura de beftes
dans l'enceinte, & toutes les fois qu'elles y viendront, les Seigneurs &
Gentils-hommes les doiuent frapper, quand elles pafferont à leurs
poftes. Il y en a toufiours à qui ils font faire quelques cullebuttes, venans à eux les cercquer & leur paffer entre les iambes ; ce qui fait rire
les Dames, au moins celles qui n'y ont pas d'intereft : car ce fexe eft
fenfible à ce qui le touche. Toutes les beftes eftant ainfi prifes, l'on doit
faire faire collation à la Reyne & aux Dames, & apres fe retirer, fonner
la retraitte & emporter les beftes. Quant à celles que le Capitaine des
toilles iugera les meilleures pour le Roy & la Reine, il les doit enuoyer
à la bouche du Roy & à la cuifine de la Reyne, & des autres en enuoyer
aux Seigneurs qui auront efté de la chaffe : faire faire bonne curée aux
chiens qui auront chaffé, et commander aux valets de chiens de leur vi-

fiter le corps, les iambes & les pieds, pour leur tirer les épines; ce qui
ne fe fera pas fans befoin.

CHAPITRE XVI

Comment l'on doit prendre les beftes noires à force.

IE vous ay fait voir comme l'on deuoit prendre les Sangliers auec les
levriers & auec le vautraiĉt, comme dans les toilles; Il ne refte plus
qu'à vous faire connoiftre comme on les doit chaffer pour les prendre à
force, & quelles beftes il faut attaquer pour cela. Ie ne trouue pas qu'il
foit à propos que ce foit vn Sanglier en fon tieran, ny en fon quartan;
mais fi d'auanture vous auez fantaifie d'attaquer des Sangliers, que ce
foit des ces grands vieux mirez (defquels i'ay parlé) pour la feureté de
vos chiens, s'ils font bons, & que vous vous en vouliez feruir à plufieurs chaffes, comme doiuent faire les Gentils-hommes, aufquels ie
pretends parler, & non aux Princes, qui peuuent tout hazarder pour
leur plaifir; comme recouurer des chiens facilement, ou bien d'attaquer
les beftes depuis vn an iufques à deux, pour les mafles : car pour les femelles on le peut toufiours, horfmis celles qui fe trouuent pleines, ou
qui ont des petits Marcaffins, fi vous en voulez conferuer la race : ioinĉt
qu'il y a de la fupercherie d'attaquer ces beftes, qui font en ces temps
tres-pefantes & qui dureroièt peu deuant les chiens. Vous les pouuez
difcerner par les connoiffances que i'ay dites cy-deuant; vous ferez l'Affemblée comme pour les autres beftes, & feparerez les queftes auffi de
mefme. Le rapport s'en doit faire au Capitaine des toilles, qui doit donner des baftons, comme aux autres chaffes; mais toûjours pelez, horfmis la poignée, en donnant vn au Roy & aux Princes : & le Lieutenant,
aux Seigneurs de la fuite du Roy, qui auront efté preparez par le premier valet de chiens, & donné par luy au Capitaine. L'on doit feparer
les relais, ainfi qu'aux chaffes precedentes, fçauoir la vieille Meute &
quatre relais : car ce font beftes qui durent long-temps & rebuttent bien
fouuent les chiens, à caufe des pays qu'elles tiennent ordinairement,
qui font fourrez d'épines. Il eft important de fçauoir leur refuite : car
n'eftans pas relayées dans la grande force qu'elles ont, vos chiens fe
pourroient rendre fur les fins, où ils s'opiniaftrent ordinairement à tenir
les grands forts & s'y faire battre : & pour y remedier, vous ferez vn relais volant de fix chiens, menez par deux hommes, qui aillent bien à
pied & fçachent le pays, pour fecourir vos chiens de Meute, en cas que

la beſte ſe depayſe, où vous mettrez de vos meilleurs cheuaux. Et apres
auoir diſpoſé toutes ces choſes, vous irez auec voſtre Meute, vos Picqueurs & valets de limiers, laiſſer courre voſtre Sanglier, ou beſte de
compagnie, y obſeruant les formes que i'ay dites aux autres Traictez.
Celuy qui en fait le rapport, doit frapper aux briſées, apres en auoir receu l'ordre de ſon Capitaine, ſuiure & lancer la beſte noire, & luy parler dans les termes que i'ay dit : & apres eſtre lancée & ſuiuie deux ou
trois longueurs de traict, & en auoir reueu ſuffiſamment, ſi elle a
quelque connoiſſance, le dire aux Picqueurs, pour la conſeruer dans le
change, lors qu'il bondira deuant les chiens : Il doit alors faire donner
les chiens, en ſonnant pour chiens, comme aux autres chaſſes ; ce que
doiuent faire auſſi les Picqueurs, leur criant, *S'en va, chiens, s'en va :*
Hou, hou : & ainſi de temps en temps, tant que les beſtes dreſſeront deuant vos chiens : vous mettrez auſſi l'œil à terre, pour voir s'il y en a
pluſieurs deuant eux : & lors qu'elles ſe ſepareröt, vous r'allierez les
chiens à la plus grande beſte, s'il ſe peut, y ayant plus de plaiſir & de
lieu à la remarquer quand on la voit : ioinct que les chiens chaſſeront
mieux vne beſte de deux ans, que d'vn an, à cauſe qu'elle poiſe plus : ce
qui fait que le ſentiment en eſt plus fort. Le Chaſſeur doit eſtre plus
hardy à picquer, ſonner & parler aux chiens, lors que la beſte eſt ſeparée : car auparauant il doit auoir touſiours l'œil à terre, ou ſur ſes
chiens, pour en voir & connoiſtre la ſeparation (ces beſtes font peu de
retours ſur elles, ſi ce n'eſt ſur leurs fins, tournans ſeulement à droit &
à gauche) eſtant ſeparée & ayant fait vne raudonnée dans ce lieu, pour
y retrouuer ſa compagnie : car ne la trouuans pas, elles tireront de
longues, longeäs les chemins, perçans dans les ſuſtayes & golys, & bien
ſouuent ſe dépayſeront ; tellement que dans tout ce temps, les Picqueurs n'ont pas grand trauail d'eſprit, à cauſe que les chiens tiennent
& chaſſent facilement la voye qui va droit ; mais ils peinent beaucoup
de corps, qu'ils doiuent auoir fort & robuſte, & eſtre verts & hardis Picqueurs, n'apprehendans pas les cheutes, à cauſe qu'ils paſſent ſouuent
dans des lieux où ces beſtes ont fait de grands & creux boutis, ny les
épines, qui ſont dans de grands forts, où ſe font chaſſer ces beſtes ſur
leurs fins, pour y chercher le change & ménager leurs forces, particulierement lors qu'elles ſe ſentent proche de la nuict, où elles tiennent
deuant les chiens de temps en temps. Et ne ſeroit pas mal à propos de
faire porter par quelqu'vn, vn mouſqueton, pour les tuër, quand ils
ſont à bout de leurs forces : car ſi vous allez à eux auec l'épée, ils partent
deuant les chiens & ſe vont faire abboyer à dix pas deuant, & touſiours
ainſi : ce qui me fait dire que la reputation des Chaſſeurs, qui ſe
picquent de vouloir forcer vne beſte ſans ſupercherie, n'eſt aucunement

bleffée, puis que la befte eft renduë deuant les chiens. Ils peuuent auffi
bien que les autres beftes, paffer vn eftang & vne riuiere, qui fe rencontrera dans leurs refuites; où vous obferuerez les mefmes chofes que i'ay
dites, pour les autres beftes, afin de les en trouuer forties : & quand
vous vous apperceurez que la befte aura fait partir le change (qui font
d'autres beftes noires) ce que vous pourrez voir & iuger par vos chiens
fages, qui n'iront pas fi vifte; alors vous deuez les tenir en crainte &
fonner auffi peu, à cette chaffe, qu'à pas vne autre dans cette occafion,
à caufe que les chiens ont peine à en garder le change, pour les mefmes
raifons que i'ay dites au Traiété pour Chevreüil, puis que ce font les
deux fortes de beftes qui ont le fentiment plus fort : Neantmoins quand
vne Meute eft bien à la voye & de longue main, il y a des chiens qui le
font connoiftre au Picqueur, par les raifons que i'ay dit cy-deuant : tellement que dans ce temps que la befte eft accompagnée, il leur faut
crier fouuent, *Layla, layla*, & fonner peu : & cela iufques à ce qu'elle
foit feparée : & à cette feparation, obferuer vos chiens fages, afin de
connoiftre par leur maniere de chaffer, fi c'eft la befte que vous leur
auez donné de Meute : & cela eftant, vous deuez fonner, & y faire r'allier vos chiens : Et fi par mal-heur tous vos chiens auoient pris le
change, apres en eftre affeuré, il faudroit rompre & les ofter de deffus
les voyes des beftes qu'ils chafferoient, brifer haut dans le fort & au premier chemin que vous trouuerez en fortant, puis aller prendre vos deuants du cofté de la refuite; & ne la trouuans paffée, reuenir requefter
au lieu où elle aura fait bondir le change, & de la mefme maniere que
des autres grandes beftes, defquels i'ay parlé au Traiété cy-deuant : Et
l'ayant relancée & prife, vous la ferez forcer à vos chiens, & leur en ferez curée, dans les mefmes formes & ceremonies que pour Cerf & Chevreüil. C'eft ainfi que ie l'ay prattiquée.

Fin de la Chaffe du Sanglier.

DE LA CHASSE DV RENARD

CHASSE DU RENARD

DE LA CHASSE DV RENARD

CHAPITRE PREMIER

*De l'augmentation de la chasse du Renard, & sa plus haute perfection,
ainsi que le feu Roy* Lovis le Ivste *l'a exercée.*

Ovr suiure exactement le dessein que i'ay de vous
donner l'entiere connoissance de toutes les chasses
que i'ay veu exercer à ce grand Roy Lovis le
Ivste : Ie n'y dois pas obmettre celle du Renard ;
puis que c'est luy qui la mise dans son haut lustre,
ayant forcé cette beste rusée, auec les chiens-courans, & non auec les bassets, dont on se seruoit
auparauant, iusques à le faire détourner par des
limiers dans les mesmes formes & manieres, le
laisser courre & donner aux chiens, comme les autres bestes, dont i'ay
parlé, ayant concerté, pour rendre cette chasse plus belle & plus aymable, les equipages qu'il falloit, comme vn chariot commode pour y
mener les chiens dans les saisons fascheuses que la terre est rude, & aussi
pour les faire suiure dans les grands & continuels voyages, pareils à ceux
que cét Auguste Monarque a faits, en faisant la guerre, où il ne laissoit de
chasser le Renard, en ayant fait vne élection particuliere, pour s'en diuertir par tout où se trouuent des Renards, ayant encores ordonné vn
chariot pour les panneaux & le reste de l'equipage, pour les tendre &
pour soüiller & deterrer les Renards. Ce bon Prince a tousiours voulu
méler ses plaisirs dans l'vtilité publique, qui se trouue en la destruction

de cét animal, qui n'a aucune bonne qualité que le polmon, lequel eſtant preparé, ſeché au four, mis en poudre & en tablette, eſt propre
pour les perſonnes, dont le polmon eſt attaqué, & la peau ſert pour des
fourrures, & tout le reſte de cette beſte ne peut faire que du mal.

Il faut pour chaſſer Renard, que les chiens-courans ayent les qualitez
dans la proportion de leurs tailles que ceux que i'ay nommez dans les
traiƈtez cy-deuant, & qu'ils ſoient pluſtoſt petits que grands chiens, qui
ne ſe plaiſent pas à le chaſſer, à cauſe que cét animal ne fait que tourner, & tient ordinairement les bois qui ſont fourrez d'épines & de
ronces, où les grands chiens ne percent pas ſi aiſément que les petits,
joint qu'ils ont l'ambition de chaſſer les grandes beſtes, comme celles
qui tirent pays, & qui vont dans des lieux où ils peuuent s'étendre, &
faire voir leur force & viſteſſe; Il faut auſſi auoir deux leſſes de levriers
faits & taillez comme les plus grands pour lievre, & qu'ils ſoient recon-
nus hardis pour mordre & prendre le Renard qui ſe deffend ſelon ſa
force, autant que pas vn des animaux, car il ne démord pas aiſément;
ces levriers ſont propres pour quàd on a détourné des Renards dans vn
moyen buiſſon, y faire vne à courre où l'on les doit mettre pour prendre
deux Renards (s'il y en a trois) afin de chaſſer celuy qui reſte auec les
chiens-courans, & en auoir plus de plaiſir; car cét animal auſſi-toſt qu'il
ſe void chaſſé des chiens, il cherche & fait partir ſes compagnons, & luy
ſe relaiſſe; & ainſi les autres; tellement que quand il y en a pluſieurs,
il les faut tous forcer & mettre à bout, auparauant que d'en prendre vn.
L'on peut chaſſer le Renard toute l'année, ſans apprehender que la race
en faille, car il n'y a point d'animaux qui multiplient comme celuy-là.
Les chiens-courans ſe doiuent loger, nourrir, & gouuerner de meſme
que ceux pour Loup, & les limiers ſe doiuent dreſſer de la meſme maniere pour aller en queſte, & les détourner.

CHAPITRE II

Comment il faut aller aux bois, & détourner les Renards auec le limier.

LEs Renards font leurs nuiƈts & leurs mangeures allentour des villages, y cherchans les tripailles dans les ruës, ou de quelque beſte
morte : Ils vont auſſi le long des ruiſſeaux pour y trouuer & prendre
des grenoüilles, & dans les garennes des lapins, & dénicher des raboul-
liers qui ſont les petits lapereaux, & dans les champs & bleds ils y
queſtẽt & chaſſent les perdreaux, quand c'en eſt la ſaiſon, & meſme les

levrauts, jappans fur les voyes comme les chiens, mais beaucoup plus
bas d'vne voix enroüée: auſſi eſt-ce vne forte de chiens : cette maniere
de crier leur arriue plus ordinairement par les grandes & fortes gelées :
L'on doit s'enquerir des buiſſons dans le pays où l'on a deſſein de chaſ-
fer le Renard, & s'y faire mener pour les viſiter & ſçauoir s'ils ſont de
grandeur propre pour cette chaſſe, comme de trente, quarante, & cinquante arpens : l'on le peut faire auſſi dans des queuës de pays qui ſont
longues & étroites, & trauerſées de chemin pour y pouuoir tendre les
panneaux, & mettre les levriers à la plaine où ils ſortent, apres auoir
reconnu le panneau pour rentrer dans le bois au delà d'où il eſt tendu :
Il faut viſiter les dedans de ces buiſſons, pour connoiſtre s'il y a beaucoup de terriers, afin quand on y aura détourné des Renards, de les boucher auparauant que de chaſſer : car autrement ils iroient ſe terrer. Et
afin que ceux qui vont aux bois, ne perdent point de temps pour en rencontrer les dernieres voyes, il faut qu'ils prennent ſeulement les deuants
des plus grands forts où ils les trouueront entrez, & lors que leurs
chiens s'en rabbatront, ils doiuent regarder à terre pour connoiſtre &
iuger du pied d'vn Renard d'auec celuy d'vn Blereau ou d'vn Lievre qui
a le pied plus long & étroit : le Blereau l'a plus large & éleué, & moins
de poil : Et là les briſer haut & bas en les rembuchant, & apres en
prendre les deuants, comme des autres beſtes. Ainſi ils les détourne-
ront, & apres l'vn d'eux en viendra faire le rapport au Capitaine, diſant :
Ie mécroy auoir détourné vn ou deux Renards, & dira la quantité qu'il
y en aura : Le Capitaine doit en faire le rapport au Roy, & apres luy demander s'il luy plaiſt de les courre : s'il dit qu'ouy, il faut en meſme
temps qu'il faſſe partir le chariot auec les panneaux, & que celuy qui a
fait le rapport, le conduiſe, & que le Capitaine y aille auſſi pour faire
tirer & tendre les panneaux qui doiuent eſtre dans les chemins qui
ſeparent les queuës de pays, & conſiderer où l'on pourra faire la courre,
& y mettre les levriers : cela eſtant, il doit enuoyer auertir le Roy que
toutes choſes ſôt preſtes, & dire auſſi que l'on faſſe venir les chiens-courans & les levriers, & durant ce temps, qu'il faſſe boucher les terriers
s'il y en a dans l'enceinte.

CHAPITRE III

Comment on doit forcer les Renards auec les Chiens-courans.

SI le Renard que l'on a détourné, eſt dans vn beau buiſſon où il n'y
ait aucun terrier, il luy faut laiſſer le champ libre, ie veux dire
mettre les panneaux & les deffences ſeulement au deuant des lieux où

il y aura des terriers. Ces chofes eftant preueuës, vous ferez deux ou
trois relais, ce qui fe doit iuger par la quantité de Renards que vous aurez détourné, pour les raifons que i'ay dites cy-deuant, & apres auoir
placé vos leffes dans la refuite la plus affeurée & commode pour faire
la courre; alors vous découplerez vos chiens de Meute au rembuchement & fur les voyes du Renard. Il ne faut pas que vous efpériez qu'ils
le puiffent aller querir & lancer tenans la voye, à caufe que le fentiment
ne s'y conferue pas fi long-temps. Il faut donc fi toft que vous ferez dans
l'enceinte, parler à vos chiens comme pour Loup, & fonner pour les
obliger à quefter, & regarder où fera le plus grand fort, ou le plus gros
hallier pour y entrer, ou au moins y faire entrer vos chiens, puifque ce
font là les lieux où ils demeurent le plus ordinairement, particulierement dans les grands froids; car quand il fait Soleil, ils s'y mettent
quelquesfois. Le Renard eftant lancé, vous deuez parler à vos chiens, &
fonner comme pour Loup, & de la mefme maniere à les faire chaffer, à
caufe que le Renard, quoy qu'il faffe beaucoup de tours, ne retourne iamais fur fes voyes, mais feulement à droit & à gauche : Il faut obferuer
auffi à quelle main il tourne la premiere fois pour y aller & le faire aller vos chiens toutes les fois qu'il tournera, & comme cét animal, auffi
bien que le Loup, eft toufiours fur pied, s'il ne fe terre, où s'il n'eft fort
mal-mené, il faut toutes les fois que vos chiens feront hors de la voye,
prendre des deuants & les faire fecourir par vos relais, à caufe qu'ils fe
laiffent à percer dans ces forts épineux, & s'en pourroient rebuter : & fi
voftre Renard fe terre (ce que vos chiens vous feront connoiftre, lors
qu'ils demeureront tout à coup, ayans chaffé iufques-là auec furie) il
faut que le Picqueur ayant fait tourner les chiens, fans qu'ils ayent repris la voye, reuenant au mefme lieu, faffe recherche du terrier, &
l'ayant trouué, & connu que le Renard y eft encore pour y trouuer des
chiens fur le bort, & auffi qu'il en peut reuoir par le pied : ces terriers
eftans ordinairement faits dans des terres fablonneufes, il doit fonner
d'vn ton particulier, qui a efté étably par le mefme Roy Lovys le Ivste,
pour donner aduis que le Renard eft terré, & aux hommes qui font
pour le foüiller & le déterrer, de venir auec leurs hoyaux, béches,
cerpes & péles : Ce ton doit eftre trois ou quatre tons du grefle fort
courts, & vn ton du gros fur la fin, & les reïterer, comme du grefle *ton
hon, ton hon, ton hon,* & du gros, *ton hon.* Le Roy eftant venu, & les
pionniers auec leurs baffets, ils en doiuent mettre vn dans le trou où eft
entré le Renard, où le Picqueur aura brifé haut & bas pour le plus affeurément remarquer, & faire retirer les chiens, afin de ne mener aucun bruit pour entendre l'abboy du Baffet que l'on aura mis dans le
trou, & fçauoir le lieu où il eft; & pour le mieux entendre & remar-

quer, il fe faut mettre fur le ventre vne aureille contre terre, & l'ayans
reconnu, les Pionniers y feront vne tranchée, iufques à ce qu'ils ayent
trouué le trou : Il faudra auffi deuant qu'ils l'ayent reconnu, fçauoir s'il
y a d'autres gueules au terrier pour les boucher; & ayans foüillé
iufques au trou, ils fçauront par le baffet qui y abboira, en luy parlant
de temps en temps pour l'animer contre le Renard, où fera le fonds de
fon aquu (qui eft vne longueur de trou que ces beftes rufées conferuent
tant qu'elles peuuent) & s'il eft encore loin, il faudra faire vne autre tranchée iufte fur luy pour cette fois, où vous le prendrez; ce qui ne fe peut
faire dans tous les lieux & terrains : car s'il y auoit des rochers, il n'y
faut pas penfer. Le Renard eftant pris, vous le ferez fouler aux chiens,
en leur criant, *Voylela*, *Voylela*, & fonner le grefle, & apres en fonner
la mort & la retraitte, comme des autres chaffes : La curée s'en fait
comme pour Loup, car il le faut cuire (apres eftre écorché dans le four
tout entier, & en auoir tiré les entrailles & le poulmon). Les Gentils-
hommes fe peuuent diuertir à cette chaffe fans tout ce grand attirail, &
auec moins de chiens, à caufe qu'ils fçauent leurs pays pour les y trouuer à point nommé, ce qui peut diuerfifier leur plaifir, puis qu'apres
auoir chaffé deux ou trois fois le Lievre, ils peuuent aller chaffer vn Renard, joint que le temps & la faifon peuuent eftre propres à l'vn qui ne
le feront pas à l'autre.

Fin de la Chaffe du Renard.

TRAICTÉ DES RECEPTES

TRAICTÉ DES RECEPTES

CHAPITRE PREMIER

Des maladies des chiens, & de la Rage.

IE ne croirois pas auoir aſſez fait de vous auoir ſeulement donné les connoiſſances, pour parfaitement pratiquer la chaſſe, & comme il faut gouuerner & traicter les chiens, ſi ie ne vous enſeignois des remedes pour les guerir, lors qu'ils feront malades, afin d'en maintenir la race, & vous conſeruer le plaiſir de la Chaſſe, puiſque faute de ce, l'on perd la pluſpart du temps les meilleurs chiens d'vne Meute, qui guident & font chaſſer les autres. Ie veux commencer par la Rage, la plus dangereuſe maladie qui puiſſe arriuer aux chiens, & où il y a le moins de remede, quand ils en ſont frappez : car auparauāt on les en peut exempter par les remedes & precautions que i'enſeigneray à la fin de ce Chapitre, apres vous auoir fait voir combien il y a de ſortes de Rages, & quels ſont leurs effets aux chiens & aux loups, qui ſont les deux animaux les plus ſujets à cette maladie, à cauſe de leur temperament qui eſt chaud & ſec, & que les grandes courſes que font les chiens, leur augmente cette chaleur qui en fait vne étrangere, laquelle leur cauſe la fièvre, auſſi bien qu'aux Loups, pour auoir mangé trop de carnage qui les échauffe & leur cauſe le meſme effet qu'aux chiens. Ils y ſont auſſi plus fujets dans les grands froids qui leur concentrent cette chaleur, & leur échauffent encores le fang qui en fuitte fe corrompt; & l'eftant, il leur fait monter vne vapeur au cerueau qu'il attaque par fa malignité, comme on voit quand vne humeur melancolique faifit les efprits, faire differens effets en ceux qui en font trauaillez, felon le fujet qu'elles rencontrent. Ainfi la rage eft plus dangereufe aux vns qu'aux autres chiens, felon leur aage, & l'exercice qu'ils font, felon les temps & faifons de l'année, leur nourriture & traictement. Elle eft auffi plus cruelle à vn chien de dix-huit mois, iufques à trois ans, qu'à vn ieune & vieil chien: La raifon eft, qu'à l'vn la chaleur n'eft pas encores en fon entier, & pour l'autre, il n'en a plus gueres; mais pour vn chien qui court & chaffe ordinairement, il y a plus de chaleur qu'à vn qui ne chaffe pas: Les iours caniculaires font auffi tres-dangereux à ce mal, & y font plus de maux, à caufe qu'ils y font plus furieux: le chien mal-nourry y eft plus fujet que celuy qui l'eft bien, parce que ne mangeant qu'à demy fon faoul, il s'échauffe le fang.

Il fe trouue de fix fortes de rages; la premiere eft la plus mauuaife que nous appellons rage enragée; les chiens qui en font frappez, crient & hurlent à voix caffée & enroüée, pour la grande feichereffe qu'ils ont dans le gofier; ceux-là font les plus à craindre, à caufe qu'ils vont tout autant qu'ils ont de force, & mordent generalement tout ce qu'ils rencontrent; car le venin de la rage leur a tellement troublé les fens, qu'ils ont perdu toute connoiffance; leur morfure en eft auffi plus dangereufe, y en ayant peu qui foient mordus à fang qui en échappent, le venin eftant fi grand. qu'il penetre auffi-toft les parties nobles, y voyant pluftoft les fignes de la mort, que les remedes en foient preparez.

La feconde eft approchante de la premiere, toutesfois differente en vne chofe, que le chien qui en eft malade, ne s'attache pas aux hommes, mais feulement aux beftes qu'il trouue en fon chemin; la morfure en eft auffi dangereufe que la premiere, le chien qui en eft frappé, court toufiours fans s'arrefter, d'où elle fe nomme Rage courante: à celle-là les chiens ont encores quelque iugement qui leur fait connoiftre l'homme qu'ils ayment naturellement, ce qui fait qu'ils ne le mordent pas. Ces deux rages font fort contagieufes pour les autres chiens, encores mefmes qu'ils n'en foient pas mordus, par la communication de leur haleine forte & enuenimée. Il faut donc ofter, non feulement le malade, mais auffi feparer les autres.

La troifiéme Rage s'appelle tombante, car les chiens qui l'ont, ne fe peuuent prefque fouftenir, allans chancelant, & meurent ainfi: De celle-là le venin n'en eft pas fi violent, particulierement au cerueau: auffi n'ont-ils pas la furie des autres, & ne mordent pas; mais ne laiffent

d'en eftre bien dangereux; ce qui me fait dire qu'il les faut feparer,
n'ayant point trouué vne meilleure precaution.

La quatriéme s'appelle Rage efflancquée. Les chiens qui en font attaquez ont les flancs ferrez, & leur battent perpetuellement : ils en
tiennent la tefte & le regard bas, leuant les pieds fort haut, & chan-
cellent en marchant; cette Rage vient ordinairement aux vieux chiens,
& à ceux qui font mal-nourris, mal couchez, & qui font rompus, leur
venant peu apres vn amaigriffement de long-temps; tels chiens enragez
ne font pas dangereux pour mordre, n'ayans pas affez de force, &
meurent dans cette langueur & foibleffe.

La cinquiéme s'appelle endormie, parce que les chiens font toufiours
couchez, & font mine de dormir : cela prouient quand l'humeur froide
& chaude fe rencontrent dans le cerueau, ils tombent dans vn dormir-
veille, que l'on appelle, c'eft à dire vn affoupiffement fans pouuoir dormir; mais fi l'humeur froide abonde plus que la chaude, le chien dort
plus qu'il ne veille, & ne penfe pas à mal-faire, par confequent cette
Rage n'eft pas dangereufe.

La fixiéme & derniere s'appelle Rage de tefte, parce que la tefte du
chien malade en deuient enflée, & les yeux en paroiffent fi gros qu'ils
femblent hors de la tefte, ce qui procede de la grande abondance de
fang chaud & ardent, lequel eft renuoyé du cœur au cerueau, s'épan-
chant par tout; & à caufe de cette enfleure, ces chiens ne mordent perfonne.

CHAPITRE II

Des fignes qui font connoiftre quand vn chien eft enragé.

C'Est le commun prouerbe, que quand on veut tuër fon chien, on
luy fait croire qu'il eft enragé; C'eft ce qui arriue à force perfonnes,
de ce que voyans leurs chiens faire mauuaife mine, ils croyent qu'ils
font enragez. Les beftes auffi bien que les hommes, peuuent eftre dé-
gouftées pour deux ou trois iours, ne mangeans que de l'herbe pour fe
purger, & fi on ne les obferue pas, l'on croit qu'elles ne mangent aucune chofe : Ie vous en veux dire les vrais fignes, & à quoy on doit s'affeurer qu'vn chien eft enragé. Pour cela, prenez-le & l'approchez de
l'eauë, il ne manquera de trembler & de dreffer le poil, & s'il a les yeux
rouges & chancelans, le regard de trauers, la veuë immobile, regardant
toufiours en vn mefme lieu, & qu'il panche la tefte, & en courant, s'il

va la gueule ouuerte fans crier, qu'il tire la langue & iette de l'écume
de la gueule & des nazeaux, faifant fortir le vent gros de fon nez, mordant les autres chiens en remuant la queuë & les flairant, deuant que
les mordre; que les babines couurent fes dents qui paroiffent fi retirées,
qu'on ne les puiffe aifément voir par deffous : s'il chancelle ça & là, fe
heurte à tout ce qu'il rencontre : s'il ne connoift plus ny Maiftre, ny
Maiftreffe, où il a efté nourry ; ce font là tous fignes de rage : Et pour
l'éprouuer parfaitement & en eftre affeuré, il le faut feparer & l'enfermer trois jours & trois nuicts, luy donnant pain, vin, viande, potage &
laict, et qu'il ait de l'eauë aupres de luy, & s'il ne mange pas, il eft affeurément enragé, & ne peut viure en cette rage que neuf iours au plus.

CHAPITRE III

Des Receptes pour les chiens qui font mordus des chiens enragez.

IE vous veux faire voir comme il y a des remedes experimentez, pour
empefcher que les chiens qui font mordus de chiens ou de Loups enragez, n'en deuiennent malades; mais pour guerir ceux qui font dans ce
mal, ie n'en fçache aucun, n'en ayant point veu guerir, particulierement
des trois premieres rages que i'ay fufcrites; mais pour les trois fui-
uantes, leur donnant les remedes dans leur premier accés, il s'en peut
échapper quelques-vns, pourueu que l'on y trauaille promptement.
Mais le meilleur & le plus feur, eft de les panfer auffi-toft que vous vous
eftes apperceu qu'ils ont efté mordus : En voicy les plus affeurez remedes que i'ay experimentez plufieurs fois : Ie commenceray par
S. Hubert, qui eft vn remede infaillible, de les y mener, fi vous n'en
eftes pas trop éloigné : finon, vous auez les villages où Sainct Pierre eft
le Patron : on y tient vne clef, qu'ils appellent la Clef Sainct Pierre, qui
eft faite expres povr flaftrer & brûler les chiens & beftiaux, au milieu du
front, leur brûlant le poil & la peau; car il faut que l'efcarre en tombe :
apres vous les irez ietter & plonger trois fois dans vn eftang ou riuiere,
& mettrez ainfi le feu à l'endroit de fon corps, où il aura efté mordu,
pourueu que ce ne foit pas fur des nerfs : & apres y mettrez vn emplaftre de poix neufue, qui attirera le venin : où les menerez à la mer,
fi vous n'en eftes pas bien loing, & les y plongerez auffi trois fois : Et
fi vous eftes éloigné de toutes ces chofes, il faut faire les remedes fuiuans.

Si le chien qui eft mordu, a vne grande playe, il la faut laiffer fort fai-

gner, afin qu'vne grande partie du venin s'en aille par là : & quand le
fang fera arrefté, appliquer vne groffe ventoufe fur la playe, auec affez
de feu, pour faire plus d'attraction du venin qui fera dans la playe; puis
la leuer & remettre deux ou trois fois : & apres qu'elle aura fait fon effect, il y faut mettre vn poulet tué tout à l'heure, fendu & appliqué
chaud, & l'y laiffer fix heures. Il fait deux effets; il attire le venin & ofte
l'inflammation de la playe & appaife auffi la douleur. Que fi l'entrée de
la playe eft petite, & qu'elle n'ait pas affez d'ouuerture pour éuacuer le
fang & le venin, en ce cas, il la faut fcarifier, deuant que d'y mettre la
ventouze; Vous les faignerez auffi des veines qui font au dedans des
des quatre iambes, & à deux autres veines qui font à cofté du gros
nerf, qui eft fous la langue, & à deux autres qui font fur les deux yeux :
Et fi d'auenture vous n'auez des ventoufes à propos, vous lauerez bien
la playe auec du fort vinaigre, tout chaud, ou auec de l'eauë, où il y
aura boüilly d'vne racine, appellée parelle fauuage, que l'on trouue par
tout. Quand la playe fera bien lauée, vous y mettrez vn cataplafme, fait
auec oignons & aulx cuits dans les cendres, y adiouftant vn petit de
miel & de fel puluerifé.

En voicy vne que ie ne tiens pas moins bonne que celle cy-deffus.
Prenez vn gros oignon & le faites cuire entre deux cendres, & le pillez
dans vn mortier auec teriacque & mitridat, autant de l'vn que de l'autre :
& fi vous voulez auec de la ruë & ortil, y adiouftant fur la fin de l'eauë
de vie. Et encores que les remedes cy-deffus puiffent beaucoup appaifer
le mal; neantmoins il faut y remedier par dedans. Pour bien faire ietter en dehors ce venin; vous prendrez vne poignée de pinprenelle, que
vour pillerez & en tirerez le ius & le mélerez dans vn demy-feptier
d'huile d'oliues vierge, fi vous ne voulez faire vn omelette de cette pinprenelle pillée auec du beurre frais, fans fel, & cinq ou fix œufs, & leur
faire manger. Vous leur pouuez lauer auffi la playe auec de l'vrine, deuant que d'y mettre le cataplafme fufdit, pourueu que la partie où eft
la playe, ne foit pas nerueufe. Vous mettrez ces cataplafmes fix iours
durant au chien : & apres vous entretiendrez la playe auec des remedes
ordinaires, pour la tenir long-temps ouuerte.

CHAPITRE IV

Recepte pour la Rage.

POvr les dernieres Rages que i'ay nommées cy-deffus, l'on peut faire
quelques remedes qui peuuent reüffir à quelques-vns; En voicy vn
pour la rage tombante, ou rage muë. Vous prendrez le poids de quatre

efcus du ius d'vne herbe que l'on appelle Paſſerage, laquelle a la feüille comme d'Iris, finon qu'elle eſt vn peu plus noire, la mettrez dans vn petit pot plombé, puis prendrez le poids de quatre efcus du ius d'Efbe, qui eſt vne herbe qui fe nomme Elebore noir : & encore le poids de quatre efcus du ius d'vne autre herbe, qu'on appelle Ruë; & ſi les herbes ne rendoient pas de ius, il faut en faire vne decoction & en prendre, y mettre le poids de quatre écus de vin blanc, mélez le tout enfemble, le paſſer dans vn linge & le mettre dans vn verre ou gobelet, & apres y adiouſter deux dragmes de Scamonée, fans eſtre preparé, faire aualer le tout au chien malade, en luy tenant la gueule haute : & encores quelque temps apres, de peur qu'il ne la rejette, vous le faignerez auec vn couſteau bien poinctu, dans la gueule, au palais d'en haut, fous la denteleure, & luy ferez affez d'ouuerture, afin qu'il faigne, & apres le mettrez fur de la belle paille fraîche. Vous pouuez luy faire aualer auſſi du ius d'herbe appellée Corne de Cerf, huict dragmes, auec vn peu de fel en poudre.

CHAPITRE V

Recepte pour la rage tombante.

IL faut prendre le poids de puatre écus de la feüille, ou graine, qu'on appelle Peaune, de celle qui porte graine : prendre auſſi le poids de quatre écus du ius d'vne racine que l'on appelle *Brionia*, & en François du Parc, qui vient dans les hayes & a la racine groffe comme la iambe d'un homme, puis prendre le poids de quatre écus du ius d'vne herbe que l'on appelle en Latin *Cruciata*, & en François Croifette : & apres prendre quatre dragmes d'Eſtafiacre, bien broyez enfemble, & le méler auec tous les ius fufdits; puis le faire boire au chien, de la forte que i'ay dit cy-deffus. Cela fait, il luy faut fendre les deux aureilles pour le faire faigner, ou bien le faigner des deux veines des deuants des épaules, que l'on appelle pour les chiens, les erres : Et ſi vous voyez que la medecine n'ait pas affez operé, il la faut reïterer.

CHAPITRE VI

Recepte pour la rage endormie.

PRENEZ le poids de fix écus de ius d'Abfeinthe, & le poids de deux écus d'Aloës, en poudre : le poids de deux écus de Corne de Cerf, brûlée auec deux dragmes d'Agaric, puis mélez les ius & poudre enfemble : & fi vous voyez que les poudres rendiffent le breuuage trop épais, vous y pourriez adioufter le poids de quatre ou fix écus de vin blanc, puis le faire aualler comme deffus.

CHAPITRE VII

Recepte pour la rage rheumatique des chiens qui ont la tefte enflée.

IL faut prendre le poids de fix écus de ius, ou decoction de racine de Fenoüil : le poids de quatre écus de ius, ou decoctiõ de Guy, qui croîft dans les Aubes-épines : le poids de quatre écus de ius, ou decoction de Lierre : le poids de quatre écus de ius, ou marc de racines de Polipode, qui croîft dans les chefnes, & mettre le tout dans vn petit poëflon, boüillir auec du vin blanc; & quand il fera vn peu refroidy, le faire prendre au chien.

CHAPITRE VIII

De la Cacquefandre, ou flux de fang des chiens.

LA Cacquefandre vient aux chiens pour auoir fait longue chaffe, où ils ont fait grand effort, & en ces mefmes temps ont efté moüillez de frimas, eauës de neiges, morfondures & mauuais logemens. Cette maladie eft contagieufe, & partant il les faut feparer des autres & les mettre dans vn lieu où ils foient bien chaudement & nettement, ne leur donner rien à manger de falé, les nourrir de potage fort époix, où vous mélerez de la terre fcizelée : & s'ils n'en guariffent, prenez de la farine de féve & en faites de la boüillie fort épaiffe, dans laquelle vous mélerez auffi de la terre fcizelée : fi c'eft vn ieune chien, il en guerira; mais s'il eft vieil, cela eft douteux.

CHAPITRE IX

Recepte pour faire mourir les puces, poux & autres vermines des chiens.

PRENEZ deux ioinctées de feüille de Berne, & deux de feüilles de la Paffe, & deux de Mante, que vous ferez boüillir enfemble en lefciue de fermant, & adioufterez deux onces d'Eftafiacre en poudre, pour

quand le tout aura boüilly, paſſer les herbes, & dans la collature, vous
y diſſoudrez deux onces de ſauon ordinaire, auec vne once de ſaffran &
vne ioinctée de ſel, puis en lauerez le chien.

CHAPITRE X

Recepte pour faire tomber les vers.

IL faut prendre des noix quand elles ſont encores vertes, & les faire
piller, & apres les mettre dans vn pot, & vne choppine de vinaigre
par deſſus, que vous laiſſerez tremper quatre heures : apres vous le ferez boüillir ſur le feu deux heures, puis les paſſerez dans vn linge, &
mettrez cette decoction dans vn pot, y adiouſtant vne once d'Aloës Epaticque, vne once de Corne de Cerf brulée, vne once de poix-raiſine ; puis
il faut méler & remuer toutes ces poudres dans la decoction, & bien
nettoyer le lieu où ſont les vers, & mettre la drogue dedans : ces vers
mourront & n'y en viendra plus.

CHAPITRE XI

Recepte pour les morſures des Serpens & Viperes.

PRENEZ vne poignée d'herbes nommée la Croiſette, ou Cruciade, vne
poignée de Ruë, vne poignée de feüilles d'vn arbre nommé *Caſſis*,
autrement poiure d'Eſpagne, vne poignée de boüillon blanc, vne poignée de pointe de Geneſts & vne Mante, pillez fort ces herbes, & quand
elles ſeront bien concaſſées, prenez vne once de vin blanc, & faites
boüillir le tout vne heure, dans vn petit pot plombé ; apres vous paſſerez la decoction, où vous adiouſterez le poids d'vn écu de Theriacque
diſſous, vous en ferez aualler vn verre au chien, & apres luy en lauerez
la morſure & y mettrez vne feüille de boüillon blanc deſſus, qui ſera lié
d'vn Geneſts.

CHAPITRE XII

Comme il faut panſer les chiens qui ſont bleſſez des Sangliers.

LEs chiens qui chaſſent le Sanglier, ſont tres-ſubiets à eſtre bleſſez. Il
eſt donc tres-neceſſaire de les ſçauoir panſer promptement. Ils ſont
ordinairement bleſſés au ventre, mais pourueu que ce ne ſoient que dé-

coufures, encores que les boyaux leur fortent, n'eftans offenfez, ils fe
guariffent facillement par vn homme adroit, leur remettant les boyaux
doucement auec la main, qu'il aura auparauant bien lauée, effuyée &
oincte d'huile d'oliue, ou de graiffe douce & nette. Il doit mettre dans
la playe vne petite tranche de lard, pour empefcher la mouche & la recoudre auec vne de ces aiguilles dont fe feruent les Chirurgiens, & auec
du bon fil blanc retord & noüer fes poincts, de peur que le fil ne
s'échappe : ioinct qu'il fe pourroit pourrir, & que les autres poincts fe
lafcheroient. Il en peut faire de mefme aux autres endroits, & tenir
toufiours la playe graffe, afin d'obliger le chien à la lefcher; ce qui eft
fon meilleur & plus fouuerain onguent : l'aiguille doit eftre carrée par
la pointe & le refte rond, dont les valets de chiens & valets de leuriers,
doiuent eftre garnis, auffi bien que de bon fil & de lardons.

CHAPITRE XIII

Recepte pour les chiens qui ont efté foulez des Sangliers.

IL arriue bien fouuent que les chiens font foulés des Sangliers, leur
paffans fur le ventre, & encores qu'ils ne les atteignent pas des deffenfes, cet animal qui eft pefant, ne laiffe quelquefois de leur rompre
quelque cofte, ou au moins leur demettre : en ce cas, il les faut remettre;
mais s'il n'y a que fouleure, prenez racine de Simpliton, emplaftre de
Melillot, poix, ou gomme, huile rofat, autant des vns que des autres,
mélant le tout enfemble, que vous étendrez fur de la toille neufue, puis
vous couperez le poil à l'endroit du mal, & appliquerez l'emplaftre le
plus chaudement qu'il la pourra fouffrir. Mais en Sauoye & Piedmont,
vous auez vn remede tres-fouuerain, qui eft preparé, que l'on nomme
Benjoin, qui fe prend aux Sapins, dont l'emplaftre ne fe détache point
qu'à la parfaite guerifon.

CHAPITRE XIV

Recepte pour faire vuider les vers que les chiens ont dans le corps.

LEs chiens font affez fujets aux vers, qui leur caufent vn broüillement
& bruict dans le ventre, & les obligent à rendre gorge, cela fe voit
par ces fignes, & quelquefois ils en iettent auec peine. Prenez deux

drachmes de ius d'abſynthe, deux drachmes d'aloes Epaticque, deux drachmes d'Eſtaſiacre, vne drachme de corne de Cerf bruſlée, vne drachme de ſouffre, le tout pilé & incorporé enſemble auec de l'huille de noix, iuſques à la valeur de demy verre, & le faites aualler au chien malade.

CHAPITRE XV

Reſtrainctif pour les chiens qui ont les pieds aggrauez.

Es chiens ſont ſujets par de grandes chaleurs & ſeichereſſes, à s'aggrauer & à s'échauffer les pieds, & dans les gelées à ſe les écorcher. Prenez des jaunes d'œufs, ſelon les chiens que vous aurez à panſer, & les démeſlez aue du fort vinaigre & de la ſuye que vous prendrez à la gueule d'vn four, & la paſſerez, ne mettant que le plus delié auec les œufs & le vinaigre, & apres vous prendrez de l'eſtouppe ſur laquelle vous l'étendrez & la mettrez ſur vn linge en double proportion du pied dont vous l'enuelopperez; s'il a beaucoup de mal, vous luy raffraiſchirez le lendemain, iuſques à ce qu'il ſoit guery.

CHAPITRE XVI

Recepte pour faire mourir les chancres, dartres, & ſils aux chiens.

Renez vne drachme de ſublimé en poudre, & la mettez dans vn mortier de plomb, & y mettez le jus d'vn citron, apres que l'écorce en eſt oſtée; & quand cela eſt bien broyé, il y faut mettre vn peu de vinaigre & d'eauë; puis vous prendrez le poids d'vn eſcu d'alun, & autant de ſauon, leſquels vous meſlerez & broyerez auec les choſes ſuſdites que vous ferez boüillir dans vn petit pot neuf verniſſé iuſques à la conſommation du tiers, & apres vous appliquerez voſtre decoction ſur les chancres & dartres qui ſeront ſur la peau & aux aureilles; mais s'il y en a ſur le nez, membre, & chair viue, il faudra faire boüillir le ſublimé, & en ietter la premiere eauë, afin qu'il ne ſoit pas ſi corroſif, & apres en frotter, comme cy-deſſus.

CHAPITRE XVII

Recepte pour faire pisser les chiens qui ne le peuuent.

LEs chiens apres auoir fait de grandes courses, particulierement dans les chaleurs, & aussi auoir esté apres des lyces chaudes, se font échauffez les reins, ce qui leur cause vne difficulté d'vrine : l'on le voit quand ils se presentent souuent pour pisser. Prenez cinq ou six raues coupées par roüelles, vne poignée de feüilles de Guymauue, autant d'vne herbe qui s'appelle Archagante qui se trouue dans les vignes, racine d'asperges, de fenoüil, & de pissanlys, de mesme poids, que vous ferez boüillir ensemble auec du vin blanc, iusques à la reduction de la tierce partie que vous ferez aualer au chien.

CHAPITRE XVIII

Receptes pour les playes des chiens.

PRenez du lard vieil tallé, & le bruslez auec vne pesle rouge ; Il faut qu'il soit picqué d'auoine, & auoir du jus de choux rouges que vous battrez ensemble, & en mettrez sur la playe, apres l'auoir nettoyée auec du vin & de l'eauë, & que l'vnguent soit mis sur vne feüille de choux rouge qui sera auparauant passée sur le feu.

CHAPITRE XIX

Recepte pour les chiens qui ont mal dans les aureilles.

PRenez du verjus, & le mettez dans vne escuelle ; vous y adiousterez de l'eauë de feüilles & fleurs d'vn arbre que l'on appelle Troesne, ou de l'eauë de la fleur de Chevrefeüille que l'on trouue dans les hayes, auec du miel commun, aussi gros que le bout du doigt, que vous meslerez auec ces eauës, & les mettrez dans l'aureille du chien, luy broyant & mouuant auec le pendant de l'aureille, apres vous luy ferez tomber lesdites drogues : puis vous ferez chauffer de l'huile de laurain ou laurier que vous luy mettrez dans le fonds de l'aureille, la luy étouppant

apres auec du coton, quand mefme vous n'y mettriez que de l'huille de
laurain, elle peut guerir, à moins que le mal ne s'opiniaftre. Ce qui vous
obligeroit à faire les remedes precedens.

CHAPITRE XX

Recepte pour empefcher que les Lyces n'entrent en chaleur.

IL faut donner à vne chienne, auparauant qu'elle ait porté, par neuf
matinées, neuf grains de poivre que vous luy ferez aualer dans du
formage, ou autre chofe qu'elle a accouftumé de manger. Cela réüffit à
quelques-vnes, mais le plus feur, c'eft de les faire couper ou chaftrer.

CHAPITRE XXI

*Comment on doit faire l'vuguent pour frotter & guarir les chiens
quand ils font galleux.*

IL y a quelques Auteurs qui ont écrit plufieurs façons de faire de l'vnguent pour guerir les chiens de là galle, qui ont efté épreuuées, & ne
s'en eft trouuée aucune plus affeurée que celle-cy. Vous prendrez de
l'huille de cheneuy, ou au defaut, de l'huille de noix ; que vous mettrez
dans vn pot de terre neuf, & fort épais, fur de la braize, & en mettrez
auffi autour, & comme elle commencera à fremir, vous aurez du fouffre
bien pillé que vous mettrez dedans, & les remuërez toufiours auec vn
bafton, & à vne petite demie-heure de là, vous aurez auffi pilé de la
couperoze, vert-de-gris, & noix de galle ; mais plus de fouffre que de
pas vne des chofes fufdites, vous les ietterez auffi dans le pot, & continuërez à les remuer, & fi cela veut boüillir par deffus, vous y ietterez
vne poignée de fel & vn peu de vinaigre pour le faire abaiffer ; il faut
qu'il y ait peu de feu, & pour connoiftre quand la drogue fera cuitte, il
en faut mettre fur vne tuille, & fi elle blanchit, elle fera cuitte : Et fi vos
chiens font tres-galleux, vous y mettrez de la poix neufue de Bour-
gogne, & apres eftre faite, vous en grefferez vos chiens, que vous bou-
chonnerez beaucoup d'vn bouchon rude auparauant, afin d'émouuoir
la galle, & que l'vnguent penetre mieux ; il faut que l'vnguent foit
chaud, que pourtant l'on y puiffe fouffrir la main, & pour cela, il faut

que le pot foit fur du charbon pour maintenir fa chaleur egale, & auoir
foin de referuer de l'vnguent, pour en regraiffer ceux qui feront les plus
galleux, à trois iours de là. Ie ne mets point la quantité, ny la doze,
puis qu'elle fe doit employer felon les chiens que vous auez à graiffer;
L'on les doit apres laiffer fur la paille, fans les fortir, & ne les pas faire
chaffer le Cerf la premiere Chaffe d'apres, dans les pays de grand
change, à caufe que cét vnguent leur a offufqué vne partie du fentiment.

CHAPITRE XXII

Advis comme il faut peupler les Foreſts.

COmme les limiers font aux Veneurs les principaux inftrumens pour
chaffer, ainfi les beftes qu'on veut prendre, en font & le fondement
& la fin pour en acheuer le plaifir, & fans elles la Chaffe n'auroit point
de lieu. Il faut donc peupler les Forefts de beftes, pour commencer la
Chaffe, & en conclurre la fatisfaction; C'eft pourquoy i'ay trouué bien
à propos d'enfeigner icy les moyens de peupler les forefts.

Encores que la methode foit maintenant affez conneuë pour peupler
les forefts, ie ne laifferay pourtant d'en dire mon opinion, pour n'obmettre rien de ce qui touche mon fubiet au contentement du Lecteur.
Quelques Autheurs ont écrit qu'il faut faire des parcs de pallis, pour y
mettre & enfermer les Biches, & autres femelles, d'vne grandeur raifonnable. I'aduouë qu'elles y feroient en plus grande feureté pour le temps
qu'on les y veut tenir; mais apres leur auoir donné la liberté, qu'il leur
faut donner à quelque temps de-là, & dans la faifon du Rut, afin que
les Cerfs voifins les puiffent ioindre, i'apprehenderois qu'apres le Rut,
elles ne s'éloignaffent pour s'affeurer ailleurs d'vne plus grande liberté,
dans le fouuenir de leur prifon : ioinct que ces parcs font d'vn grand
couft & de beaucoup de peine, & que depuis l'experience nous a fait
connoiftre qu'il faut prendre les femelles des fauues, Chevreüils & beftes
noires, & quelques mafles, pourueu que ce foit d'vne foreft affez éloignée de celle où vous les voulez mettre, n'en ayant pas encores eu la
connoiffance, autrement elles s'en retourneroient. Il les faut prendre
auec des panderefts, ou bricolles, tenduës allentour de l'enceinte où on
les aura détournées; mais il les y faut chaffer & pouffer auec des chiens-
courans, pour ne leur pas donner le temps de reconnoiftre les filets : &
fi-toft qu'elles y feront prifes, il leur faut lier les quatre iambes enfemble, & les mettre dans vne charrette où il y aura force paille, de

peur qu'elles ne fe bleffent : Il leur faut bander les yeux, afin qu'en les
tranfportant, elles perdent la connoiffance du chemin, & ne s'épou-
uantent pas à tous rencontres. Et quand vous les aurez conduites au
milieu de la foreft que vous leur deftinez, il les faut décharger toutes en
mefme temps, les ayant debandées, pour fe reconnoiftre, & apres leur
délier les pieds; s'il y a quatre Biches, vn Cerf leur fuffira, & ainfi des
autres beftes : ioinct qu'il ne manquera d'y venir d'autres mafles, pourueu qu'ils ne foient éloignez que de fix ou huict lieuës. Plus vous mettrez de beftes en voftre foreft & pluftoft elle fera peuplée, pourueu
que vous ayez des gardes qui en ayent bien du foin. Et fi c'eft dans le
fonds de l'Hyuer que vous les y mettiez, le temps en fera plus commode,
parce que les beftes font toutes enfemble & ne font pas pleines : Autrement, & en d'autres faifons, vous pourriez bleffer les femelles &
les faire mourir. Il leur faut porter de l'auoine & du foin aux lieux où
vous les aurez mifes, en plufieurs endroits, pour ne les pas contraindre
d'en chercher d'ailleurs & de fe depayfer, & cela feulement pendant le
grand froid, & tant qu'elles fçachent le pays, pour y trouuer leur fub-
fiftance.

DICTIONNAIRE

DES

CHASSEVRS

DICTIONNAIRE
DES
CHASSEVRS

A

AGES ou difcernement des Cerfs, ieune Cerf, Cerf de dix cors ieunement, Cerf de dix cors, & vieil Cerf.

Aages ou difcernement des Lievres, Levrauts, Lievres & Hazes.

Aages ou difcernement des Chevreüils, Fans, Chevrotins, ieune Chevreüil, vieil Chevreüil & Chevrete.

Aages ou difcernement des Loups, Louueteaux, ieunes Loups, vieux Loups & Louves.

Aages ou difcernement des beftes noires, Marcaffins, beftes de Compagnie, Ragot, Sanglier en fon tieran, Sanglier en fon quartan, vieil Sanglier miré & laye.

Aages ou difcernement des Renards, Renardeaux, ieunes Renards, vieux Renards & Renardes.

Abois, tenir les abois; c'eft quand la Befte s'arrefte & tient deuant les Chiens de laffitude, & n'en peut plus.

derniers Abois, c'eſt quand la beſte tombe morte ou outrée.

Abbatis, c'eſt lors que les ieunes Loups vont & viennent aux lieux où ils ſont nourris, y faiſant des petits chemins où ils abbatent l'herbe.

Abbatis, c'eſt auſſi quand les vieux Loups ont tué des beſtes.

Accuts, ce ſont les bouts des foreſts & des grands pays de bois.

Accoüer, c'eſt quand le Veneur court vn Cerf qui eſt ſur ſes fins, & le ioint pour luy donner le coup d'épée au defaut de l'épaule, ou luy couper le jarret.

Accourir le traict, c'eſt le ployer à demy ou tout a fait pour retenir le limier.

Aiguilles, fil, lardons, c'eſt ce que les Valets de Levriers pour Sanglier doiuent porter pour penſer les Levriers lors qu'ils ſont bleſſez de leurs deffenſes.

Aiguillons ſont fientes & fumées de beſtes fauues qui ont vne pointe au bout.

Aller de bon temps, c'eſt à dire qu'il y a peu de temps que la beſte eſt paſſée.

Aller d'aſſeurance, c'eſt à dire que la beſte va au pas le pied ferré & ſans crainte.

Aller au gaignage, c'eſt à dire que la beſte fauue, qui eſt le Cerf, Dain & Chevreüil, va dans les grains pour y viander & manger : ce qui ſe dit auſſi du Lievre.

Aller de hautes erres, c'eſt à dire qu'il y a ſept ou huict heures qu'vne beſte eſt paſſée.

Aller en queſte, c'eſt quand le valet de limier va aux bois pour y deſtourner vne beſte auec ſon limier.

Alleure, c'eſt le marcher des beſtes.

Allonger le traict à vn limier, c'eſt le laiſſer déployé de ſon long.

Andoüillers, ce ſont les cheuilles qui ſortent des perches ou du marrain du Cerf, du Dain, & du Chevreüil.

Anguichure, c'eſt l'écharpe où eſt attaché le cor ou la trompe de Chaſſe.

Au lict, au lict chiens; c'eſt vn des termes dont on vſe pour faire queſter les chiens lors que l'on veut lancer vn Lievre.

B

BALLENCER, c'eſt quand vne beſte qui eſt couruë & chaſſée des chiens courans, eſtant laſſée, va vacillant en fuyant.

Ballancer, c'eſt auſſi quand vn limier ne tient pas la voye iuſte, ou qu'il va & vient à d'autres voyes.

Bans, licts des chiens.

Battre, fe faire battre, c'eft quand vne befte fe fait chaffer long-temps
  dans vn canton de pays.

Baftons de Chaffe, ce font ceux que l'on porte quand on va courre.

Baffets, ce font les chiens pour aller en terre.

Battre l'eau, c'eft quand vne befte eft dans l'eau; alors on doit dire aux
  chiens, *Il bat l'eau.*

Bauge, c'eft le lieu où les beftes noires fe couchent & demeurent le
  iour.

Beau chaffeur, c'eft vn chien qui crie bien dans la voye, & retourne volontiers toûjours la queüe fur les reins.

Biches, femelles des Cerfs; elles font leurs Fans en Auril & May.

Bien iuger des alleures, c'eft voir quand la befte met fes pieds dans vne
  mefme diftance.

Bien cheuillé, c'eft quand il y a beaucoup d'andoüillers à la tefte d'vn
  Cerf, d'vn Dain & d'vn Chevreüil.

Bon Cognoiffeur, c'eft vn Veneur qui a toutes les cognoiffances des
  beftes dont ie traitte.

Bon Picqueur, c'eft quand vn Veneur eft bon Cognoiffeur, homme de
  iugement & experimenté à faire chaffer les chiens courans.

Bondir, faire bondir, c'eft dire qu'vn Cerf, vn Dain, vn Chevreüil fait
  partir de la repofée d'autres beftes fauues.

Botte, c'eft le collier du limier dont on le meine aux bois.

Bouquiner, c'eft quand vn lievre eft en amour, qu'il tient vne haze.

Boutis, ce font les lieux où les beftes noires foüillent.

Boutoy, c'eft le bout du nez des beftes noires.

Bouzards, ce font fientes de Cerf qui font molles en forme de bouzées
  de vache, dont elles ont pris ce nom, & qu'on nomme fumées.

Boyau, franc boyau, c'eft le gros boyau où paffent les viandis du Cerf,
  que l'on met auec les menus droicts.

Boyau, grand boyau de Loup & de Louue; fert à la colique tant aux
  hommes qu'aux femmes, eftant preparé comme vous le verrez au chapitre des proprietez du Loup. *Premier chapitre de la Chaffe du Loup,
  page* 179.

Bricolles, ce font filets faits de petites cordes pour prendre les grandes
  beftes, qui font en forme de bourfes.

Brifer bas, c'eft rompre des branches, & les ietter par où a paffé la befte,
  que nous appelons fur les voyes.

Brifer haut, c'eft rompre les branches à demy, à hauteur de l'homme,
  & les laiffer pendre au tronc de l'arbre.

fauffes Brifées, c'eft quand l'on met des morceaux de papier attachez à
  des branches fur les voyes d'vne befte pour les ofter apres, & trom-

per fon compagnon ; comme vous le verrez au Traiêlé pour Cerf.
Chap. 43, *page* 75.

Broffer & percer dans le fort, c'eft courre auec les cheuaux dans le bois.

Brunir, c'eft quand le Cerf, le Dain, & le Cheureüil fait changer de couleur à fa tefte, qui de blanche qu'elle eftoit, apres en auoir ofté la
peau veluë qui la couuroit, la fait venir rouge, grife, & de couleur
brune, felon les terres où il la frote, comme vous verrez au chapitre
du traiêté pour Cerf qui en parle. *Chap.* 5, *p.* 11.

C

CErvaison, c'eft quand vn Cerf eft gras & en venaifon.
Chandelier, porter le chandelier, c'eft quand le haut de la **tefte**
d'vn vieil Cerf (ce que nous appellons empaumure) eft large & creufe ;
c'eft ce qui fe peut dire, mais non pas en vrais termes.

Charbonnieres, terres glaifes & rouges, ce font lieux où les Cerfs, les
Dains & les Chevreüils, vont froter leurs teftes apres auoir touché au
bois, ce que nous appellons brunir, & en prennent la couleur.

Chaftier, c'eft donner de la houffine à vn chien lors qu'il eft en faute.

Chaffer de gueule, c'eft laiffer crier & abboyer vn limier, lors qu'on
laiffe courre : car le matin il doit eftre fecret & ne dire mot, pour ne
pas donner de l'effroy, & lancer la befte.

Chenil, c'eft le logement des chiens courans.

Cheuilles, font Andoüillers qui fortent des perches de la tefte du Cerf,
du Dain & du Cheureüil.

Chevreüil, befte fauue.

Chevrette, c'eft la femelle du Chevreüil ; ils fe gardent fidelité tant qu'ils
viuent. On n'eft pas obligé quand on les a détourné, en faifant le rapport, d'en faire le difcernement.

Chiens de Chaffe.

Efpeces de Chiens pour chaffer.

Mâtins pour le vautret.

Chiens corneaux, font chiens qui font engendrez de chiens courans &
de mâtines, ou de mâtins & de lyces courantes.

Chiens covrans. Les chiens courans doiuent auoir toutes les qualitez
dont i'ay parlé à vn chapitre particulier du traiêlé pour Cerf. *Cha-*
pitre 14, *page* 24.

Les Levriers.

Ces chiens doiuent auoir les qualitez que i'ay dites aux chapitres dans
  les traittez pour Loup & Sanglier, *Chap. 6 du Loup, p.* 190. Le difcernement comme il enfuit.

Levriers pour courre le lievre.

Levriers pour courre le Loup & le Sanglier.

Levriers de flancs, pour courre les mefmes beftes.

Levriers de tefte, pour courre & arrefter les mefmes beftes.

Les lyces ouuertes, tant courantes que levrettes, doiuent eftre taillées
  comme ie l'ay dit dans le traicté pour Cerf, pour Loup & Sanglier, &
  comme il les falloit faire couurir par des chiens pour eftre de bonne
  race, & en proportionner la taille. *Chap.* 15 *pour Cerf, p.* 25. *Chap.* 6
  pour Loup, p. 190.

Les bons poils font pour eftre affeurément bons, blancs nois, quatroüillez de blanc; rouges, d'vn rouge de feu, ou quatroüillez de noir; gris,
  d'vn gris vif, non eflaué, qui eft vn figne de peu de force, comme à
  tous les autres poils.

Chiens blancs : Ils ne font pas propres à mettre à la main, & en faire des
  limiers, parce qu'ils apprehendent les gelées & rofées froides du matin.

Chiens de change, font ceux qui maintiennent & gardent le change de
  la befte qui leur a efté donnée & mife deuant eux pour la chaffer.

Cimier, c'eft la croupe du Cerf, du Dain & du Chevreüil.

Coëffé, bien coëffé, c'eft quand vn chien courant eft bien aualé, dont les
  oreilles luy paffent le nez de quatre doigts, *Chap.* 14 *pour Cerf,*
  p. 24.

Coffre, c'eft le corps du Cerf quand toutes les chofes en font leuées, que
  i'ay dites au chapitre de la curée pour Cerf; C'eft auffi le mefme
  terme pour Dain, Chevreüil & Lievre.

Collier du limier : s'appelle botte, qu'il a quand on le meine aux bois.

Cognoiffeur, ce font les notions & cognoiffances qu'on doit auoir des
  beftes dont ie traitte.

Cor, c'eft la trompe des Chaffeurs.

Cordes de crin, c'eft le traict dont on fe fert, pour mener le chien au bois.

Corner, c'eft fonner du cor.

Cornes de cerf, font appellées, pour parler en bons termes, bois de Cerf,
  & ainfi du Dain & du Cheureüil.

Corps de la tefte d'vn Cerf, d'vn Dain & d'vn Cheureüil, s'appellent les
  perches & le marrain; c'eft où font attachez les andoüillers.

Cottez, ce font les deux coftez du pied d'vne befte fauue, & les pinces qui
  forment le bout du pied.

Couleur de poil, brune, fauue & rouge; c'eft le pellage du Cerf, du
    Dain & du Chevreüil.
Couleur de poil pour chiens courans, blanche, noire, rouge & grife, &
    les quatroüilleures fur tous les poils, font blanches, grifes, noires,
    fauues & rouges de feu, comme il y peut auoir des mantelleures de
    tous ces poils.
Couper, c'eft quand vn chien quitte la voye de la befte qu'il chaffe ef-
    tant auec les autres, & qu'il la va chercher en coupant les deuans pour
    prendre fon aduantage, qui eft vn vice auquel on doit prendre garde
    pour n'en pas tirer race.
Couple, c'eft le lien de cuir & fer dont on couple deux chiens enfemble.
Coupler les chiens, c'eft les attacher deux enfemble avec vn couple.
Courre, le courre ou la courre, c'eft où l'on met les levriers pour prendre
    le Loup, le Sanglier & le Renard.
Crier bien, c'eft quand vn chien courrant abboye fouuent en chaffant.
Crochets, c'eft de quoy l'on crochette & attache par en bas vne des
    cordes ou maiftres qui eft aux toiles.
Clabaut, c'eft chien courant, à qui les oreilles paffent le nez d'vn grand
    demy pied. Ce nom vient qu'ils demeurent à chaffer, & rebatre des
    voyes en trois ou quatre arpens de bois que l'on appelle clabauder,
    c'eft qu'ils manquent de force, & ne peuuent aller auec les autres
    chiens.
Croix de Cerf, c'eft l'os qu'on trouue dans fon cœur qui tire fur cette
    forme.
Croupe de Cerf s'appelle cimier.
Curée, c'eft faire manger le cerf ou autres beftes aux chiens.

D

D Agves, c'eft le premier bois que porte vn Cerf; elles ont la mefme
    vertu que la corne de Lycorne.
Daguets, ce font ieunes Cerfs à leur feconde année, qui pouffent &
    portent leurs premiers bois, qui font enuiron gros & longs comme
    deux fufeaux, fans aucuns andoüillers.
Deffenfes, ce font les grandes dents d'en-bas d'vn Sanglier.
Defaut, demeurer en defaut, c'eft auoir perdu les voyes pour quelque
    temps, ou tout à fait, de la befte que l'on chaffe.
Deharder, c'eft ofter des couples que l'on a paffées dans le mytan
    d'vne couple qui tient deux chiens, pour en tenir plufieurs enfemble,
    & auffi quand ils ont les iambes prifes dans leurs couples les en
    ofter.

Deliées, font fumées bien machées, que nous appellons en termes, bien
    moulluës.
Dents, groffes dents du Loup, font propres pour mettre à des hochets
    pour les petits enfans, & à pollir.
Derriere, c'eft le terme dont on doit vfer quand on veut arrefter vn chien,
    & le faire demeurer derriere foy.
Deployer le traiĉt, c'eft allonger la corde de crin qui tient à la botte d'vn
    limier.
Defchauffeures, c'eft le lieu où a graté le Loup, & où il s'eft déchauffé.
Découfures, c'eft quand vn Sanglier a bleffé de fes deffenfes vn chien.
Dintiers, ce font les roignons d'vn Cerf.
Donner le Cerf aux chiens & les autres beftes, c'eft les lancer & faire de-
    coupler les chiens fur les voyes.
Dorées, ce font fumées de cerf qui font iaunes.
Drap de curée, c'eft vne toille fur laquelle on eftend la moüée qu'on
    donne aux chiens quand on leur fait curée de la befte qu'ils ont prife.

E

ECLABOVCHEVRE, c'eft à dire que la befte que vous courrez fait aller
    de l'eau fur les branches & herbes qui font des deux coftez du
    ruiffeau qu'elle aura longé ou trauerfé, ou fur les pierres qui excedent
    l'eau.
Embler, c'eft quand aux alleures d'vne befte les pieds de derriere fur-
    paffent ceux de deuant de quatre doigts.
Empaumure, c'eft le haut de la tefte du Cerf & du Chevreüil, qui eft
    large & renuerfée, où il y a trois ou quatre andoüillers ou plus, pour
    les Cerfs de dix cors & vieux Chevreüils : car les ieunes n'en ont pas.
Enceinte, c'eft le lieu où le valet de limier deftourne les beftes dont ie
    traitte auec fon limier.
Ergotté, chien ergoté, c'eft quand il a vn ongle de furcroift au dedans &
    au deffus du pied.
Entées, font fumées de Cerfs ou de biches que deux n'en font qu'vne,
    qui fe peuuent feparer fans fe rompre.
Eflaué, poil eflaué, c'eft vn poil mollaffe & blaffart en couleur, de befte
    à chaffer & de chiens, qui eft vne mrrque de foibleffe.
Efpié, chien efpié, c'sft quand il y a du poil au milieu du front plus
    grand que l'autre, & dont les pointes fe rencontrent, & viennent à
    l'oppofite, c'eft vne marque de vigueur & de force.
Efponge, c'eft ce qui forme le talon des beftes dont ie traiĉte.

Eftreufler, chien eftreuflé, c'eft dire qu'il a vn os de la hanche hors de fon lieu.

Euerrer, c'eft ofter vn nerf de deffous la langue d'vn chien ; ce qu'eftant fait il ne mord iamais, fuft-il enragé. Voyez le traiété pour Cerf au chapitre de la nourriture des ieunes chiens. *Chap.* 17 *pour Cerf, page* 29.

F

FAns, font les petits des Biches, Daines & Chevrettes.

Fauue, befte fauue, c'eft Cerf, Dain & Chevreüil, y comprifes les femelles.

Faux fuyant, c'eft ce que l'on appelle vne fente à pied dans le bois.

Faux rembuchement, c'eft lors qu'vne befte entre dans vn fort dix ou douze pas, & reuient tout court fur elle pour fe rembufcher dans vn autre lieu.

Filandres, font crefpes qui tombent de l'air, & s'attachent fur les voyes d'vne befte, ce qui les fait cognoiftre vieilles.

Filets, grands filets, c'eft la chair qui fe leue au deffus des reins du Cerf, & les petits filets fe leuent au dedans des reins.

Flafture, c'eft le lieu où le Lievre & le Loup s'arreftent & fe mettent fur le ventre lors qu'ils font chaffez des chiens courans.

Flaftrer, c'eft faire rougir vn fer en forme de clef plate, & l'appliquer au milieu du front du chien qui eft mordu d'vn chien enragé pour empefcher qu'il le deuienne.

Folilets, c'eft ce qu'on leue le long du defaut des épaules du Cerf apres qu'il eft dépoüillé.

Formées, fumées formées, font fientes de fauues comme en crottes de chevres, mais plus groffes.

Forhu, font les petits boyaux du Cerf que l'on donne aux chiens au bout d'vne fourche émouffée durant le Printemps & l'Efté, apres qu'ils ont mangé la moüée & le coffre du Cerf.

Foulées, c'eft quand on reuoit de la forme du pied d'vne befte fur l'herbe ou des feüilles par où elle a paffé, & fi c'eft en terre nette : cela s'appelle voye, pour Cerf, Dain, Cheureüil & Lievre ; & pour Loup & Renard, pifte ; & pour befte noire, trace.

Fraize, c'eft la forme des meules & des pierrures de la tefte du Cerf, du Dain & du Chevreüil, qui eft le plus proche de la tefte, que nous appelons maffacre.

Freoüer, c'eft vne marque que le Cerf fait au bois quand il y touche de

fa tefte pour deftacher & ofter cette peau veluë qui la couure : Celuy
qui apporte le premir freoüer à l'affemblée où eft le Roy, & en laiffe
courre le Cerf, merite vn prefent du Roy ; fçauoir vn cheual à vn Gentil-homme de la Vennerie, & vn habit à vn valet de limier : ce qui
s'eft obferué de tout temps.

Fuite, c'eft ce qui fe cognoift quand les beftes courent qu'ils ouurent le
pied ; c'eft ce que nous appellons fuite.

Fumées, font les fientes des beftes fauues.

G

GAIGNAGES, ce font les lieux où font les grains, où les beftes fauues
vont la nuict fe repaiftre & viander.

Gans : il les faut ofter fi on eft prefent à la curée, autrement ils appartiennent aux valets de chiens.

Gardes, ce font les deux os qui forment la iambe à toutes les beftes
noires.

Garre, crier garre, c'eft le terme que doit dire celuy qui laiffe courre, &
entend partir le Cerf de la repofée, afin de faire cognoiftre aux picqueurs qu'il eft lancé.

Gigotté, chien bien gigotté, c'eft quand vn chien a les cuiffes rondes &
les hanches larges, c'eft figne de vifteffe.

Gifte, c'eft le lieu où fe couche le Lievre.

Golys, ce font bois de dix-huict ou vingt ans, & au deffus.

Goutieres, ce font les rayes creufes qui font le long des perches ou du
marrain de la tefte du Cerf, du Dain ou du Chevreüil.

Graiffe de loup eft propre pour les fouleures des membres debilitez.

Grez, ce font les groffes dents d'en-haut d'vn Sanglier qui touchent &
frayent contre les defenfes, & qui femblent les aiguifer ; c'eft d'où eft
venu ce nom.

Gros ton, c'eft le ton bas du cor.

Grefle, ton grefle, c'eft le ton haut, & le plus clair du cor.

H

HAYE, c'eft le terme dont on doit vfer pour arrefter les chiens qui
chaffent l'échange & les ofter de deffus la voye ; & pour les arrefter feulement lors qu'ils chaffent le droict pour attendre les autres, il
faut dire *Derriere*.

Harde, le Cerf en harde (comme les autres fauues) c'eft quand ils font
en compagnie.

Harder les chiens dans l'ordre, c'eſt mettre les chiens chacun dans ſa force pour aller de Meute, ou aux Relais.

Hardois, c'eſt de petits brins de bois où le Cerf touche de ſa teſte lors qu'il veut oſter cette peau veluë qui la couure, l'on les trouue écorchez.

Harder, c'eſt dire harder des chiens & les prendre auec des couples paſſées dans le milieu de celles où ils ſont couplez pour le tenir & mener aux Relais.

Hary, hary, c'eſt le terme dont vſe le Picqueur pour donner de la crainte aux chiens lors que la beſte qu'ils chaſſent s'eſt accompagnée, afin de les obliger d'en garder le change.

Harpé, chien bien harpé, c'eſt quand vn chien a les hanches larges.

Harovt aly, c'eſt le terme dont le valet de limier doit vſer parlant à ſon limier lors qu'il laiſſe courre vne des beſtes dont ie traitte.

Havlt a havlt, a moitié a havlt, c'eſt le terme pour appeler les chiens, & les faire venir à ſoy.

Ho lo lo lo lo loooo, c'eſt le terme dont vſe vn valet de limier le matin quand il eſt aux bois pour exciter ſon chien à aller deuant & ſe rabbattre des beſtes qui paſſeront, il le peut auſſi exciter de la langue.

Harlov chiens, c'eſt vn terme dont le Picqueur ſe doit ſeruir pour faire chaſſer les chiens courans pour Loup.

Hov, hov, hov, apres lamy, ſont les termes dont le valet de limier doit vſer parlant à ſon limier quand il laiſſe courre vn Loup & vn Sanglier.

Houper vn mot long ou deux, c'eſt quand vn Veneur appelle ſon compagnon lors qu'il trouue vn Cerf ou vne autre beſte courable qui ſort de ſa queſte & entre en celle de ſon compagnon.

Houzures ou crottures, c'eſt quand vn Sanglier vient de ſortir du foüille, qu'il entre dans le bois où il met de la crotte ſur les branches en s'y frottant, ce qui ſert à en cognoiſtre la hauteur.

Hvbert, Saint Hvbert, c'eſt le Patron des Chaſſeurs : Il a le pouuoir de guerir de la rage.

I

Iambe de beſte, c'eſt depuis le talon iuſques aux os, pour beſtes ſauues, & aux gardes pour beſtes noires qui en ſont auſſi la largeur.

Iarret droict, c'eſt ſigne de viteſſe aux chiens.

Il bat l'eav, c'eſt vn terme dont on vſe quand la beſte que vous chaſſez entre & donne à l'eau.

Immondices, ſont les excremens des chiens.

L

LAISSÉES, ce sont les fientes de Loup & de bestes noires.

Laisser courre, c'est faire courre la beste aux chiens courans.

Lambeaux, c'est la peau veluë du bois de Cerf qu'il dépoüille, & qu'on trouue au pied du freoüer.

Lancer le Cerf, c'est le faire partir de la reposée comme les autres bestes fauues.

Lancer vn Loup, c'est le faire partir du licteau.

Lancer vn Lievre, c'est le faire partir du giste.

Lancer vne beste noire, c'est la faire partir de la Bauge.

Laye, c'est la femelle du Sanglier.

LAYLA, LAYLA, CHIENS, c'est vn terme dont le Picqueur doit vser pour tenir ses chiens en crainte lors qu'il s'apperçoit que la beste qu'ils chassent est accompagnée, pour les obliger à en garder le change.

Ladre, Lievre ladre, c'est celuy qui habite aux lieux marescageux.

Larmes de cerf, c'est vne liqueur iaune qui se prend dans les larmiers du Cerf, qui est propre à quelques maux que vous verrez dans le chapitre des proprietez du Cerf, *Chap. 2 pour Cerf, p.* 5.

Larmiers, ce sont deux fentes qui sont au dessous des yeux d'vn Cerf.

Lesse, c'est vne corde de crin longue de trois brasses ou enuiron, dont on tient les Levriers en lesse.

Limier, c'est le chien qui destourne le Cerf & autres grandes bestes.

Licteau, c'est le lieu où se couche & repose le Loup pendant le iour.

Lievre : Il est plus asseuré aux mutations des temps que les Astrologues comme vous le verrez au chapitre du naturel du Lievre dans le traicté de la mesme Chasse, *Chap. 3 pour Lievre, p.* 145.

Longer vn chemin, c'est quand vne beste va d'asseurance, ou qu'elle fuit, cela s'appelle, Elle longe le chemin, & quand elle retourne sur ses voyes, cela s'appelle, Ruse & retour.

Loup, c'est vn chien fauuage ayant les mesmes qualitez & infirmitez : ce que vous verrez au chapitre du naturel du Loup dans son traitté, *Chap. 1 pour Loup, p.* 179.

M

MAINTENIR & garder le change, c'est quand les chiens chassent toûjours la beste qui leur a esté donnée, & la maintiennent dans le change.

Maistre valet de chiens, c'est celuy qui donne l'ordre aux autres valets de chiens.

Mal femé, c'eſt quand le nombre des andoüillers eſt non-pair aux teſtes des Cerfs, Dains & Cheureüils.

Mangeures, ſont les paſtures des Loups & Sangliers.

Manteleures, c'eſt quand vn chien a ſur le dos vn different poil de celuy qu'il a au reſte du corps.

Marcaſſins ſont les petits de la ſaye.

Marche du Loup, c'eſt ce qu'on appelle en vray terme, Piſte ou voye.

Martelées, ſont fientes ſumées de ſauues qui n'ont point d'aiguillon au bout.

Maſſacre, c'eſt la teſte du Cerf, du Dain, & du Chevreüil.

Méfiant, c'eſt le Loup, qui eſt le plus méfiant & le plus méchant de tous les animaux que nous ayons en France.

Menée belle, c'eſt dire qu'vn chien a la voye belle.

Mener les chiens courans à l'ébat, c'eſt les promener, ce qui ſe doit faire deux fois le iour.

Menus droiĉts, ce ſont les oreilles d'vn Cerf, les bouts de la teſte, quand elle eſt molle, le muſle, les dintiers, le franc boyau & les nœuds qui ſe leuent ſeulement au Printemps & dans l'Eſté, c'eſt le droiĉt du Roy.

Meules, c'eſt le bas de la teſte d'vn Cerf, d'vn Dain & d'vn Chevreüil, & qui eſt le plus proche du maſſacre, c'eſt la fraize & les pierrures qui les forment.

Mots de Chaſſe, ſe doiuent appeller Termes.

Mots, ſonner vn ou deux mots, c'eſt ſonner vn ou deux tons longs du cor, qui eſt le ſignal du Picqueur pour appeller ſes compagnons.

Moüée, c'eſt vn meſlange ſait du ſang de la beſte (que vous auez priſe à force) auec du laiĉt ou potage ſelon les ſaiſons, où l'on doit mettre force pain coupé par petits morceaux, que l'on donne aux chiens courans en leur faiſant curée.

Muſle, c'eſt le bout du nez des beſtes ſauues.

Muë, c'eſt vn coſté de la teſte d'vn Cerf, d'vn Dain & d'vn Chevreüil, qu'il met bas lors qu'il muë en Fevrier & Mars; ce qu'ils ſont tous les ans : mais le Chevreüil ne muë pas reglément dans cette ſaiſon.

Muzer, c'eſt lors que les Cerfs commencent à ſentir leur chaleur venir pour entrer en rut, qu'ils vont pour quelques iours la teſte baſſe le long des chemins & campagnes.

N

NApe, c'eſt la peau des beſtes ſauues.

N'aller plus de temps, c'eſt quand il y a vn iour ou deux, ou plus qu'vne beſte eſt paſſée.

Nez fin, c'eſt quand vn chien a le ſentiment bon.

Nerf de Cerf, c'eſt ſon membre.

Nœuds, ſont des morceaux de chair qui ſe leuent aux quatre flancs du Cerf.

Nombres & petits filets, ſe leuent enſemble, & ſont encore des droiɛ̃ts du Roy, c'eſt ce qui ſe prend au dedans des cuiſſes & des reins du Cerf.

O

OVRVARY A MOITIÉ A HAULT, ce terme eſt pour obliger les chiens à retourner & trouuer les bouts de la ruſe d'vne beſte, lors qu'elle a fait vn retour.

Ouuertes, teſtes ouuertes, ſont teſtes de Cerf, Dain & Chevreüil, dont les perches ſont fort écartées, qui eſt vne des belles qualitez que puiſſe auoir vne teſte.

Os de Cerf, Dain & Chevreüil; ce ſont les ergots des beſtes priuées, & ce qui forme la iambe aux beſtes ſauues.

P

PANS DE RETS, ce ſont filets de quoy l'on prend les grandes beſtes.
Parc, c'eſt où l'on fait le courre pour faire venir les beſtes noires quand on les a miſes & enfermées dans les toilles.

Parchaſſer, c'eſt chaſſer vne beſte auec les chiens courans, qu'il y a deux & trois heures qu'elle eſt paſſée, c'eſt ce que l'on dit auſſi rapprocher.

Pâtter, c'eſt vn Lievre qui emporte la terre auec ſes pieds dans les lieux humides & gailleux.

Patte, c'eſt le pied Loup, qui conſiſte au talon, doigts, ongles & la foſſette qui eſt dans le milieu, qui en forment les cognoiſſances ſur la terre.

Pelage, c'eſt dire en gros la couleur des beſtes courables & chiens, en diſant leur principale couleur.

Percer, c'eſt lors qu'vne beſte tire de long, & s'en va ſans s'arreſter eſtant chaſſée, c'eſt auſſi quand le Picqueur perce dans le fort.

Perches, ſont les deux groſſes tiges du bois ou teſte du Cerf, du Dain & du Chevreüil où ſont attachez les andoüillers.

Perlures, ce ſont des grumeaux qui ſont le long des perches & andoüillers de la teſte d'vn Cerf, d'vn Dain & d'vn Chevreüil, mais ils ne vont pas iuſques au bout des andoüillers.

Peſer beaucoup, c'eſt quand vne beſte enfonce beaucoup de ſes pieds dans la terre, c'eſt vne marque qu'elle a grand corſage.

Pieux, ce font les baftons dont on frappe & tuë les beftes noires, quand elles font dans le parc; le coup mortel eft fur le boutoy.

Pieux fourchus, ce font ceux dont on tend & attache les toilles.

Picqueurs, ce font gens à cheual eftablis pour faire chaffer les Chiens.

Pierrures, c'eft ce qui forme la fraize qui eft autour des meules de la tefte d'vn Cerf, d'vn Daim & d'vn Cheureüil.

Pigache, c'eft la cognoiffance qui fe void au pied du Sanglier quand il a vne pince à la trace plus longue que l'autre.

Pied du Sanglier, s'appelle trace en vray terme, comme de toutes les beftes noires.

Pillart, c'eft vn chien querelleux.

Pinces, font les deux bouts des pieds des beftes fauues; fi elles font vfées c'eft figne de vieilleffe à la befte, comme auffi les coftez du pied.

Pifte de Loup, c'eft la marche ou fa voye.

Platteaux, font fientes & fumées de fauues qui font plattes & rondes, & encore en forme de bouzards.

Porchaifon, c'eft vn Sanglier qui eft gras & en porchaifon.

Portées, c'eft quand vn Cerf paffe dans vn bois qui eft fort épais & pliant, dont il fait plier les branches & tourner en auant, comme les autres feüilles auec fa tefte : Pour eftre de la tefte d'vn Cerf, il faut qu'elles foient de fix pieds de hauteur : car il en peut faire du corps comme toutes les autres beftes.

Porte de chenil : doit eftre à deux guichets, afin que la baye & l'ouuerture en foit plus large, de peur que les chiens ne s'y choquent de la hanche, & ne s'y eftreuflent.

Poudrer, c'eft quand on chaffe vn Lievre dans les temps de fechereffe, & qu'il paffe dans les chemins poudreux & les terres nouuelles labourées, où il fait voler la poudre qui recouure fes voyes; ce qui en diminuë beaucoup le fentiment.

Prendre le vent, c'eft mener les chiens courans quand vous prenez les deuans d'vne befte; c'eft auffi faire vne courre à bon vent pour y mettre les Levriers, en forte que le vent vienne du cofté du bois où fera deftournée la befte; c'eft encore quand vn limier ou chien courant a le vent d'vne befte, & qu'il la va lancer au vent.

Prendre les deuans, c'eft quand on a perdu les voyes d'vne befte, que l'on fait vn grand tour pour en rencontrer & en renouueller; c'eft auffi quand le Veneur a rembuché vne befte qu'il en prend les deuans auec fon limier pour la deftourner, & eftre affeuré qu'elle demeure.

Q

Q VACQVECENDRE, c'eſt le flux de ventre, & le flux de ſang des Loups &
des Chiens.

Quartan, Sanglier en ſon quartan, c'eſt lors qu'il a quatre ans.

Quartier de la Venerie, c'eſt le logement des chiens & des Veneurs.

Quatroüillé, c'eſt vn poil meſlé aux chiens parmy leur principale couleur.

Queſter & aller en queſte, c'eſt vn valet de limier qui va deſtourner les
beſtes auec ſon limier; c'eſt auſſi aller queſter vne beſte pour la lancer
& chaſſer auec les chiens courans.

Querelleur, c'eſt vn chien pillart.

R

R ABBATRE, c'eſt lors qu'vn limier ou vn chien courant tombe ſur les
voyes d'vne beſte qui va de temps qu'il s'en rabbat, & remonſtre,
& en donne la cognoiſſance à celuy qui le meine.

Rage, c'eſt vne maladie qui ſe prend dans le ſang, ce qui rend furieux
celuy qui en eſt attaint. Il y en a de ſix ſortes pour les chiens, ſçauoir
rage enragée, rage courante, rage tombante, rage efflanquée, rage endormie, ou rage muë, & rage enflée. Voyez les au chapitre qui en
parle du traitté des receptes, *Chap.* 1 *des Receptes.*

Randonnée, c'eſt quand apres qu'vne beſte eſt donnée aux chiens elle ſe
fait chaſſer, & tourne deux ou trois tours alentour du meſme lieu.

Rapport, c'eſt quand le Veneur vient dire à l'aſſemblée, à ſon Capitaine
ou à ſon Maiſtre qu'il a deſtourné vne beſte, qui ſe doit faire en ces
termes pour Cerf, *le mecroy deſtourner vn ieune Cerf ou vn Cerf de
dix cors ieunement, ou vn Cerf de dix cors, en tel lieu; ſi mon chien ne
me trompe, ou s'il ne paſſe depuis moy, qui a le pied rond, ou le pied
long, ou auſſi long que rond, ou rond deuant, & long derriere.* Et s'il
a vne cognoiſſance, il la doit dire, & à quel pied elle eſt, comme ſi elle
eſt de dedans en dehors, ou de dehors en dedans; & cette cognoiſſance eſt vn des coſtez de la pince plus long que l'autre.

Mais pour les autres beſtes, horſmis les Sangliers (ce que nous appellons en leur tieran & au deſſus), les Veneurs ne ſont pas obligez
de faire le diſcernement des maſles de la femelle à leur rapport; mais
ils doiuent vſer ſimplement des termes cy-deſſus, en diſant, *Ie mécroy
deſtourner vne beſte* (la nommant telle qu'elle eſt) *ſi mon chien ne me
trompe, ou ſi elle ne paſſe depuis moy.* Vous verrez plus amplement

toutes les circonſtances du rapport au chapitre des traittez des Chaſſes : *Chap.* 51 *pour Cerf.*

Rapprocher vn Cerf ou vne autre beſte, c'eſt le parchaſſer auec les chiens courans. Ces termes ſe diſent de parchaſſer & rapprocher, à cauſe que les chiens ſont obligez d'aller doucement pour tenir la voye d'vne beſte qui eſt paſſée deux ou trois heures auparauant.

Rayer, rayer les voyes d'vne beſte, c'eſt faire vne raye derriere le talon de la beſte, cela ne ſe doit faire qu'aux beſtes que l'on a deſſein de deſtourner; c'eſt ce qui le fait cognoiſtre à ceux qui ſont aux bois.

Receller, c'eſt quand vne beſte demeure deux ou trois iours dans ſon fort ou enceinte, ſans en ſortir.

Redonné aux chiens, c'eſt lors que l'on a requeſté vn Cerf, & qu'on le relance, & on le redonne aux chiens, ainſi ſe doit dire, *Relancé & redonné.*

Reer, c'eſt le cry ou beuglement d'vn Cerf, d'vn Daim, & d'vn Chevreüil quand ils ſont en rut.

Refuite, ce ſont les lieux où vont les beſtes, lors que l'on les chaſſe.

Relaiſſé, c'eſt vn Lievre qui eſt chaſſé auec les chiens courans, qui ſe met ſur le ventre.

Relais, tenir les Relais, c'eſt quand on met des chiens en certains endroits, & dans la refuite de la beſte que vous courrez pour les donner quand elle paſſera.

Relancer vne beſte, c'eſt dire qu'elle a eſté deſia lancée; ce qui ſe fait lors que l'on la chaſſe, & particulierement quand elle eſt ſur ſes fins.

Releué d'vne beſte, c'eſt quand elle ſe leue & ſort du lieu où elle a demeuré le iour pour aller ſe repaiſtre.

Rembuchement, c'eſt lors qu'vne beſte eſt entrée dans le fort que vous briſez ſur ſes voyes haut & bas de pluſieurs briſées.

Remonſtrer, c'eſt donner cognoiſſance des voyes de la beſte qui eſt paſſée.

Renard, eſpece de chien ſauuage, qui n'a rien de bon que le poulmon preparé, ſert aux poulmoniques, & la peau ſert aux fourrures.

Rentrer au fort d'vne beſte, c'eſt quand elle s'y rembuche.

Repoſée, c'eſt le lieu où les beſtes ſauues ſe mettent ſur le ventre pour y demeurer & dormir le iour.

Reins hauts & bien reinté, c'eſt quand vn chien a les reins, & eſleuez en arc, & larges, c'eſt ſigne de force.

Requeſter vn Cerf ou autre beſte, c'eſt lors qu'on l'a couru & briſé le ſoir, & qu'on le va chercher & queſter le lendemain auec le limier pour le relancer & le redonner aux chiens.

Retour, faire vn retour, c'eſt quand la beſte retourne d'où elle vient ſur ſes voyes.

Reſſuy, c'eſt le lieu où ſe met la beſte fauue pour s'eſſuyer de la roſée du
   matin auant que de ſe mettre à la repoſée.
Reuenu de Cerf, de Daim & de Chevreüil, c'eſt qu'apres auoir mis bas
   leurs teſtes, ils en repouſſent vne nouuelle.
Ridées, ſont fientes & fumées de ſauues qui ſont ridées aux vieux Cerfs
   & vieilles Biches ſeulement.
Roüée, teſte roüée; ce ſont teſtes de Cerf, Daim & Chevreüil dont les
   perches ſont peu ouuertes & ſerrées.
Route, c'eſt vn grand chemin dans les bois.
Rut, c'eſt quand les beſtes ſont en amour, les Cerfs y entrent au commencement du mois de Septembre, & le finiſſent à la my-Octobre,
   tant les vieux que les ieunes : car ils n'y ſont chacun que trois ſepmaines; ce ſont les vieux Cerfs qui y entrent les premiers.
Rut des Chevreüils commence en Octobre, & ne dure que douze ou
   quinze iours; car le Chevreüil iouyt ſeul de ſa femelle; & quand il
   veut; qui ſe fait par vne eſpece de mariage, ſe gardant fidelité l'vn à
   l'autre.
Rut, ou plutoſt amour des Lievres, ou autrement le bouquinage, ſe fait
   d'ordinaire dans les mois de Decembre & Ianuier; mais le temps n'en
   eſt pas ſi certain que des autres beſtes pour les raiſons deduites en vn
   chapitre de la Chaſſe pour Lievre, *Chap. 2 pour Lievre.*
Rut & chaleur des Loups ſe tient dés la fin de Decembre iuſques au
   commencement de Fevrier; mais non pas comme l'écrit le Sieur du
   Foüilloux : ce que ie faits cognoiſtre dans vn chapitre au traicté pour
   Loup, *Chap. 1 pour Loup.*
Rut des Sangliers, ſe tient tout le mois de Decembre; & quand ils
   manquent de leurs femelles, ils en viennent chercher de domeſtiques.
Rut ou amour des Renards, ſe tient en Decembre & Ianuier.
Ruzer, c'eſt quand vne beſte qui eſt chaſſée, va & vient ſur les meſmes
   voyes dans vn chemin ou autres lieux, à deſſein de ſe defaire des
   chiens.
Ruze, le bout de la ruze, c'eſt quand on trouue au bout du retour qu'a
   fait vne beſte, que ſes voyes ſont ſimples, & qu'elle s'en-va & perce.

S

Sᴀɢᴇѕ, ſages chiens, ſont ceux qui conſeruent le ſentiment de la beſte
   qui leur a eſté donnée, & qui en gardent le change.
Saiſon que les Chevreüils mettent plus ordinairement bas leurs bois ou
   teſtes, c'eſt dans le mois d'Octodre; mais ils n'y ſont pas ſi reglez que

les Cerfs, puifque nous voyons qu'il y en a qui ont leurs teftes molles
& veluës dans toutes les faifons.

Sauuages, chiens fauuages, Loup & Renard.

Semé, bien femé, c'eft quand à la tefte d'vn Cerf, d'vn Daim & d'vn
Chevreüil le nomhre des andoüillers fe trouue pair ; & mal femé, c'eft
quand il eft non-pair.

S'en-va, Chiens, c'eft vn terme à parler aux chiens, quand ils chaffent ;
les mefmes font, Il va là, Chiens, ovtre-vavx, Chiens, ce font
mefmes chofes qui fe doiuent dire à la difcretion du Piqueur les vns
apres les autres.

Separer, feparer les queftes, c'eft diftribuër aux Veneurs & valets de limiers vne foreft par cantons ou plufieurs buiffons, apres les auoir
écrits, & les leur auoir donné par billets pour aller aux bois deftourner les beftes dont ie traitte.

Son de cor du gros ton, fon du cor du grefle.

Sonner vn mot ou deux du gros ton, c'eft quand le Picqueur donne le
fignal à quelqu'vn de fes compagnons pour le faire venir à luy.

Solle, c'eft le milieu du deffous du pied des grandes beftes.

Sortir du fort, c'eft vne befte qui debuché de fon fort, qui eft le lieu où
elle a demeuré le iour.

Soüille, c'eft quand la befte noire fe met fur le ventre dans l'eau & dans
la bourbe.

Spées, font bois pouffez d'vn an ou deux.

Suiure, c'eft quand vn limier fuit les voyes d'vne befte qui va d'affeurance : car quand elle fuit c'eft la chaffer.

Sur-andoüiller, c'eft vn grand andoüiller qui fe rencontre à quelques
teftes de Cerfs, qui excede en longueur les autres de l'empaumure.

Sur-aller, c'eft quand vn limier ou vn chien-courant paffe fur les voyes
d'vne befte, fans en rabbatre, & en remonftrer à celuy qui le meine.

Sur-neigées, font les voyes des beftes où la neige a tombé.

Surpleües font auffi des voyes où il a pleu.

T

TAyoo, c'eft le terme du Chaffeur quand il void la befte, fçauoir Cerf,
Dain & Chevreüil.

Tieran, Sanglier en fon tieran, c'eft quand il a attaint l'âge de trois ans.

Tirez, Chiens, tirez, c'eft le terme pour faire fuiure les chiens quand
on les appelle.

Tirer de longue, c'eft quand la befte s'en va fans s'arrefter.

Termes pour chiens font les mots dont on vfe pour parler à eux.

Termes & manieres d'aller aux bois, & chasser le Chevreüil font de
méfme que pour Cerf.

Toilles qui feruent à enfermer les beftes noires.

Torches, ce font fumées qui font à demy formées.

Tons pour chiës font Don, don, don don, doon, & cela du gros ton pour
quand on fait chaffer, & pour faire tourner & requefter les chiens, il
faut fonner ainfi, Donhon, Donhon, Donhon, du gros ton. Et quand
la befte eft à veüe il faut fonner du grefle des mefmes tons que pour
chiens; & pour fonner la mort, il faut fonner trois mots longs ainfi,
Don-on-on du gros ton; & pour la retraitte il faut encore fonner du
du gros ton, Donhon, Donhon, Donhon, Don-on-on.

Toucher aux bois, c'eft quand le Cherf, le Dain & le Chevreüil veulent
ofter la peau veluë qu'ils ont fur leurs bois.

Tourner, c'eft lors que la befte que l'on chaffe tourne & fait vn retour;
c'eft auffi faire tourner les chiens pour en trouuer le retour & le bout
de la rufe.

Trace, c'eft le pied des beftes noires.

Traict, c'eft la corde de crin qui eft attachée à la botte du limier qui fert
à le tenir, lors que le Veneur va aux bois.

Trôlle, c'eft ce qui fe fait quand on n'a pas efté au bois pour y deftourner les beftes dont ic traitte; & ce terme veut dire, decoupler des
chiens courans dans vn grand pays de bois pour quefter & lancer la
befte que vous voulez courre.

V

VA ovtre, c'eft le terme dont vfe le valet de limier lors qu'il eft au
bois qu'il allonge le traict à fon limier, & le met deuant luy pour
le faire quefter.

Vaines, font fumées legeres & mal preffées de beftes fauues.

Valets de chiens, font ceux qui ont le foin des chiens.

Valets de limiers, font ceux qui vont au bois pour deftourner les beftes
auec leurs limiers, & qui les doiuent dreffer, & en auoir le foin.

Valets de levriers, ce font ceux qui ont le foin des levriers, & qui les
tiennent & lafchent à la courre.

Vautraict, c'eft la chaffe qui fe fait aux beftes noires auec des mâtines.

Vayla, c'eft le terme dont vn valet de limier doit vfer quand il arrefte
fon limier qui eft fur les voyes d'vne befte pour cognoiftre s'il eft dans
la voye.

Velcyalle, terme dont doit vfer le valet de limier à fon chien pour
l'obliger à fuiure les voyes d'vne befte quand il en a rencontré; ce

terme peut feruir auffi pour faire quefter & requefter les chiens courans.

Velcy va avant, c'eft encore vn terme que doit dire le valet de limier
lors qu'il laiffe courre vne befte qui va d'affeurance ; & quand il en reuoit des voyes, & quand ce font foulées ou portées, il doit dire, *Velcy
va auant par les foulées, ou portées, ou par les fumées,* s'il en trouue,
& que c'en foit la faifon.

Velle-la, c'eft le terme que l'on doit dire quand on void le Lievre, le
Loup & le Sanglier.

Velescyallé, c'eft le terme dont on doit vfer quand on void des fuites
de Loup, Sanglier & Renard.

Veluë, c'eft la peau qui eft fur les teftes du Cerf, du Daim & du Chevreüil lors qu'ils la pouffent.

Venaifon, c'eft la graiffe du Cerf qu'on appelle de mefme aux autres
beftes ; c'eft le temps qu'il eft meilleur à manger, & qu'on le force
plus aifément : Ce font les Cerfs de dix cors & vieux Cerfs qui en ont
le plus.

Vermiller, c'eft quand les beftes noires fuiuent auec le bout du nez ou
boutoy la trace des mulots pour denicher leur magazin.

Vers, ce font vers qui s'engendrent l'Hyuer entre la nappe & la chair
des beftes fauues, & qui fe coulent & vont le long du col aux Cerfs,
Daims & Chevreüils entre le maffacre & le bois pour leur ronger &
les faciliter à mettre bas leurs teftes.

Veüe, befte à veüe, c'eft quand on void la befte, & qu'on la court à veüe.

Viandis, font les paftures des beftes fauues.

Volce lesl, c'eft vn terme que l'on doit dire quand on reuoit de la
befte fauue qui va fuyant ; ce qui fe void quand elle ouure les quatre
pieds.

Voyez & Revoyez, c'eft quand on reuoit du pied de la befte par où elle
eft paffée pour en faire reuoir.

TABLE

DES CHAPITRES
DE LA VÉNERIE ROYALE

TABLE
DES CHAPITRES
DE LA VENERIE ROYALE

DE LA CHASSE DU CERF

I. DE LA NATURE DES CERFS ET DES CHIENS-COURANTS

II. DE LA CHASSE DU CERF

DE LA CHASSE DU LIÉVRE

DE LA CHASSE DU CHEVREUIL

DE LA CHASSE DU LOUP

DE LA CHASSE DU SANGLIER

DE LA CHASSE DU RENARD

TRAICTÉ DES RECEPTES

Le 20 avril 1929
Daupeley-Gouverneur a achevé
d'imprimer a Nogent-le-Rotrou
cette nouvelle édition de la
Vénerie Royale de Salnove
a mille cinquante
exemplaires numérotés
dont cinquante sur vélin Lafuma
numérotés de 1 a 50
et mille sur alfa satiné
numérotés de 51 a 1050